软件是这样“炼”成的

——Java学习全演练

王朔韬　编著

清華大学出版社
北　京

内容简介

本书的定位是针对Java学习中有案例式参考资料需求的读者。全书选用易于理解的“学籍管理软件”作为案例，讲解Java的核心知识点及应用场景。从文字组织到书的结构设计，既不是以理论为主调的“学院派”编写方法，也不是以应用介绍为主调的“应用派”编写格调，而采用了情景对话、场景在线的方式，解决读者在学习Java过程中所感觉到的知识点的零散性和应用场景不清楚的状况。将Java知识点体系化和系统化，以案例驱动的编写方法实现了“边学边用，边用边做”的Java学习思路。

本书适合于从事软件开发的管理人员、系统分析师、架构师和程序员阅读，也可以作为大学计算机相关专业学习Java课程的项目实训教材。

图书在版编目(CIP)数据

软件是这样“炼”成的：Java学习全演练/王朔韬编著. —北京：清华大学出版社，2018
ISBN 978-7-302-47929-1

Ⅰ. ①软… Ⅱ. ①王… Ⅲ. ①JAVA语言 Ⅳ. ①TP312.8

中国版本图书馆CIP数据核字(2017)第193552号

责任编辑：黄　芝　王冰飞
封面设计：谜底书装
责任校对：梁　毅
责任印制：李红英

出版发行：清华大学出版社
网　　址：http://www.tup.com.cn，http://www.wqbook.com
地　　址：北京清华大学学研大厦A座　　**邮　　编**：100084
社 总 机：010-62770175　　**邮　　购**：010-62786544
投稿与读者服务：010-62776969，c-service@tup.tsinghua.edu.cn
质量反馈：010-62772015，zhiliang@tup.tsinghua.edu.cn
课件下载：http://www.tup.com.cn，010-62795954
印 装 者：清华大学印刷厂
经　　销：全国新华书店
开　　本：185mm×260mm　　**印　　张**：24.25　　**字　　数**：591千字
版　　次：2018年12月第1版　　**印　　次**：2018年12月第1次印刷
印　　数：1～1500
定　　价：79.00元

产品编号：073359-01

前言

计算机软件工程课程是一门应用型很强的专业学科，能够很好地应用起来才是软件开发语言的重要学习目标。特别是计算机语言类课程，本来就没有什么深奥的理论基础，我们按照既定的语法规则进行编程即可。从理论的角度来说，我们似乎没有什么可发挥的了。

编者应邀承担高校计算机相关专业的Java语言授课工作，在教学中发现学生们最大的疑问点是，Java语言到底是用来干什么的？Java语言在实践项目中是如何应用的？这些知识点的应用场景是什么？Java知识点之间的关系是怎样的？算法是什么东西？为什么要有这些知识点？等等。如果这些疑问无法解决，学生们学习Java语言的兴趣自然而然地就会逐渐地减少。

“边学边用”是学习Java语言最好的办法。目前Java语言教科书非常多，但是不少作者将Java语言中的每个知识点零散地推给学生们，教材中的例子自然只是为知识点服务的，导致整本书中的例子没有连贯性，甚至同一章节中的例子都是分散的。容易导致学生只知其一不知其二，没有形成系统的知识结构，更不会把这些实践案例有效地结合起来。

本书是编者编写的“软件是这样‘炼’成的”系列书的四本之一，其最大的特点是将学院派和应用派的两大著书思想有效地结合起来，既没有空洞的理论，也没有泛泛而谈的应用，而是将理论与实践融合起来，给读者以新的感受和收获。在文字组织上，采取场景再现、情景对话等方式，将Java语言中的每个关键知识点应用到“学籍管理软件”这个案例中，这种“边学边用”的学习过程，使读者能够系统和完整地了解Java的知识结构并应用之。

历经3年之久，编者总算艰难完成了“软件是这样‘炼’成的”系列书的编写，尤其前3本书的出版得到了广大读者的殷切关注和大力支持，并且提出了许多宝贵意见，在此真心地表示感谢。希望各位继续提出宝贵的意见。

在本书的编写过程中，编者得到了家人和朋友的大力支持。在此，我要感谢我的妻子商莉和我女儿王贝思在本书的编写过程中给予的最大帮助和支持。

由于作者水平有限，书中难免有疏漏和不足之处，恳求各位专家和广大读者提出宝贵的意见。如果读者在阅读过程中遇到问题，可以直接和笔者联系（QQ：307050843）。

编　者

2018年3月

目录 Contents

第1章　何为面向对象 …… 1

1.1　面向对象的基础知识 …… 1
1.2　面向对象的核心概念 …… 1
1.2.1　对象 …… 2
1.2.2　类 …… 3
1.2.3　继承 …… 3
1.2.4　接口 …… 3
1.2.5　封装与透明 …… 4
1.2.6　多态 …… 4
1.2.7　组合 …… 5
1.2.8　绑定 …… 5
1.2.9　消息 …… 5
1.3　类间关系 …… 5
1.3.1　关联 …… 5
1.3.2　聚合 …… 7
1.3.3　继承 …… 8
1.3.4　实现 …… 9
1.3.5　依赖 …… 9
1.3.6　包 …… 9
1.4　本章小结 …… 10

第2章　Java是什么 …… 11

2.1　Java程序设计语言 …… 11
2.1.1　什么是程序设计语言 …… 11
2.1.2　程序设计语言发展历史 …… 12
2.2　Java发展历史 …… 12
2.3　Java跨平台原理 …… 13
2.3.1　高级程序编译原理 …… 13
2.3.2　Java跨平台原理 …… 14
2.3.3　Java的特点 …… 14
2.4　Java开发环境搭建 …… 16
2.4.1　JDK安装 …… 16
2.4.2　MyEclipse介绍及安装 …… 18
2.5　本章小结 …… 21

第3章　JDK API介绍 …… 22

3.1　关于JDK的讨论 …… 22
3.2　JDK基础类型介绍 …… 24
3.3　数据集合及日期处理 …… 25
3.4　输入输出流 …… 25
3.5　ZIP压缩工具 …… 25
3.6　JAR归档工具 …… 25
3.7　日志工具 …… 25
3.8　网络编程 …… 26
3.8.1　地址 …… 26
3.8.2　套接字 …… 26
3.8.3　接口 …… 27
3.8.4　高级API …… 27
3.9　用户界面(Java.awt) …… 27
3.9.1　Java.awt介绍 …… 27
3.9.2　其他包介绍 …… 27
3.10　Java.swing …… 29
3.11　数据库操作 …… 30
3.11.1　Java.sql …… 30
3.11.2　Javax.sql …… 30
3.12　本章小结 …… 30

第4章　规范Java编程 …… 31

4.1　关于编程规范的讨论 …… 31
4.2　帮助文件范例 …… 36
4.2.1　版本信息 …… 37
4.2.2　字段概要 …… 37
4.2.3　方法及构造方法摘要 …… 38
4.2.4　字段详细信息 …… 38
4.2.5　方法或构造方法详细信息 …… 40
4.3　Java编程规范 …… 42
4.3.1　排版规范 …… 42
4.3.2　注释规范 …… 45
4.3.3　命名规范 …… 47

4.3.4 编码规范 …… 48
4.4 JavaDoc 文档 …… 50
4.4.1 JavaDoc 介绍 …… 50
4.4.2 JavaDoc 标记 …… 50
4.4.3 JavaDoc 命令的用法 …… 51
4.5 本章小结 …… 52

第 5 章 本书唯一案例说明 …… 53

5.1 案例假设 …… 53
5.2 用户资料整理 …… 53
5.3 实现功能 …… 55
5.3.1 学校信息维护 …… 55
5.3.2 学院信息查询 …… 55
5.3.3 系信息查询 …… 55
5.3.4 系分专业学生名录 …… 55
5.3.5 系分专业综合成绩排名 …… 55
5.3.6 关于学生信息维护 …… 56
5.4 “学籍管理软件”在本书中的应用 … 56
5.5 不可思议的代码 …… 57

第 6 章 Java 源程序组成 …… 61

6.1 Java 源程序包含的基本内容 …… 61
6.1.1 包 …… 61
6.1.2 类定义 …… 64
6.1.3 方法定义 …… 65
6.1.4 数据成员 …… 66
6.2 使用 JDK 编译和运行程序 …… 67
6.2.1 编译 Java 源文件 …… 67
6.2.2 运行 Java 程序 …… 68
6.3 代码展示——类初步规划 …… 69
6.3.1 案例分析 …… 69
6.3.2 部分代码展示 …… 71
6.4 代码解析 …… 75
6.4.1 代码分析 …… 75
6.4.2 进程检查 …… 76
6.5 本章小结 …… 76

第 7 章 探讨类数据成员——数据类型 …… 77

7.1 基本数据类型 …… 77
7.1.1 基本概念 …… 77
7.1.2 详细说明 …… 77
7.1.3 简单数据类型的转换 …… 78
7.1.4 Java 中的高精度数 …… 78
7.2 引用类型 …… 79
7.3 变量和常量 …… 79
7.3.1 变量 …… 79
7.3.2 常量 …… 81
7.3.3 变量的作用范围 …… 82
7.3.4 静态变量的生命周期 …… 82
7.3.5 对象的默认引用——this 关键字 …… 82
7.4 参数传递 …… 84
7.5 “学籍管理软件”数据类型设计 …… 84
7.5.1 JDK Java 包引用分析 …… 84
7.5.2 “学籍管理软件”数据类型与变量设计 …… 85
7.6 代码实现 …… 89
7.6.1 “学籍管理软件”中全局变量校验实现 …… 89
7.6.2 部分代码摘录 …… 91
7.7 进程检查 …… 100
7.8 本章小结 …… 100

第 8 章 类方法成员——操作符 …… 101

8.1 运算符 …… 101
8.1.1 算术运算符 …… 101
8.1.2 关系运算符 …… 102
8.1.3 逻辑运算符 …… 103
8.1.4 位运算符 …… 103
8.1.5 其他运算符 …… 105
8.1.6 运算符的优先级 …… 105
8.2 Java 修饰符 …… 106
8.3 “学籍管理软件”运算符应用分析 …… 107
8.3.1 关于业务规则讨论 …… 107
8.3.2 部分实现代码摘录 …… 109
8.4 进程检查表 …… 114
8.5 本章小结 …… 115

第 9 章 探讨类方法成员——流程控制 …… 116

9.1 流程控制 …… 116
9.2 条件转换语句 …… 116
9.2.1 if 语句 …… 116
9.2.2 if-else …… 117
9.2.3 if-else if 语句 …… 118
9.2.4 if 语句的嵌套 …… 119
9.2.5 switch 语句 …… 120
9.3 循环语句 …… 121

9.3.1 for 循环语句 …… 121
9.3.2 while 循环语句 …… 122
9.3.3 do while 循环语句 …… 123
9.3.4 循环语句的嵌套 …… 123
9.3.5 转移语句 …… 123
9.4 “学籍管理软件”案例分析运行流程控制 …… 124
9.4.1 “学籍管理软件”运行流程 …… 124
9.4.2 类优化设计 …… 124
9.5 “学籍管理软件”业务数据校验代码展示 …… 127
9.6 进程检查 …… 131
9.7 本章小结 …… 132

第 10 章 异常处理及应用 …… 133

10.1 Java 异常处理机制 …… 133
10.2 用户异常定义 …… 134
10.3 Java 异常分类 …… 134
10.3.1 可检测异常 …… 135
10.3.2 非检测异常 …… 135
10.3.3 自定义异常 …… 135
10.4 异常处理 …… 135
10.4.1 Java 异常处理方法 …… 135
10.4.2 异常声明及抛出异常 … 137
10.5 “学籍管理软件”异常设计 …… 138
10.5.1 关于异常的探讨 …… 138
10.5.2 “学籍管理软件”流程优化——异常思考 …… 139
10.6 “学籍管理软件”异常设计实现类代码分析 …… 140
10.6.1 “学籍管理软件”类优化 …… 140
10.6.2 异常设计代码实现 …… 140
10.7 进程检查表 …… 142
10.8 本章小结 …… 143

第 11 章 类间关系之继承应用 …… 144

11.1 继承设计的基本流程 …… 144
11.2 方法重载 …… 146
11.3 方法覆盖 …… 148
11.4 super 关键字 …… 149
11.5 “学籍管理软件”优化设计 …… 150
11.5.1 关于继承的讨论 …… 150
11.5.2 类间关系优化设计——继承的思想 …… 151
11.5.3 程序运行流程——重载的思想 …… 153
11.5.4 异常处理——继承的思想 …… 155
11.6 部分程序代码——继承及重载的思想 …… 155
11.6.1 父类——学校信息维护 …… 155
11.6.2 子类——学院信息维护 …… 160
11.6.3 父类与子类的整合——学生信息维护页面 …… 165
11.6.4 重载方法——统计分析类框架代码 …… 168
11.7 继承及重载优化进程检查 …… 170
11.8 本章小结 …… 170

第 12 章 类间关系之抽象类与接口应用 …… 172

12.1 抽象类 …… 172
12.2 接口 …… 174
12.2.1 接口的概念 …… 174
12.2.2 接口的实现 …… 174
12.3 接口与抽象类 …… 177
12.4 多态 …… 177
12.5 “学籍管理软件”优化设计 …… 179
12.6 “学籍管理软件”接口及接口实现代码 …… 181
12.6.1 业务查询接口(bussinessSearch) …… 181
12.6.2 数据删除接口(bussinessDelete) …… 184
12.6.3 统计分析类(bussinessStatistics) … 186
12.6.4 信息查询类(bussiness LogicListSearch) …… 189
12.7 进程检查——类抽象与接口应用 …… 194
12.8 本章小结 …… 194

第 13 章 Java 数据结构之数组 …… 196

13.1 一维数组创建 …… 196
13.2 一维数组元素访问 …… 197
13.3 二维数组创建 …… 200

13.4 二维数组元素访问 ………………… 201
13.5 本章小结 …………………………… 202

第14章 Java数据结构之常用集合 …… 203

14.1 Java集合概述 ……………………… 204
14.2 Collection接口和Iterator接口 … 204
14.2.1 AbstractCollection 抽象类 …………………… 206
14.2.2 Iterator接口 ………… 206
14.2.3 Collection接口支持的其他操作 ……………… 207
14.3 Set ………………………………… 207
14.3.1 HashSet类和TreeSet类 ………… 208
14.3.2 AbstractSet类 ………… 211
14.4 List ………………………………… 211
14.4.1 ListIterator接口 ……… 211
14.4.2 ArrayList类和LinkedList类 ………… 212
14.5 Map ………………………………… 224
14.5.1 Map接口概述 ………… 224
14.5.2 Map.Entry接口 ……… 224
14.5.3 SortedMap接口 ……… 224
14.5.4 AbstractMap抽象类——Abstrac ………… 225
14.5.5 HashMap类和TreeMap类 …………… 225
14.5.6 LinkedHashMap类…… 226
14.5.7 Map例程 ……………… 226
14.6 本章小结 …………………………… 229

第15章 数据结构在“学籍管理软件”中的应用 ………………………… 230

15.1 关于Java集合的讨论 …………… 230
15.2 “学籍管理软件”数据结构设计 ………………………… 231
15.2.1 数据分析 ……………… 231
15.2.2 数据结构设计 ………… 233
15.3 类优化 ……………………………… 237
15.4 查询算法设计 ……………………… 239
15.5 “学籍管理软件”数据结构代码实现 ………………………………… 240
15.5.1 学生名单排序实体 …… 240
15.5.2 考试成绩排序 ………… 244
15.6 进程检查——数据结构完善 …… 245

第16章 数据输入输出——Java IO流 … 247

16.1 Java数据流概述和Java.IO …… 247
16.1.1 流的概念 ……………… 247
16.1.2 Java.IO包 …………… 248
16.2 InputStream与OutputStream类 ………………… 249
16.2.1 InputStream类 ……… 249
16.2.2 OutputStream类 ……… 249
16.3 File类 ……………………………… 250
16.3.1 File类的构造函数 …… 251
16.3.2 File类举例 …………… 252
16.4 文件输入与输出 …………………… 253
16.4.1 FileInputStream类和FileOutputStream类 … 253
16.4.2 FileInputStream和FileOutputStream在“学籍管理软件”中的应用 … 255
16.4.3 随机文件的读取RandomAccessFile类 … 259
16.5 标准输入和输出 …………………… 262
16.5.1 System.in对象 ……… 262
16.5.2 System.out对象 ……… 263
16.5.3 数据类型的转换 ……… 263
16.6 本章小结 …………………………… 264

第17章 数据存储与读取在“学籍管理软件”中的应用 ……………… 266

17.1 数据存储及文件规划 ……………… 266
17.1.1 数据存储说明 ………… 266
17.1.2 数据表间关系 ………… 267
17.1.3 表结构设计 …………… 267
17.2 类优化设计 ………………………… 270
17.3 程序流程优化 ……………………… 272
17.4 数据保存及查询 …………………… 274
17.4.1 数据保存 ……………… 274
17.4.2 数据读取 ……………… 275
17.5 Java IO异常处理 ………………… 275
17.6 数据存储与读取代码实现 ……… 276
17.6.1 文件管理 ……………… 276
17.6.2 数据保存 ……………… 278
17.6.3 多记录查询 …………… 280
17.7 数据读取与存储实现进程检查 … 283
17.8 本章小结 …………………………… 283

第 18 章　Java 图形界面在“学籍管理软件”中的应用 …… 284
18.1　用 AWT 生成图形化用户界面 … 284
18.2　组件 …… 285
18.3　容器 …… 285
18.4　事件处理 …… 286
18.4.1　事件类 …… 286
18.4.2　事件监听器 …… 287
18.4.3　AWT 事件相应的监听器接口 …… 288
18.4.4　事件适配器 …… 289
18.5　AWT 组件库 …… 290
18.6　“学籍管理软件”页面设计 …… 291
18.6.1　页面构成 …… 291
18.6.2　主界面程序代码 …… 292
18.6.3　维护页面 button 影响矩阵图 …… 302
18.7　案例进程 …… 304
18.8　本章小结 …… 305
第 19 章　Java Swing 在“学籍管理软件”中的应用 …… 306
19.1　Java Swing 介绍 …… 306
19.2　Javax 主要控件介绍 …… 307
19.2.1　AbstractButton …… 307
19.2.2　ButtonGroup …… 308
19.2.3　JApplet …… 308
19.2.4　JButton …… 309
19.2.5　JCheckBox 和 JRadioButton …… 309
19.2.6　JComboBox …… 310
19.2.7　JScrollPane …… 311
19.2.8　JTable …… 311
19.2.9　JTextField …… 312
19.2.10　JTextArea …… 312
19.2.11　JTree …… 313
19.3　基于 Java Swing 优化“学籍管理软件”设计 …… 313
19.3.1　基于 MVC 设计模式设计“学籍管理软件” …… 313
19.3.2　类图优化设计——基于 MVC …… 315
19.3.3　“学籍管理软件”页面设计实现代码摘录 …… 317
19.4　“学籍管理软件”案例进程检查 …… 356
19.5　本章小结 …… 357
第 20 章　多线程简述 …… 358
20.1　Java 多线程 …… 358
20.2　Java 多线程的 5 种基本状态 …… 359
20.3　Java 多线程的创建及启动 …… 360
20.3.1　继承 Thread 方法创建线程并启动线程 …… 361
20.3.2　使用 Runnable 接口来创建并启动线程 …… 361
20.3.3　使用 ExecutorService、Callable 和 Future 创建线程 …… 362
20.4　Java 多线程的优先级和调度 …… 364
20.5　多线程的线程控制 …… 365
20.6　线程的同步 …… 366
20.6.1　同步代码块 …… 366
20.6.2　同步方法 …… 367
20.6.3　使用特殊域变量(volatile)实现线程同步 …… 367
20.6.4　使用重入锁实现线程同步 …… 370
20.6.5　使用局部变量实现线程同步 …… 372
20.7　线程间的通信 …… 373
20.7.1　线程间的通信 …… 373
20.7.2　线程通信的其他几个常用方法 …… 374
20.8　本章小结 …… 375
第 21 章　Java 学习历程回顾 …… 376
参考文献 …… 378

第1章 何为面向对象

1.1 面向对象的基础知识

面向对象(Object-Oriented ,简称 OO)方法作为一种独具优越性的新方法正引起全世界越来越广泛的关注和高度的重视,被誉为“研究高技术的好方法”,更是当前计算机界关心的重点。

面向对象的实质是主张从客观世界固有的事物出发来构造系统,提倡采用人类在现实生活中常用的思维方法来认识、理解和描述客观事物,强调最终建立的系统能够映射问题域,也就是说,系统中的对象以及对象之间的关系能够如实地反映问题域中固有事物及其关系。

OO 方法起源于面向对象的编程语言(简称 OOPL)。20 世纪 50 年代后期,在用 FORTRAN 语言编写大型程序时,常出现变量名在程序不同部分发生冲突的问题。鉴于此,ALGOL 语言的设计者在 ALGOL 60 中采用以“Begin…End”为标识的程序块,使块内变量名是局部的,以避免它们与程序中块外的同名变量相冲突。这是编程语言中首次提供封装(保护)的尝试。此后程序块结构广泛地应用于高级语言如 Pascal 、Ada、C 之中。

20 世纪 60 年代中后期,Simula 语言在 ALGOL 基础上研制开发,它将 ALGOL 的块结构概念向前发展一步,提出对象的概念,并使用类,同时也支持类继承。20 世纪 70 年代,Smalltalk 语言诞生,它以 Simula 的类为核心概念,很多内容借鉴于 Lisp 语言。由 Xerox 公司经过对 Smautalk 72、76 持续不断的研究和改进之后,于 1980 年推出商品化的产品,它在系统设计中强调对象概念的统一,引入对象、对象类、方法、实例等概念和术语,采用动态联编和单继承机制。

从 20 世纪 80 年代起,人们在原来的基础上提出的有关信息隐蔽和抽象数据类型等概念,以及由 Modula 2、Ada 和 Smalltalk 等语言所奠定的基础,再加上客观需求的推动,进行了大量的理论研究和实践探索,不同类型的面向对象语言逐步地发展和建立并完整起来。

20 世纪 80 年代以来,人们将面向对象的基本概念和运行机制运用到其他领域,获得了一系列相应领域的面向对象的技术。面向对象方法已被广泛地应用于程序设计语言、形式定义、设计方法学、操作系统、分布式系统、人工智能、实时系统、数据库、人机接口、计算机体系结构以及并发工程、综合集成工程等,在许多领域的应用都得到了很大的发展。

1986 年在美国举行了首届“面向对象编程、系统、语言和应用(OOPSLA'86)”国际会议,使面向对象受到世人瞩目,其后每年都举行一次,这进一步标志 OO 方法的研究已普及全世界。

面向对象的核心概念包括领域、类及类型、消息和服务、接口、封装、抽象、继承、组件图等。以下将分别展开论述。

1.2 面向对象的核心概念

在面向对象的软件开发过程中,开发者的主要任务就是先建立模拟问题领域的对象模型,然后通过程序代码来实现。关于对象、属性、状态、行为、方法、实现等概念将在本章中学习。

1.2.1 对象

1. 万物皆为对象

不管处于什么样的环境,不管我们处理什么事件人们必须面对许多对象。我们在学习过程中,书本、电脑、我们的同学和我们的老师都是对象;如果我们在踢足球,足球、场地和球门都是对象;如果我们正在吃饭,饭碗、筷子和餐桌都是对象;对象可能是非常小的,例如,分子;对象也可以非常大,例如,宇宙、银河系、亚洲、中国、北京市、北京科技大学等。

2. 对象的属性

对象的属性用于描述对象的状态、特征以及组成部分。

如果对一位学生进行描述的话,可能会涉及的内容包括姓名?性别是男还是女?年龄是少年还是青年?身高是高个子还是矮个子?体重是超重还是标准?血型是A型还是B型?等等。这些描述全是用于描述一位学生的特征的。

有用于描述人的状态的,包括周岁、男或女、30还是40等。

3. 对象的行为

对象的行为也就是对象能够完成的功能,每个对象都会有自己的行为,行为用于改变对象自身的状态,或者向其他对象发送消息,有时候一个行为会同时包含这两者。现在只讨论改变自身状态的行为,关于向其他对象发送消息的行为将在后面讨论。我们以学生为例来研究对象的行为。

每个对象都存在大量的行为。有些行为是可以看到的。学生在整个生活中有学习文化课、考试、吃饭等必要的社会活动。

另外,还有一些行为是作为学生所必需却不被注意的。这些行为包括上课、完成作业、参加考试、完成实验,这些行为是日常的我们却不以为然了,并且这些行为是体现其学生身份的关键所在,也是关系着能否毕业的关键所在。

4. 对象的标识

系统中的每个对象都有自己的标识,这个标识对于系统中的每个对象是唯一的。标识有些是大家熟悉的,例如,专业;有些标识是不熟悉的,例如,学号。但是学号对于学生来说肯定熟悉。因为属于系统的不同的用户,所以关注的对象也不一样。

作为一个程序员,要完成这样一个系统,系统中所有用户关注的信息我们都需要关注。标识也是一个属性。通常标识也是用于描述对象的,这和前面的属性是相同的。标识本身可能有意义,例如,学生的专业名称;其标识本身也可能没有意义,仅仅作为标识,但是,学号仅用于标识一个学生。

5. 对象之间的关系

对象之间的关系包括:

① 整体与部分的关系,例如,学生和性别的关系,整体属性是学生,部分属性是性别。

② 关联关系,例如,学生洪杨俊是计算机专业的学生。

1) 整体与部分的关系

具有这种关系的两个对象之间有比较强的依赖关系,就像某位学生必须有性别属性,如果没有性别这个属性,这个学生就不能被安排住宿,也就是说只要是一个学生,就一定有属于他的性别。

这种关系的对象一旦创建完成之后,都是作为一个整体来使用,通常情况下不会单独考虑组成部分,如果要考虑组成部分也是先考虑整体。例如,要改变这个学生的性别,通常学校会调查是什么原因。但是不管怎样,即使直接说性别,也会有一个前提,就是某人的性别。这种关系一旦建立,通常不再改变。

2）关联关系

关联关系的两个对象之间通常没有依赖关系。就像一个学生在学习过程中就会不停地上学、毕业，这样他/她所上的学校也在不停地变化。学生大学上了北京科技大学，学生和北京科技大学之间的关联关系就建立起来了。关联关系建立之后，学生就按照北京科技大学的相关规定来学习和生活。学生毕业了，学生和北京科技大学这种关联关系就解除了，北京科技大学的相关制度不再会对这位学生产生影响。另外，不像整体与部分的关系，一旦创建基本不再变化，关联关系可以根据需要随时创建，随时解除。

3）关系中的量

一个系有 3 个专业，一个专业有三个班，一个班有 30 个学生，这里的数字就是关系中的量。不管是整体与部分的关系，还是关联关系都存在着量。根据关系中的量可以把关系分为一对一、一对多、多对一和多对多 4 种。

1.2.2 类

具有相同属性（数据元素）和行为（功能）的对象的抽象就是类。例如，学生毕业登记表、学生奖惩记录表。因此，类是经过对象抽象而得到的。类的具体化就是对象，也可以说类的实例是对象

类具有属性，它是对象的状态的抽象，用数据结构来描述类的属性。

类具有操作，它是对象的行为的抽象，用操作名和实现该操作的方法来描述。

在客观世界中有若干类，这些类之间有一定的结构关系。通常有两种主要的结构关系，即一般和整体。一般指具体结构，称为分类结构，也可以说是“或”关系，或者是“is a”关系；整体指部分结构，称为组装结构，它们之间的关系是一种“与”关系，或者是“has a”关系。

对象之间进行通信的结构叫做消息。在对象的操作中，当一个消息发送给某个对象时，消息包含接收对象去执行某种操作的信息。发送一条消息至少要包括说明接收消息的对象名、发送给该对象的消息名（即对象名、方法名）。一般还要对参数加以说明，参数可以是认识该消息的对象所知道的变量名，或者是所有对象都知道的全局变量名。类中操作的实现过程叫做方法，一个方法有方法名、参数、方法体。

关于类的详细内容将在后续章节中讲述。

1.2.3 继承

继承是类与类之间的关系，分为父类和子类。在父类和子类之间同时存在着继承和扩展关系。子类继承了父类的属性和方法，同时，子类还可以扩展出新的属性和方法，并且还可以覆盖父类中方法的实现方式。

覆盖是指子类中重新实现父类中的方法。

注意：子类只能继承父类的部分属性和方法。父类中 private 修饰的属性和方法，对子类是透明的。

继承与扩展同时提高了子系统的可重用性和可扩展性。

继承与扩展导致面向对象的软件开发领域中架构类软件系统的发展。关于类间继承关系将在后续章节中详细说明。

1.2.4 接口

Java 接口是一系列方法的声明，是一些方法特征的集合，一个接口只有方法的特征说明，没有方法的实现，接口功能是为其他类提供服务。现实世界中，接口也是实体。在面向对象中，接口是一个抽象的概念，是指系统对外提供的所有服务的定义。

接口描述系统能够提供那些服务，但是不包含服务的实现细节。

对象中所有向使用者公开的方法声明构成了对象的接口。

接口是提高系统松耦合的有力手段。接口还可提高子系统的可扩展性。

(1) 概念性接口，即对外提供的所有服务，对象中表现为 public 类型的方法的声明。

(2) 接口类型指用 interface 关键字定义的实实在在的接口，它用于明确地描述系统对外提供的所有服务，更清晰地把系统的实现细节与接口分离。

1.2.5 封装与透明

1. 封装

封装是指隐藏对象的属性和实现细节，仅对外公开服务。

其优点如下。

① 便于正确使用、方便理解，防止使用者错误修改系统的属性和方法。

② 有助于建立子系统之间的松耦合关系，提高独立性。

③ 提高软件的可重用性，每个系统都是一个相对独立的整体。

④ 降低了构建大型企业系统的风险，即使系统不成功，个别的子系统还是有价值的。

良好的系统会封装所有的实现细节，把它的服务与实现清晰地隔离开来，系统之间只通过接口进行通信。

封装的访问类别如下。

(1) public：最高级别，对外公开。

(2) protected：类本身或者子类公开，即保护级别。

(3) 默认：只对同一个包中的类公开，包级别。

(4) private：不对外公开，只能在对象内部访问，级别最低。

到底哪些对象的属性和方法应该公开，哪些应该隐蔽呢？有两大原则：①把尽可能多的方法和属性藏起来，对外提供简洁的接口。②系统的封装程度越高，那么对象独立性就越高，使用也更方便。

将类中的属性尽量地封装起来，把所有的属性藏起来，有以下几个优点。

① 更符合真实世界中外因通过内因起作用的客观规律。

② 能够灵活地控制属性的读和修改访问级别。

③ 防止使用者错误地修改属性。

④ 有助于对象封装实现细节。

2. 透明

与封装具有相同含义的一个概念就是透明，对象实现细节，也就意味着对使用者是透明的。

1.2.6 多态

多态是指多个方法只能有一个名称，但可以有许多形态，也就是程序中可以定义多个同名的方法，用"一个接口，多个方法"来描述。可以通过方法的参数和类型引用。例如，人们喜欢说一句话"想死人了"，这句话本身的应用场景不一样其含义就不一样了。如果这句话用于亲人之间，表达的是一种思念之情；如果用于两个敌对仇人之间，就是表达对对方的恐吓。多态其实就是方法名相同，参数不同。以上不同的参数就是敌对仇人和亲人两个不同的参数。

在 Java 语言中，多态性体现在两个方面，即由方法重载实现的静态多态性(编译时多态)和方法重写实现的动态多态性(运行时多态)。

1. 编译时多态

在编译阶段,具体调用哪个被重载的方法,编译器会根据参数的不同来静态确定调用相应的方法。

2. 运行时多态

由于子类继承了父类所有的属性(私有的除外),所以子类对象可以作为父类对象使用。程序中凡是使用父类对象的地方,都可以用子类对象来代替。一个对象可以通过引用子类的实例来调用子类的方法。

1.2.7 组合

组合是一种用多个简单子系统来组装出复杂系统的有效手段。

对于一个组合系统,用 UML 语言描述。组合系统与它的子系统之间为聚集关系,子系统之间则存在关联关系或依赖关系。

1.2.8 绑定

绑定指的是将一个过程调用与相应代码链接起来的行为。动态绑定是指与给定的过程调用相关联的代码只有在运行期才可知的一种绑定,它是多态实现的具体形式。

1.2.9 消息

对象之间需要相互沟通,沟通的途径就是对象之间收发信息。消息内容包括接收消息的对象的标识,需要调用的函数的标识,以及必要的信息。消息传递的概念使得对现实世界的描述更容易。

1.3 类间关系

类间关系大致分为关联、依赖、继承、实现、组合和聚合,下面将通过“学籍管理软件”的实例来逐一说明。

1.3.1 关联

关联表示两个或多个类间存在的一种语义关系。这种关系可以是单向的,也可以是双向的,它使得类之间可以知道彼此的属性和方法。当人们在系统建模时,特定的类会彼此关联。这里将首先详细讨论常用的类间关联关系。

1. 双向关联

关联是两个类间的联接。如果关联是双向的,那就意味着两个类彼此知道它们间的联系,除非我们限定一些其他类型的关联。如获奖情况(AwordsSituation)的例子,获奖情况和优秀毕业生之间存在一种双向关联的关系。根据获奖情况自身的方法,可以判断一名学生是否为优秀毕业生。同样的,优秀毕业生本身拥有获奖情况这一属性(当然知道自己所获奖项)。图 1-1 显示出在获奖情况(AwardsSituation)类和优秀毕业生(OutstandingGraduates)类之间的一个标准类型的关联。

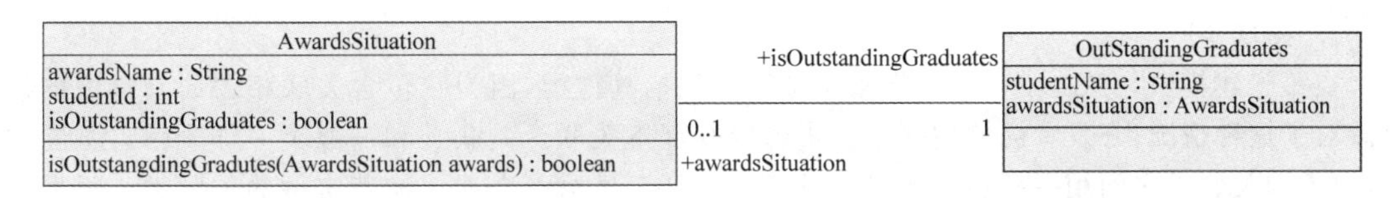

图 1-1　类间双向关联例图

一个双向关联用两个类间的实线表示。在线的任一端，可放置一个角色名和多重值。图 1-1 显示 AwardsSituation 与一个特定的 OutstandingGraduates 相关联，而且 AwardsSituation 类知道这个关联。因为角色名以 AwardsSituation 类表示，所以 AwardsSituation 承担关联中的“awardsSituation”角色。紧接于 AwardsSituation 类后面的多重值描述 0..1 表示：当一个 AwardsSituation 实体存在时，可以有一个或没有 OutstandingGraduates 与之关联（也就是，OutstandingGraduates 可能还没有被分配）。图 1-1 也显示 AwardsSituation 知道它与 OutstandingGraduates 类的关联。在这个关联中，OutstangdingGraduates 承担“isOutstandingGraduates”角色；图 1-1 告诉大家，OutstandingGraduates 实体可以不与 AwardsSituation 关联（例如，他还未毕业）。

由于对那些在关联尾部可能出现的多重值描述感到疑惑，表 1-1 列举一些多重值及其含义的例子。

表 1-1　多重值和它们的表示

表　示	含　义
0..1	0 个或 1 个
1	只能 1 个
0..*	0 个或多个
*	0 个或多个
1..*	1 个或多个
3	只能 3 个
0..5	0 到 5 个
5..15	5 到 15 个

2. 单向关联

在一个单向关联中，两个类是相关的，但是只有一个类知道这种联系的存在。图 1-2 显示单向关联的奖学金的一个实例。Scholarship 是根据分数确定奖学金等级的，而分数却不知道奖学金。因此，这是一种单向关联。

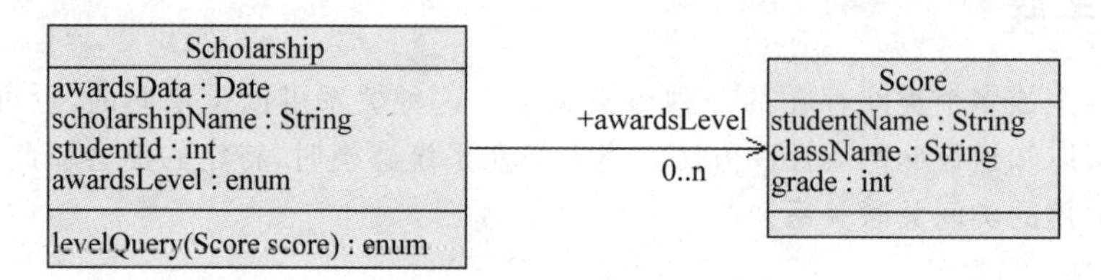

图 1-2　单向关联实例

一个单向的关联，表示为一条带有指向已知类的开放箭头（不关闭的箭头或三角形，用于标志继承）的实线，单向关联包括一个角色名和一个多重值描述，但是与标准的双向关联不同的是，单向关联只包含已知类的角色名和多重值描述。在图 1-2 的例子中，Scholarship 知道 Score 类，而且知道 Score 类扮演“awardsLevel”的角色。然而，和标准关联不同，Score 类并不知道它与 Scholarship 相关联。

3. 关联类

在关联建模中，存在一些情况，即某个类需要包括其他类，因为它包含关联相关的有价值的信息。对于这种情况，开发者会使用关联类来绑定其基本关联。关联类和一般类一样表示。不同的是，主类和关联类之间用一条相交的点线连接。图 1-3 显示一个就业推荐实例的关联类。根据获奖情况判断是否为优秀毕业生，如果是，则作为优秀毕业生推荐工作。

在图 1-3 显示的类图中，在 AwardsSituation 类和 OutstandingGraduates 类之间的关联，产生了

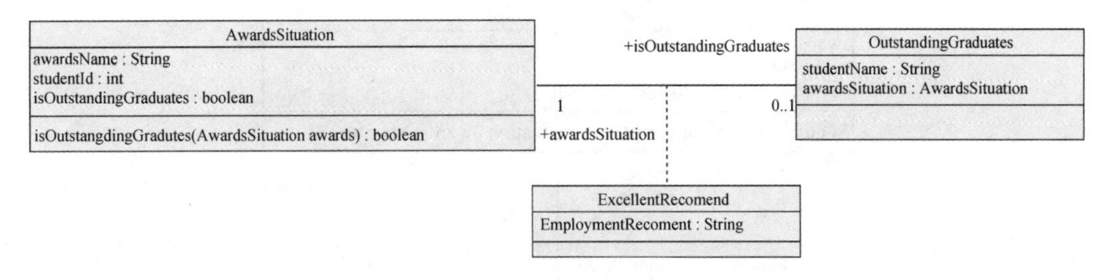

图 1-3　增加关联类 ExcellentRecomend

称为 ExcellentRecomend 的关联类。这意味当 AwardsSituation 类的一个实例关联到 OutstandingGraduates 类的一个实例时，将会产生 ExcellentRecomend 类的一个实例。

4. 反射关联

现在已经讨论了所有的关联类型。就如读者可能注意到的，我们的所有例子已经显示了两个不同类之间的关系。然而，类也可以使用反射关联与它本身相关联。起先，这可能没有意义，但是请记住，类是抽象的。图 1-4 显示一个 RollStudent 类如何通过 checkIfColonel 角色与它本身相关。当一个类关联到它本身时，这并不意味着类的实例与它本身相关，而是类的一个实例与类的另一个实例相关。校级三好学生也是三好学生的一种，三好学生本身具有 isColonelRollStudent 方法来判断自身是否为三好学生：通过自身与校级三好学生的对比。因此，这是一种反射关联，即便两名三好学生不是同一对象，但从属于同一类。我们这里讨论的是类的范畴。

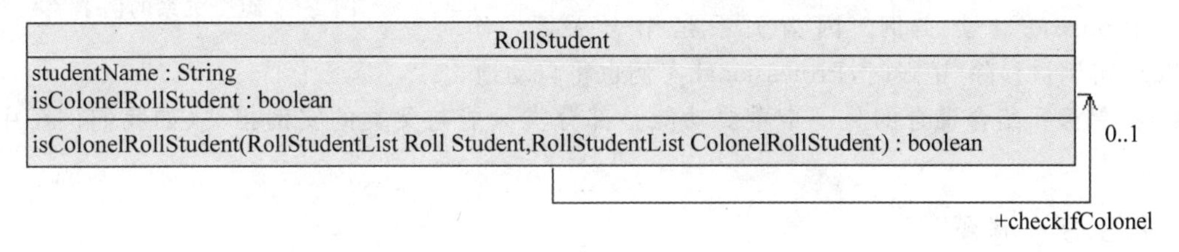

图 1-4　反射关联实例

图 1-4 关系说明一个 RollStudent 实例可能是另外一个 RollStudent 实例的上一级。然而，因为“checkIfColonel”的关系角色有 0..1 的描述；一个三好学生可能不是校级三好学生。

1.3.2　聚合

聚合是一种特殊的关联关系，是“强”关联类型，是整体到部分的关系。在基本的聚合关系中，部分类的生命周期依赖于整体类的生命周期，而部分类的生命周期独立于整体类的生命周期。

举例来说，我们可以想象，获奖情况是一个整体实体，而证书是整个获奖情况的一部分。证书可以独立存在于获奖列表。在这个实例中，CertificateAwards 类实例清楚地独立于 AwardsSituation 类实例而存在。然而有些情况下，部分类的生命周期并不独立于整体类的生命周期，这称为组合，是更“强”的聚合。举例来说，考虑学院与专业的关系。学院和专业都建模成类，在学院存在之前，专业不能独立存在。这里 Professional 类的实例依赖于 College 类的实例而存在。

让我们更进一步地探讨基本聚合和组合聚合。

1. 基本聚合

有聚合关系的关联指出，某个类是另外某个类的一部分。在一个聚合关系中，子类实例可以比父类存在更长的时间。为了表现一个聚合关系，需画一条从父类到部分类的实线，并在父类的关联末端画一个未填充棱形。图 1-5 是奖励和证书的聚合关系的例子。

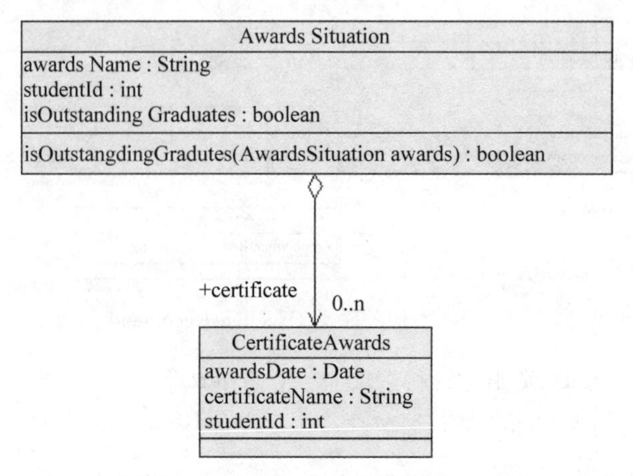

图 1-5 基本聚合关系的例子

2. 组合聚合

组合聚合关系是聚合关系的另一种形式，但是子类实例的生命周期依赖于父类实例的生命周期。图 1-6 中显示 College 类和 Professional 类之间的组合关系，注意组合关系如关系一样绘制，不过这次菱形是被填充的。

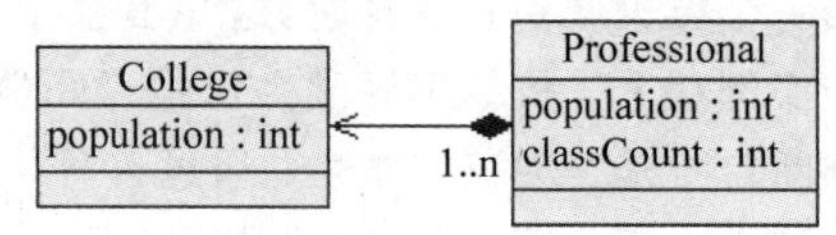

图 1-6 组合关系的例子

在图 1-6 的关系建模中，一个 College 类实例至少总有一个 Professional 类实例。因为关系是组合关系，当 College 实例被移除/销毁时，Professional 实例也将自动地被移除/销毁。组合聚合的另一个重要功能是部分类只能与父类的实例相关（如我们例子中的 College 类）。

1.3.3 继承

在面向对象的设计中，一个非常重要的概念——继承，指的是一个类（子类）继承另外的一个类（父类）的同一功能，并增加它自己的新功能（一个非技术性的比喻，譬如作者本人继承了其父亲的音乐能力，但是在其家中他是唯一一个玩电吉他的人）。为了在一个类图上建模继承，从子类（要继承行为的类）拉出一条闭合的，单向箭头（或三角形）的实线指向超类。考虑三好学生的类型：图 1-7 显示 ColonelRollStudent 和 ProvincialRollStudent 类如何从 RollStudent 类继承而来。校级和省级三好学生继承了父类的属性 studentName(public)，并扩展自己的属性 extraAwards。

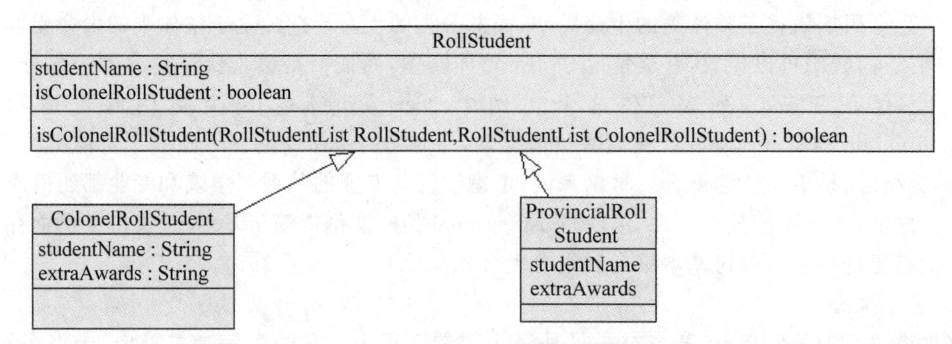

图 1-7 继承箭头说明

在图 1-7 中，继承关系由每个父类的单独的线画出，这是在 IBM Rational Rose 和 IBM Rational XDE 中使用的方法。然而，有一种称为树标记的备选方法可以画出继承关系。当存在两个或更多子类时，如图 1-7 中所示，除了继承线像树枝一样混在一起外，可以使用树形记号。图 1-8 是重绘图 1-7 的继承，但是这次使用了树形记号。

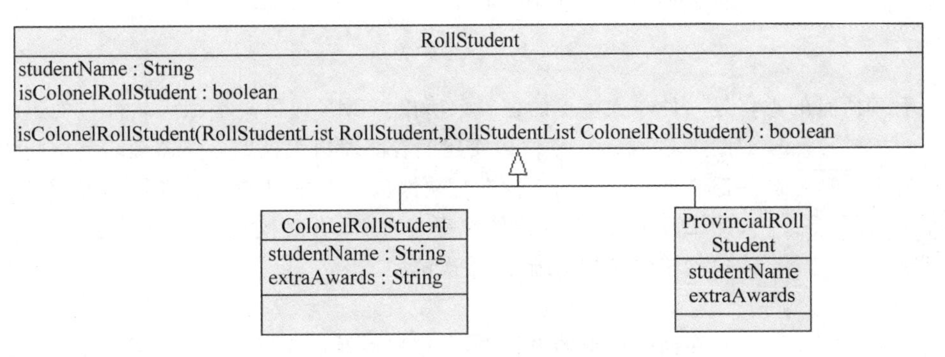

图 1-8　树形记号继承实例

1.3.4　实现

一个类和一个接口不同：一个类可以有它形态的真实实例，然而一个接口必须至少有一个类来实现它。在 UML 2 中，一个接口被认为是类建模元素的特殊化。因此，接口就像类那样绘制，但是长方形的顶部区域也有文本“interface”，如图 1-9 所示。

在图 1-9 中，Scholarship 类实现了 Money 的接口，但并不从它继承。这主要有下面两个原因。

(1) Money 对象作为接口被定义它在对象的名字区域中有“interface”文本，而且我们看到由于 Scholarship 对象根据画类对象的规则(在它们的名字区域中没有额外的分类器文本)标示，所以它们是类对象。

(2) 我们知道继承在这里没有被显示，因为带箭头的线是点线而不是实线。如图 1-9 所示，一条带有闭合的单向箭头的点线意味着实现；正如图 1-7 中所示，一条带有闭合单向箭头的实线表示继承。

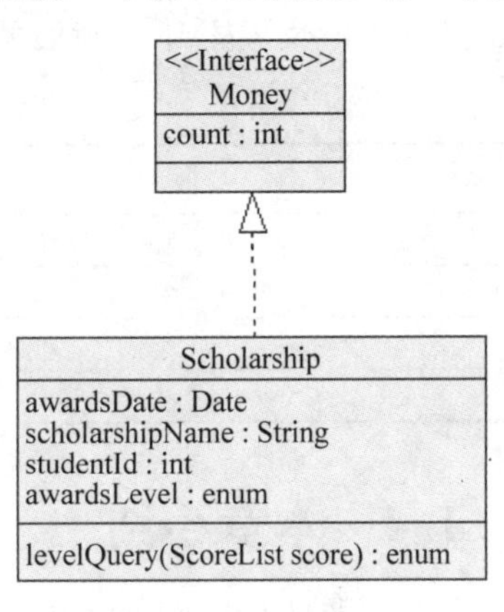

图 1-9　接口类实例

1.3.5　依赖

依赖关系也是类与类之间的联接，依赖总是单向的。依赖关系在 Java 或 C++语言中体现为局部变量、方法的参数或者对静态方法的调用。

```
public Class Student
{
      public void graduateFrom(School school)
     {
           ...
      }
}
```

图示用点线即虚线加实心箭头表示，如图 1-10 所示。

1.3.6　包

如果某人正在为一个大的系统或大的业务领域建模，其模型中将不可避免地会有许多不同的

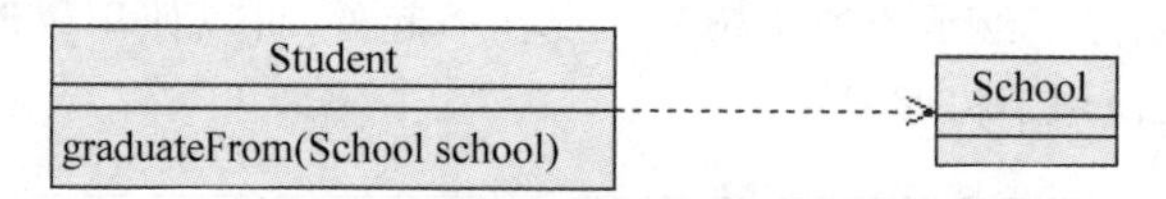

图 1-10　类依赖关系

分类器。管理所有的类将是一件令人生畏的任务。所以，UML 提供一个称为软件包的组织元素，如图 1-11 所示。软件包使建模者能够组织模型分类器到名字空间中，这有些像文件系统中的文件夹。软件包看上去只是对类进行分类，对于一个巨大的工程来说，没有软件包很难理解，有时候还会出现不必要的错误。软件包能够使结构清晰化、层次鲜明。

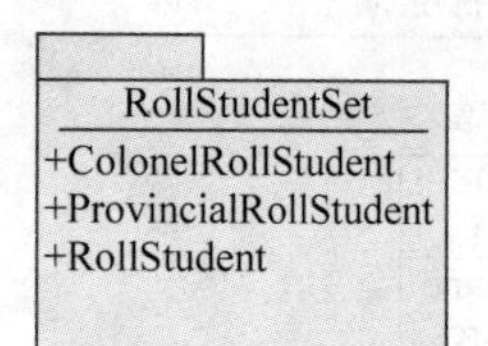

图 1-11　包图

下面简介可见性。

在面向对象的设计中，存在属性及操作可见性的记号。UML 识别 4 种类型的可见性，它们是 public、protected、private 及 package。

UML 规范并不要求属性及操作可见性必须显示在类图上，但是它要求为每个属性及操作定义可见性。为了在类图上的显示可见性，放置可见性标志于属性或操作的名字之前。虽然 UML 指定 4 种可见性类型，但是实际的编程语言可能增加额外的可见性，或不支持 UML 定义的可见性。表 1-2 显示了 UML 支持的可见性类型的不同标志。

表 1-2　UML 支持的可见性类型的标志

标志	可见性类型
+	Public
#	Protected
－	Private
～	Package

1.4　本章小结

面向对象(Object-Oriented，简称 OO)方法作为一种独具优越性的方法正引起全世界软件界越来越广泛的关注和高度的重视，它被誉为“研究高技术的好方法”，更是当前计算机界关心的重点，也是目前软件开发的主要方法之一。面向对象是一个很大的话题。Java 是面向对象的软件开发工具之一。关于面向对象的初学阶段，主要需了解 Java 的核心思想和 Java 中类间关系。

(1) 面向对象的核心思想是 Java 中的对象、类、继承、接口、封装与透明、多态、组合、绑定、消息，理解这些思想可以帮助读者学习 Java 的课程内容。

(2) 类间关系是面向对象的重要内容之一，包括关联、聚合、继承、实现、依赖和包等。

第2章

Java是什么

温馨提示：本章是知识普及性的内容。如果读者已经具备这方面知识，可以跳过本章内容，直接阅读后续内容。如果阅读本章的过程中有不理解的，不要着急，后面章节将有详细介绍。

2.1 Java程序设计语言

2.1.1 什么是程序设计语言

程序设计语言是一门计算机程序的语言，就像自然语言有英语、日语、法语等一样，只是使用的方法和范围不同，句法格式也完全不相同。程序设计语言都有着自己的语法和格式，有自己的标识符、关键字及使用规则。这里的语法相当于程序代码间的组合规律。一门好的程序设计语言还要有较完善的文档，便于用户参考和修改。

程序设计语言说得简单点也就是一系列计算机符号。如果翻译成机械语言，则是计算机二进制编码。对计算机工作人员来说，程序设计语言是工作的核心，没有计算机语言就不会有程序员的存在。一门好的程序设计语言能够高效地利用计算机资源。

程序设计语言有语法、语义和语用3个要素。语法表示各个符号之间的组合规则，语义表示每个符号的含义，语用则表示程序和使用者之间的关系。

例如，下述循环结构：

```
if (表达式)
{
    语句 1
    语句 2
    …
}
```

其中，语法是指在使用if条件语句时必须遵循上述语法结构；语义是指表达式，说明执行循环语句所需要满足的条件；语用是指在何种情况下，如何使用条件语句，附加条件是什么等。

程序设计语言分为解释型和编译型。就使用来说，由于某方面功能比较强大，被用于特殊用途。例如，PHP(HTML＋PHP)适合用来做网页，C++适合用来编写客户端应用，Java则适合于网络软件开发等。

按照用户要求还可分为过程化和非过程化。过程化语言侧重算法和数据结构，非过程化语言则侧重构造对象模型。

程序设计语言的基本成分有数据(如各种数据类型)、运算符(＋、－、*、/等)、控制结构(顺序、选择、循环结构等)。此外还包含运算和输入输出控制等。

程序设计语言除了技术特性外，还有开发工具的可利用性、可移植性、软件的可重用性等，我们称之为工程特性。从编码的设计到运行之间，基本上都是计算机工作人员占主导地位，选择开发语言和运行平台，以达到提高效率和盈利。因此，程序设计语言具有被动性。

2.1.2 程序设计语言发展历史

程序设计语言的发展经历了其很长的发展历程。最初的程序设计语言仅由二进制编码组成，是计算机唯一可以识别的语言，编程人员只能有顶尖端的科学家才能够担任。当初人们只是用烦琐的二进制代码和计算机进行交流，后来发展出便于人们理解和记忆的汇编语言，汇编语言将二进制代码符号化，使得其更容易理解、调试和维护。目前程序设计语言已发展成一定规模和结构体系的高级语言，它让程序员可以更方便地实现程序算法。

高级程序设计语言已经成为程序设计语言的主体。汇编语言在工程控制程序应用中是非常广泛的，学习过程相对要难一些，可读性也较差。但是，汇编语言的执行效率相比较高级程序设计语言还是高出很多，特别在一些实时性要求较高的系统，例如，在工业控制开发、实时监控等方面有很大的优势。高级程序设计语言已成为现在主流的程序语言，其特点是简单易懂、可读性强，对开发人员的要求相对降低，容易学习，利于信息化技术的发展。

最早的一代程序设计语言是机器语言，它是由二进制代码组成的指令集合，是唯一计算机能直接识别的语言，它的运算能力很差，执行效率也很低，其运算能力还比不上目前使用的计算器。

汇编语言用助记符代替了指令代码，使其符号化。其实质和机器语言是一致的，都是直接对硬件操作。但它不能直接在计算机上执行，要转换成机器指令代码。汇编语言除了具备机器语言质量高、执行速度快、占存储空间小的优点外，可读性也较机器语言有所提高。但是其通用性和可移植性还是很差。

第三代语言就是所谓的高级语言(VB、Delphi、C++、C＃、Java 等)。高级语言不能直接在计算机上运行，需要通过编译程序将可执行代码转换为机器代码，或者通过解释程序逐行转换为机器语言，边转换边执行。利用高级语言编写程序，直观性强，而且其可移植性强，大大地提高了开发效率。执行效率比起汇编语言要差一些，但其优点是不可代替的。并且随着操作系统、内存和硬盘的不断优化，高级语言的弱势能逐渐弱化，保证了高级语言的执行效率使得应用成为可能。

第四代语言是面向问题的非过程化程度较高的语言，它是面向数据库的(Structured Query Language，简称 SQL)，是适应商业需求的产物，抽象化程度较高。当然，占用的资源也比较大，执行效率也没有第三代高。第四代语言代码量明显减少，语言结构更加人性化。

第五代语言是人工智能、是最贴近生活的语言，但是目前正在研发当中。要具有真正的市场空间，需要一段时间的研究和开发。

在这五代语言中，后三代较之前面的两代没有明确的界限，它们仍然在共同发展。

2.2 Java 发展历史

20 世纪 90 年代初期，Java 就开始酝酿了。Java 的前生为 Oak，当时 Sun 公司正在做一个 Green 的项目，用 C++做起来比较烦琐，所以就在其基础上开发了新的语言，称为 Oak。但在当时 Oak 已经被注册，更名的时候想起平时经常喝的咖啡，那种咖啡就叫 Java，所以就用 Java 做该语言的名称。Java 语言正式诞生于 1995 年，创始人是 James Gosling。当时的 Applet 小程序风靡一时，迎来了互联网的春天。Sun 公司又将 Java 语言设计升级为可以针对移动平台、桌面系统、企业级应用进行开发的综合平台，极大地提高了 Java 语言的生产力。从开始到现在，JDK 的版本也经历了许多代，由原先的 Java 1.0(1995 年)到现在的 Java 7(从 Java 1.5 开始称为 Java 5)，许多功能得以完善和发展。在JDK发展到版本Java 6的时候,Sun公司被Oracle公司收购了。但是,这并不影响Java作为一门优秀的语言而继续发展下去。

Java发展历程中的3个发展方向如下所述:

(1) Java SE(Standard Edition)。对应于桌面开发,可以开发基于控制台或图形界面的应用程序。Java SE中包括Java的基础类库,也是进一步学习其他两个分支的基础。

(2) Java ME(Micro Edition)。对应于移动平台如手机、PDA等设备的开发,因为这类设备的硬件差异很大,而Java恰恰具有平台无关的特性,同样的Java代码可以在不同的设备上运行,所以在移动平台开发中,Java ME非常流行。从技术角度上可以认为Java ME是经过改变的Java SE的精简版。

(3) Java EE(Enterprise Edition)。对应于企业级开发,包括B/S架构开发、分布式开发、Web服务等非常丰富的应用内容,在软件开发企业中被大量的应用,开发者需要掌握Java语言的语法、面向对象的思想、JSP/Servlet技术、JDBC技术、Ajax技术、设计模式思想、XML技术、开源框架、Web Service技术、EJB和JPA技术、数据库技术等。图2-1描述了Java EE、Java SE和Java ME 3种技术的关系。

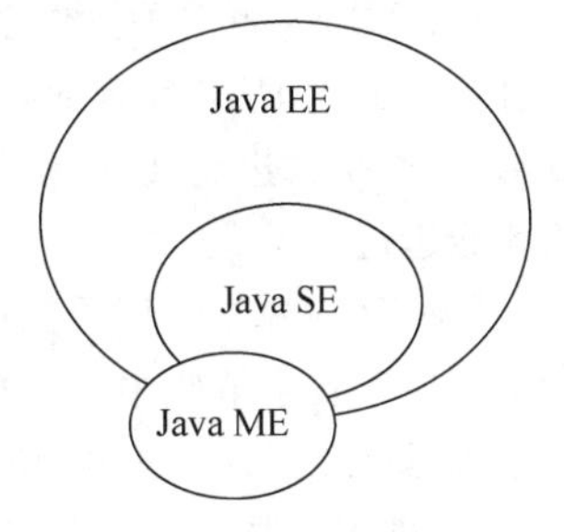

图2-1 Java EE、Java SE和Java ME 3者关系

2.3 Java跨平台原理

Java跨平台原理是通过其虚拟机(Java Virtual Machine,简称JVM)实现的。

2.3.1 高级程序编译原理

编译是把高级语言翻译成低级语言的过程,所有的高级语言必须通过编译过程才能很好地执行。

图2-2是高级语言编译过程图。高级语言程序的编译过程是源程序通过多阶段编译,使其逐渐接近机器语言,最终翻译成机器语言(目标程序)。

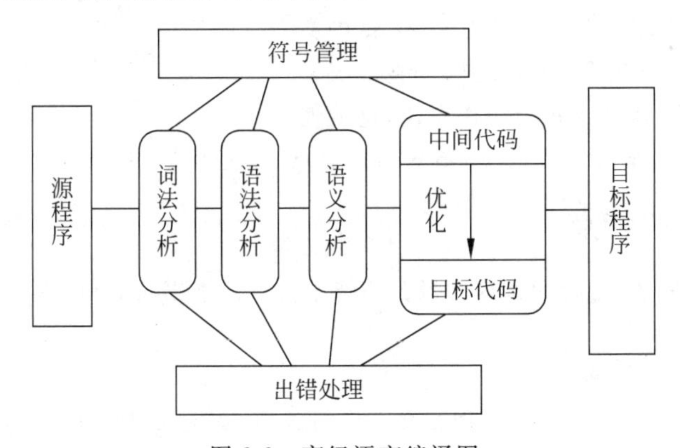

图2-2 高级语言编译图

其中:

- 符号管理:用来存放符号;
- 词法分析:分解成独立意义的单词;
- 语法分析:识别语法单位,检查其正确性;
- 语义分析:查询每个语法单位的语义,用中间代码描述;
- 中间代码优化成目标代码:对中间代码进行优化,并转化为绝对指令代码或汇编代码;
- 出错处理:在编译的各个阶段提供出错处理。

一般情况下，计算机程序的执行过程都是使用编译和解释相结合的方式进行。完全的解释和编译是极端情况，很少使用。采用哪一种处理方式也是由语言和环境所决定的。

2.3.2 Java跨平台原理

所谓的跨平台是指软件程序不依赖于操作系统和硬件设施，即在一个操作系统下开发的软件在其他任何操作系统下均可运行。例如，Java程序就是在Windows环境下编译后，可以直接在Linux和UNIX等多种操作系统上运行。Java是一种跨平台程序设计语言。它的可移植性主要是通过其虚拟机JVM实现的，在高级语言和机器语言之间加上“中间件”(JVM)。Java源代码先通过编译，产生二进制文件，但是不能直接在操作系统上运行，需要通过“中间件”(JVM)转化为机器码才能运行。

Java是一种先编译后执行的语言。Java编译器将Java源程序翻译为字节码，并将所有对符号的引用保存在字节码中。由解释器在运行时创建内存布局并获取符号地址。解释器执行时，先由类装载器(Class Loader)将所需执行代码装入，包括被调用的代码。这时，代码分布在不同的空间，称为包，即通过导入包名共享代码。这样，既保证代码间互不影响，又可获得较高的运行效率。解释器在类装载器装载完代码后便开始确定代码的内存布局，建立符号和内存地址的引用。随后，校验器便开始校验代码是否有误。通过校验，代码便可开始执行。

一处编译处处运行是跨平台的具体表现，它通过植入各系统中的Java虚拟机JVM来支持。图2-3描述Java的跨平台原理：其中3个OS为不同操作系统，即平台。JVM和标准类库构成Java运行平台JRE(Java Runtime Environment)。

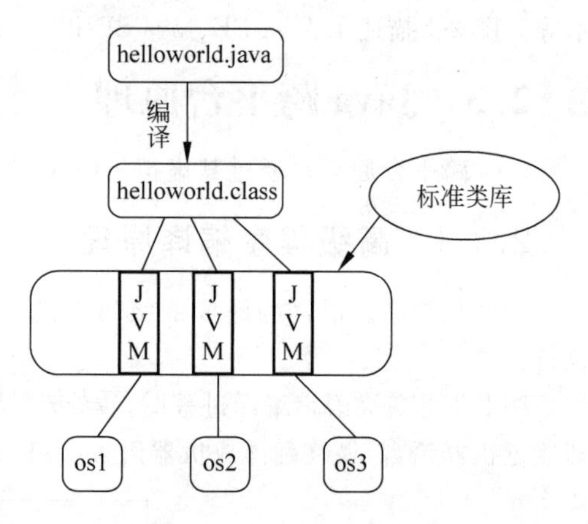

图2-3 Java跨平台原理

Java是编译型和解释型的集合，后缀名为*.java的文件可以通过编译生成一个后缀名为*.class的文件。但是，这个文件必须在JVM上运行。值得庆幸的是，Java提供的JVM能植入每个操作系统，这就使得Java程序能在任何操作系统(Operation System，OS)上运行。

2.3.3 Java的特点

Java之所以备受关注，是因为其具有很多的技术优点。本书将简单介绍Java的特点。

1. 简单

Java语言简单，学习方便。

(1) Java的风格类似于C++，从某种意义上讲，Java语言是C及C++语言的发展版本，只要具有C++和C语言甚至类似程序语言的人都可以很轻松地学习Java。

(2) Java摒弃了C++和C语言中容易引发程序错误的地方，如指针和内存管理，提高了系统的稳定性。

(3) Java提供了丰富的类库，减少了编程人员的工作量。

2. 面向对象

面向对象可以说是Java最重要的特性。Java语言的设计完全是面向对象的，它不支持类似C语言那样的面向过程的程序设计技术。Java支持静态和动态风格的代码继承及重用。

3. 分布式

Java包括一个支持HTTP和FTP等基于TCP/IP协议的子库，因此为分布环境开发和Internet提供了一系列的动态内容。刚好Java能够使我们很容易地实现这项目标。

4. 健壮

Java致力于检查程序在编译和运行时的错误。类型检查帮助检查出许多开发早期出现的错误。Java操纵内存减少了内存出错的可能性。Java还实现了真数组，避免覆盖数据的可能。这些功能特征大大地缩短了开发Java应用程序的周期。Java还提供Null指针，检测数组边界检测异常出口字节代码校验。

5. 结构中立

为了建立Java作为网络编程的一个整体，Java将它的程序编译成一种结构中立的中间文件格式。只要有Java运行系统的机器都能执行这种中间代码。Java源程序被编译成一种高层次的、与机器无关的字节码(byte-code)格式语言，这种语言被设计在虚拟机上运行，由机器相关的运行调试器实现执行。

6. 安全

Java的安全性可从两个方面得到保证。一方面，在Java语言中，指针和释放内存等C++原有功能被删除，从而避免非法内存操作；另一方面，当Java用来创建浏览器时，语言功能和浏览器本身提供的功能结合起来，使它更安全。

7. 可移植性

同体系结构无关的特性使得Java应用程序可以在配备Java解释器和运行环境的任何计算机系统上运行，这成为Java应用软件便于移植的良好基础。

8. 解释性语言

Java解释器(运行系统)能直接运行目标代码指令。链接程序通常比编译程序所需资源少，所以程序员可以在创建源程序上花上更多的时间。

9. 高性能

如果解释器速度不慢，Java可以在运行时直接将目标代码翻译成机器指令。Sun公司使用直接解释器一秒钟内可调用300 000个过程。

10. 多线程

多线程功能使得在一个程序里可同时执行多个小任务。线程有时也称小进程，是一个大进程里分出来的小的独立的进程。多线程带来的更大好处是更好的交互性能和实时控制性能。当然，实时控制性能还取决于系统本身(UNIX、Windows等)，在开发难易程度和性能上都比单线程要好。任何用过浏览器的人都感觉到为调一幅图片而等待是一件很烦恼的事情。在Java里，可用一个单线程来调一幅图片，而程序可以访问HTML里的其他信息而不必等调用图片的线程。

11. 动态

Java的动态特性是其面向对象设计方法的发展。它允许程序动态地装入运行过程中所需要的类。Java编译器不是将对实例变量和成员函数的引用编译为数值引用，而是将符号引用信息在字节码中保存并传递给解释器，再由解释器在完成动态链接类后，将符号引用信息转换为数值偏移量。这样，一个在存储器生成的对象不在编译过程中决定，而是延迟到运行时由解释器确定的。因此，对类中的变量和方法进行更新时就不至于影响现存的代码。解释执行字节码时，这种符号信息的查找和转换过程仅在一个新的名字出现时才进行一次，随后代码便可以全速执行。在运行时确定引用的好处是可以使用已被更新的类，而不必担心会影响原有的代码。如果程序连接了网络中另一系统中的某一类，该类的所有者也可以自由地对该类进行更新，而不会使任何引用该类的程序崩溃。Java还简化了使用一个升级的或全新的协议的方法。如果系统运行Java程序时遇到了不知怎样处理的程序，没关系，Java 能自动下载所需要的功能程序。

2.4 Java 开发环境搭建

JDK 版本：JDK 1.0(Java 正式诞生标志)、JDK 1.1、JDK 1.2、JDK 1.3、JDK 1.4、JDK 1.5(也叫 Java 5，从 1.5 开始就称作 Java 5)、Java 6、Java 7。

JDK 基本组件如下。

- 编译器(javac)：将源程序转换为字节码。
- 打包工具(jar)：将多个 *.class 文件打包成后缀名为.jar 或者.rar 的文件。
- 文档生成器(javadoc)：根据源代码生成 java 文档，使程序一目了然。
- 执行(java)：将编译完成的 *.class 文件在 JVM 上转化并执行。

2.4.1 JDK 安装

安装步骤如下。

① 输入网址“http://java.sun.com/j2se/1.4.2/download.html”进入 JDK 1.4 下载界面，如图 2-4 所示。

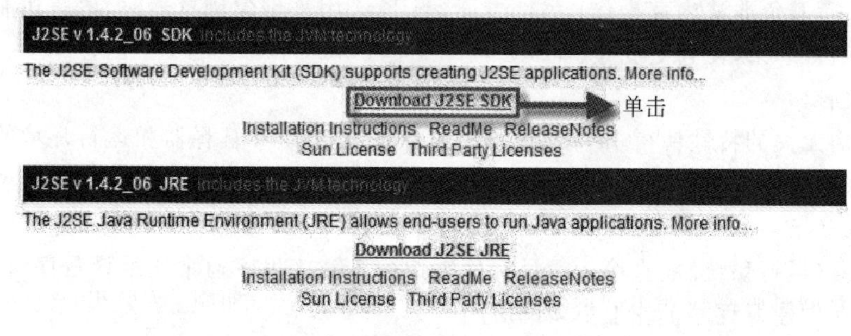

图 2-4 J2SE SDK 下载界面

② 单击图 2-4 中的 Download J2SE SDK 按钮，显示如图 2-5 所示的界面。

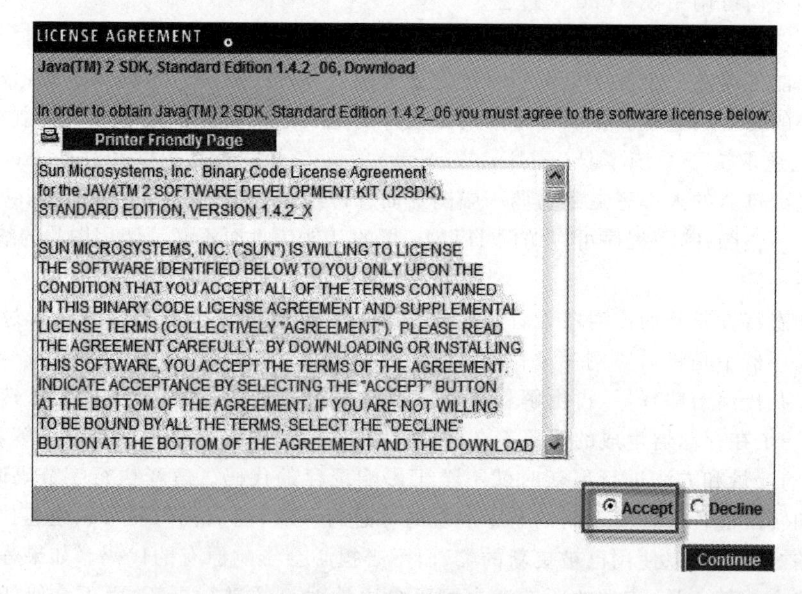

图 2-5 安装协议界面

③ 在图 2-5 所示界面中，选中 Accept 单选按钮，再单击 Continue 按钮，显示如图 2-6 所示的界面。

Java(TM) 2 SDK, Standard Edition 1.4.2_06　　Click below to download

Windows Platform
Windows Offline Installation, Multi-language (j2sdk-1_4_2_06-windows-i586-p.exe, 51.59 MB)
Windows Installation, Multi-language (j2sdk-1_4_2_06-windows-i586-p-iftw.exe, 356.00 KB)

Linux Platform
RPM in self-extracting file (j2sdk-1_4_2_06-linux-i586-rpm.bin, 33.63 MB)
self-extracting file (j2sdk-1_4_2_06-linux-i586.bin, 34.73 MB)

Solaris SPARC Platform
32-bit self-extracting file (j2sdk-1_4_2_06-solaris-sparc.sh, 35.32 MB)
32-bit packages - tar.Z (j2sdk-1_4_2_06-solaris-sparc.tar.Z, 60.10 MB)
64-bit self-extracting file (j2sdk-1_4_2_06-solaris-sparcv9.sh, 5.04 MB)
64-bit packages - tar.Z (j2sdk-1_4_2_06-solaris-sparcv9.tar.Z, 6.77 MB)

Solaris x86 Platform
self-extracting file (j2sdk-1_4_2_06-solaris-i586.sh, 33.65 MB)
packages - tar.Z (j2sdk-1_4_2_06-solaris-i586.tar.Z, 58.13 MB)

Windows IA64 Platform
Windows 64-bit (j2sdk-1_4_2_06-windows-ia64.exe, 30.47 MB)

Linux IA64 Platform
RPM in self-extracting file (j2sdk-1_4_2_06-linux-ia64-rpm.bin, 32.60 MB)
self-extracting file (j2sdk-1_4_2_06-linux-ia64.bin, 33.62 MB)

图 2-6　选择安装版本界面

④ 图 2-6 中列出各平台下的 JDK 版本，其中 Windows 版有两种安装方式，一种是完全下载后再安装，一种是在线安装。此处选择第一种方式，在如图 2-6 所示中选择 Windows 版本。

⑤ 下载完成后，双击图标进行安装，安装过程中可以自定义安装目录等信息，如选择安装目录为 D：\jdk1.4。

以下步骤为配置 JDK 环境变量。

⑥ 右击"我的电脑"，在弹出的快捷菜单中单击"属性"选项，如图 2-7 所示。

⑦ 在打开的"系统属性"对话框中选中"高级"选项卡，单击"环境变量"按钮，如图 2-8 所示。

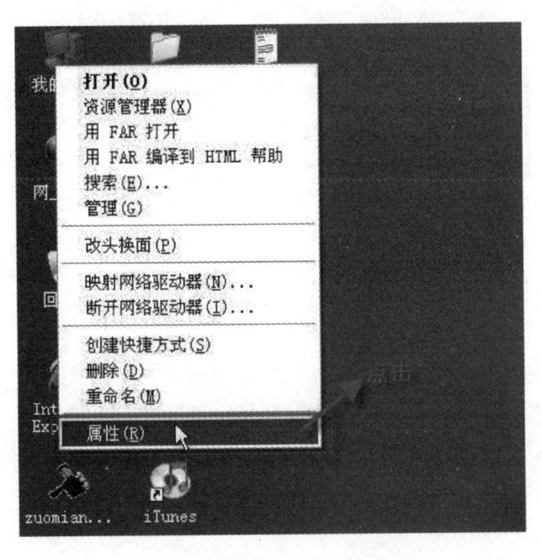

图 2-7　选择安装配置

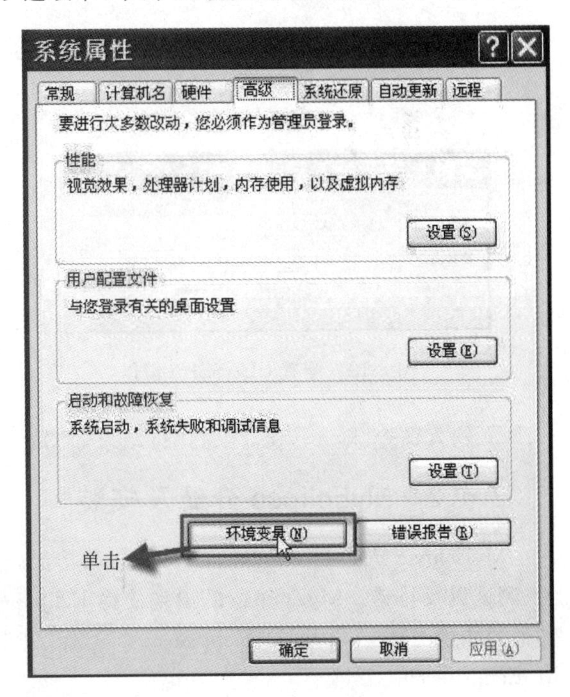

图 2-8　选择环境变量

⑧ 在“环境变量”对话框的“系统变量”中设置3项属性，即JAVA_HOME、PATH和CLASSPATH(大小写无所谓)。若已存在，则单击“编辑”按钮；若不存在，则单击“新建”按钮，如图2-9所示。

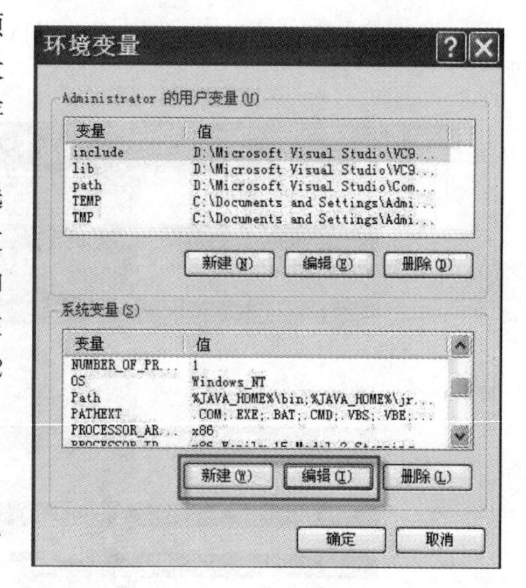

图2-9 选择环境配置

⑨ JAVA_HOME指明JDK安装路径，它是所选择的路径D：\jdk1.4，此路径下包括lib、bin、jre等文件夹(此变量最好设置，因为以后运行Tomcat和Eclipse等都需要依靠此变量)；Path使得系统可以在任何路径下识别Java命令，设置如图2-10～图2-12所示。

```
%JAVA_HOME%\bin;%JAVA_HOME%\jre\bin
```

CLASSPATH为Java加载类(class or lib)路径，只有类在classpath中，Java命令才能识别设为：

```
.;%JAVA_HOME%\lib;%JAVA_HOME%\lib\tools.jar
```
(要加.表示当前路径)

%JAVA_HOME%就是引用前面指定的JAVA_HOME。

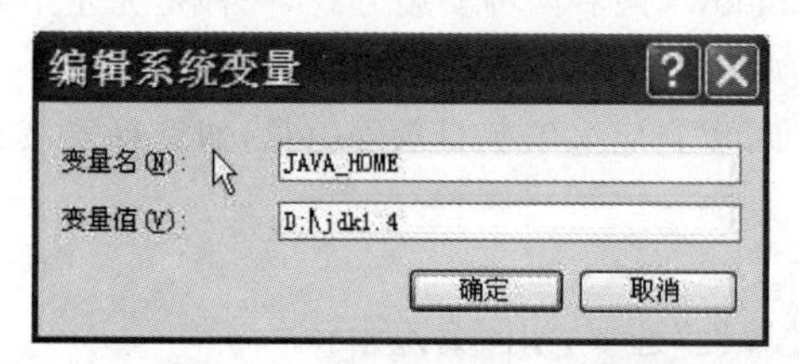

图2-10 配置JAVA_HOME

图2-11 配置Path

⑩ 单击菜单“开始”|“运行”，在打开的“运行”对话框中输入“cmd”，如图2-13所示。

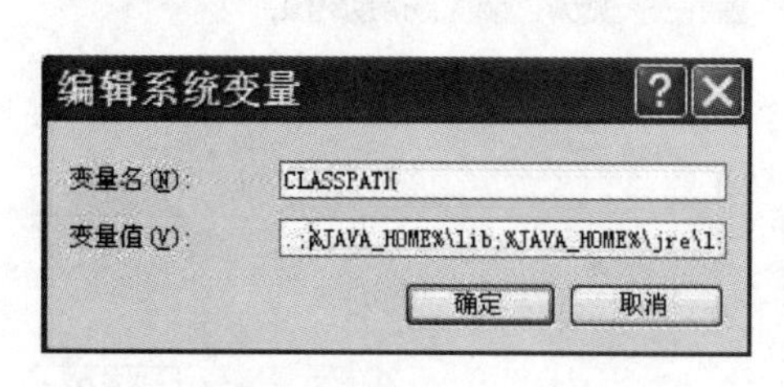

图2-12 配置CLASSPATH

图2-13 运行测试

⑪ 输入命令“java -version”，执行结果如图2-14所示，说明环境变量配置成功。

2.4.2 MyEclipse介绍及安装

MyEclipse是Eclipse的插件，也是一款功能强大的Java EE集成开发环境，支持代码编写、配置、测试以及排错。MyEclipse的出现使得Eclipse不仅仅局限于Java SE方向的开发，也可以作为其他架构的开发。自从MyEclipse 5.0之后，安装的MyEclipse集成了Eclipse，所以只需安装MyEclipse即可。

MyEclipse功能强大，必然会有额外的缺陷，那就是运行速度慢，内存占用率大，但是它也是

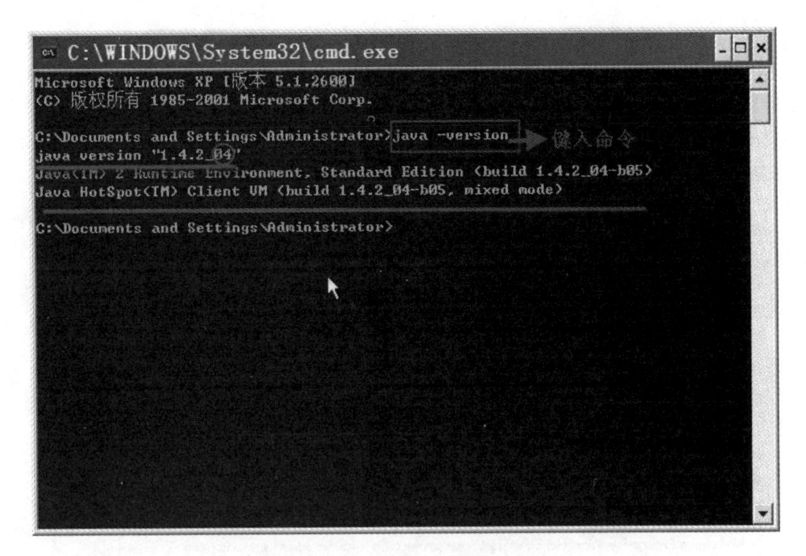

图 2-14　运行成功

Java EE 开发不可或缺的。以下是安装 MyEclipse 的基本步骤。

① 下载 MyEclipse，版本是 Myeclipse-8.6.1-win32.exe。

② 运行安装程序，安装启动界面如图 2-15 所示，可并选择安装路径。

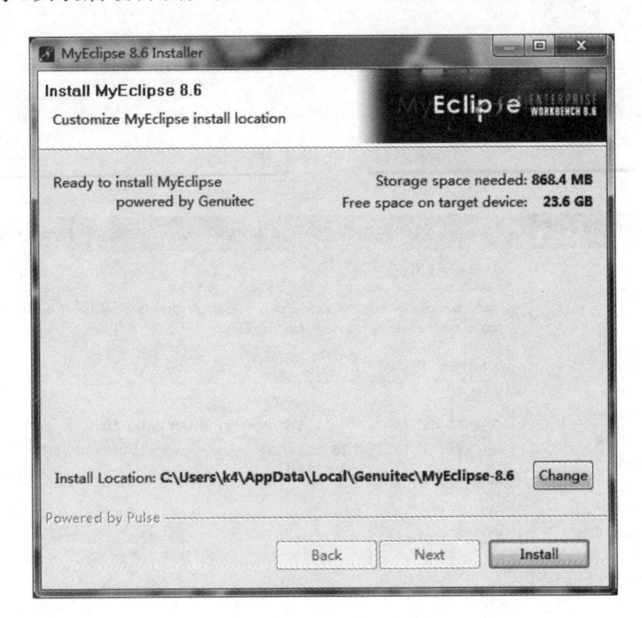

图 2-15　安装路径选择

③ 在图 2-15 中改变所需安装路径后，单击 Install 按钮，安装启动界面如图 2-16 所示。

④ 系统打开如图 2-17 所示的对话框，可在其中选择工作空间。选择工作空间完成后，单击 OK 按钮，则显示如图 2-18 所示界面。

⑤ 配置环境。先设置 MyEclipse，使得 MyEclipse 用到的 JDK 是刚才安装好的 JDK（MyEclipse 自带了 JDK）。选择菜单 Preferences | Java | Installed JREs，单击 Add 按钮，添加 Standard VM，将安装好的 JDK 路径导进去，则会出现 JDK 1.7.0 被选中，单击 OK 按钮，就完成配置，如图 2-18 所示。

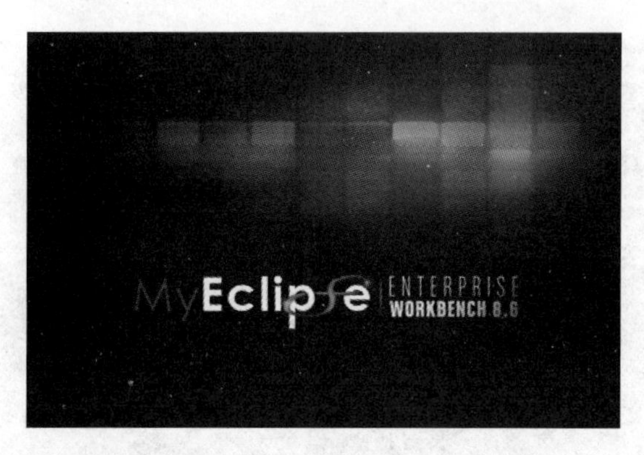

图 2-16　安装启动界面

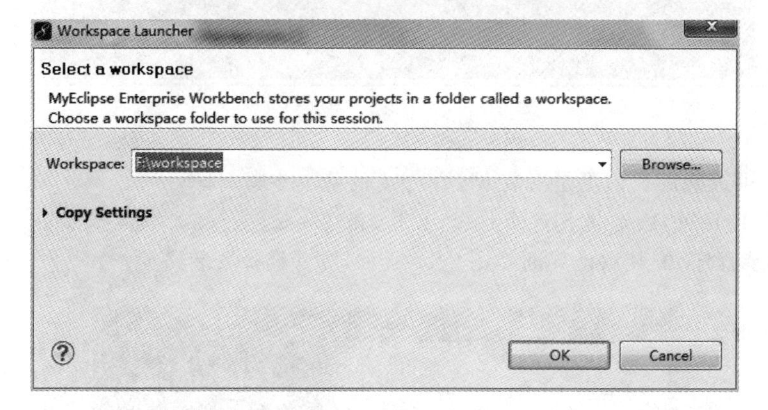

图 2-17　选择工作空间

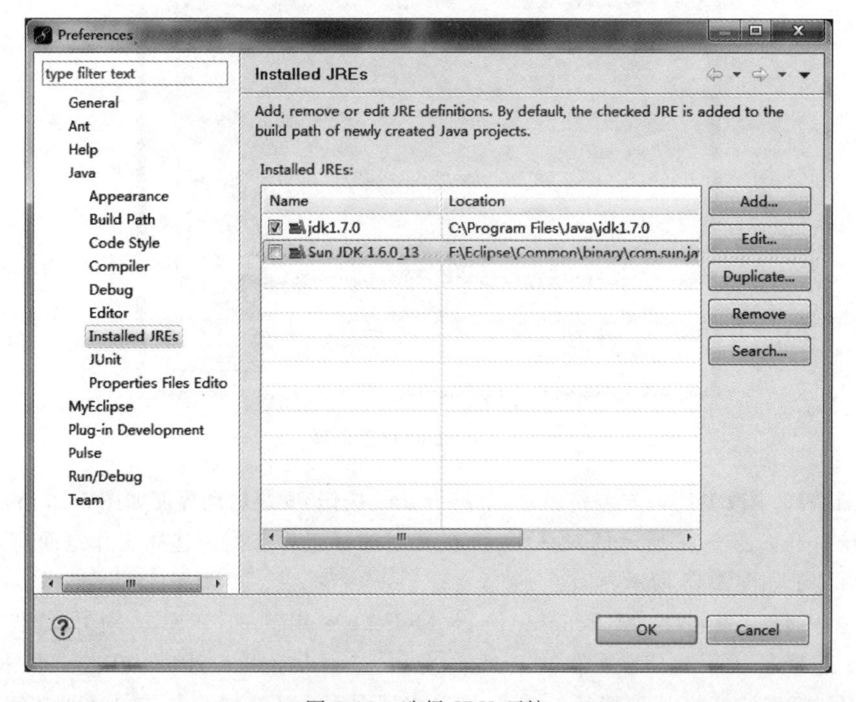

图 2-18　选择 JDK 环境

⑥ 创建工程，选择菜单 File|New|Java Project，如图 2-19 所示，输入工程名称，选择工程文件工作空间，选择 JDK 版本等。

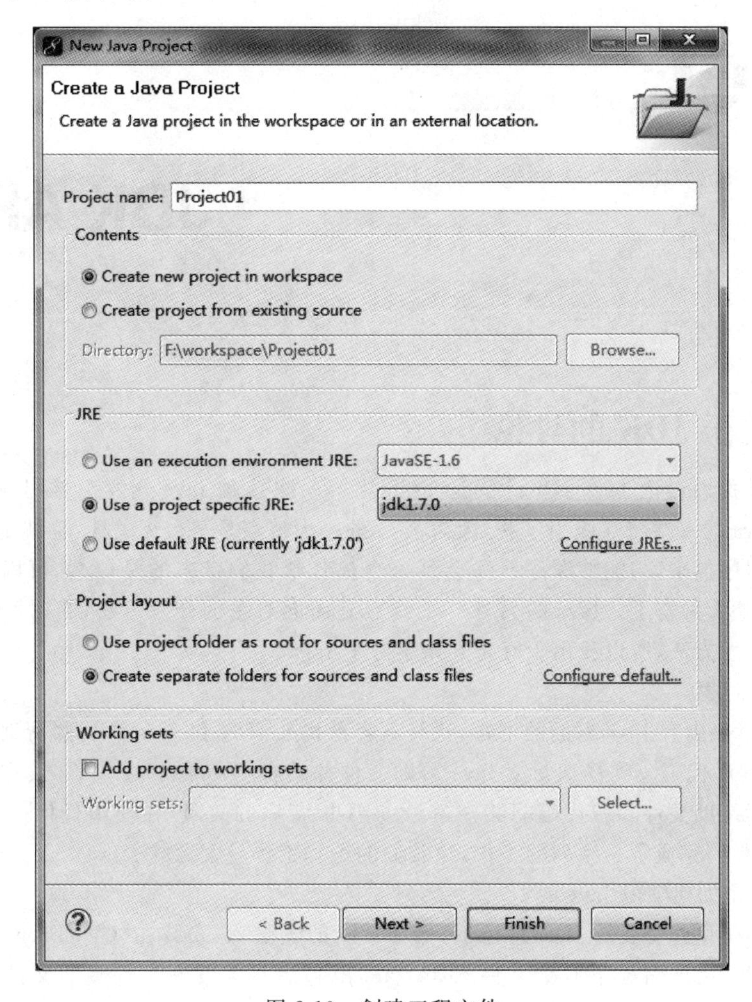

图 2-19　创建工程文件

JRE 选项选择 JDK 1.7.0，输入项目名称，单击 Finish 按钮，出现如图 2-20 所示的界面。

图 2-20　工程文件视图

2.5　本章小结

本章主要介绍了程序语言的特点，程序语言的发展过程，说明 Java 语言具有应用较为广泛、执行效率高、可移植性强等特点，Java 并且是目前网络开发语言的主流。Java 语言是跨平台、一处编译处处运行的优秀开发语言工具，因此本章还介绍了 Java 跨平台原理。最后，本章分别介绍了安装 JDK 和 MyEclipse 的整个过程，为后续的学习和案例实践做了必要的准备工作。

第3章 JDK API介绍

3.1 关于 JDK 的讨论

晨落：今天我们讨论 Java JDK。我是 1998 年第一次接触 Java 开发工具(Java Development Kit,JDK)的,Java 的一些特点吸引了我,因为 Java 的一大特点是平台无关性,也就是说一处编译处处运行。对于程序员来说,能够深深地体会到这个福音给我们带来的是什么,可以做到编程不考虑操作系统,太令人振奋了。Java 的另外一个特点是面向对象的开发方法,当时面向对象的开发方式不是主流开发方法,所以我出于好奇开始学习了 Java。

洪杨俊：然后呢?

晨落：当时,很少有 Java 方面的书籍,我好不容易找来 JDK 和 Java 的一些帮助文件以及 JDK 自带的 Java 源程序代码。我仔细阅读 Java 帮助文件并结合 JDK 源程序代码,发现有许多奥妙在里面。通过阅读帮助文件和源代码能够知道 Java JDK 背后的故事,在使用任何一个 Java 函数的时候,Java 帮助我们完成了一系列的工作,让我们的编程工作量大大减少。

洪杨俊：你是如何学习 Java 的?

晨落：JDK 在我们安装的 JDK 路径下,例如,"我的电脑"是安装在"C：\Program Files\Java\jdk1.6.0_10 "下,在该路径下有个文件 SRC.ZIP,解包后将会发现文件夹的文件夹结构内容与 JDK 包完全一致。

洪杨俊：这些代码和 JDK 类库中的实现是一致的吗?

晨落：是完全一致,类库中的.class 文件其实就是用这些源代码文件编译生成的。

洪杨俊：在 Java 学习中用到的数据类型、函数、方法等都能够找到其对应 Java 源代码吗?

晨落：是的,完全可以找到,例如,我们在 Java 中定义的数据类型 Integer,就在"\src\Java\lang\Integer.Java"这个类文件中。打开类文件可以读到关于 Integer 的相关 Java 代码实现,如图 3-1 所示。

通过图 3-1 可以看出,关于 Integer 的 Java 类是如何实现的,例如,在不少教材中描述 Integer 数据的取值范围是−2 147 483 648 到 2 147 483 648,在源代码中可以找到相应的方法,以实现这个数据范围的校验。图 3-2 中的代码就是 Integer 最大值和最小值的判断处理代码片段。

洪杨俊：这么多类库和函数,难道您全部阅读了吗?

晨落：哈哈,不可能的事,我告诉你的意思是,我们需要了解 Java 的实现机制,JDK 中所包含的主要类库有哪些,至少在学习 Java 的时候能够明确 JDK 类库,必要时分析源代码,理解 Java 中的相关类库的使用方法。

洪杨俊：如何划分? 你可以帮我列出重要的部分吗?

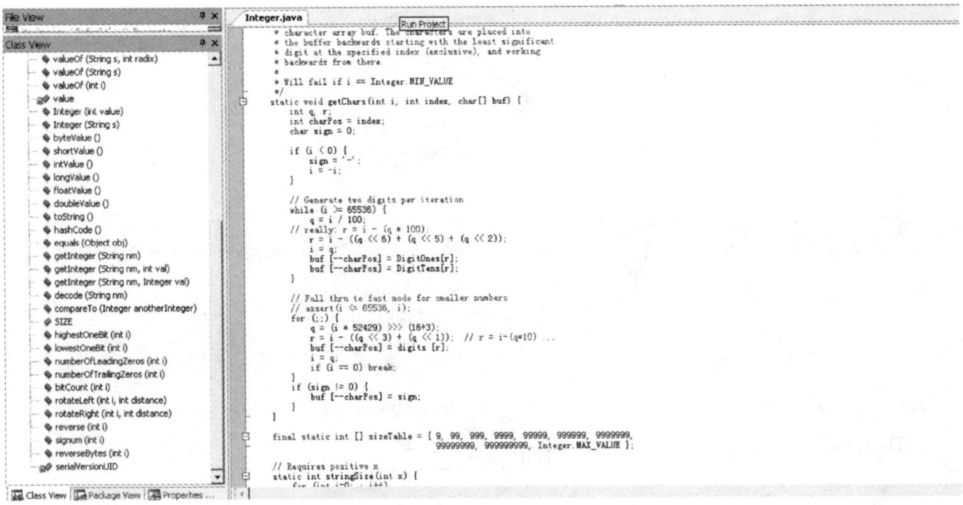

```java
     * character array buf. The characters are placed into
     * the buffer backwards starting with the least significant
     * digit at the specified index (exclusive), and working
     * backwards from there.
     *
     * Will fail if i == Integer.MIN_VALUE
     */
    static void getChars(int i, int index, char[] buf) {
        int q, r;
        int charPos = index;
        char sign = 0;

        if (i < 0) {
            sign = '-';
            i = -i;
        }

        // Generate two digits per iteration
        while (i >= 65536) {
            q = i / 100;
        // really: r = i - (q * 100);
            r = i - ((q << 6) + (q << 5) + (q << 2));
            i = q;
            buf [--charPos] = DigitOnes[r];
            buf [--charPos] = DigitTens[r];
        }

        // Fall thru to fast mode for smaller numbers
        // assert(i <= 65536, i);
        for (;;) {
            q = (i * 52429) >>> (16+3);
            r = i - ((q << 3) + (q << 1));  // r = i-(q*10) ...
            buf [--charPos] = digits [r];
            i = q;
            if (i == 0) break;
        }
        if (sign != 0) {
            buf [--charPos] = sign;
        }
    }

    final static int [] sizeTable = { 9, 99, 999, 9999, 99999, 999999, 9999999,
                                      99999999, 999999999, Integer.MAX_VALUE };

    // Requires positive x
    static int stringSize(int x) {
```

图 3-1 Integer类的Java代码

```java
public static int parseInt(String s, int radix)
    throws NumberFormatException
{
    if (s == null) {
        throw new NumberFormatException("null");
    }

if (radix < Character.MIN_RADIX) {
    throw new NumberFormatException("radix " + radix +
                    " less than Character.MIN_RADIX");
}

if (radix > Character.MAX_RADIX) {
    throw new NumberFormatException("radix " + radix +
                    " greater than Character.MAX_RADIX");
}

int result = 0;
boolean negative = false;
int i = 0, max = s.length();
int limit;
int multmin;
int digit;

if (max > 0) {
    if (s.charAt(0) == '-') {
    negative = true;
    limit = Integer.MIN_VALUE;
    i++;
    } else {
    limit = -Integer.MAX_VALUE;
    }
    multmin = limit / radix;
    if (i < max) {
    digit = Character.digit(s.charAt(i++),radix);
    if (digit < 0) {
        throw NumberFormatException.forInputString(s);
    } else {
        result = -digit;
    }
```

图 3-2 Integer类型最大值和最小值的代码实现

晨落：我将Java基础阶段需要掌握的Java类库做了个总结，并且以树形结构的形式表现出来，如图3-3所示。只要我们能够按照这个树形图归纳出这些包中包含的类，知道它们能够完成哪些功能，并在开发过程中快速地查询这些函数的使用就足够了。

洪杨俊：有特别说明吗？

晨落：有以下几个包需要熟悉使用，即Java.lang、Java.util、Java.sql、Javax.sql和Java.io，其他

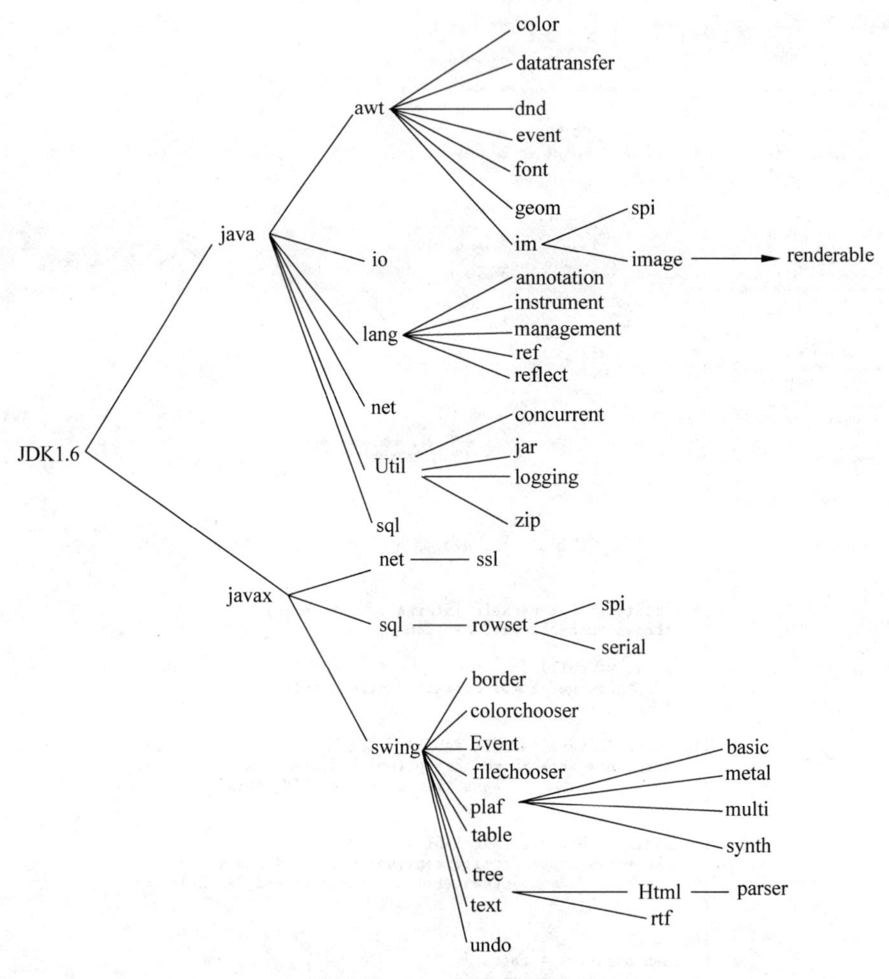

图 3-3 Java JDK 结构图

包在使用时能很快检索就行。总之,通过了解这些类库,能够帮助人们快速学习 Java。

3.2 JDK 基础类型介绍

JDK 提供利用 Java 编程语言进行程序设计的基础类。最重要的类是 Object(它是类层次结构的根)和 Class(它的实例表示正在运行的应用程序中的类)。

把基本类型的值当成一个对象来表示通常很有必要。包装器类 Boolean、Character、Integer、Long、Float 和 Double 就是用于这个目的。例如,一个 Double 类型的对象包含了一个类型为 Double 的字段,这表示如果引用某个值,则可以将该值存储在引用类型的变量中。这些类还提供了大量用于转换基值的方法,并支持一些标准方法,例如 equals 和 hashCode。Void 类是一个非实例化的类,它保持一个对表示基本类型 Void 的 Class 对象的引用。

类 Math 提供常用的数学函数,比如正弦、余弦和平方根。类似地,类 String 和 StringBuffer 提供常用的字符串操作。

类 ClassLoader、Process、Runtime、SecurityManager 和 System 提供了管理类的动态加载、外部进程创建、主机环境查询(比如时间)和安全策略实施等"系统操作"。

类 Throwable 包含可能由 throw 语句抛出的对象。Throwable 的子类表示错误和异常。

JDK 源代码路径为"SRC\Java\lang"。

3.3　数据集合及日期处理

在JDK这个包中,Java提供了一些实用的方法和数据结构。例如,Java提供日期(Data)类、日历(Calendar)类来产生和获取日期及时间,提供随机数(Random)类产生各种类型的随机数,还提供了堆栈(Stack)、向量(Vector)、位集合(Bitset)以及哈希表(Hashtable)等类来表示相应的数据结构。

JDK源代码路径为"\SRC\Java\util"。

3.4　输入输出流

I/O(Input/Output,简称I/O)或者输入/输出指的是计算机与外部世界或者一个程序与计算机的其余部分之间的接口。它对于任何计算机系统都非常关键,因而所有I/O的主体实际上是内置在操作系统中的。单独的程序一般是让系统为它们完成大部分的工作。

在Java编程中一直使用流的方式完成I/O。所有I/O都被视为单个字节的移动,通过一个称为Stream的对象一次移动一个字节。流I/O用于与外部世界接触,它也在内部使用,用于将对象转换为字节,然后再转换回对象。

JDK 1.4里提供的新的一个API为所有的原始类型提供缓存支持,这个API是NIO(non-blocking,简称NIO),NIO与原来的I/O有同样的作用和目的,但是它使用不同的方式块I/O。正如读者将在本教程中学到的,块I/O的效率可以比流I/O高许多。

JDK代码路径为"SRC\Java\io"。

3.5　ZIP压缩工具

JDK API提供用于读写标准ZIP和GZIP文件格式的类。还包括使用DEFLATE压缩算法(用于ZIP和GZIP文件格式)对数据进行压缩和解压缩的类。此外,还存在用于计算任意输入流的CRC-32和Adler-32校验和实用工具类。

JDK源代码路径为"SRC\Java\Until\zip"。

3.6　JAR归档工具

JDK API提供读写JAR (Java ARchive)文件格式的类,该格式基于具有可选清单文件的标准ZIP文件格式。清单存储与JAR文件内容有关的元信息,也用于签名JAR文件。

JDK源代码路径为"\SRC\Java\util\jar"。

3.7　日志工具

JDK API提供JavaTM 2平台核心日志工具的类和接口。Logging API的中心目标是支持在客户站点进行软件的维护和服务。

使用日志有下列4个主要目标。

(1) 由最终用户和系统管理员进行问题诊断。这由简单的常见问题日志组成,可在本地解决或跟踪这些问题,如资源不足、安装失败和简单的配置错误。

(2) 由现场服务工程师进行问题诊断。现场服务工程师使用的日志信息可以相当复杂和冗长,远超过系统管理员的要求。通常,这样的信息需要特定子系统中的额外日志记录。

(3) 由开发组织进行问题诊断。在现场出现问题时,必须将捕获的日志信息返回到原开发团队以供诊断。此日志信息可能非常详细且相当费解。这样的信息可能包括对特定子系统进行内部执行的详细跟踪。

(4) 由开发人员进行问题诊断。Logging API 还可以用来帮助调试正在开发的应用程序，这可能包括由目标应用程序产生的日志信息，以及由低级别的库产生的日志信息。但是需注意，虽然这样使用非常合理，但是 Logging API 并不用于代替开发环境中已经存在的调试和解析工具。

此包的关键元素包括下列几个。

(1) Logger：应用程序进行 logging 调用的主要实体。Logger 对象用来记录特定系统或应用程序组件的日志消息。

(2) LogRecord：用于在 logging 框架和单独的日志处理程序之间传递 logging 请求。

(3) Handler：将 LogRecord 对象导出到各种目的地，包括内存、输出流、控制台、文件和套接字，因此有各种的 Handler 子类。其他 Handler 可能由第三方开发并在核心平台的顶层实现。

(4) Level：定义一组可以用来控制 logging 输出的标准 logging 级别。可以配置程序为某些级别输出 logging，而同时忽略其他输出。

(5) Filter：为所记录的日志提供日志级别控制以外的细粒度控制。Logging API 支持通用的过滤器机制，该机制允许应用程序代码附加任意的过滤器以控制 logging 输出。

(6) Formatter：为格式化 LogRecord 对象提供支持。此包包括的两个格式器 SimpleFormatter 和 XMLFormatter 分别用于格式化纯文本或 XML 中的日志记录。像 Handler 一样，其他 Formatter 可能由第三方开发。

Logging API 提供静态和动态的配置控制。静态控制使现场服务人员可以建立特定的配置，然后重新启动带有新 logging 设置的应用程序。动态控制允许对当前正在运行的系统内的 logging 配置进行更新。API 也允许对不同的系统功能领域启用或禁用 logging。例如，现场服务工程师可能对跟踪所有 AWT 事件感兴趣，但是不会对套接字事件或内存管理感兴趣。

3.8 网络编程

JDK API 为实现网络应用程序提供类 Java. net 包，它可以大致分为下述两个部分。

(1) 低级 API，用于处理以下内容：①抽象地址，也就是网络标识符，如 IP 地址；②套接字，也就是基本双向数据通信机制；③接口，用于描述网络接口。

(2) 高级 API，用于处理以下内容：①URI，表示统一资源标识符；②URL，表示统一资源定位符；③连接，表示到 URL 所指向资源的连接。

网络编程的源代码路径为“\SRC\Java\net”。

3.8.1 地址

在整个 Java. net API 中，地址或者用作主机标识符或者用作套接字端点标识符。InetAddress 类是表示 IP(Internet 协议)地址的抽象。它拥有两个子类，它们包括了 Inet4Address 和 Inet6Address。但是，在大多数情况下，不必直接处理子类，因为 InetAddress 抽象应该覆盖大多数必需的功能。

并非所有系统都支持 IPv6 协议，而当 Java 网络连接堆栈尝试检测它并在可用时透明地使用它时，还可以利用系统属性禁用它。在 IPv6 不可用或被显式禁用的情况下，Inet6Address 对大多数网络连接操作都不再是有效参数。虽然可以保证在查找主机名时 Java. net. InetAddress. getByName 之类的方法不返回 Inet6Address，但仍然可能通过传递字面值来创建此类对象。在此情况下，大多数方法在使用 Inet6Address 调用时都将抛出异常。

3.8.2 套接字

套接字是在网络上建立机器之间的通信链接的方法。Java. net 包提供下列 4 种套接字。

(1) Socket 是 TCP(Transmission Control Protocol,传输控制协议)客户端 API(Application Program Interface),通常用于连接远程主机。

(2) ServerSocket 是 TCP 服务器 API,通常接收源于客户端套接字的连接。

(3) DatagramSocket 是 UDP(User Datagram Protocol,用户数据报协议)端点 API,用于发送和接收数据包。

(4) MulticastSocket 是 DatagramSocket 的子类,在处理多播组时使用。

使用 TCP 套接字的发送和接收操作需要借助 InputStream 和 OutputStream 来完成,这两者是通过 Socket. getInputStream()和 Socket. getOutputStream()方法获取的。

3.8.3 接口

NetworkInterface 类提供 API,以浏览和查询本地机器的所有网络接口(例如,以太网连接或 PPP 端点)。只有通过该类才可以检查是否将所有本地接口都配置为支持 IPv6。

3.8.4 高级 API

Java. net 包中的许多类可以提供更加高级的抽象,允许方便地访问网络上的资源。这些类包括:

(1) URI(Uniform Resource Identifier,统一资源标识符)是表示在 RFC 2396 中指定的统一资源标识符的类。顾名思义,它只是一个标识符,不直接提供访问资源的方法。

(2) URL 是表示统一资源定位符的类,它既是 URI 的旧式概念,又是访问资源的方法。

(3) URLConnection 是根据 URL 创建的,是用于访问 URL 所指向资源的通信链接。此抽象类将大多数工作委托给底层协议处理程序,如 HTTP 或 FTP。

(4) HttpURLConnection 是 URLConnection 的子类,它提供一些特定于 HTTP 协议的附加功能。

3.9 用户界面(Java. awt)

3.9.1 Java.awt 介绍

Java. awt 有创建用户接口、绘图和图像的所有类。用户接口对象,例如,按钮或滚动条,在 AWT(Abstrat Window Toolkit)中被称为组件, Component 类是所有 AWT 组件的根。

用户与组件交互操作时,一些组件会激发事件,AWT Event 类及其子类用于表达 AWT 组件能够激发的事件。

容器是一个可以含有组件和其他容器的组件,容器还可以有一个布局管理器,用于控制组件在容器中的位置。AWT 包含有几种布局管理器类和一个可以用来创建自己的布局管理器的接口。

JDK 源代码路径为“SRC\Java\Awt”。

3.9.2 其他包介绍

1. Java. awt. color

该包提供用于颜色的类。类中一个颜色空间的实现,该实现基于国际颜色联盟(International Color Consortium,ICC)的格式规范。

JDK 源代码路径为“SRC\Java\Awt\color”。

2. Java. awt. datatransfer

该包提供了在应用程序之间或之中传送数据的接口和类。该包定义了一个“可传递”对象的概念。"可传递"对象通过实现 Transferable 接口来标识自己为可传递。

另外,它还提供了一个剪切板机制,剪切板是一个临时含有一个可传递对象的对象,通常用于复制和粘贴操作。尽管可以在应用程序中创建一个剪切板,大多数应用程序一般都使用系统剪切板来确保数据能够在不同平台的应用程序之间传递。

JDK 源代码路径为"SRC\Java\Awt\datatransfer"。

3. Java.awt.dnd

拖放(drag-and-drop)出现在许多图形用户接口的系统中。它用手势在逻辑上表示数据或对象在两个实体之间的传递。在 Windows 操作系统中经常使用到这种操作,非常直观明了。

Java.awt.dnd 包提供一些接口和类,用于支持拖放操作,其定义了拖的源(drag-and-drop)和放的目标(drop-target)以及传递拖放数据的事件,并对用户执行的操作给出可视的问馈。

JDK 源代码路径为"SRC\Java\Awt\dnd"。

4. Java.awt.event

该包提供处理不同种类事件的接口和类,这些事件由 AWT 组件激发。事件由事件源激发,事件监听者登记事件源,并接收事件源关于特定类型事件的通知。Java.awt.event 包定义了事件、事件监听者和事件监听者适配器。使用事件监听者适配器,更加容易地编写事件监听者。

JDK 源代码路径为"SRC\Java\Awt\event"。

5. Java.awt.font

该包提供与字体(font)相关的类和接口。

JDK 源代码路径为"SRC\Java\Awt\font"。

6. Java.awt.geom

该包提供 Java 2D 类,用于定义和执行与二维几何相关的对象上的操作。

JDK 源代码路径为"SRC\Java\Awt\geom"。

7. Java.awt.im

该包提供一些类和一个输入法框架接口。该框架使得所有的文本编辑组件能够接收日文、中文和韩文的输入法的输入,输入法让用户使用键盘上有限的键输入成千上万个不同的字符,文本编辑组件可以使用 Java.awt.geom 包和 Java.awt.event 中相关类,支持不同语言的输入法。同时,框架还支持其他语言的输入法或者其他输入方式,例如,手写或语音识别。

JDK 源代码路径为"SRC\Java\Awt\im"。

8. Java.awt.im.spi

该包提供一些接口,用于支持可以在任何 Java 运行时环境中使用的输入法的开发。输入法是一个让用户输入文本的软件组件,通常用于输入日文、中文和韩文。同时,还可以用于开发其他语言的输入法以及其他方式的输入,例如,手写或语音识别。

JDK 源代码路径为"SRC\Java\Awt\spi"。

9. Java.awt.image

该包提供创建和修改图像的类。

JDK 源代码路径为"SRC\Java\Awt\image"。

10. Java.awt.image.renderable

该包提供一些类和接口,用于生成与表现无关的图像。

JDK 源代码路径为"SRC\Java\Awt\renderable。"

11. Java.awt.print

Java.awt.print 提供一些类和接口,用于普通的打印 API,该 API 包括:

- 指定文档类型的能力;

- 页面设置和页面格式控制的机制；
- 管理任务控制对话框的能力。

JDK 源代码路径为“SRC\Java\Awt\print”。

3.10 Java.swing

Java.swing 提供一组“轻量级”(全部是 Java 语言)组件，尽量让这些组件在所有平台上的工作方式都相同。

1. Javax.swing.border

该包提供围绕 Swing 组件绘制特殊边框的类和接口。读者可以通过为这些类创建子类来创建组件的自定义边框，不需要使用外观所提供的默认边框。

JDK 代码路径为“SRC\Javax\swing\border”。

2. Javax.swing.colorchooser

该包包含供 JColorChooser 组件使用的类和接口。

JDK 代码路径为“SRC\Javax\swing\colorchooser”。

3. Javax.swing.event

该包供 Swing 组件触发的事件使用。除了 Java.awt.event 包中的事件之外，还包括 Swing 组件触发的事件的事件类和相应事件侦听器接口。

4. Javax.swing.filechooser

包含 JFileChooser 组件使用的类和接口。

5. Javax.swing.plaf

该包提供一个接口和许多抽象类，Swing 用它们来提供自己的可插入外观功能。它的类由外观 UI(例如，Basic 外观和 Java 外观(Metal))实现并为其创建子类。此包仅由那些无法通过为现有外观组件(例如，Javax.swing.plaf.basic 和 Javax.swing.plaf.metal 包提供的那些组件)创建子类来创建新外观的开发人员使用。

6. Javax.swing.table

该包提供用于处理 Javax.swing.JTable 的类和接口。JTable 是 Swing 的网格或表格视图，用于为应用程序内的表格数据结构构造用户界面。如果读者希望控制如何构造、更新和呈现这些表，以及如何显示和管理与该表关联的数据，可使用此包。

7. Javax.swing.text

该包提供类 HTMLEditorKit 和创建 HTML 文本编辑器的支持类。

8. Javax.swing.text.html

该包提供类 HTMLEditorKit 和创建 HTML 文本编辑器的支持类。

9. Javax.swing.text.html.parser

该包提供默认的 HTML 解析器以及支持类。在解析该流之后，该解析器将通知一个代理必须实现 HTMLEditorKit.ParserCallback 接口。

10. Javax.swing.text.rtf

该包提供一个类(RTFEditorKit)，用于创建富文本格式(Rich-Text-Format)的文本编辑器。

11. Javax.swing.tree

该包提供处理 Javax.swing.JTree 的类和接口。如果读者希望控制如何构造、更新和呈现树，以及如何查看、管理与树结点相关的数据，则使用这些类和接口。

12. Javax.swing.undo

该包允许开发人员为应用程序(例如，文本编辑器)中的撤销/恢复提供支持。

3.11 数据库操作

3.11.1 Java.sql

Java.sql是提供使用JavaTM编程语言访问并处理存储在数据源(通常是一个关系数据库)中数据的API。此API包括一个框架,凭借此框架可以动态地安装不同驱动程序来访问不同数据源。尽管JDBCTM API主要用于将SQL语句传递给数据库,但它还可以用于以表格方式从任何数据源中读写数据。通过接口的Javax.sql.RowSet组可以使用的reader/writer实用程序,可以被定制,以使用和更新来自电子表格、纯文本文件或其他任何表格式数据源的数据。

JDK源代码路径为“SRC\Java\sql”。

3.11.2 Javax.sql

Javax.sql是为通过Java编程语言进行服务器端数据源访问和处理提供API。此包补充了Java.sql包,它从1.4版本开始包含在Java平台、标准版(Java SE)中,它保留了Java平台、企业版(Java EE™)中的精华部分。

JDK源代码路径为“SRC\Javax\sql”。

1. Javax.sql.rowset

JDBC RowSet实现的标准接口和基类。此包包含标准RowSet实现可实现或扩展的各种接口和类。

2. Javax.sql.rowset.serial

提供实用工具类,允许SQL类型与Java编程语言数据类型之间的可序列化映射关系。

标准的JDBC RowSet实现可以使用这些实用工具类协助序列化非连接RowSet对象。这一点有助于将非连接RowSet对象通过导线传输到另一个VM或者在应用程序中跨层传输。

3. Javax.sql.rowset.spi

第三方供应商在其同步提供者的实现中必须使用的标准类和接口,这些类和接口被称为服务提供者接口(Service Provider Interface,SPI)。供应商通过向jdbc@sun.com发送电子邮件,可以使其实现被JDBC网页所包含,该网页列出了可用的SyncProvider实现,这样做有助于开发人员了解该实现。为了使RowSet对象能够使用实现,供应商必须向SyncFactory单件注册。

3.12 本章小结

关于Java方面的书籍非常多。但是如果我们能够理解Java API源程序代码的结构,则能很好地帮助读者学习Java。在学习Java的过程中,有些书籍的讲述使我们无法理解时,不妨尝试着解读一下Java API源程序代码,这样将使得学习效率更高。

Java源程序阅读和Java类包结构完全一致,不可能将每个包中的每个类全面掌握,但是基础部分Java.lang、Java.util、Java.sql、Javax.sql和Java.io是需要读者熟悉掌握甚至精通的。

第4章 规范Java编程

4.1 关于编程规范的讨论

晨落：我先给你看例程 4-1 片段代码，是“学籍管理软件”大学信息资料维护的片段代码，看完后请你做个评价。

洪杨俊：有两个错别字。

晨落：其他方面呢？请你从代码的规范角度来评价，在你们学校，老师有没有这么演示编程和要求编程？

洪杨俊：没有。

晨落：你能够读懂代码的注释吗？

洪杨俊：嗯。

晨落：那你帮我就注释方面做一些解释。因为在后面的案例中，任何一段示例代码都要严格按照规范进行。

洪杨俊：每段代码都要写注释？

晨落：你觉得呢？你觉得我的这些注释有没有冗余？

洪杨俊：写得清楚一点当然好，我觉得有些地方不用写注释，例如导入包，还有最上面那一段写入程序包的说明里面就行了。不用每个类都写。注释是方便程序员交流的嘛，是程序员当然看得懂啰。

晨落：假如你离开这个公司了，你肯定要将源代码留给公司，我们一定要考虑其他人去维护或者二次开发，对吧？那如果你能够提供一份清晰的设计文档是不是可以节省维护人员的大量时间？如果我给你提供这样的文档你会觉得怎么样？老板，包括你在内，是愿意花更多的时间去理解别人的代码呢，还是用别人的代码直接修改呢？哪个时间成本小呢？

洪杨俊：直接修改。

晨落：例程 4-2 文档全部是在示例 1 源代码中生成的。要生成示例 2 的注释，需要付出很多的劳动力。大概 70％的时间是在完成注释和修改注释，30％的时间是在注释完善后编程的。你认为软件开发就是编程，编程就是代码堆积，对注释的理解是可有可无，在你的观念中认为，程序员都是技术高手，能够看懂别人的代码。但是，我告诉你一个道理，设计是一个项目成败的关键，如果没有足够的注释和编程设计，这些项目必败无疑，目前中国的软件公司大部分是这样的。代码没有更多的注释，最终导致项目基本失败，后期维护难度和维护成本很大。

洪杨俊：不是啊，我是觉得注释比代码多，看起来就觉得烦。

晨落：No！请问 Java JDK 代码少吗？你看一下他们是如何注释的？可以这样说，如果 JDK 的注释不这么做，JDK 早就没有人用了。有不少人就是凭借这 JDK 的源代码和 JDK 的帮助文件来学习 Java 的，他们 JDK 的注释详细程度比我们想象的要详细多了。我也是从学 JDK 后才意识到编程中注释的重要性。你打开 JDK 支持网站，其实就是一大堆帮助文件。这些帮助文件也都是通过注释生成的，我们能够看到的支持和帮助文件基本一样。

洪杨俊：如何做呢？

晨落：本章的主要任务就是介绍编程规范的，我先从阅读例程 4-1 开始。

［**例程 4-1**］ 编码规范演示。

```
/**
 * JavaTeachings.chapter8.src 是第 4 章例程包,在本包中包含
 * 学校基本信息(university),学院(学院级系)基本信息(college)
 * 系基本信息(department),专业信息(professional),学生信息(
 * students),成绩表(transcript),奖惩表(rewardsAndPunishments)
 * 学生名录(studentsList),学生成绩排名表(transcriptSortTable)
 * 专业名单(professionalList)学籍查询(enrollmentTable)学院名单
 * 查询(collegeListTable)和学校基本信息(universityPage),系统主
 * 页(chapter8),学院(学院级系)基本信息(collegePage),系基本信
 * 息(departmentPage),专业信息(professionalPage),学生信息(
 * studentsPage),成绩表(transcriptPage),奖惩表 rewardsAndPunishmentsPage)
 * 学生名录(studentsListPage),学生成绩排名表(transcriptSortTablePage)
 * 专业名单(professionalListPage),学籍查询(enrollmentTablePage)
 * 学院名单查询(collegeListTablePage),全局变量配置类(globalVariables)
 * 和业务规则校验类(businessValidation)等 27 个类,分别完成了"学籍管理软件"
 * 人机交互和业务数据的处理。第 8 章是在第 7 章基础上的进一步优化,基本上自定义了
 * 空的方法体。
 */
package JavaTeachings.chapter8.src;
/**
 * 文件名: college.java
 * 版权: 晨落
 * 描述: college.java 是"学籍管理软件"关于学院信息维护的业务逻辑层源代码程序
 * 修改人: 晨落
 * 作者: 晨落
 * 版本号: 1.0
 * 日期: 2011 - 09 - 24
 */
//文件名: chapter6.java
import java.util.Date;                          //处理日期数据类型
import java.lang.Boolean;                       //处理逻辑数据类型
import java.lang.String;                        //处理字符数据类型
import java.util.ArrayList;                     //处理数据集合
import java.util.List;                          //处理数组类型数据
import java.util.Arrays;                        //处理数据类型数据
import java.lang.Double;                        //处理双精度数据类型
import java.lang.Integer;                       //处理整数类型
import java.lang.Character;                     //处理字符串类型数据
import java.math.BigDecimal;                    //处理高精度数据类型


/**
```

```
 * 功能简介：
 *       本例程是"学籍管理软件"业务逻辑处理程序，主要完成学校数据的维护，
 *       其中包括数据查询、数据保存、数据修改、数据删除等。
 *       本类是接收 collegepage 页面的请求
 * @author 晨落
 * @version 1.0
 * @see universitySave(
        String universityCode,
        String university,
        String englishTitle,
        String universityKind,
        String headUnits,
        String aim,
        String educationalLevel,
        String educationalScope,
        String managementSystem,
        char fax,
        char telephone,
        String address,
        char postcode,
        String URLAddress)大学信息保存
         * @see universityUpdateuniversityUpdate(String universityCode,
                                      String university,
                                      String englishTitle,
                                      String universityKind,
                                      String headUnits,
                                      String aim,
                                      String educationalLevel,
                                      String educationalScope,
                                      String managementSystem,char fax,char telephone,
                                      String address,char postcode,
                                      String URLAddress)大学信息修改
 * @see universitySearch(String universityCode)大学信息查询 * @see universityDelete
(String universityCode)大学信息删除
 * @since 无
 *     修改日期：2011-09-24
 */
public class university
{
    /** 学校代码长度为 5
      */
     public String universityCode;
    /** 学校名称长度大于 4 个字符，不小于 40 个字符
      */
     public String university;
    /** 英文名称长度大于 60 个字符
      */
     public String englishTitle;                    //英文名称
    /** 办学性质长度大于 10 个字符
      */
     public String universityKind;                  //办学性质
    /** 举办单位长度不大于 60 个字符
```

```
 */
 public String headUnits;                          //举办单位
/** 办学宗旨长度大于 200 个字符
 */
 public String aim;                                //办学宗旨
/** 办学层次长度大于 20 个字符
 */
 public String educationalLevel;                   //办学层次
/** 办学规模长度大于 200 个字符
 */
 public String educationalScope;                   //办学规模
/** 内部管理体制长度大于 30 个字符
 */
 public String managementSystem;                   //内部管理体制
/** 传真长度为大于 22
 */
 public String fax;                                //传真
/** 联系电话长度为大于 22
 */
 public String telephone;                          //联系电话
/** 地址长度为大于 50
 */
 public String address;                            //地址
/** 邮编长且仅长 6 位
 */
 public String postcode ;                          //邮编
/** 网址长度为大于 100
 */
 public String URLAddress;                         //网址
/**
 * 功能简述:
 *      方法体 universitySave()的主要功能是完成学校信息资料
 *      的保存。
 * @author 晨落
 * @version 2.0
 * @param universityCode String 学校代码
 * @param university String 学校名称
 * @param englishTitle String 英文名称
 * @param universityKind String 办学性质
 * @param headUnits String 举办单位
 * @param aim String 办学宗旨
 * @param educationalLevel String 办学层次
 * @param educationalScope String 办学规模
 * @param managementSystem String 内部管理体制
 * @param fax char 传真
 * @param telephone char 联系电话
 * @param address char 地址
 * @param postcode char 邮编
 * @param URLAddress String 网址
```

```
     * @return saveStates boolean 保存成功或失败
     */
public boolean universitySave(String universityCode,
                              String university,
                              String englishTitle,
                              String universityKind,
                              String headUnits,
                              String aim,
                              String educationalLevel,
                              String educationalScope,
                              String managementSystem,
                              String fax,
                              String telephone,
                              String address,
                              String postcode,
                              String URLAddress)
    {
        boolean saveStates = false ;
        return saveStates;
    }
    /**
     * 功能简述:
     *     方法体 universityUpdate()的主要功能是完成学校信息资料
     *     的修改,在第 14 章学习之前本方法体作为空方法体存在。
     * @author 晨落
     * @version1.0
     * @param universityCode String 学校代码
     * @param university String 学校名称
     * @param englishTitle String 英文名称
     * @param universityKind String 办学性质
     * @param headUnits String 举办单位
     * @param aim String 办学宗旨
     * @param educationalLevel String 办学层次
     * @param educationalScope String 办学规模
     * @param managementSystem String 内部管理体制
     * @param fax char 传真
     * @param telephone char 联系电话
     * @param address char 地址
     * @param postcode char 邮编
     * @param URLAddress String 网址
     * @return updateStates boolean 修改成功或失败
     */
    publicboolean universityUpdate(String universityCode,
                                   String university,
                                   String englishTitle,
                                   String universityKind,
                                   String headUnits,
                                   String aim,
                                   String educationalLevel,
                                   String educationalScope,
```

```
                                        String managementSystem,
                                        String fax,
                                        String telephone,
                                        String address,
                                        String postcode,
                                        String URLAddress)
    {
        boolean updateStates = false ;
        return updateStates;
    }
    /**
     * 功能简述:
     *      方法体 universitySearch()的主要功能是完成学校信息资料
     *      查询,在第 14 章学习之前本方法体作为空方法体存在。
     * @author 晨落
     * @version 1.0
     * @param universityCode 学校代码。
     * @return universityList ArrayList 学校数组
     */
    public ArrayList universitySearch(String universityCode)
    {
        ArrayList universityList = new ArrayList();
        return universityList;
    }
    /**
     * 功能简述:
     *      方法体 universityDelete()的主要功能是完成学校信息资料
     *      的删除,在第 14 章学习之前本方法体作为空方法体存在。
     * @author 晨落
     * @version1.0
     * @param universityCode 学校代码
     * @return DeleteStates boolean 删除成功
     */
    publicboolean universityDelete(String universityCode)
    {
        boolean Deletestates = false ;
        return Deletestates;
    }
}
```

4.2 帮助文件范例

在这里是以学校信息代码为例编译生成的本节内容,使用 Java Doc(详细内容请参见 4.3 介绍)进行编译。

[**例程 4-2**] 生成例程 4-1 的帮助文件。

系统自动生成帮助文件包括版本说明、变量说明、类说明,数组说明等,在这里就以大学信息为例,展现了 university 类的帮助文件,参见 4.2.1 节~4.2.5 节。

JavaTeachings.chapter8.src

4.2.1 版本信息

系统自动生成的版本说明如下。

```
类 university
java.lang.Object
  └JavaTeachings.chapter8.src.university
public class university
extends java.lang.Object
```

功能简介：是"学籍管理软件"业务逻辑处理程序，主要完成学校数据的维护，其中包括数据查询、数据保存、数据修改、数据删除等。本类是接收 collegepage 页面的请求。

从以下版本开始：
　　无修改日期：2011－09－24
版本：
　　1.0
作者：
　　晨落
另请参见：

4.2.2 字段概要

系统自动生成的字段概要内容如下。

大学信息保存，大学信息修改，大学信息查询，大学信息删除。

java.lang.String	**address** 地址长度为大于 50
java.lang.String	**aim** 办学宗旨长度大于 200 个字符
java.lang.String	**educationalLevel** 办学层次长度大于 20 个字符
java.lang.String	**educationalScope** 办学规模长度大于 200 个字符
java.lang.String	**englishTitle** 英文名称长度大于 60 个字符
java.lang.String	**fax** 传真长度为大于 22
java.lang.String	**headUnits** 举办单位长度不大于 60 个字符
java.lang.String	**managementSystem** 内部管理体制长度大于 30 个字符
java.lang.String	**postcode** 邮编必须为 6 位
java.lang.String	**telephone** 联系电话长度为大于 22
java.lang.String	**university** 学校名称长度大于 4 个字符，不小于 40 个字符

续表

java. lang. String	**universityCode** 学校代码长度为 5
java. lang. String	**universityKind** 办学性质长度大于 10 个字符
java. lang. String	**URLAddress** 网址长度为大于 100

4.2.3 方法及构造方法摘要

系统自动生成的方法及构造方法摘要如下。

构造方法	
university()	
方法摘要	
boolean	**universityDelete**(java. lang. String universityCode) 功能简述：方法体 universityDelete 的主要功能是完成学校信息资料的删除，在第 14 章学习之前，本方法体作为空方法体存在。
boolean	**universitySave** (java. lang. String universityCode, java. lang. String university, java. lang. String englishTitle, java. lang. String universityKind, java. lang. String headUnits, java. lang. String aim, java. lang. String educationalLevel, java. lang. String educationalScope, java. lang. String managementSystem, java. lang. String fax, java. lang. String telephone, java. lang. String address, java. lang. String postcode, java. lang. String URLAddress) 功能简述：方法体 universitySave()的主要功能是完成学校信息资料的保存
java. util. ArrayList	**universitySearch**(java. lang. String universityCode) 功能简述：方法体 universitySearch)的主要功能是完成学校信息资料的查询，在第 14 章学习之前，本方法体作为空方法体存在
boolean	**universityUpdate**(java. lang. String universityCode, java. lang. String university, java. lang. String englishTitle, java. lang. String universityKind, java. lang. String headUnits, java. lang. String aim, java. lang. String educationalLevel, java. lang. String educationalScope, java. lang. String managementSystem, java. lang. String fax, java. lang. String telephone, java. lang. String address, java. lang. String postcode, java. lang. String URLAddress) 功能简述：方法体 universityUpdate()的主要功能是完成学校信息资料的修改，在第 14 章学习之前本方法体作为空方法体存在
从类 java. lang. Object 继承的方法	
equals, getClass, hashCode, notify, notifyAll, toString, wait, wait, wait	

4.2.4 字段详细信息

系统自动生成的字段详细信息如下。

universityCode

public java.lang.String **universityCode**
　　学校代码长度为5

university

public java.lang.String **university**
　　学校名称长度大于4个字符,不小于40个字符

englishTitle

public java.lang.String **englishTitle**
　　英文名称长度大于60个字符

universityKind

public java.lang.String **universityKind**
　　办学性质长度大于10个字符

headUnits

public java.lang.String **headUnits**
　　举办单位长度不大于60个字符

aim

public java.lang.String **aim**
　　办学宗旨长度大于200个字符

educationalLevel

public java.lang.String **educationalLevel**
　　办学层次长度大于20个字符

educationalScope

public java.lang.String **educationalScope**
　　办学规模长度大于200个字符

managementSystem

public java.lang.String **managementSystem**
　　内部管理体制长度大于30个字符

fax

public java.lang.String **fax**
　　传真长度为大于22

telephone

public java.lang.String **telephone**
　　联系电话长度为大于22

address

public java.lang.String **address**
　　地址长度为不大于50

postcode

public java.lang.String **postcode**
　　邮编长且仅长6位

URLAddress

public java.lang.String **URLAddress**
　　网址长度为大于100

4.2.5 方法或构造方法详细信息

系统自动生成的方法或构造方法详细信息如下。

构造方法详细信息

university

public **university()**

方法详细信息

universitySave

```
public boolean universitySave(java.lang.String universityCode,
                              java.lang.String university,
                              java.lang.String englishTitle,
                              java.lang.String universityKind,
                              java.lang.String headUnits,
                              java.lang.String aim,
                              java.lang.String educationalLevel,
                              java.lang.String educationalScope,
                              java.lang.String managementSystem,
                              java.lang.String fax,
                              java.lang.String telephone,
                              java.lang.String address,
                              java.lang.String postcode,
                              java.lang.String URLAddress)
```

功能简述：方法体universitySave()的主要功能是完成学校信息资料的保存，在第14章学习之前。

参数：

universityCode - String 学校代码
university - String 学校名称
englishTitle - String 英文名称
universityKind - String 办学性质
headUnits - String 举办单位
aim - String 办学宗旨
educationalScope - String 办学规模
managementSystem - String 内部管理体制
fax - char 传真
telephone - char 联系电话
address - char 地址
postcode - char 邮编

URLAddress - String 网址

返回：

saveStates boolean 保存成功或失败

universityUpdate

```
public boolean universityUpdate (java.lang.String universityCode,
                                 java.lang.String university,
                                 java.lang.String englishTitle,
                                 java.lang.String universityKind,
                                 java.lang.String headUnits,
                                 java.lang.String aim,
                                 java.lang.String educationalLevel,
                                 java.lang.String educationalScope,
                                 java.lang.String managementSystem,
                                 java.lang.String fax,
                                 java.lang.String telephone,
                                 java.lang.String address,
                                 java.lang.String postcode,
                                 java.lang.String URLAddress)
```

功能简述：方法体 universityUpdate()的主要功能是完成学校信息资料的修改，在第 14 章学习之前本方法体作为空方法体存在。

参数：

universityCode - String 学校代码
university - String 学校名称
englishTitle - String 英文名称
universityKind - String 办学性质
headUnits - String 举办单位
aim - String 办学宗旨
educationalScope - String 办学规模
managementSystem - String 内部管理体制
fax - char 传真
telephone - char 联系电话
address - char 地址
postcode - char 邮编
URLAddress - String 网址

返回：

updateStates boolean 修改成功或失败

universitySearch

```
public java.util.ArrayList universitySearch(java.lang.String universityCode)
```

功能简述：方法体 universitySearch()的主要功能是完成学校信息资料的查询，在第 14 章学习之前本方法体作为空方法体存在。

参数：

universityCode - 学校代码。

返回：

universityList ArrayList 学校信息集合

universityDelete

public boolean **universityDelete** (java.lang.String universityCode)

功能简述：方法体 universityDelete()的主要功能是完成学校信息资料的删除，在第 14 章学习之前，本方法体作为空方法体存在。

参数：

universityCode - 学校代码

返回：

DeleteStates boolean 删除成功

4.3 Java 编程规范

4.3.1 排版规范

4.3.1.1 排版规则

排版规则主要有以下几条。

(1) 程序模块要求采取缩进风格编写，缩进的空格数为 4 个。

(2) 分界符、大括号"{"和"}"应该各占一行并且排在同一列上，同时与引用它们的语句左对齐。在函数体的开始、类和接口的定义、以及 if、do、while、switch、case 语句中的程序都要采取缩进方式。

[**例程 4-3**] 不符合规范的代码段。

```
public class students {
    public void studentsTotal(){
    //方法体
     for(…){
     …                                                 //程序代码
}
  if(…){
  …                                                    //程序代码
  }
                                   }
```

[**例程 4-4**] 符合规范的代码段。

```
public class students
{
    public void studentsTotal()
    {
        //方法体
        for(…)
        {
            …                                          //程序代码
        }
        if(…)
        {
            …                                          //程序代码
        }
    }
}
```

(3) 较长的语句、表达式或参数，如果大于70字符，要分成多行书写；长表达式要在低优先级操作符处划分新行，操作符放在新行行首；划分出的新行要缩进，使排版整齐，语句可读。

[例程4-5]　长语句的排版演示。

```
class students {
publicvoid studentsTotal(String studentId,
                         String schoolId,
                         String courseId
                         Double courseTitle)
{
    …                                        //程序代码
}
```

(4) 不允许把多个短语句写在一行中，也就是说一行只允许写一条语句。

[例程4-6]　多个短语句的错误排版。

```
class students {
    String name = "";
    String studentId = "";
    String schoolId = ""
    public void studentsTotal(String studentId,
                              String schoolId,
                              String courseId Double courseTitle)
    {
        this .name = name; this .studentId = studentId; this .courseId = courseId;

    }
}
```

[例程4-7]　多个短语句的正确排版。

```
class students
{
    String name = "";
    String studentId = "";
    String schoolId = "";
    String courseId  =  "";

    public void studentsTotal(String studentId,
                              String schoolId,
                              String courseId,
                              Double courseTitle)
    {
        this .name = name;
        this .studentId = studentId;
        this .schoolId = schoolId;
        this .courseId = courseId;
    }
}
```

(5) for、do、while、switch和default等语句自占一行，并且if、for、do和while等语句的执行语句无论有多少行，都要加括号{}。

[**例程 4-8**] 判断语句的错误排版。

```
if mark < 0 System.out.println("输入值错误");
```

[**例程 4-9**] 判断语句的正确排版。

```
if mark < 0
    {
        System.out.println("输入值错误");
    }
```

(6) 相对独立的程序块之间、变量说明之间必须加空行。

[**例程 4-10**] 独立的程序块间的错误排版。

```
public void studentsTotal(String studentId,
                          String schoolId,
                          String courseId,
                          String courseTitle,
                          String name, Double mark)
{
    return ;
}
public List studentsIndex(String studentId,
                          String schoolId,
                          String courseId,
                          String courseTitle,
                          String name, Double mark)
{
    return List;
}
```

[**例程 4-11**] 独立的程序块间的正确排版。

```
public void studentsTotal(String studentId,
                          String schoolId,
                          String courseId,
                          String  courseTitle,
                          String name,
                          Double mark)
{
    return ;

}


public List studentsIndex(String studentId,
                          String schoolId,
                          String courseId,
                          String courseTitle,
                          String name,
                          Double mark)
{
    return List;
}
```

(7) 对齐只使用空格键，不使用 Tab 键。

(8) 两个以上的关键字、变量、常量进行对等操作时，它们之间的操作符之前、之后加空格。如果是立即操作符，后面不加空格。

[**例程 4-12**]　逗号、分号只在后面加空格。

```
String sex, position, school;
```

4.3.1.2　排版建议

类属性和类方法不要交叉放置，不同存取范围的属性或者方法也尽量不要交叉放置。具体格式见例程 14-3 所示。

```
类名
{
    类的公有属性定义
    类的保护属性定义
    类的私有属性定义
    类的公有方法定义
    类的保护方法定义
    类的私有方法定义
}
```

[**例程 4-13**]　不交叉放置的排版。

```
class students
{
    public String name = "";
    public String studentId = "";
    public String schoolId = "";
    public Double mark;
    protected String schoolTitle = "";
    protected double coursetitle;
    public void students()
    {
        //程序代码
    }

    public Integer students()
    {
        //程序代码
    }
    protected liststudents()
    {
        //程序代码
    }
    private String students(String name)
    {
        //程序代码
    }
```

4.3.2　注释规范

程序中的注释是程序设计者与程序阅读者之间通信的重要手段，注释规范对于软件本身和软件开发人员而言尤为重要。在流行的敏捷开发思想中已经提出了将注释转为代码的概念。好的注释规范可以尽可能地减少软件的维护成本，并且几乎没有任何一个软件，在其整个生命周期中，均由最初的开发人员来维护。好的注释可以改善软件的可读性,可以让开发人员尽快而彻底地理解源代码;好的注释规范可以最大限度地提高团队开发的合作效率;长期的规范性编码还可以让开发人员养成良好的编码习惯,甚至锻炼出更加严谨的思维能力。

4.3.2.1 注释规则

(1) 一般情况下,源程序有效注释行必须在30%以上,核心代码复杂性较高的源代码,有效注释行可以是源代码的数倍。

(2) 包的注释写入一文件名为package.html的HTML格式说明中并存放于当前路径下。例如,UIW/system/chapter4/src/package.html。

(3) 包的注释内容:本包的作用、详细描述本包的内容、产生模块名称和版本、公司版权。如果是导入包,则需要说明包的作用。

包的格式如下。

```
<html>
    <body>
        <p>简单描述
        <p>详细描述
        <p>产品模块名称和版本
        <br>公司版权信息
    </body>
</html>
```

(4) 文件注释:文件注释写入文件头部,包名之前的位置。格式如下:

```
/*
 * 注释内容
 */
package UIW.system.chapter4.src
```

文件注释内容包括:

```
/*
 * 文件名:【文件名称】
 * 版权:<版权>
 * 描述:<描述>
 * 修改人:<修改人>
 * 修改时间:年-月-日
 * 修改单号:修改单号
 * 修改内容:详细说明修改内容及版本变更情况
 */
```

(5) 类和接口的注释:该注释放在package关键字之后,class或者interface关键字之前。格式如下。

```
package UIW.system.chapter4.src
/*
 * 注释内容
 */
class students
```

(6) 类和接口的注释内容:类的注释主要是功能简单说明等。格式如下。

```
/*
```

```
  * 功能简单说明:
  * 功能详细说明:
  * @ author [作者]
  * @ version [版本号]
  * @ see [相关类/方法]
  * @ since [产品/模板版本]
  * @ deprecated
*/
```

(7) 类属性、公有和保护方法注释写在类属性、公有和保护方法上面。

(8) 成员变量的意义、目的、功能注释在可能用到的地方。

(9) 公有和保护方法注释内容：列出方法的功能简述、功能描述、输入参数、输出参数、返回值、异常等。格式如下：

```
/*
 * 功能简单说明:
 * 功能详细说明:
 * @param[参数 1][参数 1 说明,参数说明到业务规则这个层面]
 * @param[参数 2][参数 2 说明,参数说明到业务规则这个层面]
 * @param[参数 3][参数 3 说明,参数说明到业务规则这个层面]
 * @param[参数 n][参数 n 说明,参数说明到业务规则这个层面]
 * @return [返回类型说明]
 * @exception/throws [异常类型][异常说明]
 * @see [类、类#方法、类#成员]
 * @ deprecated
 **/
```

(10) 对于方法内部用 throw 语句抛出的异常，必须在方法的注释中标明，对于所调用的其他方法所抛出的异常，选择主要的异常在注释中说明。

(11) 注释应与其描述的代码邻近，对代码的注释应放在其上方或右方。

(12) 将注释与其上方的代码用空行隔开。

(13) 变量的定义和分支语句(条件分支、循环语句等)必须编写注释。

(14) 对于 switch 语句下的 case 语句，如果因为特殊情况需要处理完一个 case 后进入下一个 case 处理，必须在 case 语句处理完、进入下一个 case 语句前明确地注释。

(15) 避免在注释中使用缩写，特别是不常用的缩写。

4.3.2.2　注释建议

注释建议有如下几条。

(1) 避免在一行代码或表达式中插入注释。

(2) 在注释中，使用的语言如果中英文兼有的，建议多使用中文，除非能用非常准确的英文表达和不得不使用。

(3) 方法中的单行注释使用//。

(4) 顺序实现流程的说明使用顺序号 1、2、3、4 等，这样明确每个流程执行的顺序。

4.3.3　命名规范

在面向对象编程中，对于类、对象变量、方法等的命名是非常有技巧的，例如，大小写的区分，使用不同字母开头等。但究其本，追其源，在为一个资源命名时，应该本着描述性和唯一性两大特征，才能保证资源之间不冲突，并且便于记忆。

4.3.3.1　命名规则

(1) 包的命名。Java 包的名字都是由小写单词组成并且这个单词包含其特殊意义，便于编程和维护时阅读。每一名Java程序员都可以编写属于自己的Java包，为了保障每个Java包命名的唯一性，最新的Java编程规范要求程序员在自己定义的包的名称之前加上唯一的前缀。由于互联网上的域名是不会重复的，所以程序员一般采用自己在互联网上的域名作为自己程序包的唯一前缀。

例如：net.frontfree.javagroup。

(2) 类的命名。类的名字必须由大写字母开头，一个单词中的其他字母均为小写。如果类名称由多个单词组成，则建议将每个单词的首字母均用大写，如TestPage。如果类名称中包含单词缩写，则建议将这个词的每个字母均用大写，如XMLExample。由于类是设计用来代表对象的，所以建议在命名类时应尽量地选择名词。

(3) 接口的命名。接口的命名应该都是名词或形容词，第一个字母都要大写，其他每个单词第一个字母都要大写。要用完整的单词，除非是被公认的单词缩写。例如：

```
interface ContainerOwner
interface Runnable
```

(4) 方法的命名。方法的名字的第一个单词应以小写字母开头，后面的单词则建议用大写字母开头，例如sendMessge()。

(5) 常量的命名。常量的名字应该都使用大写字母，并且指出该常量完整含义。如果一个常量名称由多个单词组成，则建议用下画线来分隔这些单词，例如MAX_VALUE。

(6) 参数的命名。参数的命名规范和方法的命名规范相同，而且为了避免阅读程序时造成迷惑，需尽量保证在参数名称为一个单词的情况下，参数的命名尽可能明确特殊含义。

(7) 属性名称和方法不能相同，防止出现语言混乱。

(8) 全大写的英文描述，英文单词之间用下画线分隔开，并且使用final static修饰。例如：

```
public final static score MAX_VALUE = 1000;
```

(9) 属性名称可以和公有方法参数相同，不能和局部变量相同。引用非静态成员变量是使用this引用；引用静态成员变量时使用类名引用。

4.3.3.2 命名建议

(1) 如果函数名超过15个字母，可以采用去掉元字母的方法或者约定俗成的缩写方式缩写函数名。

(2) 准确地确定成员函数的存取控制符号。不是必须使用public属性的，需使用protected；不是必须使用protected属性的，需使用private。

4.3.4 编码规范

4.3.4.1 编码规则

(1) 明确方法功能，精确(而不是近似)地实现方法设计。一个函数仅完成一个功能，即使简单功能也应该编写方法实现。

(2) 应明确规定对接口方法参数的合法性检查应由方法的调用者负责还是由接口方法本身负责，默认是由方法调用者负责。

说明：对于模块间接口方法的参数的合法性检查这一问题，往往有两个极端现象，即：一种是调用者和被调用者对参数均不作合法性检查，结果就遗漏了合法性检查这一必要的处理过程，造成问题隐患；另一种是调用者和被调用者均对参数进行合法性检查，这种情况虽不会造成问题，但产生了冗余代码，降低了效率。

(3) 明确类的功能，精确(而非近似)地实现类的设计。一个类仅实现一组相近的功能。

(4) 所有的数据类必须重载toString()方法，返回该类有意义的内容。

说明：父类如果实现了比较合理的 toString() ，子类可以继承，不必再重写。

[**例程 4-14**] 重载 String()方法。

```
public TopNode
{
    private String nodeName;
    public toString()
    {
        return "nodeName" + nodeName;
    }
}
```

(5) 数据库操作、IO 操作等需要使用结束 close()的对象必须在 try -catch-finally 的 finally 中使用 close()。

[**例程 4-15**] close()所处位置。

```
try
{
    //程序代码
}
catch(IOException ioe)
{
    //程序代码
}
finally
{
    try
    {
        out.close();
    }
    catch(IOException ioe)
    {
        //程序代码
    }
}
```

(6) 异常捕获后，如果不对该异常进行处理，则应该记录日志或者 ex. printStackTrace()。

说明：若有特殊原因，必须用注释加以说明。

[**例程 4-16**] 不处理异常时日志记录操作。

```
try
    {
        out.close();
    }
    catch (IOException ioe)
    {
        ioe.printStackTrace();
        //程序代码
    }
```

(7) 自己抛出的异常必须填写详细的描述信息。

说明：便于问题定位。

[**例程 4-17**] 填写异常的描述信息。

```
throw new IOException("Writing data error ! Data: " + data.toString());
```

(8) 运行期异常使用 RuntimeException 的子类来表示，不用在可能抛出异常的方法声明上加 throws 子句。非运行期异常是从 Exception 继承而来，必须在方法声明上加 throws 子句。

(9) 注意运算符的优先级，并用括号明确表达式的操作顺序，避免使用默认优先级。

(10) 数组声明的时候使用 int[] index ，而不要使用 int index[] 。

(11) 调试代码的时候，不要使用 System.out 和 System.err 进行打印，应该使用一个包含统一开关的测试类进行统一打印。

4.3.4.2 编码建议

编码建议有以下两条。

(1) 一个方法不应抛出太多类型的异常。

说明：如果程序中需要分类处理，则将异常根据分类组织成继承关系。如果确实有很多异常类型，首先考虑用异常描述来区别，throws/exception 子句标明的异常最好不要超过 3 个。

(2) 如果多段代码重复做同一件事情，那么在方法的划分上可能存在问题。

说明：若此段代码各语句之间有实质性关联并且是完成同一个功能的，那么可考虑把此段代码构造成一个新的方法。

4.4 JavaDoc 文档

4.4.1 JavaDoc 介绍

Java 程序员都应该知道使用 JDK 开发，最好的帮助信息就来自 Sun 发布的 Java 文档。它分包、分类详细地提供各方法、属性的帮助信息，具有详细的类树信息、索引信息等，并提供许多相关类之间的关系，例如，继承、实现接口、引用等，是 Java 编程非常好的帮助文件编写工具。

4.4.2 JavaDoc 标记

JavaDoc 注释由 JavaDoc 标签和描述性文本组成，开发人员可以为类、接口添加注释，也可为构造函数、值域、方法等类中的元素添加注释。4.2.3 节注释规范中已详细说明如何注释。本节仅针对具体标记详细说明如下。

1. 标记列表

@author 对类的说明，标明开发该类模块的作者。

@version 对类的说明，标明该类模块的版本。

@see 对类、属性、方法的说明，参考转向，也就是相关主题。

@param 对方法的说明，对方法中某参数的说明。

@return 对方法的说明，对方法返回值的说明。

@exception 对方法的说明，对方法可能抛出的异常进行说明。

{@link 包.类#成员标签}链接到某个特定的成员对应的文档中，包括包、类、接口、值域、构造函数、方法。

{@value}当对常量进行注释时，如果想将其值包含在文档中，则通过该标签来引用常量，静态值域。

2. 参数详细解释

1) @see 的 3 种句法

```
@see 类名
```

```
@see #方法名或属性名
@see 类名#方法名或属性名
```

第一个句法主要说明类名即可。

第二个句法中没有指出类名，则默认为当前类。所以它定义的参考，都转向本类中的属性或者方法。而第三个句法中指出了类名，则还可以转向其他类的属性或者方法。

2）使用@author 和@version 说明类

这两个标记分别用于指明类的作者和版本。默认情况下，JavaDoc 将其忽略，但命令行开关-author 和-version 可以修改这个功能，使其包含的信息被输出。这两个标记的句法如下。

```
@author 作者名
@version 版本号
```

其中，@author 可以多次使用，以指明多个作者，生成的文档中每个作者之间使用逗号(,)隔开。@version 也可以使用多次，只有第一次有效，生成的文档中只会显示第一次使用@version 指明的版本号。

3）使用@param、@return 和@exception 说明方法

这 3 个标记都是只用于方法的。@param 描述方法的参数，@return 描述方法的返回值，@exception 描述方法可能抛出的异常。它们的句法如下。

```
@param 参数名,参数说明
@return 返回值说明
@exception 异常类名说明
```

每一个@param 只能描述方法的一个参数，所以，如果方法需要多个参数，就需要多次使用@param 来描述。

一个方法中只能用一个@return，如果文档说明中列了多个@return，则 JavaDoc 编译时会发出警告，且只有第一个@return 在生成的文档中有效。

方法可能抛出的异常应当用@exception 描述。由于一个方法可能抛出多个异常，所以可以有多个@exception。每个@exception 后面应有简述的异常类名，说明中应指出抛出异常的原因。需要注意的是，异常类名应该根据源文件的 import 语句确定是写出类名还是类全名。

4.4.3 JavaDoc 命令的用法

1. JavaDoc 命令

运行 javadoc -help，可以看到 JavaDoc 的用法，这里列举常用参数如下。

```
javadoc [options] [packagenames] [sourcefiles]
```

选项 options 说明如下：

-public 仅显示 public 类和成员；

-protected 显示 protected/public 类和成员(默认)；

-package 显示 package/protected/public 类和成员；

-private 显示所有类和成员；

-d <directory>输出文件的目标目录；

-version 包含@version 段；

-author 包含@author 段；

-splitindex 将索引分为每个字母对应一个文件；

-windowtitle < text >　文档的浏览器窗口标题。

2. 参数详细解释

-d 选项允许定义输出目录。如果不用-d 定义输出目录，生成的文档文件会放在当前目录下。-d 选项的用法如下：

```
-d 目录名
```

目录名为必填项，也就是说，如果使用了-d 参数，就一定要为它指定一个目录。这个目录必须已经存在；如果还不存在，需在运行 JavaDoc 之前创建该目录。

-version 和-author 用于控制生成文档时是否生成@version 和@author 指定的内容。不加这两个参数的情况下，生成的文档中不包含版本和作者信息。

-splitindex 选项将索引分为每个字母对应一个文件。默认情况下，索引文件只有一个，且该文件中包含所有索引内容。当然生成文档内容不多的时候，这样做非常合适；但是，如果文档内容非常多，这个索引文件将包含非常多的内容，显得过于庞大。使用-splitindex 会把索引文件按各索引项的第一个字母进行分类，每个字母对应一个文件，这样，就减轻了一个索引文件的负担。

-windowtitle 选项为文档指定一个标题，该标题会显示在窗口的标题栏上。如果不指定该标题，而默认的文档标题为“生成的文档(无标题)”。该选项的用法如下：

```
-windowtitle 标题
```

标题是一串没有包含空格的文本，因为空格符是用于分隔各参数的，所以不能包含空格。同-d 类似，如果指定了-windowtitle 选项，则必须指定标题文本。

4.5 本章小结

软件开发过程中，编程规范是非常重要的工作内容之一，严格的编码规范，可以大大提高代码的可阅读性、可维护性，而且有效的编码规范可以使得编程人员之间的沟通成本大大减少。本章以“学籍管理软件”基本信息的信息管理为嵌入点，说明编程规范的重要性，并为本书案例的编写制定了严格的编程规范。最后介绍了 JavaDoc 文档的生成过程。

第5章 本书唯一案例说明

5.1 案例假设

本书案例是一个假设的微缩型"学籍管理软件",假想用户是国家教育管理部门,用户通过使用本系统可以实时掌握各个高校在校学生情况。另外一个用途就是,在每年的研究生招生考试过程中,对于免试推荐考生的资质审核,了解免试推荐生在校学习成绩、奖惩情况以及被推荐学生在就读学校排名状态。最后就是国家教育部门能通过本系统,实时查询各高校学院状态、系和专业设置情况。

我们知道,现实中"学籍管理软件"的功能数量和复杂程度远远大于本案例中所写的需求。但是,作为 Java 基础部分内容,由于其能够完成的功能具有很大的局限性,即使能够完成复杂的功能,也会在技术上和实现过程都有比较复杂的流程和技术难度。所以现实软件开发项目中很少用 Java 实现这类功能。选择"学籍管理软件"作为本书唯一案例,也是考虑到初学者容易理解业务需求。为了更好地展示 Java 在项目实践中的真实应用,目标是让读者能够真正地理解 Java 的精华和其能够完成的巨大功能,所以,案例的选择不追求全面,只追求所示案例能够将 Java 基础中的知识点用到为止,这样能够全面地了解不同的 Java 类或方法在现实项目中所发挥的作用。

本案例是"学籍管理软件"的缩减版,主要包括信息输入、信息输出两大部分。输入部分也只是针对学生必须输入的几方面信息内容输入,其中包括学校基本信息输入、学院基本信息输入、系基本信息输入、专业信息输入、学生基本信息输入、学习成绩信息输入、学生奖惩信息输入等。输出信息包括学生学籍档案查询、系分专业学生名单、系分专业学生成绩排名、学院系详细信息查询、学院专业目录查询。

我们将按照 Java 基础章节顺序,从简单到复杂,从不科学到科学逐步地实现"学籍管理软件"各个功能需求,展现 Java 的魅力。

5.2 用户资料整理

按照软件工程需求分析规范,我们一般需要先对系统业务资料进行整理,通过对业务资料的整理,可以了解客户工作内容以及这些工作过程中处理的原始资料是什么,本节对"学籍管理软件"用户所用到的最原始的资料格式进行了整理,以便系统分析时使用。格式内容如表 5-1～表 5-7 所示。

表 5-1 学校基本信息表

学校代码____________________ 学校名称____________________

英文名称____

办学性质____________________ 举办单位____________________

办学宗旨____

____

办学层次____________________办学规模____________________

____

内部管理体制____________________联系电话____________________

传　　真____________________地　　址____________________

邮　　编____________________网　　址____________________

表 5-2　学院(学院级系)基本信息表

学校代码____________________学院代码____________________

学院名称____

英文名称____

培养层次____________________所设系所____________________

____

联系电话____________________传　　真____________________

地　　址____________________邮　　编____________________

网　　址____

表 5-3　系基本信息

学校代码____________________学院代码____________________

系 代 码____

系 名 称____

英文名称____

培养层次____________________所设专业____________________

____

联系电话____________________传　　真____________________

地　　址____________________邮　　编____________________

网　　址____

表 5-4　专业信息

系 代 码____

专业代码____________________专业名称____________________

专业英文名称____

专业类别____________________学历层次____________________

班级编号____________________班级名称____________________

课程设置____

____

表 5-5　学生基本信息

系别__________专业__________班级__________学号__________

姓名__________性别__________出生日期__________

民族__________政治面貌__________入学时间__________

入团(党)时间____________________邮编____________________

有何特长____________________联系电话____________________

籍贯____

家庭地址____

表 5-6 学生成绩信息

课程代码	课程名称	考试成绩	实验成绩	作业成绩	课堂成绩	总成绩

表 5-7 学生奖惩信息

年 月 日	奖惩单位	奖惩原因	奖惩结果

5.3 实现功能

5.3.1 学校信息维护

该功能可以输入、修改、删除学校基本信息，输入信息如表 5-1 所示。

可以按照学校代码查询学校基本信息，并按照表 5-1 的格式显示。

5.3.2 学院信息查询

该功能可以输入、修改、删除学院基本信息，输入格式如表 5-2 所示。

可以按照学校代码和学院代码组合的方式，查询学院相关信息，并按照表 5-2 的格式显示。

5.3.3 系信息查询

该功能可以输入、修改、删除系基本信息，输入格式如表 5-3 所示。

可以按照学校代码、学院代码和系代码组合的方式，查询院系信息，按照表 5-3 的格式显示。

5.3.4 系分专业学生名录

该功能按照学校、学院及系专业查询学生名录。输出表格如表 5-8 所示。

表 5-8 系分专业学生名录

学号	姓名	专业名称	班级	性别	出生日期

5.3.5 系分专业综合成绩排名

该功能应按照学校、学院及系分专业按照学生成绩排序，输出表格如表 5-9 所示。

表 5-9 系分专业综合成绩排名

名次	学号	姓名	专业名称	综合成绩	所在班级

5.3.6 关于学生信息维护

该功能可以输入、修改入学登记表,格式如表 5-5 所示。

该功能可以输入、修改学生成绩信息,格式如表 5-6 所示。

该功能可以输入、修改学生奖惩信息,格式如表 5-7 所示。

学生学籍详细查询,按照学校代码+学号查询。显示内容组合见表 5-1～表 5-7。

5.4 "学籍管理软件"在本书中的应用

在第 3 章提出本书始终贯穿的一个案例,按照对需求的理解,结合 Java 的每个知识点,逐步求精,实现"学籍管理软件"之功能。

本章我们假设在没有任何 Java 知识的情况下,编写一段不可思议的代码,然后通过对这些代码的分析发现代码缺陷和完成功能所需要的 Java 支持,列出要完成用户需求应具备的必需条件和基本 Java 语言基础,每学习完成一章内容,利用该章知识,精化和细化程序代码,直到实现用户需求为止。表 5-10 是本书案例应用分析表。

表 5-10 本书学习目标以及案例细化过程

章节名称	学习目标	案例精化度
第 1 章 何为面向对象	了解 Java 的产生背景、Java 的基本特征和 Java 开发环境搭建等	无
第 2 章 Java 是什么	了解 Java 的核心思想,了解类之间关系	无
第 3 章 JDK API 介绍	了解 Java 原理,明确 JDK 中不同包和类,能够解读一些 Java 源代码	无
第 4 章 规范 Java 编程	结合"学籍管理软件"要求,编写 Java 编程规范,也是本书案例和例程中所必须遵循的规范	无
第 5 章 本书唯一案例说明	掌握"学籍管理软件"的基本需求	在没有 Java 背景知识情况下,实现学生"学籍管理软件"的维护
第 6 章 Java 源程序组成	了解类的基本组成	优化第 5 章代码,规划系统的基本类
第 7 章 探讨类数据成员——数据类型	掌握 Java 数据类型,并且能够很好地定义数据结构	优化第 6 章代码,定义"学籍管理软件"数据结构
第 8 章 类方法成员——操作符	掌握 Java 操作符之应用场景以及这些操作符的灵活使用	优化第 7 章代码,完成"学籍管理软件"中的简单运算和业务逻辑运算
第 9 章 探讨类方法成员——流程控制	掌握 Java 函数的基本知识,不同函数类型的应用场景	优化第 8 章代码,完成"学籍管理软件"方法体规划

续表

章节名称	学习目标	案例精化度
第10章　异常处理及应用	掌握流程控制语句的基本原理，熟练应用流程控制语句	优化第9章代码，设计"学籍管理软件"异常机制，规划异常处理流程
第11章　类间关系之继承应用	掌握Java异常处理机制，能够灵活把握异常处理原则，高质量完成Java代码	优化第10章代码，优化类间关系，以继承的思想进一步完成类程序
第12章　类间关系之抽象类与接口应用	熟悉Java继承原理，通过分析用户需求，可以很好地确定类间关系	优化第11章代码，优化类间关系，以接口的思想进一步完成程序设计
第13章　Java数据结构之数组	掌握Java Swing使用，熟悉Java中用户界面设计	利用数组实现类间参数传递
第14章　Java数据结构之常用集合	掌握Java基本数据结构，能够熟悉每种数据结构的优点和确定，明确各类数据结构的应用场景	
第15章　数据结构在"学籍管理软件"中的应用	通过对"学籍管理软件"分析，设计出"学籍管理软件"中用到的数据结构	完成"学籍管理软件"的基本算法设计，完成"学籍管理软件"数据结构设计和算法设计
第16章　数据输入输出——Java IO流	掌握JavaAWT使用，可以根据用户需求，编写基本的用户界面	
第17章　Java数据存储在"学籍管理软件"中的应用		完成"学籍管理软件"的数据保存、删除与查询
第18章　Java图形界面在"学籍管理软件"中的应用	熟悉Java接口原理，很好地分析用例接口关系	从设计模式出发，进一步优化"学籍管理软件"程序代码
第19章　Java Swing在"学籍管理软件"中的应用	掌握Java输入输出机制，实现Java文件流和字节流等应用	完成"学籍管理软件"数据输入和输出的持久化
第20章　多线程简述	熟悉Java数据集合的基本内容，能够熟悉应用Java数据集合来完成复杂的数据计算	使用Java数据集合，实现"学籍管理软件"相关统计分析
第21章　Java学习历程回顾	回顾学习知识	总结案例流程思路，分析基于Java代码实现管理系统的优劣，引入B/S体系结构和MVC设计模式

5.5　不可思议的代码

计算机软件工具的应用目标是使我们的工作量大大减小，工作效率大大提高，能够体现更大的社会效益。那么，作为初学者，我们实在无法理解程序代码的应用场景如何，以及某些开发思想能够给我们带来什么样的益处。针对这些困惑，晨落和洪杨俊就此内容进行了比较详细的讨论。

晨落：我们在讨论Java代码之前，请大家先读例程5-1的代码，然后我们再讨论这些代码。

[**例程5-1**]　学籍档案输出的一段代码。

```
/**
 * @(#)archivesOfStudentsPrinter.java
 *
 * 本程序是Java学习第5章示例代码，本程序完成了学籍档案的输出，本模
```

```
  *块只有一个方法体,也没有输入,知识简单,展示学生学籍档案的打印输出功能。
  *本类中包含的方法体是main()方法体,也是唯一的方法体。本程序中文标识:
  *学生学籍打印
  * @author 晨落
  * @version 1.002011/9/22
  */
/*
  *本程序包是Java教学第5章指定文件路径。包名称是:
javaTeachings.chapter5.archivesOfStudentsPrinter.src
  */
//package javaTeachings.chapter5.archivesOfStudentsPrinter.src
/*
  *功能说明:学生学籍打印类,
  *功能详细说明:通过本程序,可以将学生基本信息,所在学校、学院、系
  *专业信息、考试成绩、奖惩记录打印出来。
  * @ author 晨落
  * @ version 1.0
  * @ see main()本类中唯一一个方法体。
  * @ since 无
  */
public class archivesOfStudentsPrinter {
    /*
      *打印学生档案,内容包括学生基本信息、考试成绩和奖惩记录
      * @ author 晨落
      * @ version 1.0
      * @ see #main()本类中只有一个方法体。
      * @ see # 无属性
      * @ since 无
      */
public static void main(String[] args)
{
System.out.println("=======基本信息==================");
System.out.println("学校名称:加力顿大学  英文名称:University of Squatting In Home");
System.out.println("学院名称:哲学与宗教学学院  英文名称:School of Philosophy & Religions");
System.out.println("系别:哲学系  专业:伦理学  班级:哲1101  学号:2011110101 ");
Syctem.out.println("姓名:晨落  性别:男  出生日期:1990-09-18");
System.out.println(" 民族:回族  政治面貌:无  入学时间:2010-09-01 ");
System.out.println("入团(党)时间:无     邮编:100082 " );
System.out.println("有何特长:计算机  联系电话:13991101104 " );
System.out.println("籍贯:中国 新疆 " );
System.out.println("家庭地址 :中国新疆维吾尔自治区  乌鲁木齐市家里蹲路12号 " );
System.out.println("");
System.out.println("");
System.out.println("=========== 考试成绩============================");
System.out.println("课程代码  课程名称    考试成绩  实验成绩  作业成绩  课堂成绩  总成绩");
System.out.println("--------------------------------------------------");
System.out.println("");
System.out.println("10052   哲学原理     80      10       10     100   );
System.out.println("10053   哲学思想     70      5        5      80 );
System.out.println("10054   英语         80      10       5      95");
System.out.println("");
System.out.println("");
```

```
        System.out.println("================== 奖惩记录 ====================");
        System.out.println(" 年   月   日      奖惩单位      奖惩原因      奖惩结果 " );
        System.out.println("---------------------------------------------------");
        System.out.println("");
        System.out.println("2010 - 10 - 2      学院      英语竞赛成绩优秀      一等奖 " );
        System.out.println("2011 - 02 - 03     学校      违规使用电热水器      记过处分 ");
    }
}
```

洪杨俊：老师，以上代码排版很整齐，编写也很规范，但是，请问按照您的这个代码设计思想，是不是需要针对每位学生设计同样的代码？

晨落：是的。

洪杨俊：按你的说法，2011 年全国将招收 675 万新生，按照你的设计思路将有 675 万个程序文件生成，每个程序文件按照 75 行计算，这程序将有大约 50 亿行，这真是个天文数字。并且还没有考虑到要完成其他功能所需要的代码行，噢，软件开发真的是这样吗？

晨落：哈哈，确实不是这样，如果我们的程序员确实以这种思想和编程方法来开发"学籍管理软件"，这将是一场灾难。这也是对计算机开发的"侮辱"。至于 Java 干不干，反正我不干！。当然，在计算机刚刚发明之时，计算机的主要功能就是这样，仅仅是计算功能，其功能连现在的普通计算器的功能都不及。

洪杨俊：Java 有这么弱智吗？

晨落：我想不会的，一定不会的，哈哈。你可以分析一下这段代码的缺点吗？当然，我展示这段代码的主要目的不是为了展示"学籍管理软件"的最终实现，而是"凿石开路"，将此作为"反面教材"展示给大家，我们共同分析很好的代码设计应该具备哪些特质。我们现在开始分析一下吧！

洪杨俊：好的。

晨落：请讲出你的想法。

洪杨俊：即使我们现在不考虑"学籍管理软件"的数据可以存储和检索，即使通过变量的形式动态输入，动态输出，这样觉得代码量就会大大地减少。全国 650 万学生的档案打印输出由一个程序完成。这样可以用六百五十万分之一的工作量完成所有的功能。

晨落：这是可以解决的，随着我们对 Java 的学习，能够逐步地解决这些问题——数据类型和变量就能解决。

洪杨俊：当然，数据存储是非常关键的问题。我相信老师肯定会考虑到数据的存储问题，这样我们就可以实现数据的一次输入"终身享用"的功能。如果不具备数据的存储功能，那么"学籍管理软件"的开发没有实际意义了。

晨落：这个问题显然是要解决的了，当然，数据的存储方式需要根据不同需求确定不同的存储方式。所以，在本书的第 17 章，将介绍如何实现数据的存储和查询功能。

洪杨俊：如果实现了数据的存储，统计分析是系统的核心功能之一，也是系统设计者的重要需求之一，请问，Java 具备这样的复杂计算统计功能吗？

晨落：可以的，这个是完全可以的，也就是 Java 的数据结构和算法的问题了。本书的第 13 章、第 14 章和第 15 章就是讲解数据的算法和数据结构的。

洪杨俊：我想到的还有，应该有可以控制的输入和输出，也就是说，我们提供这样的功能，可以让用户根据自己的需要选择完成的功能项，并且有很友好的用户界面。这样在 Java 中可以完成吗？

晨落：如果 Java 不具备这个支持能力的话，Java 不会"混到"今天这么受热捧了。本书的第 18 章和第 19 章就是为完成这项功能而设计的。

洪杨俊：对了，老师，我想问您一个问题，您打算这个系统只使用一个 Java 程序来完成所有功能吗？

晨落：你觉得呢？我个人认为，至少按照不同的对象来进行规划，我们将在第 6 章中分析如何归纳程序，但不是最优化的设计，程序的优化程度与我们对知识的了解和经验有很大的关系。

洪杨俊：我在相关书籍中了解到了 Java 是面向对象的，而面向对象的核心思想是继承和封装，请问老师，这个与我们的程序代码有什么关系呢？

晨落：这个问题问得很好，优化代码和提高软件性能是软件开发永恒的主题，你刚才所说的继承和封装仅仅是 Java 程序的核心思想的一部分。很好地利用继承和封装，确实能够提高软件的可读性、可重复性，提高性能等。这部分内容将在本书的第 11 章和第 12 章给大家交代。

洪杨俊：我能想到的只有这些，但是我想应该有许多我没有想到的。

晨落：这样吧，我们现在将“学籍管理软件”应该具备的功能和性能以表格的形式列出来，然后我们在每章学习完成后，结合“学籍管理软件”案例，检查是否满足了这些要求以及这些要求在 Java 中是如何得到支持的。好吗？

洪杨俊：好的。请老师查看表 5-11 所示“学籍管理软件”需求检查与 Java 支持说明表。

表 5-11 实现进程检查表

检 查 项	需求类型	实现进度			本章 Java 支持
		设计	优化	完成	
规划类	功能需求				
动态输入	性能需求				
数据动态处理	功能需求				
程序控制	功能需求				
健壮性	性能需求				
数据存储	功能需求				
方便查询	性能需求				
统计分析	功能需求				
复杂计算	功能需求				
运行控制	性能需求				
运行速度	性能需求				
代码重用	性能需求				
人机交互	功能需求				
类关系	性能需求				

晨落：我觉得可以满足对 Java 基础学习的要求了。希望我们在后面的学习过程中，以章节为单位，严格检查表格所列出的项目。这样，一方面跟踪了案例的需求实现，另外一方面对我们的 Java 学习也是个总结过程。

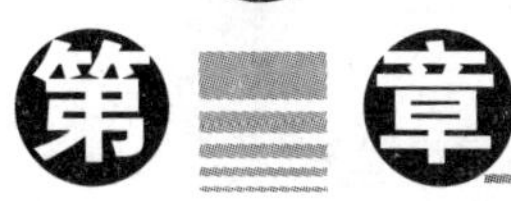

Java源程序组成

6.1 Java 源程序包含的基本内容

在 Java 程序中，应该包含如下内容。

- 一个或零个包声明语句(Package Statements)；
- 零个或多个引入语句(Import Statements)；
- 零个或多个类的声明(Class Declaration)；
- 零个或多个接口声明(Interface Declaration)；
- 零个或多个方法定义(Method Declaration)；
- 零个或多个属性定义(Attribute Declaration)；
- 多个注释行。

由于注释属于编程规范，已经在第 5 章做过详细介绍，本章不再介绍。

每个 Java 源文件可以包含多个类或者接口定义，但是至多只有一个类或接口是 public 的，而且 Java 源文件必须以其中的 public 类型的类的名字命名。

6.1.1 包

6.1.1.1 包声明语句

包声明语句用于把 Java 类放到特定的包中。

例程 6-1 是我们把 chapter6 类放在 JavaTeachings. chapter6. src 包中。chapter6 类主要是根据第 6 章相关知识，完成了"学籍管理软件"的类文件的初步规划，chapter6 类中只有一个 main 方法，这个方法的主要任务是负责对其他类测试和调试设计。

［**例程 6-1**］

```
/*
 *  JavaTeachings.chapter6.src 是第 6 章例程包,在本包中包含了
 *  学校基本信息(university)、学院(学院级系)基本信息(college)、
 *  系基本信息(department)、专业信息(professional)、学生信息
 *  (students)、成绩表(transcript)、奖惩表(rewardsAndPunishments)、
 *  学生名录(studentsList)、学生成绩排名表(transcriptSortTable)、
 *  专业名单(professionalList)、学籍查询(enrollmentTable)、学院名单
 *  查询(collegeListTable)和学校基本信息(universityPage)、系统主
 *  页(chapter6)、学院(学院级系)基本信息(collegePage)、系基本信
```

```
 *  息(departmentPage)、专业信息(professionalPage)、学生信息
 *  (studentsPage)、成绩表(transcriptPage)、奖惩表(rewardsAndPunishmentsPage)、
 * 学生名录(studentsListPage)、学生成绩排名表(transcriptSortTablePage)、
 *  专业名单(professionalListPage)、学籍查询(enrollmentTablePage)、
 *  学院名单查询(collegeListTablePage)等 25 个类,分别完成学籍管理系统使用的
 *  人机交互和业务数据处理。第 6 章是本案例实现的第一步,每个类定义了
 *  空的方法体。
 */
package JavaTeachings.chapter6.src;
 /* 文件名: chapter6.java
/*
 *  功能简介 :
 *     是学籍管理系统的启动程序。由一个无参数 main 方法组成。
 *     在整个系统中,起到对其他用户界面的调度作用。第 6 章主
 *     要完成功能是,简单调用其他 page 页面,确认每个 page 的方法体是有效的。
 *  @ author 晨落
 *  @ version 1.0
 *  @ see main()
 *  @ since 无
 *   修改日期: 2011 - 09 - 24
 */
public class chapter6 {
    /**
     * 功能简介:
     *       无参数 main 方法,main 方法在第 6 章主要职能是能够集成其他
     *       page 页面,按照类图的描述关系实现页面集成。main 方法将
     *       随着 Java 课程各个章节的不断学习逐步完善。
     *  @ author 晨落
     *  @ version 1.0
     *  @ prama args[]
     *  @ return null
     *  @ exception   I/O main 方法编译错误或者输入 IO 错误。
     *  修改日期: 2011 - 09 - 24
     */
    public static void main(String[] args)
    {
        universityPage up = new universityPage();
        up.universityPage();
        collegePage cp = new collegePage();
        cp.collegePage();
        departmentPage dp = new departmentPage();
        dp.departmentPage();
        professionalPage pp = new professionalPage();
        pp.professionalPage();
        studentsPage sp = new studentsPage();
        sp.studentsPage();
```

```
        transcriptPage tp = new transcriptPage();
        tp.transcriptPage();
        rewardsAndPunishmentsPage rapp = new rewardsAndPunishmentsPage();
        rapp.rewardsAndPunishmentsPage();
        studentsListPage slp = new studentsListPage();
        slp.studentsListPage();
        transcriptSortTablePage tstp = new transcriptSortTablePage();
        tstp.transcriptSortTablePage();
        professionalListPage plp = new professionalListPage();
        plp.professionalListPage();
        enrollmentTablePage etp = new enrollmentTablePage();
        etp.enrollmentTablePage();
        collegeListTablePage cltp = new collegeListTablePage();
        cltp.collegeListTablePage();
    }
}
```

把 Students 类也放在 JavaTeachings. chapter6. src 包中。

```
package JavaTeachings.Chapter6.src;
public class chapter6 {
…
}
```

把 Java 类放到特定的包中，有区分名字相同的类和避免命名冲突两大作用，有助于划分和组织 Java 应用程序中的各个类。

对于包声明语句，需要特别注意以下几点。

(1) 在一个 Java 源文件中，最多只能有一个 package 语句，但 package 语句不是必需的。如果没有提供 package 语句，就表明 Java 类位于默认包(default package)中，默认包没有名字。

(2) package 语句必须位于 Java 源文件的第一行。

例如：合法的包声明语句如下。

```
package JavaTeachings.chapter6.src;
public class Students {
…
}
```

非法的包声明语句如下：

```
public class students
{
    Package JavaTeaching.chapter6.src;
}
```

或

```
public class students
{
```

```
}
    Package JavaTeaching.chapter6.src;
```

6.1.1.2 包引入语句(import)

如果一个类访问了来自另一个包(java.lang包除外)中的类,那么前者必须通过import语句把这个类引入。

例如:假设Students类与Vector类分别位于不同的包中,其中Students类位于JavaTeachings.chapter6.src包中,而Vector类位于Java.uti包中。由于Students类的main()方法会访问Vector类,因此,Students类需要通过import语句引入Vector类:

```
import java.util.Vector;
```

以上代码指明引入java.util包中的Vector类。以下代码则表明引入java.util包中所有的类:

```
import java.util.*;
```

如果程序仅需要访问java.util包中的Vector类,那么以上两条import语句都能完成相同的功能,但是第一条import语句的性能更优,因为第二条import语句会搜索java.util包中所有的类。

对于包引入语句,需要特别注意下列一些细节。

(1) 尽管包名中的符号“.”能够体现各个包之间的层次结构,但是每个包都是独立的,顶层包不会包含子包中的类。

例如:

以下import语句引入java.util包中的所有类,但不会把java.util.zip包中的所有类引入。

```
importjava.util.zip;
```

如果希望同时引入这两个包中的类,则必须采用以下方式。

```
Importjava.util.*;
import java.util.zip.*;
```

(2) package语句和import语句的顺序是固定的,在Java源文件中,package语句必须位于第一行,其次是import语句,接着是类或接口的声明。

合法的代码如下。

```
package JavaTeachings.chapter6.src;
import java.lang.*;
 publicclassStudents
 {
 }
```

6.1.2 类定义

Java程序设计实际上就是定义类的过程。一个Java源程序文件往往是由许多个类组成的。从用户的角度看,Java源程序中的类分为下列两种。

(1) 系统定义的类:即Java类库,它是系统定义好的类。Java类库则提供了Java程序与运行它的系统软件(Java虚拟机)之间的接口。

(2) 用户自定义类:系统定义的类虽然实现了许多常见的功能,但是用户程序仍然需要针对特定问题的特定逻辑来定义自己的类。

类的结构是由类说明和类体两部分组成的。类的说明部分由关键字 class 与类名组成,类名的命名遵循 Java 标识符的定义规则。类体是类声明中花括号所包括的全部内容,它又是由数据成员(属性)和成员方法(方法)两部分组成。

数据成员描述对象的属性;成员方法则刻画对象的行为或动作,每一个成员方法确定一个功能或操作。

在 Java 程序中,用户自定义类的一般格式如下。

```
可见性修饰符  状态修饰符  类型修饰符  名称  声明  其他类
{
    数据成员
    方法体
}
```

其中:

(1) 可见性说明,类的可见性就是说所定义的类在其他类中是否可以直接引用或者操作其类中的方法体,具体类的可见性说明如下。

- 修饰符 private 表示所定义的类只有在本类中可见;
- 修饰符 protected 表示所定义的类只有在本包中可见;
- 修饰符 public 表示所定义的类在本包和其他包里都可见。

(2) 类状态表示所声明的类其基本状态,其修饰符说明如下。

- 修饰符 Final 表示类一旦定义是不可改变的,同时也是其他任何类不可继承的。因为一个 Final 类是无法被任何人继承的;
- 修饰符 Static 表示静态类;
- 修饰符 Abstract 表示是抽象类。

(3) 类型修饰符,表示定义的类的基本类型,包括接口或抽象类等。

- 修饰符 Abstract 是定义的类属于抽象类;
- 修饰符 interface 是定义的接口。

(4) 声明,表示所定义的类与其他类之间的关系,用以下几个声明语句表示。

- 声明语句 extends 表示所定义的类继承了指向的类;
- 声明语句 implements 表示定义的类实现了指向声明的接口。

如下代码定义一个类在本包和其他包里都可见。这个类名称是 students,所定义的 students 继承了 chapter6 类。

```
public final class students extends chapter6
{

}
```

6.1.3 方法定义

方法定义的格式如下。

```
修饰符  返回类型  名字(参数列表)  块
```

其中:

(1) 名字是方法名,它必须使用合法的标识符。

(2) 返回类型说明方法返回值的类型。如果方法不返回任何值,它应该声明为 void。Java 对待返回值的要求很严格,方法返回值必须与所说明的类型相匹配。如果方法说明有返回值,例如

int,那么方法从任何一个语句分支中返回时,都必须返回一个整数值。

(3) 修饰符段可以含几个不同的修饰符,其中限定访问权限的修饰符包括 public、protected 和 private。public 访问修饰符表示该方法可以被任何其他代码调用,而 private 表示方法只能被类中的其他方法调用。

(4) 参数列表是传送给方法的参数表。表中各元素间以逗号分隔,每个元素由一个类型和一个标识符组成。参数可以为空。

(5) 块表示方法体,是要实际执行的代码段。

关于方法的定义及返回值,在后续章节中将有定义。

例如:

```
publicList analysis(String StudentsId,String name)
{
    List mylist = null;
    Return mylist;
}
```

定义了一个名为 analysis 的公有方法体;这个方法体返回值为 List 类型;输入两个参数,分别是 StudentsId 和 name,并且这两个参数的类型是 String。

6.1.4 数据成员

数据成员定义内容如下。

1. 数据成员的声明

数据成员是用来描述事物的静态特征的。一般情况下,声明一个数据成员必须做的事是给出这个数据成员的标识符,并指明它所属的数据类型。声明数据成员时,还可以用修饰符对数据成员的访问权限做出限制。

数据成员声明格式如下。

```
修饰符　数据成员类型　数据成员名表
```

其中:

(1) 修饰符是可选的,它是指访问权限修饰符 public、private、protected 和非访问权限修饰符 static、final 等。

(2) 数据成员类型就是诸如 int、float 等 Java 允许的各种定义数据类型的关键字。

(3) 数据成员名表是指一个或多个数据成员名,即用户自定义标识符。当同时声明多个数据成员名时,彼此间用逗号分隔。

2. static 修饰的静态数据成员

用 static 修饰符修饰的数据成员是不属于任何一个类的具体对象,而是属于类的静态数据成员。

其特点是它被保存在类的内存区的公共存储单元中,而不是保存在某个对象的内存区中。因此,一个类的任何对象访问它时,存取到的都是相同的数值。

可以通过类名加点操作符访问它。static 类数据成员仍属于类的作用域,还可以使用 public static、private static 等进行修饰。修饰符不同,可访问的层次也不同。

3. 静态数据成员的初始化

静态数据成员的初始化可以由用户在定义时进行,也可以由静态初始化器来完成。静态初始化器是由关键字 static 引导的一对花括号括起的语句块,其作用是在加载类时,初始化类的静态数据成员。

静态初始化器与构造方法不同，它有以下特点。

(1) 静态初始化器用于对类的静态数据成员进行初始化。而构造方法用来对新创建的对象进行初始化。

(2) 静态初始化器不是方法，没有方法名、返回值和参数表。

(3) 静态初始化器是在它所属的类加载到内存时，由系统调用时执行的，而构造方法是在系统用 new 运算符产生新对象时自动执行的。

静态初始化器的格式如下。

```
Static
{
  //初始化静态数据成员
}
```

4. final 修饰的最终数据成员

如果一个类的数据成员用 final 修饰符修饰，则这个数据成员就被限定为最终数据成员。

最终数据成员可以在声明时进行初始化，也可以通过构造方法赋值，但不能在程序的其他地方赋值，它的值在程序的整个执行过程中是不能改变的。因此，也可以说用 final 修饰符修饰的数据成员是标识符常量。用 final 修饰符说明常量时，需要注意以下几点：

(1) 需要说明常量的数据类型并指出常量的具体值；

(2) 若一个类有多个对象，而某个数据成员是常量，最好将此常量声明为 static，即用 static final 两个修饰符修饰，这样做可节省空间。

6.2 使用 JDK 编译和运行程序

6.2.1 编译 Java 源文件

一般的开发集成工具都是自动完成编译的，Javac 命令编译方式很少用到。在这里详细介绍 Javac 的编译过程。Java 程序的编译程序是 javac. exe。javac 命令将 Java 程序编译成字节码，然后开发人员可用 Java 解释器 java 命令来解释执行这 Java 字节码。Java 程序源码必须存放在后缀为. java 的文件里。Java 程序里的每一个类，javac 都将生成与类相同名称但后缀为. class 文件。编译器把. class 文件放在. java 文件的同一个目录里，除非开发人员用了-d 选项。自己定义的类时，必须指明它们的存放目录，这就需要利用环境变量参数 CLASSPATH。环境变量 CLASSPATH 是由被分号隔开的路径名组成。如果传递给 javac 编译器的源文件里引用到的类定义在本文件和传递的其他文件中找不到，则编译器会按 CLASSPATH 定义的路径来搜索。例如：

```
CLASSPATH = .;C: javaclasses
```

编译器先搜索当前目录；如果没搜索到，则继续搜索“C：javaclasses”目录。注意，系统总是将系统类的目录默认地加在 CLASSPATH 后面，除非开发人员用-classpath 选项来编译。javac_g 是一个用于调试的未优化的编译器，功能与用法和 javac 一样。javac 的用法如下。

```
javac
[ - g][ - O][ - debug][ - depend][ - nowarn][ - verbose][ - classpath path][ - nowrite][ - d dir]
file.java...
```

以下是每个选项的解释。

(1) -classpath path 定义 javac 搜索类的路径。它将覆盖默认的 CLASSPATH 环境变量的设置。路径是由逗号隔开的路径名组成，一般格式如下。

```
.;<your_path>
```

例如：

```
;C:javadocclasses;C: oolsjavaclasses
```

表示编译器遇到一个新类，它先在本文件中查找它的定义；如果没有，则在本文件所处目录下其他文件中查找它的定义；如果还没有，则继续搜索"C: javadocclasses"目录中的所有文件，以此类推。

(2) -d dir 指明类层次的根目录，格式如下。

```
javac -d <my_dir> MyProgram.java
```

这样将 MyProgram.java 程序里的生产的.class 文件存放在 my_dir 目录里。

(3) -g 带调试信息编译，调试信息包括行号与使用 Java 调试工具时用到的局部变量信息。如果编译没有加上-O 优化选项，只包含行号信息。

(4) -nowarn 关闭警告信息，编译器将不显示任何警告信息。

(5) -O 优化编译 static、final、private 函数，注意所开发的类文件可能更大。

(6) -verbose 让编译器与解释器显示被编译的源文件名和被加载的类名。

6.2.2 运行 Java 程序

java -Java 语言解释器 java 命令解释 java 字节码。

语法：

```
java [ options ] classname <args> java_g [ options ] classname <args>
```

描述：Java 命令由 Java 编译器 javac 输出的 java 字节码。

classname 参数是要执行的类名称。注意任意在类名称后的参数都将传递给要执行类的 main 函数。

java 执行完 main 函数后退出，除非 main 函数创建了一个或多个线程。如果 main 函数创建了其他线程，java 总是等到最后一个线程退出后才退出。

选项 options 的说明如下。

(1) -cs，-checksource 当一个编译过的类调入时，这个选项将比较字节码更改时间与源文件更改时间，如果源文件更改时间靠后，则重新编译此类并调入此新类。

(2) -classpath path 定义 javac 搜索类的路径。它将覆盖默认的 CLASSPATH 环境变量的设置。路径是由逗号隔开的路径名组成，一般格式如下：.;< your_path >。

例如：.;C: javadocclasses;C: oolsjavaclasses 表示解释器遇到一个新类，它先在本文件中查找它的定义；如果没有，则在本文件所处目录下其他文件中查找它的定义；如果还没有，则继续搜索 C: javadocclasses 目录中的所有文件，以此类推。

(3) -mx x 设置最大内存分配池，大小为 x，x 必须大于 1000B。默认为 16MB。

(4) -ms x 设置垃圾回收堆的大小为 x，x 必须大于 1000B。默认为 1MB。

(5) -noasyncgc 关闭异步垃圾回收功能。此选项打开后，除非显式调用或程序内存溢出，垃圾内存都不回收。本选项不打开时，垃圾回收线程与其他线程异步同时执行。

(6) -ss x 每个 Java 线程有两个堆栈，一个是 Java 代码堆栈，一个是 C 代码堆栈。-ss 选项将线程里 C 代码用的堆栈设置成最大为 x。

(7) -oss x 每个 Java 线程有两个堆栈,一个是 Java 代码堆栈,一个是 C 代码堆栈。-oss 选项将线程里 Java 代码用的堆栈设置成最大为 x。

(8) -v, -verbose 让 Java 解释器在每一个类被调入时,按标准输出打印相应信息。

6.3 代码展示——类初步规划

6.3.1 案例分析

学习 Java 是逐步深入的过程,案例同样也是逐步细化的过程。随着对 Java 的深入学习,我们具备了案例实现的某方面的知识条件然后进一步细化案例。本章我们学习了类的组成,也了解了类的基本概念及其结构,在此,我们可以将案例的实现推进一步。

在第 5 章中,我们设计了本书的唯一案例,微缩型"学籍管理软件"。在该软件中,我们总共设计了学校基本信息表(录入、修改、删除、查询)、学院(学院级系)基本信息表(录入、修改、查询、删除),系基本信息(录入、修改、查询、删除)、专业信息(录入、修改、删除、查询)、学生基本信息(录入、修改、删除、查询)、学生成绩信息(录入、修改、删除、查询)、学生奖惩信息(录入、修改、删除、查询)、学籍查询(查询、打印)、学生成绩排名(排名、打印)、学生名单查询(查询、打印)、专业名单查询(查询、打印)、学院名单(查询、打印)等这些对象和要求。在本章中需先设计类图以及类方法体,不考虑类的数据成员和类间关系。其实这是设计了只有类名和方法体的空类,对这些类和方法体说明参见表 6-1。

1. 类设计

表 6-1 是通过对学籍管理业务原始数据资料的整理,结合面向对象的思想和方法设计出的"学籍管理软件"的初步类,详细类将随着我们的知识水平的提高而逐步完善和优化。

表 6-1 "学籍管理软件"类设计表

对象名称	类名称	功能	方法体名称
学校基本信息	university	学校信息保存	universitySave
		学校信息修改	universityUpdate
		学校信息查询	universitySearch
		学校信息删除	universityDelete
学院(学院级系)基本信息	college	学院信息保存	collegeSave
		学院信息修改	collegeUpdate
		学院信息查询	collegeSearch
		学院信息删除	collegeDelete
系基本信息	department	系信息保存	departmentSave
		系信息修改	departmentUpdate
		系信息查询	departmentSearch
		系信息删除	departmentDelete
专业信息	professional	专业信息保存	professionalSave
		专业信息修改	professionalUpdate
		专业信息查询	professionalSearch
		专业信息删除	professionalDelete
学生信息	students	学生信息保存	studentsSave
		学生信息修改	studentsUpdate
		学生信息查询	studentsSearch
		学生信息删除	studentsDelete

续表

对象名称	类名称	功能	方法体名称
成绩表	transcript	成绩表保存	transcriptSave
		成绩表修改	transcriptUpdate
		成绩表查询	transcriptSearch
		成绩表删除	transcriptDelete
奖惩表	rewardsAndPunishments	奖惩信息保存	rewardsAndPunishmentsSave
		奖惩信息修改	rewardsAndPunishmentsUpdate
		奖惩信息查询	rewardsAndPunishmentsSearch
		奖惩信息删除	rewardsAndPunishmentsDelete
学生名录	studentsList	学生名录查询	studentsListSearch
		学生名录打印	StudentsListPrinter
学生成绩排名表	transcriptSortTable	学生成绩排序	transcriptSort
		学生成绩打印	transcriptPrinter
专业名单	professionalList	专业名称查询	professionalListSearch
		专业名称打印	professionalListPrinter
学籍查询	enrollmentTable	学籍查询	enrollmentTableSearch
		学籍打印	enrollmentTablePrinter
学院名单查询	collegeListTable	学院信息查询	collegeListTableSeacrh
		学院信息打印	collegeListTablePrinter

2. 类图设计

图 6-1 是使用 UML(Unified Modeling Language,统一建模语言)描述的“学籍管理软件”类间关系。随着知识结构的掌握将逐步优化“学籍管理软件”的类间关系。

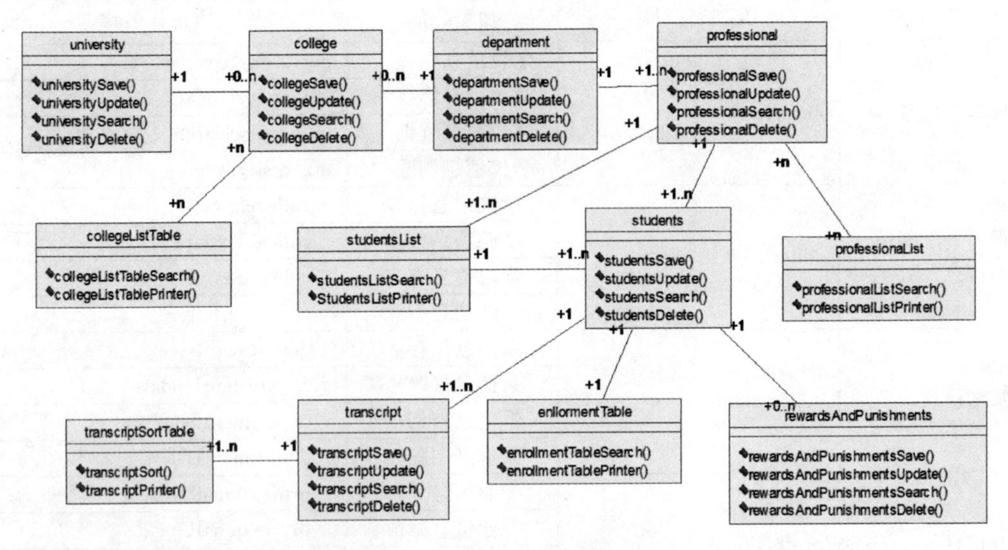

图 6-1 “学籍管理软件”类初设图

类图初步设计如图 6-1 所示,该图仅仅是从用户需求出发设计出来的,没有考虑设计模式、类间关系优化等。

本章是为了完成程序调试而设计的。在本章中,只有一个方法体 main(),并且没有任何输入输出参数。由于本类图是学籍管理系统类图的初步设计,我们将 main 方法作为唯一入口,负责各个类的调用。本质上来说,这个阶段根本无法满足用户需求,只能说是学籍管理系统的雏形而已。本阶段对学籍管理系统源代码只定义了类和方法体,方法体中也没有任何参数。在本章的类中,也没有设计数据成员,关于参数和数据成员将在后续章节中予以补充。

6.3.2 部分代码展示

在本节中,我们将使用Java语言程序,展示“学籍管理软件”中部分类的结构代码。如果有读者感兴趣,可以查阅本书提供的相应的软件代码即可。

6.3.2.1 学校信息类

学校信息类的结构代码如例程6-2所示。

[**例程6-2**] 学校信息类的结构代码。

```
/**
 * JavaTeachings.chapter6.src 是第6章例程包,
 * 在本包中包含了学校基本信息(university)、学
 * 院(学院级系)基本信息(college)、系基本信
 * 息(department)、专业信息(professional)、学
 * 生信息(students)、成绩表(transcript)、奖惩
 * 表(rewardsAndPunishments)、
 * 学生名录(studentsList)、学生成绩排名表
 * (transcriptSortTable)、专业名单(professionalList),
 * 学籍查询(enrollmentTable)、学院名单查
 * 询(collegeListTable)和学校基本信息(universityPage)
 * 、系统主页(chapter6)、学院(学院级系)基本信息(collegePage)、
 * 系基本信息(departmentPage)、专业信息(professionalPage)、
 * 学生信息(studentsPage)、成绩表(transcriptPage)、奖惩表
 * (rewardsAndPunishmentsPage)、学生名录(studentsListPage)、
 * 学生成绩排名表(transcriptSortTablePage)、专业名单
 * (professionalListPage)、学籍查询(enrollmentTablePage)
 * 学院名单查询(collegeListTablePage)等25个类,每个类都包
 * 含了相应的成员方法,在第6章关于成员数据的说明没有设计,
 * 随着Java学习逐步完善。
 */

package JavaTeachings.chapter6.src;
/**
 * 文件名: university.java
 * 版权: 晨落
 * 描述: university.java是学籍管理系统关于学校信息维护的类源代码程序。
 *   功能简介:
 *       是学籍管理系统业务逻辑处理程序,主要完成学校数据的维护。其中包括数据查询、数据保
 *       存、数据修改、数据删除等方法体是有效的。
 * @author 晨落
 * @version 1.0
 * @see universitySave()学校信息保存
 * @see universityUpdate()学校信息修改
 * @see universitySearch()学校信息查询
 * @see universityDelete()学校信息删除
 * @since 无
 * 修改日期: 2011 - 09 - 24
 */
```

```
public class university {

    /**
     * 功能简述:
     *     方法体 universitySave()的主要功能是完成学校信息资料的保存,
     * @author 晨落
     * @version 1.0
     * @param 本章暂无,在第 7 章补充。
     * @return 本章暂无,在第 7 章补充。
     */

    public void universitySave()
    {

    }

    /**
     * 功能简述:
     *     方法体 universityUpdate()的主要功能是完成学校信息资料的修改。
     * @author 晨落
     * @version 1.0
     * @param 本章暂无。
     * @return 本章暂无。
     */

    public void universityUpdate()
    {

    }
    /**
     * 功能简述:
     *     方法体 universitySearch()的主要功能是完成学校信息资料的查询
     * @author 晨落
     * @version 1.0
     * @param 本章暂无。
     * @return 本章暂无。
    */

    public void universitySearch()
    {

    }
    /**
     * 功能简述:
     *     方法体 universityDelete 的主要功能是完成学校信息资料删除
     * @author 晨落
     * @version 1.0
     * @param 本章暂无。
     * @return 本章暂无。
    */
```

```
    public void universityDelete()
    {

    }
}
```

6.3.2.2　学院信息类

学院信息类的结构代码如例程 6-3 所示。

［**例程 6-3**］　学院信息类的结构代码。

```
/**
 * JavaTeachings.chapter6.src 是第 6 章例程包,
 * 在本包中包含了学校基本信息(university)、学
 * 院(学院级系)基本信息(college)、系基本信
 * 息(department)、专业信息(professional)、学
 * 生信息(students)、成绩表(transcript)、奖惩
 * 表(rewardsAndPunishments)、
 * 学生名录(studentsList)、学生成绩排名表
 * (transcriptSortTable)、专业名单(professionalList)、
 * 学籍查询(enrollmentTable)、学院名单查
 * 询(collegeListTable)和学校基本信息(universityPage)
 * ,系统主页(chapter6)、学院(学院级系)基本信息(collegePage)、
 * 系基本信息(departmentPage)、专业信息(professionalPage)、
 * 学生信息(studentsPage)、成绩表(transcriptPage)、奖惩表
 * (rewardsAndPunishmentsPage)、学生名录(studentsListPage)、
 * 学生成绩排名表(transcriptSortTablePage)、专业名单
 * (professionalListPage)、学籍查询(enrollmentTablePage)、
 * 学院名单查询(collegeListTablePage)等 25 个类,每个类都包
 * 含了相应的成员方法,在第 6 章关于成员数据的说明没有设计,随着 Java
 * 学习逐步完善
 */

package JavaTeachings.chapter6.src;

/**
 * 文件名: college.java
 * 版权: 晨落
 * 描述: college.java 是学籍管理系统关于学院信息维护的业务逻辑层源代码程序
 * 修改人: 晨落
 * 作者: 晨落
 * 版本号: 1.0
 * 日期: 2011 - 09 - 24
 */


/**
 * 类文件名: college.java
 * 功能简介:
 *       是学籍管理系统业务逻辑处理程序,主要完成学院数据的维护。其中包括数据查询、数据保存、
 *       数据修改、数据删除等。本类是接收 collegepage 页面的请求。
```

```
 * 方法体是有效的。
 * @author 晨落
 * @version1.0
 * @seecollegeSave()学院信息保存
 * @seecollegeUpdate()学院信息修改
 * @seecollegeSearch()学院信息查询
 * @seecollegeDelete()学院信息删除
 * @since 无
 * 修改日期：2011 - 09 - 24
 */

public class college
{

    /**
     * 功能简述:
     *      方法体 collegeSave()的主要功能是完成学院信息资料的保存。
     * @author 晨落
     * @version1.0
     * @param 本章暂无
     * @return 本章暂无
     */

    public void collegeSave()
    {

    }
    /**
     * 功能简述:
     *      方法体 collegeUpdate()的主要功能是完成学院信息资料
     *      的修改。
     * @author 晨落
     * @version1.0
     * @param 本章暂无,在第 7 章补充。
     * @return 本章暂无,在第 7 章补充。
     */

    public void collegeUpdate()
    {

    }
    /**
     * 功能简述:
     *      方法体 collegeSearch()的主要功能是完成学院信息资料
     *      的查询。
     * @author 晨落
     * @version 1.0
     * @param 本章暂无。
     * @return 本章暂无。
     */

    public void collegeSearch()
```

```
    {
    }
    /**
      * 功能简述:
      *      方法体 collegeDelete()的主要功能是完成学院信息资料
      *      的删除。
      * @author 晨落
      * @version1.0
      * @param 本章暂无,在第 7 章补充。
      * @return 本章暂无,在第 7 章补充。
     */

    public void collegeDelete()
    {

    }
}
```

6.3.2.3 说明

鉴于篇幅有限,其他类的源代码可在清华大学出版社网站下载,也可以通过本书提供的 QQ 号与作者联系获取,在此不再赘述。

6.4 代码解析

6.4.1 代码分析

本节主要讨论了如何从实体中规划类的过程,帮助读者掌握如何从实体中抽象出类以及确定类间初步关系。

洪杨俊:请问老师,设计类图的依据是什么?

晨落:这是一个很大的话题,在短时间工作经验不足以及没有足够的面向对象的知识设计类是比较难的。如果有足够的项目经验和需求分析经验,当然也能设计出更为优化的类图来。

洪杨俊:那是否可以给出一个概要的思路呢?

晨落:当然可以。我设计类图的基本思路是:第一阶段,参与客户调研,整理客户原始资料以及绘制业务流程图;第二阶段,在第一阶段的基础上,结合管理目标和商业目标,设计相应的目标业务模型;第三阶段,将目标业务模型中用到的所有业务原始资料作为初选对象;第四阶段,与客户多次沟通软件需求,结合自身对业务的理解,编写需求分析报告;第五阶段的主要任务是将业务资料进行再次归类,分析它们之间的静态关系绘制领域类图,统一建模语言 UML(Unified Modeling Language)中称之为领域类图。领域类图具有需求分析软件需求的静态关系作用,真正的具有指导性的类图应该是实现类图。实现类图则描述类之间的各种关系,比如继承、依赖等。在本章中所定义的类图其实就是一个领域类图的模型。

洪杨俊:那么为什么在您的源代码中没有表现出类图中所表达的关系呢?

晨落:领域类图在软件开发中更为重要的作用应该是为数据架构设计提供依据,一般在数据架构设计中,要确定实体之间的关系,而实体关系的确定一般是以领域图为基础而设计的。领域类图反映的关系要通过 Java 类中的其他关系来表现出来,这些关系将在后面的相关章节中得到完善。随着 Java 的学习,将逐步实现学籍管理系统需求。

洪杨俊:按照 Java 源程序组成中,应该有数据成员组成,为什么在您展示的源代码中没有看到?

晨落：关于数据成员的定义，将在第7章结合Java数据类型知识得到完善。

6.4.2 进程检查

如果要实现第5章提出的功能需求，需要随着Java知识结构的进一步完善，逐步实现。表6-2中“*”表示本章能够完成的功能需求的初步设计工作。

表6-2 进程检查表

检 查 项	需求类型	实现进度			本章Java支持
		设计	优化	完成	
规划类	功能需求	*			Java类源代码组成，类初步规划
动态输入	功能需求				
数据动态处理	功能需求				
程序控制	功能需求				
健壮性	性能需求				
数据存储	功能需求				
方便查询	性能需求				
统计分析	功能需求				
复杂计算	功能需求				
运行控制	性能需求				
运行速度	性能需求				
代码重用	性能需求				
人机交互	功能需求				
类关系	性能需求				

6.5 本章小结

Java源代码包括类定义语句，类定义主要包括类名、类的可见性、类的可操作性以及与其他类之间的关系。成员方法是类的组成部分，同样需要定义方法名、可见性、可操作性以及执行语句组成。数据成员需要定义数据名称、数据类型和数据可见性以及可操作性等。

Java编译过程可以使用Java工具进行直接编译，也可以通过JDK命令行语句编译，在这里需要注意的是，JDK配置必须是正确的，否则运行时和编译时都有可能出错。

本章完成了“学籍管理软件”的第一项工作，定义了“学籍管理软件”的领域类图，并且设计了“学籍管理软件”的类结构。这里只定义了类的基本结构，关于数据成员和方法成员以及关系和实现将在后续章节中逐步完成。

第7章

探讨类数据成员——数据类型

类的组成包括数据成员、注释和方法成员。本章将详细介绍类数据成员——数据类型，并结合已学知识，进一步完善“学籍管理软件”。

数据类型在计算机语言中是对内存位置的一个抽象表达方式，可以理解为针对内存的一种抽象的表达方式。当我们接触每种开发语言时，都需认识数据类型，无论是复杂的还是简单的。Java 是强类型语言，所以 Java 对于数据类型的规范相对严格。数据类型是语言的抽象原子概念，可以说是语言中最基本的单元定义。在 Java 中，数据类型分为简单类型和复杂类型两种。

7.1 基本数据类型

7.1.1 基本概念

Java 中的简单类型分为 4 种：实数、整数、字符和布尔值。在 Java 中，只有 8 种原始类型：有两种实数类型分别是 double、float；有 4 种整数类型分别是 byte、short、int 和 long；一种字符类型 char 和一种布尔值是 boolean。

7.1.2 详细说明

Java 的简单数据类型说明如表 7-1 所示。

表 7-1 Java 简单数据类型说明

数据类型	说明
int	int 为整数类型，在存储时，用 4 个字节存储。在变量初始化时，int 类型的默认值为 0
short	short 也属于整数类型，在存储时，用 2 个字节存储。在变量初始化时，short 类型的默认值为 0
long	long 也属于整数类型，在存储时，用 8 个字节存储。在变量初始化时，long 类型的默认值为 0L 或 0l，也可直接写为 0
byte	byte 同样属于整数类型，在存储时，用 1 个字节存储。在变量初始化时，byte 类型的默认值也为 0
float	float 属于实数类型，在存储时，用 4 个字节存储。在变量初始化时，float 的默认值为 0.0f 或 0.0F，在初始化时可以写为 0.0
double	double 同样属于实数类型，在存储时，用 8 个字节存储。在变量初始化时，double 的默认值为 0.0
char	char 属于字符类型，在存储时，用 2 个字节存储，使用 16 位 Unicode 字符集。在变量初始化时，char 类型的默认值为'u0000'

续表

数据类型	说　明
boolean	boolean 属于布尔类型，在存储时，不使用字节，仅仅使用 1 位来存储，其字面量为 true 和 false。而 boolean 变量在初始化时，变量的默认值为 false

Java 基本数据类型数据取值范围如表 7-2 所示。

表 7-2　基本数据类型数据取值范围

基本型别	大小	最小值	最　大　值
boolean	—	—	—
char	16bit	Unicode 0	Unicode 2^{16}-1
byte	8bit	－128	＋127
short	16bit	-2^{15}	$+2^{15}-1$
int	32bit	-2^{31}	$+2^{31}-1$
long	64bit	-2^{63}	$+2^{63}-1$
float	32bit	IEEE754	IEEE754
double	64bit	IEEE754	IEEE754

7.1.3　简单数据类型的转换

数据类型的转换分为自动转换和强制转换两种。

(1) 自动转换遵循的是较大原则，也就说当一个小类型数据和大类型数据运算的时候，系统自动将小数据类型转换为大数据类型，再进行运算。在方法调用时，如果实际参数数据类型小，而函数的形参数据类型比较大，如果没有匹配的方法，直接使用较大的形参函数进行调用。

(2) 强制转换。将大数据类型转换为小数据类型时，可以使用强制类型转换，在强制类型转换时，必须使用如下格式语句。

```
int a = (double)6.2354;
```

上述类型转换时有可能会出现精度损失。

数据类型的自动提升遵循的规则有：所有的 byte、short、char 类型的值将提升为 int 类型，自动转换类型是这样一种流程关系：byte→short→char→int→long→float→double。而强制转换方向相反。

(3) 转换的附加条件。当两个类型进行自动转换时，需要满足条件：第一，相互转换的两种数据类型是兼容的；第二，目标类型的数值范围应该比源转换值的范围要大。而拓展范围就遵循自动类型转换原则。当这两个条件都满足时，拓展转换才会发生。原始类型转换中 boolean 和 char 是独立的，不具有兼容性，而其他 6 种类型是可以兼容的。在强制转换过程中，唯独可能特殊的是 char 和 int 是可以转换的，转换后的数据其实是 char 的 ASCII 码值，如下代码就是字符 a 的 ASCII 的值为 97。

```
int a = (int)'a';
system.out.println(a);
```

结果值是 a=97。

7.1.4　Java 中的高精度数

Java 提供两个专门的类进行高精度运算：BigInteger 与 BigDecimal。虽然 Java 原始变量都具有对应的封装类型，但是这两个变量没有对应的原始类型，而是通过方法来提供这两种类型的一些运算，其含义为普通类型能做的操作，这两个类型对应都有，只是因为精度过大可能效率不够高。至于这两个类的具体操作可以参考 JDK 的相关 API 文档。

7.2　引用类型

引用类型和基本类型的行为完全不同，并且它们具有不同的语义。例如，假定一个方法中有两个局部变量，一个变量为 int 基本类型，另一个变量是对一个 Integer 对象的对象引用。

```
char a = y;                                    //基本类型
String a = new String(x);                      //对象引用
```

这两个变量都存储在局部变量表中，并且都是在 Java 操作数堆栈中操作的，但对它们的表示却完全不同。

基本类型 char 和对象引用各占堆栈的 16 位。String 对象的堆栈项并不是对象本身，而是一个对象引用。Java 中的所有对象都要通过对象引用访问。对象引用是指向对象存储所在堆中的某个区域的指针。当声明一个基本类型时，就为类型本身声明了存储。

引用类型和基本类型具有不同的特征和用法，它们包括大小和速度问题，以那种类型的数据结构存储，决定于当引用类型和基本类型用作某个类的实例数据时所指定的默认值。对象引用实例变量的默认值为 null，而基本类型实例变量的默认值与它们的类型有关。

许多程序的代码将同时包含基本类型以及它们的对象封装。当检查它们是否相等时，同时使用这两种类型并了解它们如何正确相互作用和共存将成为问题。程序员必须了解这两种类型是如何工作和相互作用的，以避免代码出错。例如，不能对基本类型调用方法，但可以对对象调用方法：

使用基本类型无须调用 new，也无须创建对象，这节省了时间和空间。混合使用基本类型和对象也可能导致与赋值有关的意外结果。看起来没有错误的代码可能无法完成所希望做的工作。

Java 的引用类型有以下 4 种类别：

(1) 强引用：就是显式地执行语句。

(2) 软引用：被软引用的对象。如果内存空间足够，垃圾回收器是不会回收它的；如果内存空间不足，垃圾回收器将回收这些对象占用的内存空间。

(3) 弱引用：与前面的软引用相比，被弱引用了的对象拥有更短的内存时间(也就是生命周期)。垃圾回收器一旦发现了被弱引用的对象，不管当前内存空间是不是足够，都会回收它的内存。

(4) 虚引用：虚引用不是一种真实可用的引用类型，完全可以视为一种“形同虚设”的引用类型。设计虚引用的目的在于结合引用关联队列，实现对对象引用关系的跟踪。

7.3　变量和常量

在程序中存在大量的数据来代表程序的状态。其中有些数据在程序的运行过程中，值会发生改变；有些数据在程序运行过程中，值不能发生改变。这些数据在程序中分别被叫做变量和常量。

7.3.1　变量

在实际的程序中，可以根据数据在程序运行中是否发生改变来选择应该是使用变量还是常量。

变量代表程序的状态。程序通过改变变量的值来改变整个程序的状态，或者说得更大一些，也就是实现程序的功能逻辑。

为了方便地引用变量的值，在程序中需要为变量设定一个名称，这就是变量名。

由于Java语言是一种强类型的语言，所以变量在使用以前必须声明，在程序中声明变量的语法格式如下。

```
数据类型 变量名称;
```

例如：

```
String name;
```

在该语法格式中，数据类型可以是Java语言中任意的类型，包括基本数据类型以及所有数据类型。变量名称是该变量的标识符，需要符合标识符的命名规则。在实际使用中，该名称一般和变量的用途对应，这样便于程序的阅读。数据类型和变量名称之间使用空格进行间隔。

也可以在声明变量的同时，设定该变量的值，语法格式如下。

```
数据类型 变量名称 = 值;
```

例如：

```
double Examation = 95.5;
```

在该语法格式中，前面的语法和上面介绍的内容一致，后续的“=”代表赋值，其中的“值”代表具体的数据。在该语法格式中，要求值的类型需要和声明变量的数据类型一致。

也可以一次声明多个相同类型的变量，语法格式如下。

```
数据类型 变量名称 1,变量名称 2, …,变量名称 n;
```

例如：

```
String name,sex;
```

在该语法格式中，变量名之间使用“,”分隔，这里的变量名称可以有任意多个。也可以在声明多个变量时，对变量进行赋值，语法格式如下。

```
数据类型 变量名称 1 = 值 1,变量名称 2 = 值 2, …,变量名称 n = 值 n;
```

例如：

```
String name = '晨落',sex = '男';
```

也可以在声明变量时，有选择地进行赋值，例如：

```
int x,y = 10,z;
```

以上语法格式中，如果同时声明多个变量，则要求这些变量的类型必须相同，如果声明的变量类型不同，则只需要分开声明即可，例如：

```
int n = 3;
boolean b = true;
char c;
```

在程序中，变量的值代表程序的状态。在程序中，可以通过变量名称来引用变量中存储的值，也可以为变量重新赋值。例如：

```
int n = 5;
n = 10;
```

在实际开发过程中，需要声明什么类型的变量，需要声明多少个变量，需要为变量赋什么数值，都根据程序逻辑决定，这里列举的只是表达的格式而已。

7.3.2　常量

常量代表程序运行过程中不能改变的值。常量在程序运行过程中主要有两个作用：一是代表常数；二是便于程序的修改，增强程序的可读性。

常量的语法格式同变量类型，只需要在变量的语法格式前面添加关键字 final 即可。在 Java 编码规范中，要求常量名必须大写。

常量的语法格式如下。

```
final 数据类型 常量名称 = 值;
final 数据类型 常量名称 1 = 值 1, 常量名称 2 = 值 2, …, 常量名称 n = 值 n;
```

例如：

```
final double PI = 3.14;
final char MALE = 'M',FEMALE = 'F';
```

在 Java 语法中，常量也可以首先声明，然后再进行赋值，但是只能赋值一次，示例代码如下。

```
final int UP;
UP = 1;
```

常量的两种用途对应的示例代码分别如下。

```
final double PI = 3.14;
int r = 5;
double l = 2 * PI * r;
double s = PI * r * r;
```

在该示例代码中，常量 PI 代表数学上的 π 值，也就是圆周率，是数学上的常数；后续的变量 r 代表半径；l 代表圆的周长；s 代表圆的面积。

如果需要增加程序计算时的精度，则只需要修改 PI 的值 3.14 为 3.1415926，重新编译程序，则后续的数值自动发生改变，这样使代码容易修改，便于维护，增强程序的可读性。

```
int direction;
final int UP = 1;
final int DOWN = 2;
final int LEFT = 3;
final int RIGHT = 4;
```

在该示例代码中，变量 direction 代表方向的值，后续的 4 个常量 UP、DOWN、LEFT 和 RIGHT 分别代表上下左右，其数值分别是 1、2、3 和 4。这样在程序阅读时，可以提高程序的可读性。

在程序中，使用一对大括号{}包含的内容叫做语句块，语句块之间可以互相嵌套，嵌套的层次没有限制，格式如下。

```
{
    int a;
}
```

语句块的嵌套：

```
{
    int b;
```

```
    {
        char c;
    }
}
```

以上代码只是演示语法,没有什么逻辑意义。在后续的语法介绍中,还会有语句块的概念,就不再重复介绍了。

7.3.3 变量的作用范围

变量的作用域是指它的存在范围,只有在这个范围内,程序代码才能访问它;其次,作用域决定了变量的生命周期。变量的生命周期是指从一个变量被创建并分配内存空间开始,到这个变量被撤销并且清除其所占的内存空间的过程。当一个变量被定义时,它的作用域就被确定了。按照作用域的不同,变量可以分为以下几种类型。

(1) 成员变量:在类中声明,它的作用域是整个类。

(2) 局部变量:在一个方法的内部或者在方法的一个代码块的内部声明。如果在一个方法内部声明,它的作用域就是整个方法;如果在一个方法的某个代码块的内部声明,它的作用域是这个代码块。代码块是指位于一对大括号"{}"以内的代码。

(3) 方法参数:方法或者构造方法的参数,它的作用域是整个方法或者构造方法。

(4) 异常处理参数:异常处理参数和方法很相似,差别在于前者是传递参数给异常处理代码块,而后者是传递参数给方法或者构造方法。异常处理参数是指 catch(Exception e)语句中的异常参数"e",它的作用域是紧跟着 Catch(Exception e)语句后的代码块。

7.3.4 静态变量的生命周期

静态变量的生命周期决定于类何时加载及卸载,实例变量的生命周期取决于实例何时被创建、何时被撤销。本节介绍的局部变量的生命周期,它取决于所属的方法何时被调用或者结束调用。Java 虚拟机调用一个方法时,会为这个方法中的局部变量分配内存。Java 虚拟机结束调用一个方法时,会结束这个方法中的局部变量的生命周期。

局部变量可以和成员变量同名,且在使用时,局部变量具有更高的优先级。

7.3.5 对象的默认引用——this 关键字

this 关键字代表自身,在程序中主要的使用用途有以下几个方面。

使用 this 关键字引用成员变量。使用 this 关键字在自身构造方法内部引用其他构造方法。使用 this 关键字代表自身类的对象。使用 this 关键字引用成员方法。

1. 引用成员变量

在一个类的方法或构造方法内部,可以使用"this. 成员变量名"这样的格式来引用成员变量名,有些时候可以省略,有些时候不能省略。首先观察例程 7-1。

[**例程 7-1**] 引用成员变量示例。

```
public class ReferenceVariable
{
    private int a;
    public ReferenceVariable(int a)
    {
        this.a = a;
    }
```

```
    public int getA()
    {
        return a;
    }
    public void setA(int a)
    {
        this.a = a;
    }
}
```

在该代码的构造方法和setA方法内部，都是用this.a引用类的成员变量。因为无论在构造方法还是setA方法内部，都包含2个变量名为a的变量，一个是参数a，另外一个是成员变量a。按照Java语言的变量作用范围规定，参数a的作用范围为构造方法或方法内部，成员变量a的作用范围是类的内部，这样在构造方法和setA方法内部就存在了变量a的冲突，Java语言规定当变量作用范围重叠时，作用域小的变量覆盖作用域大的变量。所以在构造方法和setA方法内部，参数a起作用。

这样需要访问成员变量a，则必须使用this进行引用。当然，如果变量名不发生重叠，则this可以省略。

但是为了增强代码的可读性，一般将参数的名称和成员变量的名称保持一致，所以this的使用频率在规范的代码内部应该很多。

2. 引用构造方法

在一个类的构造方法内部，也可以使用this关键字引用其他的构造方法，这样可以降低代码的重复，也可以使所有的构造方法保持统一，这样方便以后的代码修改和维护，也方便代码的阅读。例程7-2是一个引用构造方法的简单示例。

[**例程7-2**]　引用构造方法示例。

```
public class ReferenceConstructor
{
    int a;
    public ReferenceConstructor()
    {
        this(0);
    }
    public ReferenceConstructor(int a)
    {
        this.a = a;
    }
}
```

这里在不带参数的构造方法内部，使用this调用了另外一个构造方法，其中0是根据需要传递的参数的值。当一个类内部的构造方法比较多时，可以只书写一个构造方法的内部功能代码，然后其他的构造方法都通过调用该构造方法实现，这样既保证了所有的构造是统一的，也降低了代码的重复。

3. 代表自身对象

在一个类的内部，也可以使用this代表自身类的对象，或者换句话说，每个类内部都有一个隐含的成员变量，该成员变量的类型是该类的类型，该成员变量的名称是this，实际使用this代表自身类的对象的示例如例程7-3所示。

[**例程 7-3**] 使用 this 代表自身类的对象。

```
public class ReferenceObject
{
    ReferenceObject instance;
    public ReferenceObject()
    {
        instance = this;
    }
    public void test()
    {
        System.out.println(this);
    }
}
```

在构造方法内部,将对象 this 的值赋值给 instance,在 test 方法内部,输出对象 this 的内容,这里的 this 都代表自身类型的对象。

4. 引用成员方法

在一个类的内部,成员方法之间的互相调用时也可以使用“this.方法名(参数)”来进行引用,只是所有这样的引用中 this 都可以省略,所以这里就不详细介绍了。

7.4 参数传递

和其他程序设计语言类似,Java 语言的参数传递也分为下列两种。

(1) 按值传递,其参数适用范围为 8 种基本数据类型和 String 对象等,按值传递参数的特点是在内存中复制一份数据,把复制后的数据传递到方法内部。其作用范围是在方法内部改变参数的值,外部数据不会跟着发生改变。

(2) 按址传递,按地址传递参数的使用范围是对数组、除 String 以外的其他所有类型的对象的地址。其特点是将对象的地址传递到方法内部。按照地址传递参数的作用范围是在方法内部修改对象的内容,外部数据也会跟着发生改变。

7.5 “学籍管理软件”数据类型设计

第 6 章已介绍了 Java 类图组成,结合面向对象的理解,定义了类的基础组成图,并且根据需求初步设计了成员方法。但是,成员方法、成员数据以及返回值无法完成,因为我们对 Java 方面的知识了解还不足以完成用 Java 数据类型完成本软件的设计。第 7 章学习结束后,我们应该能够基本明确数据类型的引用。所以,第 7 章本节结合数据类型及变量的理解,可以完成数据类型的定义了。

7.5.1 JDK Java 包引用分析

在“学籍管理软件”进一步完善过程中,必须分析与本章主题有关的 JDK(Java Developer's Kit,Java 开发工具包)包内容,并指导在编程中引用它。

本章主要引用的 JDK 如表 7-3 所示。

表 7-3 JDK Java 包引用分析

包名称	引用类	原　因
Java.util	Date	引用日期类型
Java.lang	Boolean	布尔类型值
Java.lang	String	定义字符串

续表

包名称	引用类	原　因
Java. util	Arrays	定义返回值为集合类型
Java. util	ArrayList	数组类型
Java. util	List	数组类型
Java. lang	Double	定义数据类型为双精度
Java. lang	Char	定义数据类型为字符串
Java. lang	Integer	定义数据类型为整数类型

7.5.2 "学籍管理软件"数据类型与变量设计

"学籍管理软件"中的数据类型与变量表如表 7-4～表 7-13 所示。

表 7-4 学校基本信息数据类型与变量

可见性	数据类型	变 量 名	名　称
public	String	universityCode	学校代码
public	String	university	学校名称
public	String	englishTitle	英文名称
public	String	universityKind	办学性质
public	String	headUnits	举办单位
public	String	aim	办学宗旨
public	String	educationalLevel	办学层次
public	String	educationalScope	办学规模
public	String	managementSystem	内部管理体制
public	String	fax	传真
public	String	telephone	联系电话
public	String	address	地址
public	String	postcode	邮编
public	String	URLAddress	网址

表 7-5 学院(学院级系)基本信息(college)数据类型与变量

可见性	变量名	数 据 类 型	名　称
Public	String	universityCode	学校代码
Public	String	collegeCode	学院代码
Public	String	collegeTitle	学院名称
Public	String	englishTitle	英文名称
Public	String	educationalLevel	培养层次
Public	String	subordinateDepartment	所设系所
Public	String	fax	传真
Public	String	telephone	联系电话
Public	String	address	地址
Public	String	postcode	邮编
Public	String	URLAddress	网址

表 7-6　系基本信息(department)

可见性	数据类型	变量名	名　称
Public	String	universityCode	学校代码
Public	String	collegeCode	学院代码
Public	String	departmentCode	系代码
Public	String	departmentTitle	系名称
Public	String	departmentEnglishTitle	英文名称
Public	String	educationalLevel	培养层次
Public	String	subordinateProfessional	所设专业
public	String	telephone	联系电话
public	String	address	地址
public	String	postcode	邮编
public	String	URLAddress	网址

表 7-7　专业信息(professional)

可见性	数据类型	变量名	名　称
Public	String	departmentCode	系代码
Public	String	professionalCode	专业代码
Public	String	professionalTitle	专业名称
Public	String	professionaEnglish	专业英文名称
Public	String	professionalKind	专业类别
Public	String	enducationLevel	学历层次
Public	String	classNumber	班级编号
Public	String	classTitle	班级名称
Public	String	courseList	课程设置

表 7-8　学生基本信息(students)

可见性	数据类型	变量名	名　称
public	String	departmentTitle	系别
public	String	professionalTitle	专业
public	String	classNumber	班级
public	String	studentId	学号
public	String	name	姓名
public	String	sex	性别
public	Date	birthday	出生日期
public	String	nation	民族
public	String	politicalStatus	政治面貌
public	Date	admission	入学时间
public	Date	joinTheLeagueDate	入团(党)时间
public	String	postcode	邮编
public	String	specialtyList	有何特长
public	String	telephone	联系电话
public	String	birthPlace	籍贯
public	String	Address	家庭地址

表 7-9 考试成绩(transcript)

可见性	数据类型	变 量 名	名 称
Public	String	studentId	学号
Public	String	courseCode	课程代码
Public	String	courseTitle	课程名称
Public	Double	examinationsScores	考试成绩
Public	Double	experimentScores	实验成绩
Public	Double	schoolAssignment	作业成绩
Public	Double	classRoomScores	课堂成绩
Public	Double	totalScores	总成绩

表 7-10 奖惩信息(rewardsAndPunishments)

可见性	数据类型	变 量 名	名 称
public	String	studentId	学号
public	Date	RdDate	日期
public	String	units	奖惩单位
public	String	reasons	奖惩原因
public	String	result	奖惩结果

表 7-11 系分专业目录表(professionaList)

可见性	数据类型	变 量 名	名 称
public	String	departmentId	系编号
Public	String	professionalId	专业编号
public	String	professionalTitle	专业名称
Public	String	professionaEnglish	专业英文名称
Public	String	professionalKind	专业类别
Public	String	enducationLevel	学历层次

表 7-12 学生成绩排名(transcriptSortTable)

可见性	数据类型	变 量 名	名 称
public	Integer	sort	名次
public	String	studentId	学号
public	String	name	姓名
public	String	professinalTitle	专业名称
public	Double	compositeScore	综合成绩
public	String	classNumber	所在班级

表 7-13 学生分专业名单(studentsList)

可见性	数据类型	变 量 名	名 称
public	String	studentId	学号
public	String	name	姓名
public	String	professinalTitle	专业名称
public	String	classNumber	所在班级
public	String	sex	性别
public	Date	birthday	出生日期

表 7-14 给出"学籍管理软件"中用到的常量清单及说明。其主要功能是完成对"学籍管理软件"所有数据的长度最大值和最小值数据赋值，在其他各业务类中需要业务校验时直接调用全局变量避免代码重复校验。所以表 7-3～表 7-13 没有定义数据长度。

表 7-14 "学籍管理软件"常量

可见性	数据类型	常量变量名称及初始值	说 明
public	Integer	STATICS_UNIVERSITYCODE_LENGTH=5	学校代码
public	Integer	MIN_UNIVERSITY_LENGTH=4	学校名称字符最短
public	Integer	MAX_UNIVERSITY_LENGTH=40	学校名称字符最长
public	Integer	MAX_englishTitle_LENGTH=60	英文名称
public	Integer	MAX_universityKind_LENGTH=10	办学性质
public	Integer	MAX_headUnits_LENGTH=60	举办单位
public	Integer	MAX_aim_LENGTH=200	办学宗旨
public	Integer	MAX_educationalLevel_LENGTH=20	办学层次
public	Integer	MAX_educationalScope_VALUE=99999	办学规模
public	Integer	MAX_managementSystem_LENGTH=30	内部管理体制
public	Integer	MAX_fax_LENGTH=22	传真
public	Integer	MAX_telephone_LENGTH=22	联系电话
public	Integer	MAX_address_LENGTH=50	地址
public	Integer	STATIC_postcode_LENGTH=6	邮编
public	Integer	MAX_URLAddress_LENGTH=100	网址
public	Integer	STATICS_collegeCode_LENGTH=4	学院代码
public	Integer	MAX_subordinateDepartment_LENGTH=200	所设系所
public	Integer	STATICS_departmentCode_LENGTH=4	系代码
public	Integer	MAX_subordinateProfessional_LENGTH=200	所设专业
public	Integer	STATICS_professionalCode_LENGTH=4	专业代码
public	Integer	MAX_professionalTitle_LENGTH=20	专业名称
public	Integer	MAX_professionalKind_LENGTH=12	专业类别
public	Integer	STATICS_classNumber_LENGTH=12	班级编号
public	Integer	MAX_classTitle_LENGTH=20	班级名称
public	Integer	MAX_courseList_LENGTH=1000	课程设置
public	Integer	STATICS_studentId_LENGTH=21	学号
public	Integer	MAX_name_LENGTH=30	姓名
public	Integer	STATICS_sex_LENGTH=2	性别
public	Integer	MAX_age=75	年龄最大值
public	Integer	MIN_age=13	年龄最小值
public	Integer	MAX_nation_LENGTH=30	民族
public	Integer	MAX_politicalStatus_LENGTH=8	政治面貌
public	Integer	MAX_admission_LENGTH=8	入学时间
public	Integer	MAX_joinTheLeagueDate_LENGTH=8	入团(党)时间
public	Integer	MAX_specialtyList_LENGTH=80	有何特长
public	Integer	MAX_birthPlace_LENGTH=30	籍贯
public	Integer	MAX_Address_LENGTH=30	家庭地址
public	Integer	STATICS_courseCode_LENGTH=8	课程代码
public	Integer	MAX_courseTitle_LENGTH=30	课程名称
public	Double	MAX_examinationsScores_VALUE=100	考试成绩最大值
public	Double	MIN_examinationsScores_VALUE=0	考试成绩最小值
public	Double	MAX_totalScores_VALUE=100	总成绩最大值
public	Double	MIN_totalScores_VALUE=0	总成绩最小值

续表

可见性	数据类型	常量变量名称及初始值	说　明
public	Double	MAX_examinationsScores_RATES=0	考试成绩系数最大值
public	Double	MIN_examinationsScores_RATES=1	考试成绩系数最小值
public	Integer	MIN_SORT_VALUE=999	名次
public	Double	STATIC_examinationsScores_RATES=0.6	考试成绩系数
public	Double	STATIC_experimentScores_RATES=0.2	实验成绩系数
public	Double	STATIC_schoolAssignment_RATES=0.0	作业成绩系数
public	Double	STATIC_classRoomScores_RATES=0.2	课堂作业系统

表 7-14 中“MIN_”表示该常量是用来校验最小值；“MAX_”表示该常量是用来校验最大值；“STATIC_”表示该常量是用来校验固定值；“_VALUE”表示常量是对值的校验；“_LENGHT”表示常量是对数据长度的校验；“_RATES”表示常量是用来计算系数的常量。

7.6 代码实现

7.6.1 “学籍管理软件”中全局变量校验实现

学过数据库的读者都知道，在设计数据类型以及数据库的长度后，在数据录入和查询等操作时，都需遵循设计的数据类型和长度既定的规则。在数据库设计时，建表过程中需要通过 SQL 语句或数据库管理系统(例如，Oracle、SQL Server 等)提供的界面进行创建和定义。其缺点是，一旦将已经设计完成的数据表结构再次进行修改将导致整个系统的连锁反应，甚至可能要修改源程序等。虽然数据库管理系统仍存在一些不足，但是目前还是没有其他方法可以代替。

Java 语言本身就是一种基础语言，它对数据的处理必须通过数据库管理系统来完成。经常采用的是 JDBC(Java DataBase Connectivity，Java 数据库连接)实现数据库的操作。

本教材不涉及数据库操作方面的内容，由于本书案例“学籍管理软件”需要有大量的数据处理，不得不思考关于数据类型的分析和设计。

一个数据成员无非包括以下几个方面的内容。

(1) 数据类型。在 Java 中，数据类型是数据成员中最为关键的部分，所以必须在每个类中进行定义。这方面在所有的数据类型文件中完成定义。

(2) 数据的可访问性。在 Java 中数据的可操作性同样也是系统的关键内容，在 Java 类数据成员定义时必须考虑。

(3) 数据在内存中所占字节的长度问题。在 Java 数据成员中，关于数据长度方面没有设计，所以，需要配置文件或者是 Java 全局变量类，提供动态定义数据长度的功能。在本章中 globalVariables 负责实现数据长度的动态定义。

(4) 数据的最大值与最小值问题。这也是业务规则的重要内容，例如，考试成绩不能为负数，最高成绩不能大于 100 等，需要独立的配置文件进行动态配置，以能够实现业务规则校验。

或许有些人会认为，Java 业务规则可以在实现业务的类文件中校验。这个想法不是不正确，也不是不可行，但是从系统优化的角度来说是不合理的。因为同一个数据项可能在不同的程序文件中操作，这样可能导致代码的冗余性，同样也为系统后期维护带来巨大的维护工作量。我们通过 globalVariables 类定义了数据项的业务规则，这样可以做到一处修改处处使用的效果。

图 7-1 在第 6 章的基础上添加了 globalVariables 类，该类没有任何方法体，只有与“学籍管理软件”相关的数据属性，并且定义了这些属性的长度、最大值和最小值，方便其他程序文件读取相关值并负责业务规则校验。

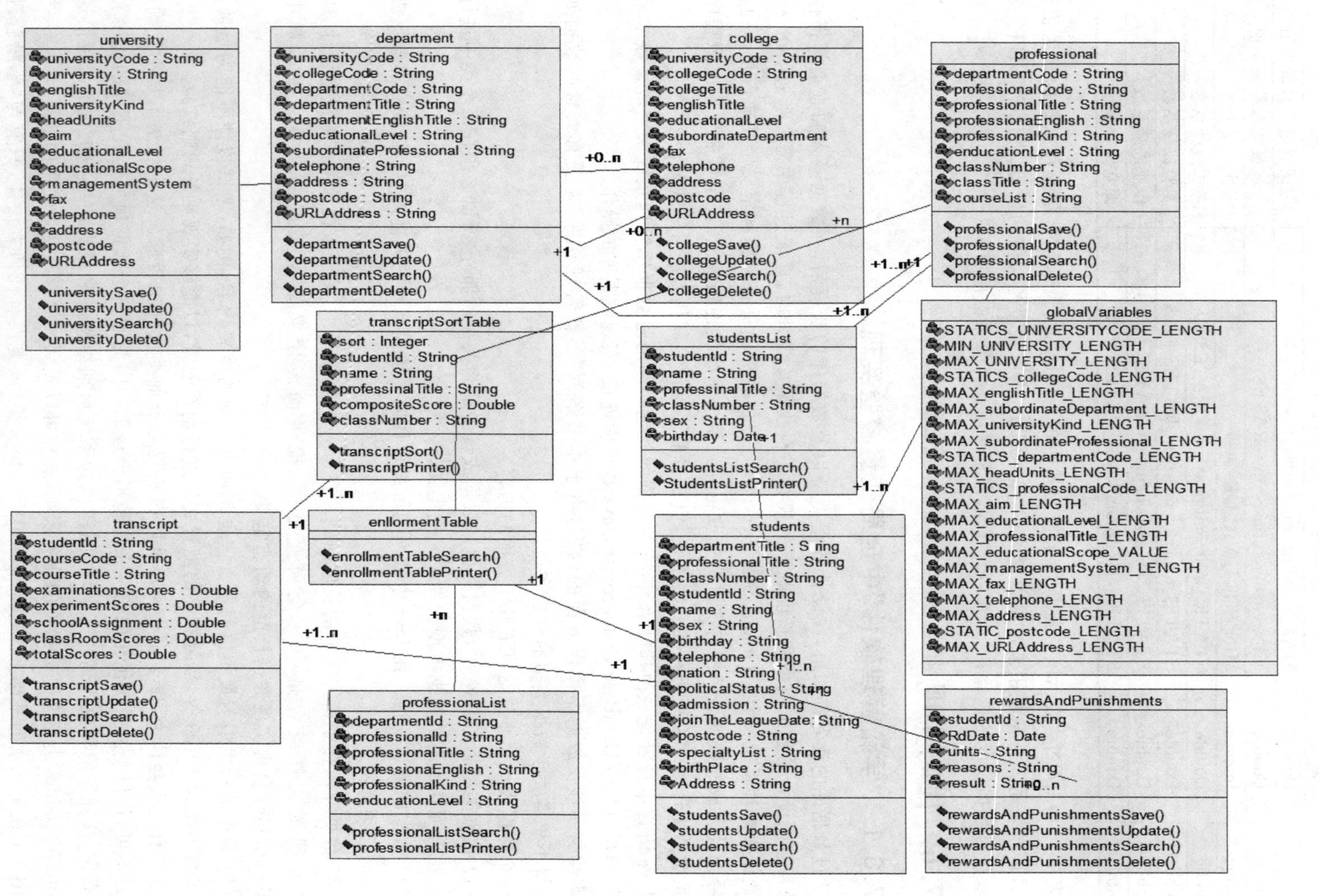

图 7-1 二次优化后的类图

7.6.2　部分代码摘录

7.6.2.1　学校信息管理

本节所摘录的源程序代码，是其对“学籍管理软件”类规划的进一步细化。是在第 6 章类文件的基础上增加了数据属性项目。

包含有数据属性的学校信息管理例程见例程 7-4 所示。

［**例程 7-4**］　包含有数据属性的学校信息管理类。

```
/**
 * JavaTeachings.chapter7.src 是第 7 章例程包，在本包中包含了
 * 学校基本信息(university)、学院(学院级系)基本信息(college)、
 * 系基本信息(department)、专业信息(professional)、学生信息
 * (students)、成绩表(transcript)、奖惩表(rewardsAndPunishments)、
 * 学生名录(studentsList)、学生成绩排名表(transcriptSortTable)、
 * 专业名单(professionalList)、学籍查询(enrollmentTable)、学院名单
 * 查询(collegeListTable)和学校基本信息(universityPage)、系统主
 * 页(chapter6)、学院(学院级系)基本信息(collegePage)、系基本信
 * 息(departmentPage)、专业信息(professionalPage)、学生信息
 * (studentsPage)、成绩表(transcriptPage)、奖惩表(rewardsAndPunishmentsPage)、
 * 学生名录(studentsListPage)、学生成绩排名表(transcriptSortTablePage)、
 * 专业名单(professionalListPage)、学籍查询(enrollmentTablePage)、
 * 学院名单查询(collegeListTablePage)和全局数据校验类型(globalVariables)等
 * 26 个类。
 */

package JavaTeachings.chapter7.src;
/**
 * 文件名：university.java
 * 版权：晨落
 * 描述：university.java 是"学籍管理软件"关于学校信息维护的业务逻辑层源代码程序
 * 修改人：晨落
 * 作者：晨落
 * 版本号：1.0
 * 日期：2011 - 09 - 24
 */
//文件名：university.java

import java.util.Date;                    //处理日期数据类型
import java.lang.Boolean;                 //处理逻辑数据类型
import java.lang.String;                  //处理字符数据类型
import java.util.ArrayList;
import java.util.List;                    //处理数组类型数据
import java.util.Arrays;                  //处理数据类型数据
import java.lang.Double;                  //处理双精度数据类型
import java.lang.Integer;                 //处理整数类型
import java.lang.Character;               //处理字符串类型数据
import java.math.BigDecimal;              //处理高精度数据类型

/**
 * 功能简介：
 *       是"学籍管理软件"业务逻辑处理程序，主要完成学校数据的维护。其中包括数据查询、数据保
```

```
存、数据修改、数据删除等。本类是接收并处理来自 collegepage 页面的请求。
 *    方法体是有效的。
 * @author 晨落
 * @version 1.0
 * @see universitySave(String universityCode,
                         String university,
                         String englishTitle,
                         String universityKind,
                         String headUnits,
                         String aim,
                         String educationalLevel,
                         String educationalScope,
                         String managementSystem,
                         String fax,
                         String telephone,
                         String address,
                         String postcode,
                         String URLAddress)
 * @see universityUpdate(String universityCode,
                           String university,
                           String englishTitle,
                           String universityKind,
                           String headUnits,
                           String aim,
                           String educationalLevel,
                           String educationalScope,
                           String managementSystem,
                           String fax,
                           String telephone,
                           String address,
                           String postcode,
                           String URLAddress)
 * @see universitySearch(String universityCode)
 * @see universityDelete(String universityCode)
 * @since 无
 * 修改日期: 2011 - 09 - 24
 */

public class university
{

    public String universityCode;              //学校代码
    public String university;                  //学校名称
    public String englishTitle;                //英文名称
    public String universityKind;              //办学性质
    public String headUnits;                   //举办单位
    public String aim;                         //办学宗旨
    public String educationalLevel;            //办学层次
    public String educationalScope;            //办学规模
    public String managementSystem;            //内部管理体制
    public String fax;                         //传真
    public String telephone;                   //联系电话
```

```
public String address;                    //地址
public String postcode;                   //邮编
public String URLAddress;                 //网址

/**
 * 功能介绍:
 *     完成"学籍管理软件"学校信息保存。
 * @param universityCode                 //学校代码
 * @param university                     //学校名称
 * @param englishTitle                   //英文名称
 * @param universityKind                 //办学性质
 * @param headUnits                      //举办单位
 * @param aim                            //办学宗旨
 * @param educationalLevel               //办学层次
 * @param educationalScope               //办学规模
 * @param managementSystem               //内部管理体制
 * @param fax                            //传真
 * @param telephone                      //联系电话
 * @param address                        //地址
 * @param postcode                       //邮编
 * @param URLAddress                     //网址
 * @return boolean
 *
 */

public boolean universitySave(String universityCode,
                              String university,
                              String englishTitle,
                              String universityKind,
                              String headUnits,
                              String aim,
                              String educationalLevel,
                              String educationalScope,
                              String managementSystem,
                              String fax,
                              String telephone,
                              String address,
                              String postcode,
                              String URLAddress)
{
    boolean saveStates = false;
    return saveStates;

}

/**
 * 功能介绍:
 *     完成"学籍管理软件"学校信息修改。
 * @param universityCode                 //学校代码
 * @param university                     //学校名称
 * @param englishTitle                   //英文名称
 * @param universityKind                 //办学性质
```

```
 * @param headUnits                    //举办单位
 * @param aim                          //办学宗旨
 * @param educationalLevel             //办学层次
 * @param educationalScope             //办学规模
 * @param managementSystem             //内部管理体制
 * @param fax                          //传真
 * @param telephone                    //联系电话
 * @param address                      //地址
 * @param postcode                     //邮编
 * @param URLAddress                   //网址
 * @return boolean                     //成功或失败
 */

public boolean universityUpdate(String universityCode,
                                String university,
                                String englishTitle,
                                String universityKind,
                                String headUnits,
                                String aim,
                                String educationalLevel,
                                String educationalScope,
                                String managementSystem,
                                String fax,
                                String telephone,
                                String address,
                                String postcode,
                                String URLAddress)
{
    boolean updateStates = false;
    return updateStates;

}

/**
 * 功能简述:
 *     方法体 universitySearch()的主要功能是完成学校信息资料的查询。
 * @author 晨落
 * @version 1.0
 * @param universityCode 学校代码。
 * @return universityList ArrayList 返回学校信息数据集合
 */

public ArrayList universitySearch(String universityCode)
{
    ArrayList universityList = new ArrayList();
    return universityList;
}
/**
 * 功能简述:
 *     方法体 universityDelete()的主要功能是完成学校信息资料的删除。
 * @ author 晨落
 * @ version 1.0
```

```
    * @param universityCode 学校代码
    * @return DeleteStates boolean 删除成功或失败
    */

   public boolean universityDelete(String universityCode)
   {

       boolean Deletestates = false;
       return Deletestates;
   }
}
```

7.6.2.2 学院信息管理

包含有数据属性的学院信息管理类如例程 7-5 所示。

[**例程 7-5**] 包含有数据属性的学院信息管理类。

```
package JavaTeachings.chapter7.src;
import java.util.Date;                    //处理日期数据类型
import java.lang.Boolean;                 //处理逻辑数据类型
import java.lang.String;                  //处理字符数据类型
import java.util.ArrayList;
import java.util.List;                    //处理数组类型数据
import java.util.Arrays;                  //处理数据类型数据
import java.lang.Double;                  //处理双精度数据类型
import java.lang.Integer;                 //处理整数类型
import java.lang.Character;               //处理字符串类型数据
import java.math.BigDecimal;              //处理高精度数据类型
/**
  * 文件名: college.java
  * 版权: 晨落
  * 描述: college.java 是"学籍管理软件"关于学院信息维护的业务逻辑层源代码程序
  * 修改人: 晨落
  * 作者: 晨落
  * 版本号: 1.0
  * 日期: 2011 - 09 - 24
  */
//文件名: chapter6.java

/**
  * 功能简介:
  *      是"学籍管理软件"业务逻辑处理程序,主要完成学院数据的维护。其中包括数据查询、数据
  *      保存、数据修改、数据删除等。本类是接收 collegepage 页面的请求。
  *    法体是有效的。
  * @author 晨落
  * @version 1.0
  * @seecollegeSave(String universityCode,
                      String collegeCode,
                      String collegeTitle,
                      String englishTitle,
                      String educationalLevel,
```

```
                         String subordinateDepartment,
                         String fax,
                         String telephone,
                         String address,String postcode,
                         String URLAddress)
 * @see collegeUpdate(String universityCode,
                         String collegeCode,
                         String collegeTitle,
                         String englishTitle,
                         String educationalLevel,
                         String subordinateDepartment,
                         String fax,
                         String telephone,
                         String address,
                         String postcode,
                         String URLAddress)
 * @see collegeSearch(String universityCode,String collegeCode)
 * @see collegeDelete(String universityCode,String collegeCode)
 * @since 无
 * 修改日期：2011-09-24
 */
public class college
{
    public String universityCode;              //学校代码
    public String collegeCode;                 //学院代码
    public String collegeTitle;                //学院名称
    public String englishTitle;                //英文名称
    public String educationalLevel;            //培养层次
    public String subordinateDepartment;       //所设系所
    public String fax;                         //传真
    public String telephone;                   //联系电话
    public String address;                     //地址
    public String postcode ;                   //邮编
    public String URLAddress;                  //网址
/**
 * 功能简述：
 *      方法体 collegeSave()的主要功能是完成学院信息资料的保存。
 * @author 晨落
 * @version 1.0
 * @param universityCode String 学校代码
 * @param collegeCode String 学院代码
 * @param collegeTitle String 学院名称
 * @param englishTitle String 英文名称
 * @param educationalLevel String 培养层次
 * @param subordinateDepartment String 所设系所
 * @param fax char 传真
 * @param telephone char 联系电话
 * @param address char 地址
 * @param postcode char 邮编
 * @param URLAddress char 网址
 * @return boolean saveStates
```

```
*/

  public boolean collegeSave(String universityCode,
                             String collegeCode,
                             String collegeTitle,
                             String englishTitle,
                             String educationalLevel,
                             String subordinateDepartment,
                             String fax,
                             String telephone,
                             String address,
                             String postcode,
                             String URLAddress)
  {
      boolean saveStates = false ;
      return saveStates;
  }
  /**
   * 功能简述:
   *      方法体 collegeUpdate()的主要功能是完成学院信息资料的修改。
   * @author 晨落
   * @version 1.0
   * @param universityCode String 学校代码
   * @param collegeCode String 学院代码
   * @param collegeTitle String 学院名称
   * @param englishTitle String 英文名称
   * @param educationalLevel String 培养层次
   * @param subordinateDepartment String 所设系所
   * @param fax char 传真
   * @param telephone char 联系电话
   * @param address char 地址
   * @param postcode char 邮编
   * @param   URLAddress char 网址
   * @return boolean updateStates 更新状态
   */
  public boolean collegeUpdate(String universityCode,
                               String collegeCode,
                               String collegeTitle,
                               String englishTitle,
                               String educationalLevel,
                               String subordinateDepartment,
                               String fax,
                               String telephone,
                               String address,
                               String postcode,
                               String URLAddress)
  {
      boolean updateStates = false ;
      return updateStates;
  }
```

```
    /**
     * 功能简述:
     *      方法体 collegeSearch()的主要功能是完成学院信息资料的查询
     * @author 晨落
     * @version 1.0
     * @param universityCode 学校代码
     * @param collegeCode 学院代码
     * @return ArrayList collegeList 列表
     */
    public ArrayList collegeSearch(String universityCode, String collegeCode)
    {
        ArrayList collegeList = new ArrayList();
        return collegeList;
    }
    /**
     * 功能简述:
     *      方法体 collegeDelete()的主要功能是完成学院信息资料的删除。
     * @author 晨落
     * @version 1.0
     * @param universityCode 学校代码
     * @param collegeCode 学院代码
     * @return boolean deleteStates, 删除状态
     */

    public boolean collegeDelete(String universityCode, String collegeCode)
    {
        boolean deleteStates = false ;
        return deleteStates;

    }
}
```

7.6.2.3 业务规则类

包含有数据属性的业务规则类见例程 7-6。

[例程 7-6] 包含有数据属性的业务规则类。

```
package JavaTeachings.chapter7.src;

/**
 * 功能介绍:
 *      变量设计类(globalVariables)的主要功能是为系统中其他类提供业务规则校验的常量数值,
其中包括数据长度校验,数据值校验等。以"MIN_"开头表示最小值,以"MAX_"开头表示最大值,以
"STATIC"开头表示固定值。
 * @author wangsthero
 */

public class globalVariables
{
Public static final Integer STATICS_UNIVERSITYCODE_LENGTH = 5;        //学校代码
Public static final Integer MIN_UNIVERSITY_LENGTH = 4;                //学校名称字符最短
Public static final Integer MAX_UNIVERSITY_LENGTH = 40;               //学校名称字符最长
```

```
public static final Integer MAX_englishTitle_LENGTH = 60;                  //英文名称
public static final Integer MAX_universityKind_LENGTH = 10;                //办学性质
public static final Integer MAX_headUnits_LENGTH = 60;                     //举办单位
public static final Integer MAX_aim_LENGTH = 200;                          //办学宗旨
public static final Integer MAX_educationalLevel_LENGTH = 20;              //办学层次
public static final Integer MAX_educationalScope_VALUE = 99999;            //办学规模
public static final Integer MAX_managementSystem_LENGTH = 30;              //内部管理体制
public static final Integer MAX_fax_LENGTH = 22;                           //传真
public static final Integer MAX_telephone_LENGTH = 22;                     //联系电话
public static final Integer MAX_address_LENGTH = 50;                       //地址
public static final Integer STATIC_postcode_LENGTH = 6;                    //邮编
public static final Integer MAX_URLAddress_LENGTH = 100;                   //网址
public static final Integer STATICS_collegeCode_LENGTH = 4;                //学院代码
public static final Integer MAX_subordinateDepartment_LENGTH  = 200;       //所设系所
public static final Integer STATICS_departmentCode_LENGTH = 4;             //系代码
public static final Integer MAX_subordinateProfessional_LENGTH = 200;      //所设专业
public static final Integer STATICS_professionalCode_LENGTH = 4;           //专业代码
public static final Integer MAX_professionalTitle_LENGTH = 20;             //专业名称
public static final Integer MAX_professionalKind_LENGTH  = 12;             //专业类别
public static final Integer STATICS_classNumber_LENGTH = 12;               //班级编号
public static final Integer MAX_classTitle_LENGTH = 20;                    //班级名称
public static final Integer MAX_courseList_LENGTH = 1000;                  //课程设置
public static final Integer STATICS_studentId_LENGTH = 21;                 //学号
public static final Integer MAX_name_LENGTH = 30;                          //姓名
public static final Integer STATICS_sex_LENGTH = 2;                        //性别
public static final Integer MAX_age = 75;                                  //年龄最大值
public static final Integer MIN_age = 13;                                  //年龄最小值
public static final Integer MAX_nation_LENGTH = 30;                        //民族
public static final Integer MAX_politicalStatus_LENGTH = 8;                //政治面貌
public static final Integer MAX_admission_LENGTH = 8;                      //入学时间
public static final Integer MAX_joinTheLeagueDate_LENGTH = 8;              /入团(党)时间
public static final Integer MAX_specialtyList_LENGTH = 80;                 //有何特长
public static final Integer MAX_birthPlace_LENGTH = 30;                    //籍贯
public static final Integer MAX_Address_LENGTH = 30;                       //家庭地址
public static final Integer STATICS_courseCode_LENGTH = 8;                 //课程代码
public static final Integer MAX_courseTitle_LENGTH = 30;                   //课程名称
public static final double MAX_examinationsScores_VALUE = 100;             //考试成绩最大值
public static final double MIN_examinationsScores_VALUE = 0;               //考试成绩最小值
public static final double MAX_totalScores_VALUE = 100;                    //总成绩最大值
public static final double MIN_totalScores_VALUE = 0;                      //总成绩最小值
public static final double MAX_examinationsScores_RATES = 0;               //考试成绩系数最大值
public static final double MIN_examinationsScores_RATES = 1;               //考试成绩系数最小值
public static final Integer MIN_SORT_VALUE = 999;                          //名次
public static final double STATIC_examinationsScores_RATES = 0.6;          /考试成绩系数
public static final double STATIC_experimentScores_RATES = 0.2;            /实验成绩系数
public static final double STATIC_schoolAssignment_RATES = 0.0;            /作业成绩系数
public static final double STATIC_classRoomScores_RATES = 0.2;             //课堂作业系统
}
```

7.7 进程检查

本章完成了类的设计及优化工作,"学籍管理软件"的开发进程如表7-15所示。

表7-15 "学籍管理软件"实现进程

检查项	需求类型	实现进度			本章Java支持
		设计	优化	完成	
规划类	功能需求	*	*	*	Java类源代码组成,类初步规划
动态输入	功能需求	*	*	*	通过Java数据成员的数据类型学习以及变量和常量的学习,完成数据的动态输入和数据动态查询
数据动态处理	功能需求	*	*	*	
程序控制	功能需求				
健壮性	性能需求				
数据存储	功能需求				
方便查询	性能需求				
统计分析	功能需求				
复杂计算	功能需求				
运行控制	性能需求				
运行速度	性能需求				
代码重用	性能需求				
人机交互	功能需求				
类关系	性能需求				

7.8 本章小结

数据类型是Java乃至所有计算机语言中非常重要的内容,是编程语言必不可少的知识内容。

Java中的基本类型分为4种:实数、整数、字符、布尔值。有8种原始数据类型,其中包括double、float、byte、short、int、long、char、boolean。

引用类型和基本类型的行为完全不同,并且它们具有不同的语义。引用类型应用的不是数据本身,而是对数据类型的引用。熟悉不同的数据类型,可以有效地提高软件性能。

变量和常量也是数据元素的重要内容。数据变量的赋值和数据类型的定义是灵活多样的。常量是其他程序不可修改的,一旦定义后就不许做任何的修改,这样保证了数据的完整性。

第8章

类方法成员——操作符

8.1 运算符

8.1.1 算术运算符

算术运算符用于实现数学运算，经常应用于程序中的业务逻辑运算和数字运算等。Java 定义的算术运算符如表 8-1 所示。

表 8-1 Java 的算术运算符

算术运算符	名　　称	实　　例
＋	加	a＋b
－	减	a－b
*	乘	a * b
/	除	a/b
%	取模运算(给出运算的余数)	a%b
＋＋	递增	a＋＋
－－	递减	b－－

算术运算符的操作数必须是数值类型。Java 中的算术运算符不能用在布尔类型上，但仍然可以用在 char 类型上，因为 Java 中的 char 类型实质上是 int 类型的一个子集。但是将 char 用作数学运算符不具有现实意义，例如，“3＋a＝100”是不具有现实意义的。实现代码如例程 8-1 所示。

［**例程 8-1**］ 算术运算符应用案例。

```
public class chapter8Example1
{
    public void chapter8Example11()
    {
        int good = 2 - 1 ;
        int b = good * 10;
        int c = b/2;
        int x = b - good;
        int y = - b;
        int o = x % 4;
        System.out.println("good = " + good);
```

```
        System.out.println("b = " + b);
        System.out.println("c = " + c);
        System.out.println("x = " + x);
        System.out.println("y = " + y);
        System.out.println("o = " + o);
    }
}
```

Java也有简写形式的运算符,算式和赋值同时完成,称为算术赋值运算符。算术赋值运算符由一个算术运算符和一个赋值号构成,即

＊＝、/＝、＋＝、－＝、%＝

例如,为了将8加到变量x,并将结果赋给x,可用“x＋＝8”,它等价于“x＝x＋8”。

Java提供了两种快捷运算方式是递增运算符“＋＋”和递减运算符“－－”,也常称作自动递增运算符和自动递减运算符。“－－”的含义是“减少一个单位”;“＋＋”的含义是“增加一个单位”。如例程8-2所示。

[**例程8-2**] 位移运算。

```
public class chapter8Example1
{
    public void chapter8Example12()
        {
        int i = 10;
        System.out.println("i:" + i);
        System.out.println("++i:" +  ++i);
        System.out.println("i++:"  +  i++);
        System.out.println("i:" +  i);
        System.out.println(" -- i:" +  -- i);
        System.out.println("i -- :" +  i -- );
        System.out.println("i:" + i);
    }
}
```

运行结果:

```
i:10
++i:11
i++:11
i:12
-- i:11
i -- :11
i:10
```

从例程8-2中可以看到,对于前缀形式,在执行完运算后才得到值;但对于后缀形式,则是在运算执行之前就得到值。

8.1.2 关系运算符

关系运算符用于实现两个操作数之间的关系,形成关系表达式。通过关系表达式,将返回一个布尔值,是Java条件语句的主要判断方式。Java定义的关系运算符如表8-2所示。

表 8-2　Java 的关系运算符

算术运算符	名称	实例
＝＝	等于	a ＝＝ b
！＝	不等于	a ！＝ b
＞	大于	a ＞ b
＜	小于	a ＜ b
＞＝	大于等于	a ＞＝ b
＜＝	小于等于	a ＜＝ b

对浮点数值的比较是非常严格的。它可以将数据比较到非常小的精度上，因此，通常不在两个浮点数值之间进行“等于”的比较。

8.1.3　逻辑运算符

逻辑运算符用来进行逻辑运算。若两个操作数都是 true，则逻辑与运算符(&&)操作输出 true；否则，输出 false。若两个操作数至少有一个是 true，则逻辑或运算符(||)操作输出 true；只有在两个操作数均是 false 的情况下，它才会生成一个 false。逻辑非运算符(!)属于一元运算符，它只对一个自变量进行操作，生成与操作数相反的值：若输入 true，则输出 false；若输入 false，则输出 true。详细信息如表 8-3 所示。

表 8-3　Java 的逻辑运算符

算术运算符	名称	实例
&&	与	a && b
||	或	a || b
！	非	！a

在进行逻辑运算时，只要能明确得出整个表达式为真或为假的结论，就能对整个表达式进行逻辑求值。因此，求解一个逻辑表达式时，有可能不必要对其所有的部分进行求值。例如，一个逻辑表达式如下：

```
条件 A && 条件 B && 条件 C
```

求解过程中，当判断出条件 A 为假时，则整个表达式的值必定为假，不需要再测试条件 B 和条件 C。

8.1.4　位运算符

1. Java 位运算

1) 表示方法

在 Java 语言中，二进制数使用补码表示，最高位为符号位，正数的符号位为 0，负数为 1。补码的表示需要满足如下要求。正数的最高位为 0，其余各位代表数值本身(二进制数)。对于负数，通过对该数绝对值的补码按位取反，再对整个数加 1。

2) 位运算符

位运算表达式由操作数和位运算符组成，实现对整数类型的二进制数进行位运算。位运算符可以分为逻辑运算符(包括～、&、|和^)及移位运算符(包括＞＞、＜＜和＞＞＞)。

左移位运算符(＜＜)能将运算符左边的运算对象向左移动运算符右侧指定的位数(在低位补 0)。

“有符号”右移位运算符(>>)则将运算符左边的运算对象向右移动运算符右侧指定的位数。

“有符号”右移位运算符使用了“符号扩展”：若值为正，则在高位插入0；若值为负，则在高位插入1。

Java也添加了一种“无符号”右移位运算符(>>>)，它使用了“零扩展”：无论正负，都在高位插入0。这一运算符是C或C++没有的。

若对char、byte或者short进行移位处理，那么在移位进行之前，它们会自动转换成一个int。

只有右侧的5个低位才会用到。这样可防止我们在一个int数里移动不切实际的位数。

若对一个long值进行处理，最后得到的结果也是long。此时只会用到右侧的6个低位，防止移动超过long值里现成的位数。

但在进行“无符号”右移位时，也可能遇到一个问题。若对byte或short值进行右移位运算，得到的可能不是正确的结果(Java 1.0和Java 1.1特别突出)。它们会自动转换成int类型，并进行右移位。但“零扩展”不会发生，所以在那些情况下会得到−1的结果。

在进行位运算时，需要注意以下几点。

(1) >>>和>>的区别是：在执行运算时，>>>运算符的操作数高位补0，而>>运算符的操作数高位移入原来高位的值。

(2) 右移一位相当于除以2，左移一位(在不溢出的情况下)相当于乘以2；移位运算速度高于乘除运算。

(3) 若进行位逻辑运算的两个操作数的数据长度不相同，则返回值应该是数据长度较长的数据类型。

(4) 按位异或运算可以不使用临时变量完成两个值的交换，也可以使某个整型数的特定位的值翻转。

(5) 按位与运算可以用来屏蔽特定的位，也可以用来取某个数型数中某些特定的位。

(6) 按位或运算可以用来对某个整型数的特定位的值置1。

3) 位运算符的优先级

~的优先级最高，其次是<<、>>和>>>，再次是&，然后是^，优先级最低的是|。

2. 按位异或运算符^

参与运算的两个值，如果两个相应位相同，则结果为0；否则，为1。即0^0=0，1^0=1，0^1=1，1^1=0。

例如：10100001^00010001=10110000

0^0=0,0^1=1 0异或任何数=任何数

1^0=1,1^1=0 1异或任何数=任何数取反

任何数异或自己=把自己置0

按位异或可以用来使某些特定的位翻转，如对数10100001的第2位和第3位翻转，可以将数与00000110进行按位异或运算。

```
10100001 ^ 00000110 = 10100111 //1010 0001 ^ 0x06 = 1010 0001 ^ 6
```

通过按位异或运算，可以实现两个值的交换，而不必使用临时变量。例如，交换两个整数a和b的值，可通过下列语句实现。

```
a = 10100001, b = 00000110
a = a ^ b;                              //a = 10100111
b = b ^ a;                              //b = 10100001
a = a ^ b;                              //a = 00000110
```

异或运算符的特点是：数 a 两次异或同一个数 b(a=a^b^b)仍然为原值 a。

8.1.5 其他运算符

1. 赋值运算符

赋值是用等号运算符(=)进行的。它的意思是“取得右边的值，把它复制到左边”。右边的值可以是任何常数、变量或者表达式，只要能产生一个值就行。但左边必须是一个明确的、已命名的变量。也就是说，它必须有一个物理性的空间来保存右边的值。举个例子说，可将一个常数赋给一个变量：A=4;，但不可将任何东西赋给一个常数，即不能 4=A;。

对基本数据类型的赋值是非常直接的。由于基本类型容纳了实际的值，而并非指向一个引用或句柄，所以在为其赋值的时候，可将来自一个地方的内容复制到另一个地方。例如，假设 A、B 都为基本数据类型，则“A=B”使得 B 处的内容就复制到 A。若接着又修改了 A，那么 B 根本不会受这种修改的影响。

但在为对象“赋值”的时候，情况却发生了变化。对一个对象进行操作时，我们真正操作的是它的句柄(也称为引用)。所以倘若“从一个对象到另一个对象”赋值，实际就是将句柄从一个地方复制到另一个地方。这意味着假若 C、D 为对象，则在“C=D”中 C 和 D 最终都会指向最初只有 D 才指向的那个对象，在 C 做了更改后，D 也会更改。

2. 三元运算符

三元运算符(?:)可以用来替代 if-else 结构。但它确实属于运算符的一种，因为它最终也会生成一个值，这与本章后一节将讲述的普通 if- else 语句是不同的。表达式采取下述形式。

```
布尔表达式?值 0 : 值 1;
```

若“布尔表达式”的结果为 true，就计算“值 0”，而且它的结果成为最终由运算符产生的值。但若“布尔表达式”的结果为 false，则计算“值 1”，而且它的结果成为最终由运算符产生的值。

3. instanceof 运算符

在编写程序时会遇到很多对象，很多时候人们需要判断某个对象是不是属于某一个特定类，这时就需要使用 instanceof 运算符。instanceof 运算符称为对象引用运算符，在运算符左侧的对象是右侧类的实例时，它将返回 true。

8.1.6 运算符的优先级

在一个表达式中，若存在多个运算符时，如果属于同一级别优先级，此时表达式是按照各个运算符的优先级从左到右运行的；如果不属于同一级别优先级，先执行高级别运算符，然后从左到右执行较低级别。具体的顺序如表 8-4 所示。

表 8-4　Java 的逻辑运算符优先级

优先级	运　算　符	名　　称
1	()	括号
2	[] ,。	后缀运算符
3	-(一元运算符,取负数) , ! , ~ , ++ , --	一元运算符
4	* , / , %	乘,除,取模
5	+, -	加,减
6	>> , << , >>>	移位运算符
7	> , < , >= , <= , instanceof	关系运算符
8	==,! =	等于,不等于

续表

优先级	运 算 符	名 称
9	&	按位与
10	^	按位异或
11	|	按位或
12	&&	逻辑与
13	||	逻辑或
14	?:	条件运算符
15	=(包括各与“=”结合的运算符,例如,+=)	赋值运算符

8.2 Java 修饰符

1. 类的修饰符

类的修饰符可分为可访问控制符和非访问控制符两种。

- 可访问控制符是公共类修饰符 public;
- 非访问控制符包括抽象类修饰符 abstract、最终类修饰符 final。

(1) 公共类修饰符 public :Java 语言中类的可访问控制符只有一个——public,即公共的。每个 Java 程序的主类都必须是 public 类。作为公共工具供其他类和程序使用的应定义为 public 类。

(2) 抽象类修饰符 abstract :凡是用 abstract 修饰符修饰的类,被称为抽象类。所谓抽象类是指这种类没有具体对象的一种概念类,这样的类就是 Java 语言的 abstract 类。

(3) 最终类修饰符 final :当一个类不可能有子类时,可用修饰符 final 把它说明为最终类。被定义为 final 的类通常是一些有固定作用、用来完成某种标准功能的类。

(4) 类默认访问控制符:如果一个类没有访问控制符,说明它具有默认的访问控制符特性。此时,这个类只能被同一个包中的类访问或引用。这一访问特性又称为包访问性。

2. 域的控制修饰符也分为可访问控制符和非访问控制符两类。

- 可访问控制符有 4 种:公共访问控制符 public,私有访问控制符 private,保护访问控制符 protected,私有保护访问控制符 private protected。
- 非访问控制符有 4 种:静态域修饰符 static,最终域修饰符 final,易失(共享)域修饰符 volatile,暂时性域修饰符 transient。(这里主要讨论 static 和 final)。

(1) 公共访问控制符 public:用 public 修饰的域称为公共域。如果公共域属于一个公共类,则可以被所有其他类所引用。由于 public 修饰符会降低运行的安全性和数据的封装性,所以一般应减少 public 域的使用。

(2) 私有访问控制符 private :用 private 修饰的成员变量(域)只能被该类自身所访问,而不能被任何其他类(包括子类)所引用。

(3) 保护访问控制符 protected:用 protected 修饰的成员变量可以被 3 种类所引用:①该类自身;②与它在同一个包中的其他类;③在其他包中的该类的子类。使用修饰符 protected 的主要作用是允许其他包中它的子类来访问父类的特定属性。

(4) 私有保护访问控制符 private protected :用修饰符 private protected 修饰的成员变量可以被该类本身或该类的子类两种类访问和引用。

(5) 静态域修饰符 static :用 static 修饰的成员变量仅属于类的变量,而不属于任何一个具体的对象。静态成员变量的值是保存在类的内存区域的公共存储单元,而不是保存在某一个对象的内存区间。任何一个类的对象访问它时,取到的都是相同的数据;任何一个类的对象修改它时,也都是对同一个内存单元进行操作。

（6）最终域修饰符 final ：最终域修饰符 final 是用来定义符号常量的。一个类的域（成员变量）若被修饰符 final 说明，则它的取值在程序的整个执行过程中都是不变的。

3. 方法的控制修饰符也分为可访问方法控制符和非访问方法控制符两类。

- 可访问方法控制符有 4 种：公共访问方法控制符 public，私有访问方法控制符 private，保护访问方法控制符 protected，私有保护访问方法控制符 private protected。
- 非访问控制符有 5 种：抽象方法控制符 abstract，静态方法控制符 static，最终方法控制符 final，本地方法控制符 native，同步方法控制符 synchronized。

（1）抽象方法控制符 abstract ：用修饰符 abstract 修饰的方法称为抽象方法。抽象方法是一种仅有方法头、没有方法体和操作实现的一种方法。

（2）静态方法控制符 static ：用修饰符 static 修饰的方法称为静态方法。静态方法是属于整个类的类方法；而不使用 static 修饰、限定的方法是属于某个具体类对象的方法。由于 static 方法是属于整个类的，所以它不能操纵和处理属于某个对象的成员变量，而只能处理属于整个类的成员变量，即 static 方法只能处理 static 的域。

（3）最终方法控制符 final ：用修饰符 final 修饰的方法称为最终方法。最终方法是功能和内部语句不能更改的方法，即最终方法不能重载。这样就固定了这个方法所具有的功能和操作，防止当前类的子类对父类关键方法的错误定义，保证了程序的安全性和正确性。所有被 private 修饰符限定为私有的方法，以及所有包含在 final 类（最终类）中的方法，都被认为是最终方法。

8.3 "学籍管理软件"运算符应用分析

8.3.1 关于业务规则讨论

洪杨俊：我最近读了一些关于 Java 的书籍，很少提到业务规则问题，您为什么在这里讨论业务规则呢？

晨落：业务规则是软件开发必须考虑的问题，业务规则其实也是客户需求的重要组成部分。如果不考虑业务规则，那么我们的软件产品无健壮性和可用性可言。

洪杨俊：这与 Java 操作符有什么关系吗？

晨落：任何用户需求最终都是通过某种编程语言来实现的，业务规则也是一样。学习语言的目的就是为了应用，不仅仅是为了学习而学习。将项目中的客户需求应用于理论课程中，学习效果将更显著。

洪杨俊：在第 7 章您设计了 globalVariables 类，我清楚这个类是用来配置数据类型和长度的，请问 globalVariables 类与本章设计的类中的 businessValidation 是什么关系？

晨落：在"学籍管理软件"中，我们设计了一个用于设置全局变量的类 globalVariables。globalVariables 类中没有任何的方法体，只有定义的全局静态的、不可更改的变量名及其类型。同样存在另外一个问题，在现实编程过程中具有相同属性的数据项可能在不同的类中存在。如果我们在每个类中都加有同样的方法体，一方面增加了代码的冗余性，另一方面在程序修改时，涉及更多的类需要修改代码。为了满足这个需求，我们设计了类 businessValidation，负责业务规则校验。当输入界面输入相关数据后，要进行这些业务规则校验，直接调用 businessValidation 即可。businessValidation 为其他类提供校验服务，而 globalVariables 则为 businessValidation 提供数据定义服务。图 8-1 是增加了业务校验公用类的类草图，其他类单向关联 businessValidation，在业务校验程序语句中读取全局变量与用户输入进行比较，确定业务规则的合法性。

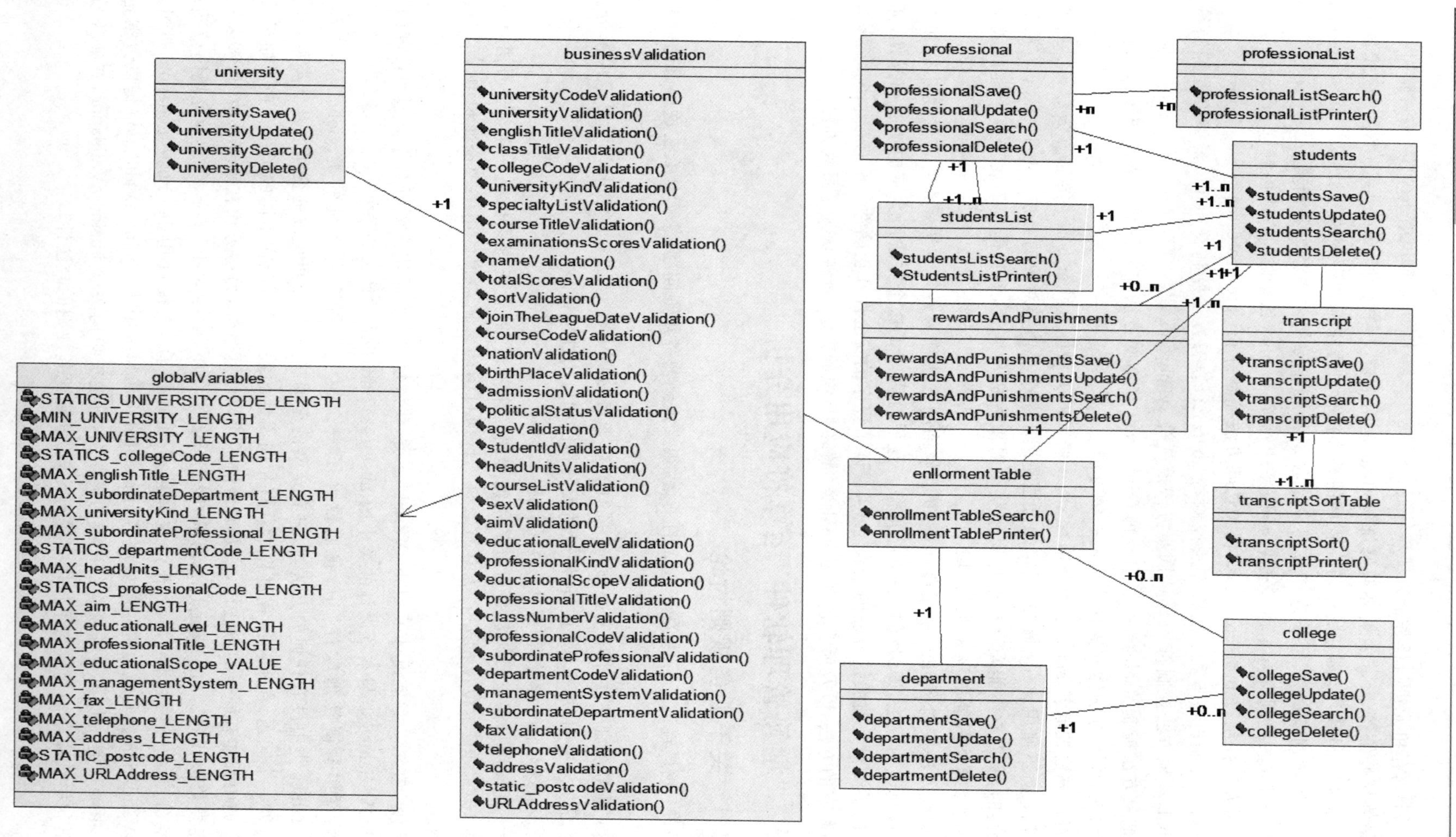

图 8-1 有业务校验框架代码的类图

需要说明的是,图 8-1 是"学籍管理软件"类图的初稿,随着 Java 知识的进一步学习,将对类图逐步求精,逐步完善,最终实现一个可运行的 Java 版"学籍管理软件"。图 8-1 中隐藏了类中的属性,客观上是本章未对第 6 章和第 7 章定义的属性项做任何修改。最为关键的原因是由于版面大小关系无法显示出来,隐藏这些属性,保证能正确说明类间关系即可。

8.3.2 部分实现代码摘录

本节摘录了业务数据校验的框架代码,详细代码请参见本书素材→清华大学出版社网站下载。

```
/**
 * JavaTeachings.chapter8.src 是第 8 章例程包,在本包中包含了学校基本信息(university),学院(学院级系)、基本信息(college)、系基本信息(department)、专业信息(professional)、学生信息(students)、成绩表
 * (transcript)、奖惩表(rewardsAndPunishments)、学生名录(studentsList)、学生成绩排名表
 * (transcriptSortTable)、专业名单(professionalList)、学籍查询(enrollmentTable)、学院名单 * 查询(collegeListTable)和学校基本信息(universityPage)、系统主页(chapter8)、学院(学院级系)基本信
 * 息(collegePage)、系基本信息(departmentPage)、专业信息(professionalPage)、学生信息(studentsPage)、*
 * 成绩表(transcriptPage)、奖惩表(rewardsAndPunishmentsPage)、学生名录(studentsListPage)、学生成绩
 * 排名表(transcriptSortTablePage)、专业名单(professionalListPage)、学籍查询(enrollmentTablePage)、
 * 学院名单查询(collegeListTablePage)、全局变量配置类(globalVariables)和业务规则校验类 *
 * (businessValidation)等 27 个类,分别完成了学籍管理软件的人机交互和业务数据的处理。第 8
 * 章是在第 7 章基础上的进一步优化,基本上自定义了空的方法体。
 */
package JavaTeachings.chapter8.src;


/**
 * 功能简介:
 *     业务逻辑校验类 businessValidation 是为页面层提供业务数据规则校验的类,在本类中提供了所有具有相同属性数据的校验方法。
 * @author 晨落
 * @version 1.0
 * @see universityCodeValidation(String universityCode)  学校代码校验
 * @see universityValidation(String university)  学校名称字符最短校验
 * @see englishTitleValidation(String englishTitle)  英文名称校验
 * @see universityKindValidation(String universityKind)  办学性质校验
 * @see headUnitsValidation(String headUnits)  举办单位校验
 * @see aimValidation(String aim)  办学宗旨校验
 * @see educationalLevelValidation(String educationalLevel)  办学层次校验
 * @see educationalScopeValidation(String educationalScope)  办学规模校验
 * @see managementSystemValidation(String managementSystem)  内部管理体制校验
 * @see faxValidation(String fax)  传真校验
 * @see telephoneValidation(String telephone)  联系电话校验
 * @see addressValidation(String address)  地址校验
 * @see static_postcodeValidation(String static_postcode)  邮编校验
 * @see URLAddressValidation(String URLAddress)  网址校验
 * @see collegeCodeValidation(String collegeCode)  学院代码校验
 * @see subordinateDepartmentValidation(String subordinateDepartment)  所设系所校验
 * @see departmentCodeValidation(String departmentCode)  系代码校验
 * @see subordinateProfessionalValidation(String subordinateProfessional)  所设专业校验
 * @see professionalCodeValidation(String professionalCode)  专业代码校验
```

```
 * @see professionalTitleValidation(String professionalTitle)  专业名称校验
 * @see professionalKindValidation(String professionalKind)  专业类别校验
 * @see classNumberValidation(String classNumber)  班级编号校验
 * @see classTitleValidation(String classTitle)  班级名称校验
 * @see courseListValidation(String courseList)  课程设置校验
 * @see studentIdValidation(String studentId)  学号校验
 * @see nameValidation(String name)  姓名校验
 * @see sexValidation(String sex)  性别校验
 * @see ageValidation(Integer Age)  年龄最大值校验
 * @see nationValidation(String nation)  民族校验
 * @see politicalStatusValidation(String politicalStatus)  政治面貌校验
 * @see admissionValidation(String admission)  入学时间校验
 * @see joinTheLeagueDateValidation(String joinTheLeagueDate)  入团(党)时间校验
 * @see specialtyListValidation(String specialtyList)  有何特长校验
 * @see birthPlaceValidation(String birthPlace)  籍贯校验
 * @see courseCodeValidation(String courseCode)  课程代码校验
 * @see courseTitleValidation(String courseTitle)  课程名称校验
 * @see examinationsScoresValidation(double examinationsScores)  考试成绩校验
 * @see totalScoresValidation(double totalScores)  总成绩校验
 * @see examinationsScoresValidation(double examinationsScores)  考试成绩系数校验
 * @see sortValidation(Integer sort)  名次校验
 * @since 无
 * 修改日期: 2011 - 09 - 29
 */

public class businessValidation
{
    boolean ValidationStates = false;     //定义校验状态,初始值为 false;

    /**
      * 功能简述: 关于学校代码的校验。
      * @author 晨落
      * @version 1.0
      * @param universityCode String  学校代码,学校代码长且仅长 5 位。
      * @return ValidationStates boolean 校验状态
     */
    public boolean universityCodeValidation(String universityCode)
     {
         return ValidationStates;
     }

    /**
      * 功能简述: 关于学校名称、学员名称和系名称的校验。
      * @author 晨落
      * @version 1.0
      * @param university String 学校名称、学院名称、系名称的校验,长度不小于 4,不大于 40。
      * @return ValidationStates boolean 校验状态
     */

    public boolean universityValidation(String university)
    {
        return ValidationStates;
```

```
}                                       //学校名称字符最短

/**
 * 功能简述：关于学校英文名称的校验
 * @author 晨落
 * @version 1.0
 * @param englishTitle String 学校英文名称、学院英文名称、系英文名称的校验，不大于60。
 * @return ValidationStates boolean 校验状态
 */

public boolean englishTitleValidation(String englishTitle)
{
    return ValidationStates;
}

/**
 * 功能简述：关于办学性质校验的设定。
 * @author 晨落
 * @version 1.0
 * @param universityKind String 办学性质校验初始值10。
 * @return ValidationStates boolean 校验状态
 */

public boolean universityKindValidation(String universityKind)
{
    return ValidationStates;
}

/**
 * 功能简述：关于举办单位校验的设定。
 * @author 晨落
 * @version 1.0
 * @param headUnits String 举办单位校验最大值60。
 * @return ValidationStates boolean 校验状态
 */

public boolean headUnitsValidation(String headUnits)
{
    return ValidationStates;
}

/**
 * 功能简述：关于办学宗旨校验。
 * @author 晨落
 * @version 1.0
 * @param aim String 办学宗旨最大值200。
 * @return ValidationStates boolean 校验状态
 */

public boolean aimValidation(String aim)
{
    return ValidationStates;
```

```
}

/**
 * 功能简述:
 * 关于办学层次校验,其中包含了对学校办学层次、学院办学层次、系办学层次和专业层次的
校验。
 * @author 晨落
 * @version 1.0
 * @param educationalLevel String 办学层次最大值 20。
 * @return ValidationStates boolean 校验状态
 */


public boolean educationalLevelValidation(String educationalLevel)
{
    return ValidationStates;
}

/**
 * 功能简述:关于办学规模校验。
 * @author 晨落
 * @version 1.0
 * @param educationalScope String 最大值 99999。
 * @return ValidationStates boolean 校验状态
 */

public boolean educationalScopeValidation(String educationalScope)
{
    return ValidationStates;
}

/**
 * 功能简述:关于内部管理体制校验。
 * @author 晨落
 * @version 1.0
 * @param managementSystem String 最大值 30。
 * @return ValidationStates boolean 校验状态
 */

public boolean managementSystemValidation(String managementSystem)
{
    return ValidationStates;
}

/**
 * 功能简述:关于传真校验,包含了学校、学院、系内的传真号码的校验。
 * @author 晨落
 * @version 1.0
 * @param fax String 最大值 22。
 * @return ValidationStates boolean 校验状态
 */
```

```
public boolean faxValidation(String fax)
{
    return ValidationStates;
}

/**
 * 功能简述: 关于电话校验,包含了学校、学院、系内的电话号码校验。
 * @author 晨落
 * @version 1.0
 * @param telephone String 最大值 22。
 * @return ValidationStates boolean 校验状态
 */

public boolean telephoneValidation(String telephone)
{
    return ValidationStates;
}

/**
 * 功能简述: 关于籍贯的校验。
 * @author 晨落
 * @version 1.0
 * @param birthPlace String 不能大于 30 个字符串。
 * @return ValidationStates boolean 校验状态
 */

public boolean birthPlaceValidation(String birthPlace)
{
    return ValidationStates;
}

/**
 * 功能简述: 关于课程编号的校验。
 * @author 晨落
 * @version 1.0
 * @param courseCode String 不能大于 8 个字符串。
 * @return ValidationStates boolean 校验状态
 */

public boolean courseCodeValidation(String courseCode)
{
    return ValidationStates;
}
/**
 * 功能简述: 关于课程名称的校验。
 * @author 晨落
 * @version 1.0
 * @param courseTitle String 不能大于 30 个字符串。
 * @return ValidationStates boolean 校验状态
 */

public boolean courseTitleValidation(String courseTitle)
```

```
    {
        return ValidationStates;
    }

    /**
     * 功能简述:
     * 关于考试成绩的校验,其中包括作业成绩、课堂成绩、实验成绩和考试成绩的校验。
     * @author 晨落
     * @version 1.0
     * @param examinationsScores double 不小于 0,不大于 100。
     * @return ValidationStates boolean 校验状态
     */

    public boolean examinationsScoresValidation(double examinationsScores)
    {
        return ValidationStates;
    }

    /**
     * 功能简述: 关于考试总成绩的校验。
     * @author 晨落
     * @version 1.0
     * @param totalScores double 不小于 0,不大于 100。
     * @return ValidationStates boolean 校验状态
     */

    public boolean totalScoresValidation(double totalScores)
    {
        return ValidationStates;
    }

    /**
     * 功能简述: 关于名次的校验。
     * @author 晨落
     * @version 1.0
     * @param sort Integer 不小于 0,不大于 999。
     * @return ValidationStates boolean 校验状态
     */

    public boolean sortValidation(Integer sort)
    {
        return ValidationStates;
    }

}
```

8.4 进程检查表

到目前为止,“学籍管理软件”的实现进程如表 8-5 所示。

表 8-5 进程检查

检 查 项	需求类型	实现进度			本章 Java 支持
		设计	优化	完成	
规划类	功能需求	*	*		本章结合第 7 章业务规则全局变量定义，本章学习使用运算符、修饰符知识，具备完成 Java 业务逻辑判断的条件。本章中设计了业务规则校验的公用类 businessValidation。该类为整个系统提供了业务规则校验的公用方法体，该方法体可以提高软件代码的复用性；同时，也提高了程序的可维护性
动态输入	功能需求	*	*		
数据动态处理	功能需求	*	*		
程序控制	功能需求				
健壮性	性能需求	*	*		
数据存储	功能需求				
方便查询	性能需求				
统计分析	功能需求				
复杂计算	功能需求				
运行控制	性能需求				
运行速度	性能需求				
代码重用	性能需求				
人机交互	功能需求				
类关系	性能需求				

8.5 本章小结

本章主要包括了运算符和 Java 修饰符。运算符内容是 Java 的重要基础内容之一，熟悉应用本章知识对于快速、高质量地完成项目具有重要的意义。

运算符包括算术运算符、关系运算符、逻辑运算符、位运算符和其他运算符。其中位运算符在硬件开发中使用比较广泛；算术运算符主要应用于数值计算方面，在学习时一定要注意算术运算符的优先级问题；关系运算符和逻辑运算符用于条件语句较多，但是注意把握好其优先级和逻辑关系。

Java 修饰符中访问控制和类型说明是两个重要内容，恰当使用访问控制修饰符既可以保证数据的有效访问，同时也能够保证数据的安全性。数据访问控制 Public、protected、Friendly、private 所提供的访问权限一定要彻底了解。类型说明修饰符 Final、abstract、static 也是 Java 修饰符中经常用到的。

关于“学籍管理软件”的细化问题，本章关注了 Java 类成员方法中的业务规则校验设计。

探讨类方法成员——流程控制

9.1 流程控制

在前几章的"学籍管理软件"代码实现过程中,我们还未涉及如何使用循环、选择和判断等流程控制机制,所以代码只能按顺序执行,这显然是不符合软件设计要求的。事实上,流程控制几乎贯穿Java编程的整个过程,例如,要判断一个学生的学习成绩是否及格,一个学生是否已经缴纳学费,输入的学生信息是否满足业务规则等,这些都需要判断和语句跳转来实现。有了流程控制语句,很多代码不需要我们逐行编写了,好的流程控制语句就可以替代为我们做很多事。

什么是流程控制?

流程控制是每种高级语言所必备的语法规则。目前很多语言都沿用了C的流程控制机制。例如,Java、C++等。在Java中,一些基本的流程控制语句和C语言中的语句很类似,不同的是Java中的流程控制语句往往需要和异常处理语句配合使用。

9.2 条件转换语句

假设学校正在评定全优生,要求数学必须在90分以上,如果达不到90分就不具备评选全优生的基本条件。这样的问题,我们可以用Java语言解决,见例程9-1。

[**例程 9-1**] 利用条件语句评定学生成绩符合全优生的要求。

```
if (mathScores >= 90)
{
    System.out.println(name + "同学数学成绩为: " + mathScores " +
                       具备了评选全优生的基本条件");
}
```

流程控制语句的选择结构,是根据假设的条件成立与否再决定后续执行什么样语句,它的作用是让程序更具有智能性。

9.2.1 if 语句

if语句是最简单的选择结构语句,格式如下。

```
if<表达式>
{
    语句块
}
```

其中表达式的设置很关键,它返回 boolean 值,如果返回值为 true,则进入{}部分的语句块处理;否则,跳过该{}部分,执行{}后面的语句。如果{语句块}中只有一句语句,则左右大括号可以不写。从程序结构的可读性出发,建议用左右大括号括起来。If 语句又称为单分支结构语句。

[**例程 9-2**]　利用条件语句进行学校代码校验。

```
public class businessValidation
{
    //定义校验状态,初始值为 false。
    boolean ValidationStates = false;
    //实例化业务规则全局变量类,方便读取常量数据。
    globalVariables gv = new globalVariables();

/**
  * 功能简述: 关于学校代码的校验。
  * @param universityCode String 学校代码,学校代码长度是由参数设计决定的。
  * @return ValidationStates boolean 校验状态
  */
public boolean universityCodeValidation(String universityCode)
{
    //如果学校代码长度不等于 gv.STATICS_UNIVERSITYCODE_LENGTH,则返回 false。
    if (universityCode.length()!= gv.STATICS_UNIVERSITYCODE_LENGTH)
    {
        return ValidationStates;
    }
}
}
```

以上程序说明,如果学校代码的长度不等于 gv.STATICS_UNIVERSITYCODE_LENGTH 数值时,系统返回为 ValidationStates,ValidationStates 的默认值为 false。

9.2.2　if-else

if-else 语句的操作比 if 语句多了一步:如果表达式的值为假,则程序进入 else 部分的语句块(语句块 2)处理。故它又被称为双分支结构语句。if-else 语句语法格式如下。

```
if <表达式>
{
    语句块 1
}
else
{
    语句块 2
}
```

现在对 9.2.1 节的例程做进一步的扩展,可以发现,通过 if-else 语句所执行的条件转换语句,如例程 9-3 所示。

[**例程 9-3**]　使用 if-else 语句检验学校代码。

```
public class businessValidation
{
    //定义校验状态,初始值为 false;
```

```
    boolean ValidationStates = false;
    //实例化业务规则全局变量类,方便读取常量数据。
    globalVariables gv = new globalVariables();
    /**
      * 功能简述: 关于学校代码的校验。
      * @param universityCode String  学校代码,学校代码长且仅长 5 位。
      * @return ValidationStates boolean  校验状态
      */
    public boolean universityCodeValidation(String universityCode)
     {
        //如果学校代码长度不等于 gv.STATICS_UNIVERSITYCODE_LENGTH,则返回 false。
        if (universityCode.length()!= gv.STATICS_UNIVERSITYCODE_LENGTH)
            {
                return ValidationStates;
            }
        else
            {
                return true;
            }
     }
}
```

如上例程说明,如果学校编号(universityCode)长度不等于 gv. STATICS _UNIVERSITYCODE_LENGTH 长度,则返回默认值 false; universityCode 长度等于 gv. STATICS _UNIVERSITYCODE_LENGTH,则返回 true。

9.2.3 if-else if 语句

if-else if 语句用于处理多个分支的情况,因此又称多分支结构语句。

其语法格式如下。

```
if <表达式 1>
{
    语句块 1
}
else if <表达式 2>
{
    语句块 2
}
…
else if <表达式 n>
{
    语句块 n
}
```

假如学校调整评优生的标准规定只要数学、英语、物理和软件工程中任何一门成绩在 90 分以上,都有条件参加全优生评选。这个问题可以通过例程 9-4 解决。

[**例程 9-4**] 参考 4 门成绩的评优生评选判定代码。

```
if (mathScores >= 90)
{
```

```
    System.out.println(name + "同学数学成绩为: " + mathScores " +
                        具备了评选全优生的基本条件");
}
else if(englishScores >= 90)
{
    System.out.println(name + "同学英语成绩为: " + englishScores " +
                        具备了评选全优生的基本条件");
}
else if(physicalScores >= 90)
{
    System.out.println(name + "同学物理成绩为: " + physicalScores
                            " + 具备了评选全优生的基本条件");
}
else if(SoftwareEngineeringScores >= 90)
{
   System.out.println(name + "同学软件工程成绩为: " +
                        SoftwareEngineeringScores " + 具备了评选全优生的基本条件");
}
```

9.2.4 if 语句的嵌套

在 if 语句中又包含一个或多个 if 语句称为 if 语句嵌套,这是程序设计中经常用到的语法。例如,现在有 3 个整数 a、b、c,要判别它们能否构成三角形的三条边,则首先应判别这三个整数是否都大于零,然后才判别其任意两个数之和是否大于第三个数。

[**例程 9-5**] if 语句嵌套。

```
import java.io.*;
public class CompIf {
        public static void main(String[] args) throws IOException
        {
            int a,b,c,t;
            String str;
            BufferedReader buf;
            buf = new BufferedReader(new InputStreamReader(System.in));
            System.out.print("Input first number: ");
            str = buf.readLine();
            a = Integer.parseInt(str);
            System.out.print("Input third number:");
            str = buf.readLine();
            b = Integer.parseInt(str);
            System.out.print("Input third number:");
            str = buf.readLine();
            c = Integer.parseInt(str);
            if(a > b)
            {
                t = a;a = b;b = t;
            } else
            if(a > c)
            {
```

```
                t = a;a = c;c = t;
            }
            if(b > c)
            {
                t = b;b = c;c = t;
            }
            System.out.print(a + ",");
            System.out.print(b + ",");
            System.out.print(c);
        }
    }
```

9.2.5 switch 语句

switch 语句是 Java 支持的另一种多分支结构语句，使用 switch 语句编程，将使程序的结构更加简练，表达更为清晰。

switch 语句语法结构如下。

```
switch<表达式 1>
case 数值 1:
{
    语句块 1
    break;
}
case 数值 2:
{
    语句块 2
    break;
}
…
case 数值 n
{
    语句块 n
    break;
}
default
{
    语句块 n + 1
}
```

switch 后面的表达式只能是 int、byte、short 和 char 等基本数据类型，多分支结构把表达式返回的值依次与每个 case 子句中的值相比较。如果遇到匹配的值，则执行该 case 后面的语句块，并且 case 数值之间不能出现重复值。注意 case 句中的数值要求是固定数值。

default 子句为可选项。当表达式的值与任何 case 子句中的任何一个值都不能够匹配时，程序执行 default 后面的语句。如果没有 default 子句，并且也没有任何匹配条件成立，则直接跳出 switch 语句。

break 语句的作用是当执行完一个 case 分支语句块后，终止 switch 结构的执行。case 子句只是起到一个标号的作用，用来查找入口并从此处开始执行。如果没有 break 语句，当程序执行完匹配的 case 子句块后，还会执行后面的 case 子句块，这样会出现程序逻辑错误，编译也无法通过。

例如，将“学籍管理软件”每个功能项设计一个功能编号(FunctionId)，假设包含这些功能，专业信息录入编号为601，专业信息修改编号为602，专业信息查询编号为603，专业信息删除编号为604。根据输入功能编号判断确定执行哪个功能项，如例程9-6代码解决问题。

[**例程 9-6**] 利用 switch 语句控制应执行的功能项。

```
public void professionalPage(Integer FunctionId)
    {
        switch(FunctionId)
        {
        case 601:
            //执行专业信息录入功能
            break;
        case 602:
            //执行专业信息修改
            break;
        case 603:
            //执行专业信息查询
            break;
        case 604:
            //执行专也信息修改
            break;
    }
```

9.3 循环语句

循环语句是程序设计中经常用到的、必不可少的语句。例如，数字统计、记录查询等。在程序设计过程中，在满足一定条件的前提下，需要反复执行一些相同的操作时，需使用循环语句。Java语言提供的循环结构语句有 for 语句、while 语句和 do while 语句。循环语句包括下列几部分。

赋初值部分：用于设置循环控制的一些初始条件；

- 循环体部分：需要反复执行的代码，当然也可以是一句单一的语句；
- 循环控制变量增减方式部分：用于更改循环控制状况；
- 判断条件部分：是一个返回逻辑值的表达式，用于判断是否满足循环终止条件，以便及时地结束循环。

9.3.1 for 循环语句

for 循环语句的使用适应于明确知道重复执行次数的情况，其语句格式如下。

```
for(赋初值;判断条件;循环控制变量增减方式)
{
    循环体语句块;
}
```

其循环体执行过程如下。

(1) 第一次进入 for 循环时，对循环控制变量赋初值。

(2) 根据判断条件的内容检查是否要继续执行循环，如果判断条件为真，继续执行循环语句块；如条件为假，则结束循环，执行下面的语句。

(3) 执行完循环体内的语句后，系统会根据循环控制变量增减方式，更改循环控制变量的值，再回到步骤(2),重新判断是否继续执行循环。

经典案例为1～100的整数累加,其代码参见例程9-7。

[**例程9-7**] 1～100的整数累加。

```
public class Total {
    public static void main(String[ ] args)
     {
        int i, sum = 0;
        for(i = 1; i <= 100; i++)
        sum += i;
        System.out.println("1 + 2 + .... + 100 = " + sum);
    }
}
```

运行结果:

```
1 + 2 + … + 100 = 5050
```

for循环语句格式中的3项内容可以视不同情况省却一个、两个,甚至全缺。

9.3.2 while循环语句

在不知道一个循环体会被重复执行多少次的情况下,可以选择使用while循环结构语句,while语句的语法格式如下。

```
while(判断条件)
{
    语句块;
    循环控制变量增或减值;
}
```

while循环的执行流程如下。

(1) 在进入while循环前,对循环控制变量赋初值。

(2) 根据判断条件检查是否要继续执行循环,如果判断条件为真,继续执行循环;如果条件是假,那么结束循环,执行下面的语句。

(3) 执行完循环体后,系统会根据循环控制变量增或减方式,更改循环控制变量的值,再回到第(2)步,重新判断是否继续执行循环。

例如,从一个0开始循环输出,如果i小于3,则输出:“快到3了,再等等”;如果i大于等于3,则打印输出:“结束了”。具体实现过程参见例程9-8。

[**例程9-8**] while循环语句案例。

```
public class limited
{
    public main()
    {
        int i = 0;
        while(i < 3)
        {
            System.out.println(\"快到3了,再等等");
            i++;
        }
```

```
        System.out.println(\"结束了!\");
    }
}
```

9.3.3 do while 循环语句

do while 循环语句功能与 while 语句类似，但 do while 语句的循环终止判断是在循环体之后执行，也就是说，它总是先执行一次循环体，然后判断条件表达式的值是否为真，若为真，则继续执行循环体；否则，循环到此结束。与 do while 语句所不同的是，while 语句如果开始时判别表达式为假，则可能一次都不执行循环体而直接结束循环。

do while 循环的语法格式如下。

```
do
{
    语句块;
    循环控制变量增或减值;
}
while(判断条件)
```

例如，计算从 1 开始的连续 n 个自然数之和，当其和值刚好超过 100 时结束，求这个 n 值。实现过程参见例程 9-9。

［**例程 9-9**］ do while 语句应用。

```
public class c3_9
{
    public static void main(String[ ] args)
    {
        int n = 0;
        int sum = 0;
        do{
            n++;
            sum += n;
        }while(sum <= 100);
            System.out.println("sum = " + sum);
            System.out.println("n = " + n);
    }
}
```

运行结果如下：

```
sum = 105
n = 14
```

9.3.4 循环语句的嵌套

当循环语句的循环体中又出现循环语句时，就称为循环嵌套。Java 语言支持循环嵌套，如 for 循环嵌套、while 循环嵌套，当然也可以使用混合嵌套。

9.3.5 转移语句

Java 的转移语句用在选择结构和循环结构中，使程序员更方便地控制程序执行的方向，其语句包括了 break 和 continue 两个语句。

1. break 语句

在 switch 结构中，break 语句用于退出 switch 结构。在 Java 中，同样可以用 break 语句强行退出循环，继续执行循环外的下一个语句；如果 break 出现在嵌套循环中的内层循环，则 break 语句只会退出当前的一层循环。

2. continue 语句

当程序运行到 continue 语句时，就会停止循环体中剩余语句的执行，而回到循环始处继续执行循环。

9.4 “学籍管理软件”案例分析运行流程控制

9.4.1 “学籍管理软件”运行流程

“学籍管理软件”运行流程图如图 9-1 所示。

开发任何软件系统时，在确定数据结构和基本类后，开发人员需要设计其运行流程。通过运行流程，可以发现此前设计的实体类图有一定的不足之处，需要完善。例如，业务规则校验、异常处理等。

图 9-1 是以专业信息维护功能为例绘制的，其他功能的程序流程图在清华大学出版社网站下载也可以通过本书提供的 QQ 号从作者那里获取。

现在可以通过流程图判断在“学籍管理软件”中用到了哪些流程控制语句。在“选择操作数据项”过程中，可以使用 switch 语句来实现；在“选择功能项”过程中，也可以使用 switch 语句来实现；而在业务规则校验、数据重复性校验和保存是否成功这几部分，则可以使用 if 语句实现。因此，我们通过流程图可以设计程序类图框架。

考虑到系统地健壮性和可重用性，此时我们在前几章的基础上增加和设计以下几个类，这些类分别说明如下。

(1) bussinessException. java 业务规则异常类，主要负责业务规则校验过程中异常的处理。

(2) businessValidation. java 业务规则校验，该类已在第 7 章中设计，当时是空方法。本章将全面实现业务规则校验源代码。

(3) bussinessDataOpertaion. java 业务数据操作，在类中主要完成了数据的保存和修改。有关数据操作类，例如，修改和查询等这些类，将在后面章节中，随着知识结构的增加逐步扩展。

(4) bussinessLogicListSearch. java 业务数据查询，本类的主要功能是完成业务数据的查询，为其他程序提供相应的数据集合。

(5) bussinessLogicNullDecide. java 数据判断类，本类功能是完成业务数据是否为空的判断。

9.4.2 类优化设计

系统运行概要流程已经设计完成，但是，这个流程图仍然是初稿，因为随着我们对 Java 的认识，将会发现流程图需要再次修改。流程图是从动态视角分析程序运行流程，如图 9-2 所示的类图是反映程序之间的静态关系的，所以，在这里我们要通过类图来描述“学籍管理软件”的类之间关系。由于图形过于繁杂，这里仅对类图进行简单介绍。

(1) 业务规则校验类(businessValidation)是公用类，任何关于业务数据校验的都要实例化本类，并且针对不同的数据运行不同的校验成员方法。关于 businessValidation 的程序框架已经在第 7 章中描述了，本章将详细展示实现代码。可能实例化 businessValidation 类的包含了系统中的所有类。

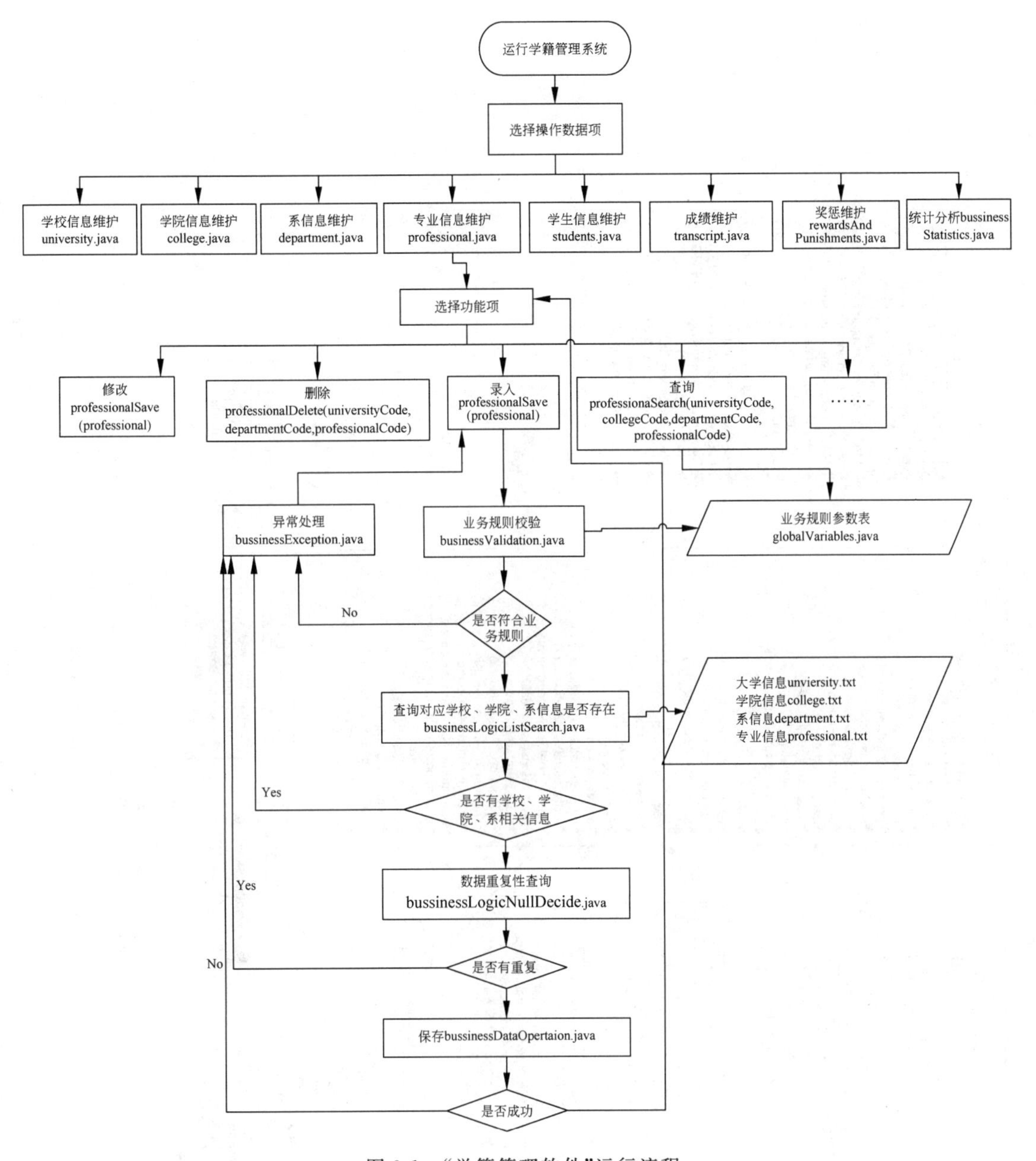

图 9-1　"学籍管理软件"运行流程

(2) 数据操作类(bussinessDataOpertaion)是公用类,负责对相关数据的保存和删除。可能要实例化本类的其他类包括 university、college、department、professional、students、rewardsAndPunishments、transcript。关于这些类的解释在前面章节已经有说明。

(3) 数据查询类(bussinessLogicListSearch)是公用类,负责提供业务数据查询,并且返回数据集合。可能要实例化本类的有 university、college、rewardsAndPunishments、department、professional、students、transcript、professionaList、studentsList、enllormentTable、transcriptSortTable。

(4) 业务异常类(bussinessException)是公用类,业务规则校验(businessValidation)类捕获的异常将会全部抛出到本类中,并由本类处理。关于异常详细内容将在第 10 章中介绍。

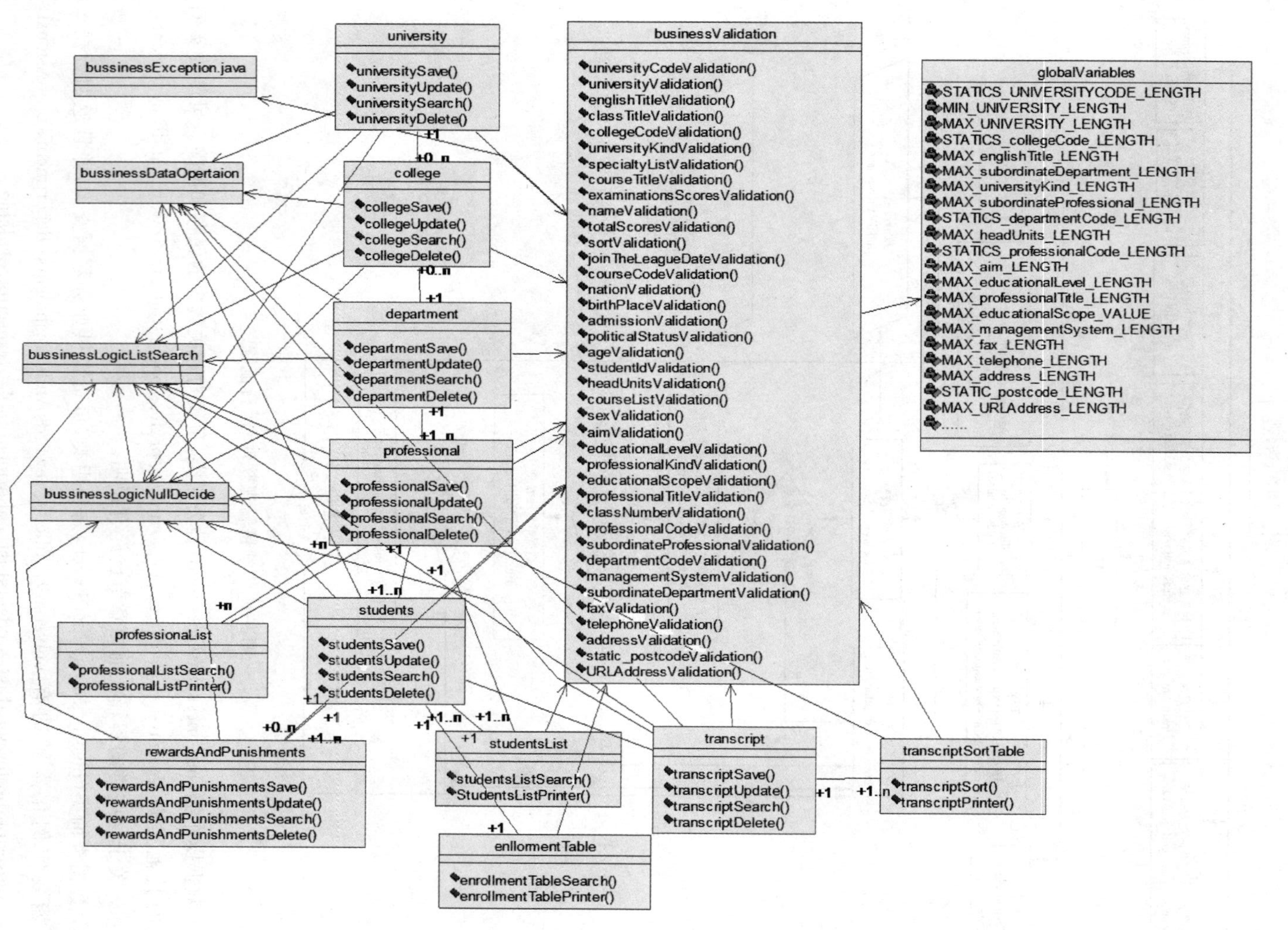

图 9-2 “学籍管理软件”类图

9.5 “学籍管理软件”业务数据校验代码展示

本章的核心内容是流程控制，流程控制中的 if 语句是编程中经常用到的流程控制语句。到目前为止，我们学过的 Java 知识能够完成业务逻辑校验功能的实现。其他控制语句也将在后续章节中充分应用。例程 9-10 是“学籍管理软件”有关业务规则校验的部分源代码。详细内容请参见清华大学出版网站本书素材文件。

[**例程 9-10**] “学籍管理软件”业务规则校验例程。

```
package chapter15.src;

/**
 * 功能简介：
 *      业务逻辑校验类 businessValidation 是为页面层提供业务数据规则校验的类，在本
 *      类中提供了所有具有相同属性数据的校验方法。
 * 本章所完成的优化功能包括：
 *    1. 将原来的 bussinesValidation 的业务逻辑校验功能改进为异常定义服
 *      务，这些异常都通过 throws new businessException 获取异常对象。
 *    2. 在数据校验方面，如果条件为 false 时，则创建异常对象，并将这
 * 些异常提交 bussinessException 来处理。
 *    3. 如果数据校验正确，则返回 true，这样使得校验调用者减少了条件判断语
 *    句，减少了大量冗余代码。
 *    4. 对于异常定义方面，比第 9 章更加灵活性。在异常抛出时，异常信息中
 * 关于规则值的是从 globalVariables 的全局变量中读取，这样增加了规则
 * 值的变化灵活性，可以随着参数值的变化而变化。
 *    5. 目前 businessValidation 校验主要完成了关于输入数据的长度和输入值
 * 的异常处理。关于更多的校验异常定义将在以后的相关章节中得以优化和
 * 补充
 *
 * @author 晨落
 * @version 1.0
 * @see universityCodeValidation(String universityCode)学校代码校验
 * @see universityValidation(String university)学校名称字符最短校验
 * @see englishTitleValidation(String englishTitle)英文名称校验
 * @see universityKindValidation(String universityKind)办学性质校验
 * @see headUnitsValidation(String headUnits)举办单位校验
 * @see aimValidation(String aim)办学宗旨校验
 * @see educationalLevelValidation(String educationalLevel)办学层次校验
 * @see educationalScopeValidation(String educationalScope)办学规模 ** 校验
 * @see managementSystemValidation(String managementSystem)内部管理 ** 体制校验
 * @see faxValidation(String fax)传真校验
 * @see telephoneValidation(String telephone)联系电话校验
 * @see addressValidation(String address)地址校验
 * @see static_postcodeValidation(String static_postcode)邮编校验
 * @see URLAddressValidation(String URLAddress)网址校验
 * @see collegeCodeValidation(String collegeCode)学院代码校验
 * @see subordinateDepartmentValidation(String subordinateDepartment)所设系所校验
 * @see departmentCodeValidation(String departmentCode)系代码校验
 * @see subordinateProfessionalValidation(String subordinateProfessional)所设专业校验
 * @see professionalCodeValidation(String professionalCode)专业代码校验
 * @see professionalTitleValidation(String professionalTitle)专业名称校验
```

```
 * @see professionalKindValidation(String professionalKind)专业类别校验
 * @see classNumberValidation(String classNumber)班级编号校验
 * @see classTitleValidation(String classTitle)班级名称校验
 * @see courseListValidation(String courseList)课程设置校验
 * @see studentIdValidation(String studentId)学号校验
 * @see nameValidation(String name)姓名校验
 * @see sexValidation(String sex)性别校验
 * @see ageValidation(Integer Age)年龄最大值校验
 * @see nationValidation(String nation)民族校验
 * @see politicalStatusValidation(String politicalStatus)政治面貌校验
 * @see admissionValidation(String admission)入学时间校验
 * @see joinTheLeagueDateValidation(String joinTheLeagueDate)入团(党)时间校验
 * @see specialtyListValidation(String specialtyList)有何特长校验
 * @see birthPlaceValidation(String birthPlace)籍贯校验
 * @see courseCodeValidation(String courseCode)课程代码校验
 * @see courseTitleValidation(String courseTitle)课程名称校验
 * @see examinationsScoresValidation(double examinationsScores)考试成绩校验
 * @see totalScoresValidation(double totalScores)总成绩校验
 * @see examinationsScoresValidation(double examinationsScores)考试成绩系数校验
 * @see sortValidation(Integer sort)名次校验
 * @since 无
 * 修改日期: 2011 - 09 - 29
 */

public class businessValidation
{
    boolean ValidationStates = false;              //定义校验状态,初始值为 false;
    globalVariables gv = new globalVariables();   //实例化业务规则全局变量类,方便读取常量数据。

    /**
     * 功能简述:
     * 关于学校代码的校验。
     * @author 晨落
     * @version 1.0
     * @param universityCode String  学校代码。
     * @return ValidationStates boolean  校验状态
     */
    public boolean universityCodeValidation(String universityCode) throws bussinessException
    {
        //如果学校代码长度不等于 gv.STATICS_UNIVERSITYCODE_LENGTH,则返回 false。
        if (universityCode.length()!= gv.STATICS_UNIVERSITYCODE_LENGTH)
            {
             throw new bussinessException("学校代码长且仅长" + gv.STATICS_UNIVERSITYCODE_
LENGTH + "位");
            }
        else
            {
                return ValidationStates = true;
            }
    }

    /**
```

```
* 功能简述: 关于学校名称、学员名称和系名称的校验。
* @author 晨落
* @version 1.0
* @param university String   学校名称、学院名称、系名称的校验。
* @return ValidationStates boolean   校验状态
*/

public boolean universityValidation(String university) throws bussinessException
{
   //university 学校名称、学院名称、系名称的校验,若小于 4 或大于 40,则返回 false
    if(university.length()< gv.MIN_UNIVERSITY_LENGTH &&
       university.length()> gv.MAX_UNIVERSITY_LENGTH)
    {
       throw new bussinessException("学校名称不小于" + gv.MIN_UNIVERSITY_LENGTH + "不大于
                                                " + gv.MAX_UNIVERSITY_LENGTH);
    }
    else
    {
       return true;
    }
}                                                    //学校名称字符最短

/**
 * 功能简述: 关于学校英文名称、学院名称和系英文名称的校验。
 * @author 晨落
 * @version 1.0
 * @param englishTitle String 学校英文名称、学院英文名称、系英文名称的校验。
 * @return ValidationStates boolean 校验状态
 */

public boolean englishTitleValidation(String englishTitle)throws bussinessException
    {
    //如果 englishTitle String 学校英文名称、学院英文名称、系英文名称大于 60 则返回 False。
        if (englishTitle.length()> gv.MAX_englishTitle_LENGTH)
        {
            throw new bussinessException("英文名称不大于" + gv.MAX_englishTitle_LENGTH);
        }
        else
        {
            return true;
        }

    }
    /**
        * 功能简述: 关于办学性质校验的设定。
        * @author 晨落
        * @version 1.0
        * @param universityKind String 办学性质校验。
        * @return ValidationStates boolean 校验状态
        */

    public boolean universityKindValidation(String universityKind) throws bussinessException
```

```
{
    //如果办学性质的长度大于 12,则返回 False
    if (universityKind.length()> gv.MAX_universityKind_LENGTH)
    {
        throw new bussinessException("学校类别不大于" + gv.MAX_universityKind_LENGTH);
    }
    else
    {
        return true;
    }
}
/ **
    * 功能简述: 关于举办单位校验的设定。
    * @author 晨落
    * @version 1.0
    * @param headUnits String 举办单位校验。
    * @return ValidationStates boolean 校验状态
    * /

public boolean headUnitsValidation(String headUnits) throws bussinessException
{
    //举办单位最大长度为 60 则返回 false.
    if (headUnits.length()> gv.MAX_headUnits_LENGTH)
    {
        throw new bussinessException("主办单位名称不大于: " + gv.MAX_headUnits_LENGTH);
    }
    else
    {
        return true;
    }
}

/ **
    * 功能简述: 关于办学宗旨校验。
    * @author 晨落
    * @version 1.0
    * @param aim String 办学宗旨。
    * @return ValidationStates boolean 校验状态
    * /


public boolean aimValidation(Stringaim)
        throws bussinessException
{
    //如果办学宗旨超过 gv.MAX_aim_LENGTH,则返回 false
    if(aim.length()> gv.MAX_aim_LENGTH)
    {
        throw new bussinessException("办学宗旨不大于: " + gv.MAX_aim_LENGTH);
    }
    else
```

```
        {
            return true;
        }
    }

    /**
     * 功能简述：关于奖惩原因的校验。
     * @param resonal
     * @return
     */
    public boolean resonsValidation(String resonal)
          throws bussinessException
    {
        if (resonal.length()>gv.MAX_reasons_LENGTH)
        {
            throw new bussinessException("奖惩原因"+gv.MAX_englishTitle_LENGTH);
        }
        else
        {
            return true;
        }

    }                                    //奖惩原因
    /**
     * 功能简述：关于奖惩结果的校验。
     * @param result
     * @return
     * @throws bussinessException
     */

    public boolean resultValidation(String result)
          throws bussinessException
    {
        if(result.length()>gv.MAX_result_LENGTH)
        {
            throw new bussinessException("奖惩结果最大值为"+gv.MAX_englishTitle_LENGTH);
        }
        else
        {
            return true;
        }
    }

}
```

9.6 进程检查

在学习了流程控制后，“学籍管理软件”的实现进程变化如表9-1所示。

表 9-1 “学籍管理软件”实现进程检查

检 查 项	需求类型	实现进度			本章 Java 支持
		设计	优化	完成	
规划类	功能需求	*	*		本章学习了 Java 流程控制，在具备了流程控制知识后，也就同时具备了用程序流程控制的视角分析案例的基本能力。通过对“学籍管理软件”的运行流程设计，发现需要增加新的类才能够实现运行流程实现，因此本章完成了业务逻辑校验类的实现。对类图进行再次优化，做到精益求精
动态输入	功能需求	*	*		
数据动态处理	功能需求	*	*		
程序控制	功能需求	*			
健壮性	性能需求	*	*		
数据存储	功能需求	*			
方便查询	性能需求	*			
统计分析	功能需求				
复杂计算	功能需求				
运行控制	性能需求				
运行速度	性能需求				
代码重用	性能需求	*			
人机交互	功能需求				
类关系	性能需求				

9.7 本章小结

流程控制语句是各类工具中必不可少的部分，条件转换语句包括 if 语句、if-else 语句、if-else if 语句以及 if 语句的嵌套语句和 switch 语句。熟练应用这些语句，可以提高代码的可读性，提高运行效率。

循环语句包括 for 循环语句、while 循环语句、do while 语句以及其他循环语句。循环语句多用于数值计算和统计分析等。注意区别不同循环语句的用途以提高软件运行效率和代码的可读性。

第10章 异常处理及应用

任何事务都可能存在着漏洞，计算机程序也是如此。捕获程序错误最理想的时间是在编译期间，在试图运行程序之前。但是在现实中，并非所有的错误都能在编译期间检查到，所以需要异常设计。Java 程序的异常更具灵活性，为异常设计提供了支持。

当 Java 程序在运行过程中发生错误时，错误事件对象可能导致程序运行错误，而这些错误在 Java 语言中称为异常(Exception)。异常将会输出错误消息，使开发人员知道遇到何种问题。

Java 异常可能来自于编译时异常和运行时异常。编译异常是由于所编写的程序存在语法问题，未能通过由源代码到目标代码的编译过程而产生的异常，它将由语言的编译系统负责检测和报告，例如开发工具 MyEclipse 可在编程时就提示程序错误；运行时异常是在程序的运行过程中产生的错误。笔者认为，运行时异常应该包括在运行时由于程序错误而导致的异常以及业务运算导致的异常。业务异常的处理不能使用 Java 自身的异常处理办法，必须通过自定义异常来完成异常捕获。

Java 异常的发生因素可以归结为下列几种情况。

(1) Java 虚拟机检测到了非正常的执行状态，例如，表达式违反 Java 语言的语义定义；整数被 0 除；在载入或链接 Java 程序时出错；超出某些资源限制，如使用太多的内存。

(2) 执行了程序代码中的 throw 语句。

(3) 异步异常发生。一般可能出现 Thread 的 stop 方法被调用；Java 虚拟机内部错误发生。

在 Java 中所有的异常都由类来表示。所有的异常类都是从一个名为 Throwable 的类派生出来的。当程序中发生一个异常时，就会生成一个异常类的某种类型的对象。Throwable 有两个直接子类——Exception 和 Error。

与 Error 类型的异常相关的错误是发生在 Java 虚拟机中，而不是在程序中。Java 错误类定义了那些不可能恢复的严重错误条件。

由程序运行所导致的异常由 Exception 的类来表示，异常类定义了程序中可能遇到的轻微的错误条件。一般编写代码来处理异常并继续程序执行，而不是让程序中断。

10.1 Java 异常处理机制

程序运行所导致的异常发生后，Java 提供了一套完整的异常处理过程，我们将这个过程称为 Java 异常处理机制。Java 语言提供的异常处理机制，由捕获异常和处理异常两部分组成。

在 Java 异常机制组成中，当 Java 程序在执行时出现异常事件，将会生成一个异常对象。生成的异常对象将传递给 Java 运行系统，这一异常的产生和提交过程称为抛弃(throw)异常。当系统得到一个异常对象时，它将会寻找处理这一异常的代码。找到能够处理这种类型的异常的方法后，系统把当前异常对象交给这个方法进行处理，这一过程称为捕获(catch)异常。如果Java运行时系统找不到可以捕获异常的方法，则运行的系统将终止，相应的Java程序也将退出。

在开发的程序中，需要被监测的程序代码应包含在一个try代码块中。如果try代码块中有异常发生，那么就要抛出该异常。然后通过catch来捕获异常，并且在catch块中加以处理。系统产生的异常将由系统自动抛出。如果要手动抛出异常，则使用关键字throw。在一些情况下，从一个方法抛出的异常必须用一个throws语句指定为异常。最后，从try代码块退出时，必须执行的代码要放在一个finally代码块中。

10.2 用户异常定义

尽管Java的内置异常能够处理大多数常见错误，但有时还可能出现系统没有考虑到的异常，因此我们仍然希望建立自己的异常类型，处理所遇到的特殊情况。例如，我们将业务规则中不同的错误类型定义为不同的异常，这些异常就是用户定义异常，用户定义的异常就叫用户异常定义。

用户异常定义很简单：只要定义Exception的一个子类就可以了。子类不需要实际执行什么，它们在系统中允许其他把它们当成异常使用具体实现业务异常处理。

Exception类是空方法，它只是继承了Throwable提供的一些方法。因此，我们需要处理所有的异常，包括我们自己创建的异常，都可以直接使用Throwable定义的方法。我们还可以在创建的异常类中覆盖一个或多个这样的方法。Java异常常用的方法如表10-1所示。

表10-1 Java异常包含的方法

方法名称	返回值	说明
fillInStack	Throwable	返回一个包含完整堆栈跟踪记录的Throwable对象，该对象可以被重新抛出
getLocalizedMessage	String	返回异常的本地描述
getMessage	String	返回异常的描述
printStackTrace	void	显示堆栈跟踪记录
printStackTrace(PrintStream stream)	void	将堆栈跟踪记录传送到指定流
printStackTrace(PrintWrite stream)	void	将堆栈跟踪记录传送到指定流
toString	String	返回一个包含异常描述的String对象。当输出一个Throwable对象时，println()调用该方法

自定义异常的基本形式如下。

```
class 自定义异常 extends 父异常类名
{
    类体;
}
```

注意：自定义异常类必须直接或间接继承Throwable；一个方法所声明抛弃的异常是作为外界关系的核心点；方法的调用者必须清楚这些异常，并能够正确的处理异常。用异常代表错误，而不要再使用方法返回值。

10.3 Java异常分类

Java异常可分为可检测异常、非检测异常和自定义异常。

10.3.1 可检测异常

可检测异常经编译器验证,对于声明抛出异常的任何方法,编译器将强制执行处理或声明规则,例如,sqlExecption 是一个检测异常,在连接 JDBC 时,若不捕捉这个异常,编译器就通不过。

10.3.2 非检测异常

非检测异常不遵循处理或声明规则。在产生此类异常时,不一定非要采取什么异常操作,编译器也不会检查这个异常是否解决了。例如,我们需要判断一个人的出生年月是否大于当前年月,JVM 是不会检查这个异常是否存在,必须程序员来判断异常的存在,并且给予适当的处理。有两个主要类用于定义非检测异常——RuntimeException 和 Error。

(1) Error 子类属于非检测异常,因为无法预知它们的产生时间。若 Java 应用程序内存不足,则随时可能出现 OutOfMemoryError; 起因一般不是应用程序的特殊调用,而是 JVM 自身的问题。另外,Error 一般表示应用程序无法解决的严重问题。

(2) RuntimeException 类也属于非检测异常,因为普通 JVM 操作引发的运行时异常随时都可能发生,此类异常一般是由特定操作引发。但这些操作在 Java 应用程序中会频繁出现。因此,它们不受编译器检查与处理或声明规则的限制。

10.3.3 自定义异常

自定义异常是为了表示应用程序的一些错误类型,为代码可能发生的一个或多个问题提供新含义。可以显示代码多个位置之间的错误的相似性,也可以区分代码运行时可能出现的相似问题的一个或者多个错误,或给出应用程序中一组错误的特定含义。例如,对队列进行操作时,有可能出现两种情况: 空队列时试图删除一个元素; 满队列时试图添加一个元素。因此需要自定义两个异常来处理这两种情况。

10.4 异常处理

10.4.1 Java 异常处理方法

1. try/catch/finally

异常处理核心是 try 和 catch。这两个关键字要一起使用,不可单独使用。尽管语法方面允许有 try 而没有 catch,但是没有现实意义。try/catch 语句格式如下。

```
try
{
    可能发生异常的代码块;
}
    catch(异常类型异常对象名)
{
    异常处理代码块;
}
```

当抛出一个异常时,异常将由相应的 catch 语句捕获并处理。与一个 try 相关的 catch 语句可以有多个,构成多重 catch 语句,也就是说,如果由一个 catch 语句指定的异常类型与发生的异常类型相符,那么就会执行这个 catch 语句。捕获一个异常后,异常对象会接收它的值。try/catch 语句中,如果没有抛出异常,catch 语句块就不会被执行。

[**例程 10-1**] 说明出现异常时的情况，以及如何监视并捕获一个异常。

```
public classExceptionExam0
{
    public static void main(String args[ ])
    {
        int i,a;
        try
        {
            i = 0;
            a = 42/i;
            return;
        }
        catch (ArithmeticException e)
        {   //捕获一个被零除异常
            System.out.println("被零除");
        }
}
```

在 Java 程序运行时，系统检查到被零除的情况，它构造一个新的异常对象，然后引发该异常。这导致 ExceptionExam 的执行停止，因为一旦一个异常被引发，它必须被一个异常处理程序捕获并且被立即处理。该例中，未提供任何我们自己开发的异常处理程序，所以异常被系统的默认处理程序捕获。任何不是被所开发的程序捕获的异常，最终都将会被该默认程序处理。默认处理程序显示一个描述异常的字符串，打印异常发生处的堆栈轨迹并且终止程序。

2. 可嵌入的 try 块

一个 try 代码块可以嵌入到另一个 try 代码块当中。若内部 try 代码块产生的异常未被与该内部 try 代码块相关的 catch 捕获，就会传到外部 try 代码块。

通常嵌入式 try 代码块用于以不同方式处理不同类型的错误。某些类型的错误是致命的，无法修改；某些错误则较轻，可以马上处理。许多程序员在使用外部 try 代码块捕获大部分严重错误的同时，让内部 try 代码处理不太严重的错误。

3. 使用多重 catch 语句

如前所述，与一个 try 相关的 catch 语句可以有多个。然而这样每一个 catch 语句必须捕获一个不同类型的异常。某些情况，由单个代码段可能引起多个异常，处理这种情况时就需要定义两个或更多的 catch 子句，每个子句捕获一种类型的异常。当异常被引发时，每一个 catch 子句被依次检查，第一个匹配异常类型的子句被执行。当一个 catch 语句执行以后，其他的子句被忽略，程序从 try/catch 块后的代码开始继续执行。其形式如下：

```
try
{
    可能发生异常的代码块;
}
    catch(异常类型 1 异常对象名 1)
    {
        异常处理代码块 1;
    }
…
catch(异常类型 n 异常对象名 n)
{
    异常处理代码块 n;
}
```

4. finally 关键字的使用

异常可能导致一个终止当前方法的错误，造成其参数返回。然而，该方法可能已经执行了某些动作，有些应用程序我们用一般的手段不能完成关闭操作。此时，需要一个在退出 try/catch 代码块时必须执行的代码块，Java 提供关键字 finally 来处理这种情况。

为了在退出 try/catch 代码块时设定一个要执行的代码块，在 try/catch 代码的末尾引入了一个 finally 代码块。于是 try/catch/finally 的基本形式如下：

```
try
{
    可能发生异常的代码块；
}
    catch(异常类型异常对象名)
    {
        异常处理代码块；
    }
    …
    finally
    {
        无论是否抛出异常都要执行的代码；
    }
```

无论是出于何种原因，只要执行离开 try/catch 代码块，就会执行 finally 代码块。即无论 try 是否正常结束，都会执行 finally 定义的最后的代码。如果 try 代码块中的任何代码或它的任何 catch 语句从方法返回，也会执行 finally 代码块。

finally 关键字是用来定义紧跟在 try/catch 异常模块之后的代码块。finally 模块是可选的，并且出现在 try/catch 模块之后。不管 try 模块中的代码怎样执行，finally 模块中的代码总要执行一次。

一般情况下，finally 程序块中的代码完成一些资源释放和清理的工作。例如，在进行 JDBC 数据库连接时，通常在完成数据库的增、删、改、查后，必须关闭数据库链接，这样能够保证及时地释放内存，保证系统的运行速度。又如我们需要将 getMessage()方法返回值保存在异常中的描述字符串；或使用 PrintStackTrace()方法把调用堆栈的内容打印出来，让大家能很好地了解异常信息等。

10.4.2　异常声明及抛出异常

在某些情况下，如果一个方法产生自己不处理或无法处理的异常，它就必须在 throws 子句中声明该异常。也就是说，在 Java 语言中，如果在一个方法中生成了一个异常，但是这一方法并不确切地知道该如何对这一异常事件进行处理，这时，这个方法就应该声明抛弃异常，使得异常对象可以从调用栈向后传播，直到有合适的方法捕获它为止。

throws 关键字是用在方法声明中，用来列出从方法中发出的、非起源于 Error 或 RuntimeException 中的任何异常。能够主动引发异常的方法必须用 throws 来声明。通常使用 Java 预定义的异常类可以满足程序开发者的编程需要。声明抛出异常是在一个方法声明中的 throws 子句中指明的。

下面是包含 throws 子句的方法的基本形式：

```
[修饰符]返回类型方法名(参数 1,参数 2,…)throws 异常列表
{…}
```

例如：

```
public int read () throws IOException
{ … }
```

throws 子句中同时可以指明多个异常，说明该方法将不对这些异常进行处理，而是声明抛弃它们。

例如：

```
public static void main(String args[ ]) throws IOException, IndexOutOfBoundsException
{ … }
```

10.5 "学籍管理软件"异常设计

本章前几节介绍了 Java 异常的概念、Java 异常的处理机制等。一般情况下，人们经常将异常理解的相对要狭隘一下，认为所谓的 Java 异常就是编程中出现的错误或者 JVM 异常。事实上，Java 异常不是单纯的程序含义，它包括用户设计的异常以及这些异常的设计思路，通过异常设计才能使编写的代码更加健壮。本节将分享 Java 异常在"学籍管理软件"中的应用。

10.5.1 关于异常的探讨

洪杨俊：王老师，Java 异常学习到这个阶段，我们基本了解了 Java 的异常机制以及这些 Java 异常的处理方法，但是在实际项目中，仍不知道如何应用这些异常机制。

晨落：这也是我想和大家探讨的话题。关于异常的思考内容太多了，不同的程序员会有不同的理解，我认为关于异常处理的核心是要有异常意识。

洪杨俊：什么叫异常意识？

晨落：所谓的异常意识就是在系统设计或编程过程中，不要简单地只考虑系统功能实现，更不要简单地堆积代码，应该从异常的思路编写代码，在代码提交测试之前就应该尽可能多地考虑异常，及时所处异常。良好的异常设计对程序的可扩展性、可维护性、健壮性都起到至关重要的作用。

洪杨俊：顶层异常 Exception 如何处理？

晨落：不要单纯地捕捉顶层的 Exception，因为所有异常都继承自 Exception，所以，单纯的捕获 Exception 会将所有异常(包括 RuntimeException)一起捕捉，这不利于异常的处理。

洪杨俊：对于应用系统来说，需要有独立的异常处理框架吗？

晨落：当然啦，对于一个应用系统来说，应该有自己的一套异常处理框架，这样当异常发生时，也能得到统一的处理风格，将异常信息准确地反馈给用户。例如，"学籍管理软件"同样也需要一套异常处理框架，本章后续章节将涉及软件的异常处理框架设计。

洪杨俊：用户自定义异常主要考虑哪些内容？

晨落：用户自定义异常除从代码优化出发而设计异常外，还可以从用户需求出发，例如，学生出生日期不能小于当前日期。我们先将这些不规则的异常定义好，其他程序可以捕获这些异常即可，提高软件可靠性。

洪杨俊：抛出的异常需要保存吗？

晨落：当然需要保存了，用户业务设计时，Java 异常需要有日志跟踪，保证异常的可追溯性。在业务运行时，异常应该保存在日志文件中，这样便于系统管理人员及时地发现异常所在的时间和程序，便于修改程序，提高系统的健壮性等。

洪杨俊：还有其他注意点吗？

晨落：当然有了，但是不可能在这一一分析，客观上也无法完全分析清楚，需要大家在工作过程中不断地学习，不断积累异常处理经验。

洪杨俊：处理异常需要掌握哪些原则？

晨落：Java 中异常提供了一种识别及响应错误情况的一致性机制，有效的异常处理能使程序更加健壮、易于调试。在设计时应该考虑在哪个环节中错的？错的原因是什么？如果我们回答了这几个问题，那么我们就知道问题的根本原因了，知道这些原因后，我们就可寻找好的解决办法。

晨落：那么要解决异常，我们至少遵循以下 3 个原则：具体明确、提早抛出、延迟捕获。

洪杨俊：所谓的“具体明确”是指需要进一步地说明吗？

晨落：Java 定义了一个异常类的层次结构，它以 Throwable 开始，扩展出 Error 和 Exception，而 Exception 又扩展出 RuntimeException。

在这些异常类中，可能存在着多个泛化的类，并且不提供多少出错信息。虽然实例化这几个类在语法上是合法的，但最好还是把它们当虚基类看，使用它们更加特性化的子类。Java 已经提供了大量异常子类，如需更加具体，开发人员也可以定义自己的异常类。异常的具体化使得捕获的软件异常具体化，处理目标更加明确。

洪杨俊：那么提出“抛出”的具体含义是什么？

晨落：异常堆栈信息提供导致异常出现的方法调用链的精确顺序，包括每个方法调用的类名、方法名、代码文件名甚至行数，以此来精确定位异常出现的位置。我们通过提早抛出异常，异常定位能够清晰又准确。堆栈信息立即反映出了什么错，为什么出错，以及哪里出的错。这样在检测到错误时立刻抛出异常，实现迅速的失败，可以有效地避免不必要的对象构造或资源占用，比如文件或网络连接。同样，打开这些资源所带来的清理操作也可以节省。

晨落：最后说说“延迟捕获”。我们在编程过程中都可能犯的一个错是在程序有能力处理异常之前就捕获它。Java 编译器通过要求检查出的异常必须被捕获或抛出，从而间接助长了这种行为。自然而然的做法是，立即将代码用 try 块包装起来，并使用 catch 捕获异常，以免编译器报错。关键问题是在捕获异常后我们该怎么做。最不该做的就是什么都不做。空的 catch 块等于把整个异常放任发展，使得所编写的异常处理没有任何的结果。把异常写到日志中还稍微好点，至少还有记录可查。但我们总不能指望系统用户去阅读或者理解日志文件和异常信息，需要程序员给予适当的处理类，使得程序更加健壮。文档化是捕获异常并且为用户提供服务的较好方法。不管怎么说，最终我们的程序需要捕获异常，否则会意外终止。但这里的技巧是，在合适的层面捕获异常，可以使我们的程序要不可以从异常中有意义地恢复并继续下去，而不导致更深入的错误；要不能够为用户提供明确的信息，包括引导用户从错误中恢复过来。如果我们的方法无法胜任，那么就不要处理异常，把它留到后面捕获和在恰当的层面处理。

10.5.2 “学籍管理软件”流程优化——异常思考

图 10-1 是“学籍管理软件”异常运行流程设计图，该异常运行流程图是基于业务异常而设计的，关于运行时异常和编译异常遵循 Java 异常机制即可。

“学籍管理软件”的异常运行流程是这样的。对于页面输入或者输入参数，原则上都需要进行业务异常校验。在有必要校验业务规则的类中，例如，Professional.java 中，需分别定义两个成员方法，其中 validateData 执行业务规则校验，实例化 businessValidation，执行相应的数据业务规则校验成员方法，如考试成绩的校验等。在 validateData 执行过程中，一旦存在业务异常情况，则调用 bussinessException 成员方法，在保存异常信息后，抛出异常信息。另外一个成员方法负责 validateDataSearch，有可能实例化 businessSearch 类和 bussinessLogicNullDecide，并进行查询校验，如果存在，异常则抛出异常于 exceptionBussinessLogic，然后，exceptionBussinessLogic 保存异常信息于 ExceptionLog，并且抛出异常，返回录入或读入参数类中。

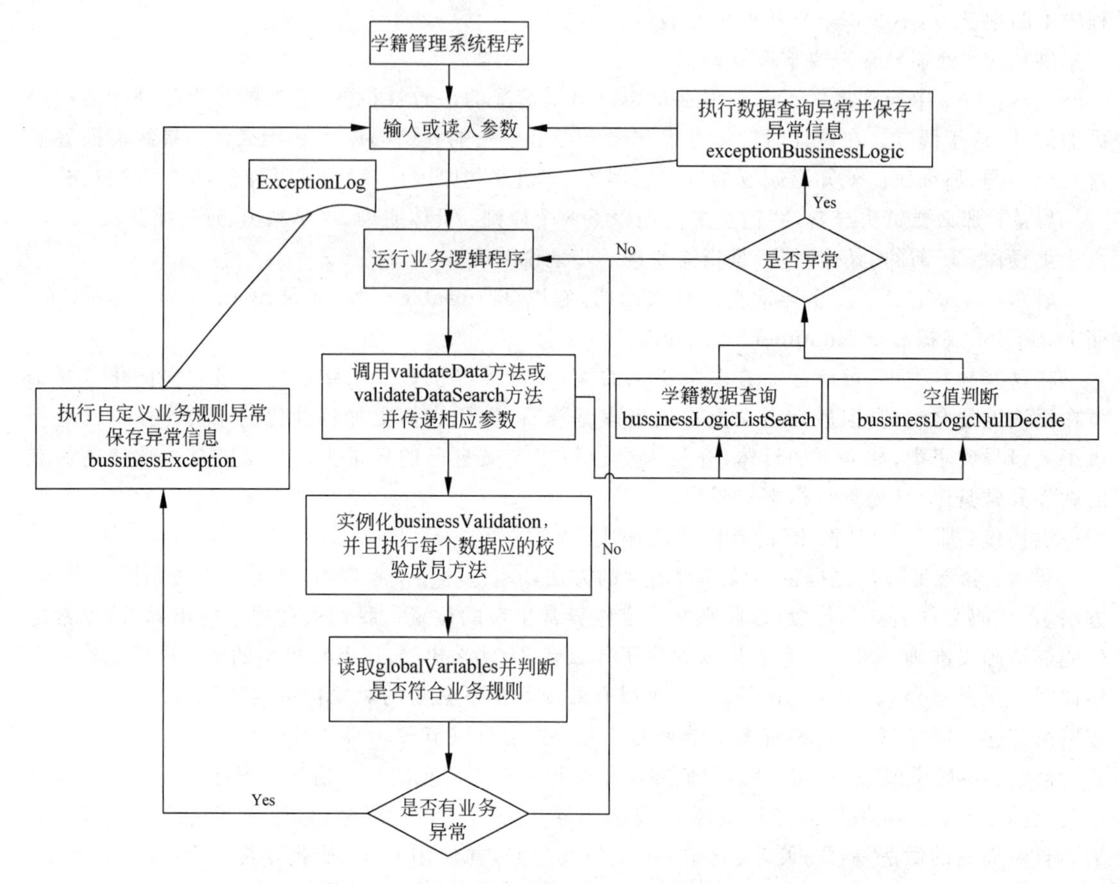

图 10-1 “学籍管理软件”自定义异常机制运行图

10.6 “学籍管理软件”异常设计实现类代码分析

10.6.1 “学籍管理软件”类优化

图 10-2 是从异常的视角对类图进行优化的结果，由于版面问题，省略了类中的数据成员和方法成员。

本章的类图是基于异常的类图设计，包括业务规则校验类（businessValidation）、数据查询类（bussinessLogicListSearch）、重复性判断（bussinessLogicNullDecide）等具体数据操作类，这些类定义了不同的异常类型，一旦发生与业务相关的异常，则实例化业务规则异常（bussinessException）或数据查询信息（exceptionBussinessLogic），并保存异常信息。

10.6.2 异常设计代码实现

“学籍管理软件”异常设计代码实现类包括例程 10-1～例程 10-4 内容。

［例程 10-2］ 业务异常类声明。

```
/**
 * 功能介绍：业务校验异常(bussinessException)是业务规则处理的
 * 异常，它继承了 java.lang.exception，将作为其他异常类创建的异常对象之一。
 * @version 1.0
```

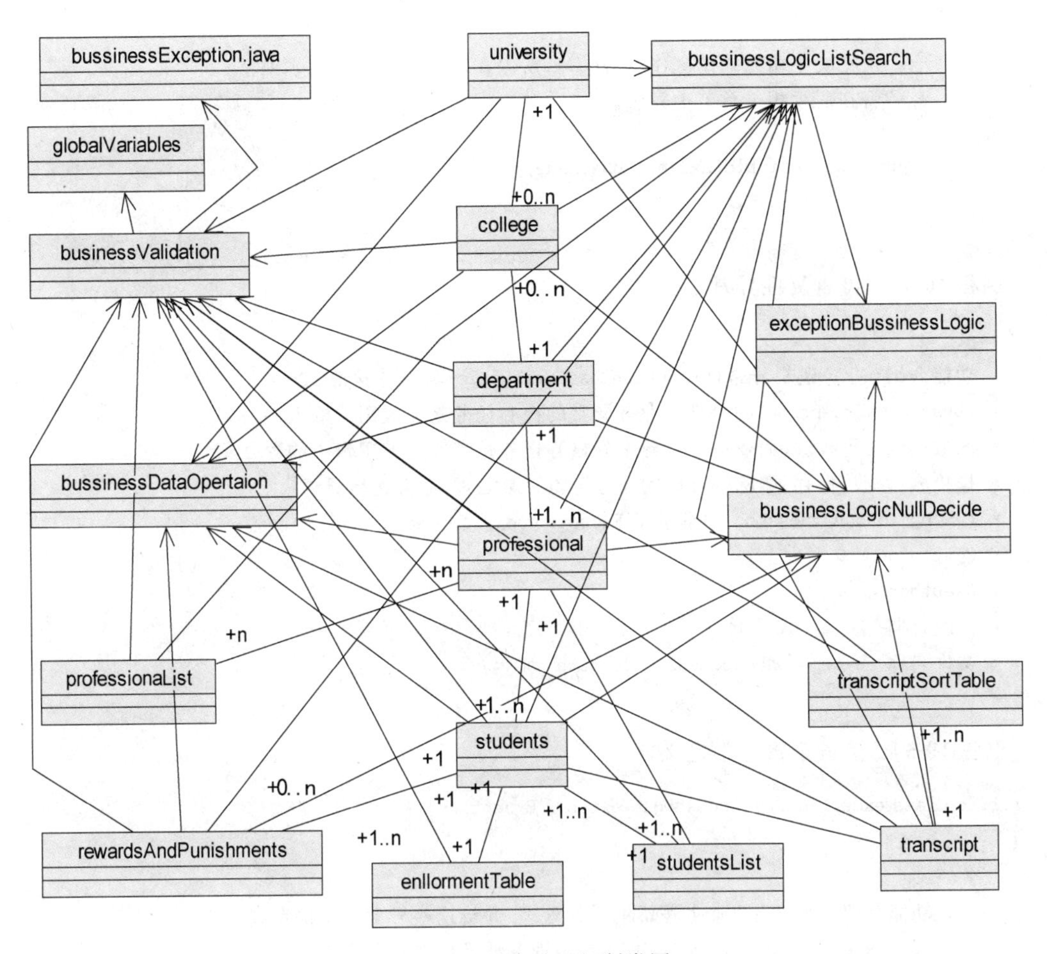

图 10-2 异常处理机制类图

```
 * @author 晨落
 * 修改日期：2011 - 10 - 02
 * 文件名称：businessException.java
 */

public class bussinessException extends Exception
{
    /**
      * 功能简介：业务规则校验类，继承了 exception，实现为其他类提供
      * 业务规则数据异常操作，负责异常信息保存并打印
      * @author 晨落
      * @version 1.0
      * @since 无
      * @param exceptionMessage 异常消息字符串
      * 创建日期：2011 - 10 - 02
      */
```

［**例程 10-3**］ 业务信息处理。

```
    public bussinessException(String exceptionMessage)
    {
```

```
        /*
          * 由于关于输入输出操作没有学习,所以在本章将略去代码实现
          * 将在后续相关章节中完善。
          */
        System.out.println(exceptionMessage);
    }
}
```

[**例程 10-4**] 可重复性异常定义。

```
/**
  * 功能介绍:业务逻辑异常(exceptionBussinessLogic)与业务异常
  * (bussinessException)的差别是业务异常的核心任务是完成用户输入
  * 的数据合法行校验,而业务逻辑异常的核心任务是完成业务逻辑中的数
  * 据检索、修改、保存、删除等方面的业务逻辑异常处理,业务逻辑异常
  * (exceptionBussinessLogic)继承了 Exception 类。
  * @version 1.0
  * @author 晨落
  * 修改日期:2011 - 10 - 04
  * 文件名称:exceptionBussinessLogic.java
  */
```

[**例程 10-5**] 业务逻辑异常定义。

```
public class exceptionBussinessLogic extends Exception
{
    /**
      * 功能介绍:处理来自业务逻辑的异常处理,并将这些异常信息保存到
      *      exceptionLog.txt 文件中,然后将业务异常信息打印出来。
      * @param exceptionMessage 异常消息字符串
      * @author 晨落
      * @version 1.0
      * 创建日期:2011 - 10 - 04
      * @since 无
      */
    public exceptionBussinessLogic(String exceptionMessage)
    {
        /*
          * 由于关于输入输出操作没有学习,所以在本章将略去代码实
          * 现将在后续相关章节中完善。
          */
        System.out.println(exceptionMessage);
    }
}
```

10.7 进程检查表

截止第 10 章,“学籍管理软件”的开发进度如进度检查表 10-2 所示。

表 10-2 “学籍管理软件”工作进度表

<table>
<tr><th rowspan="2">检 查 项</th><th rowspan="2">需求类型</th><th colspan="3">实 现 进 度</th><th rowspan="2">本章 Java 支持</th></tr>
<tr><th>设计</th><th>优化</th><th>完成</th></tr>
<tr><td>规划类</td><td>功能需求</td><td>*</td><td>*</td><td></td><td rowspan="14">以异常的视角设计系统是非常必要的，这样可以提高软件的健壮性、安全性和可重用性等。我们不但要遵循 Java 异常机制，同时也要思考业务异常，业务异常需要遵循业务规则，按照业务规则自定义异常。在本章中，我们完成了“学籍管理软件”异常机制设计，结合“学籍管理软件”异常机制设计并优化“学籍管理软件”类图。同时完成了异常处理代码实现</td></tr>
<tr><td>动态输入</td><td>功能需求</td><td>*</td><td>*</td><td></td></tr>
<tr><td>数据动态处理</td><td>功能需求</td><td>*</td><td>*</td><td></td></tr>
<tr><td>程序控制</td><td>功能需求</td><td>*</td><td></td><td></td></tr>
<tr><td>健壮性</td><td>性能需求</td><td>*</td><td>*</td><td></td></tr>
<tr><td>数据存储</td><td>功能需求</td><td></td><td></td><td></td></tr>
<tr><td>方便查询</td><td>性能需求</td><td>*</td><td></td><td></td></tr>
<tr><td>统计分析</td><td>功能需求</td><td></td><td></td><td></td></tr>
<tr><td>复杂计算</td><td>功能需求</td><td></td><td></td><td></td></tr>
<tr><td>运行控制</td><td>性能需求</td><td></td><td></td><td></td></tr>
<tr><td>运行速度</td><td>性能需求</td><td></td><td></td><td></td></tr>
<tr><td>代码重用</td><td>性能需求</td><td>*</td><td>*</td><td></td></tr>
<tr><td>人机交互</td><td>功能需求</td><td></td><td></td><td></td></tr>
<tr><td>类关系</td><td>性能需求</td><td></td><td></td><td></td></tr>
</table>

10.8 本章小结

用异常的视角思考系统设计是非常有必要的，也是非常重要的。Java 异常分为可检测异常、非检测异常和自定义异常。可检测异常和非检测异常遵循 Java 已有的异常机制即可，而自定义异常需要从业务需求出发而设计。

Java 的异常处理涉及到 5 个关键字，即 try、catch、throw、throws 和 finally。异常处理流程由 try、catch 和 fianlly 3 个代码块组成。其中 try 代码块包含了可能发生错误的程序代码；catch 代码紧跟在 try 代码块后面，用来捕获并处理异常；finally 代码块用于释放被占用资源或其他必须执行的代码。

“学籍管理软件”的异常机制定义了两个异常，分别是业务逻辑异常(exceptionBussinessLogic)和业务规则异常(bussinessException)，业务逻辑运行过程中出现的异常都通过业务异常进行处理，保证了系统的稳定性和可靠性。

第11章 类间关系之继承应用

关于继承的相关概念在第1章有所介绍，本章不再详细介绍。其实继承就是存在于面向对象程序中的两个类之间的一种关系。当一个类能够获取另外一个类中所有非私有的数据和操作的定义，这两个类就具有继承关系。一个父类可以拥有多个子类，这时这个父类就已成为多个子类的公共域和公共方法的集合，子类其实就是父类的扩展和延伸。

使用继承具有如下好处。

(1) 降低代码的冗余度，更好地实现代码复用的功能，从而提高程序编写效率。

(2) 由于降低了代码的冗余度，使得程序在维护时就变得非常方便。

11.1 继承设计的基本流程

类的实现主要有以下几个步骤。

(1) 确定父类。根据将要创建的子类需要选择一个相应的类作为父类。新定义的子类可以从父类那里自动地继承所有非私有的属性和方法，作为自己的成员。在"学籍管理软件"中，学院属于学校的一部分，在学院信息维护过程中必然与学校信息有关。例如，在查询学院信息时必然要查询学校信息，如果编写学院信息代码的同时，需要查询学校信息，按照继承思想可以将父类定义为学校信息维护类。本章将学校信息维护定义为学院信息维护的父类，描述如下。

```
public class university
{
    //成员方法和数据成员省略
}
```

(2) 定义子类。Java 中的继承是通过 extends 关键字来实现的，在定义类时使用 extends 关键字指明定义类的父类，便在两个类之间建立了继承关系。它的语法是格式如下。

```
[类修饰符]class 子类名 extends 父类名
```

如果父类和子类不在同一个包中，则需要使用"import"语句来引入父类所在的包。

以"学籍管理软件"中的学院信息维护(college)为例，作为子类继承学校信息维护(university)，如例程11-1所示。

[例程 11-1] 定义"学籍管理软件"中的学院信息维护子类。

```
public class college extends university
{
```

```
    //成员方法和数据成员省略
}
```

(3) 实现子类的功能,子类具体要实现的功能由类体中相应的数据成员和成员方法来实现,如例程 11-2 所示。

[**例程 11-2**] 实现"学籍管理软件"中的学院信息维护子类。

```
public class college extends university
{
    public  String universityCode;
    public  String collegeCode;
    public  String collegeTitle;
    public  String englishTitle;
    public  String educationalLevel;
    public  String subordinateDepartment;
    public  String fax;
    public  String telephone;
    public  String address;
    public  String postcode ;
    public  String URLAddress;
    private  boolean saveStates;
    private  boolean updateStates;
    private  boolean Deletestates;
        /**
         * 功能简述: 方法体 collegeSave()的主要功能是完成学院信息资料的保存。
         */

    public boolean collegeSave(String universityCode,
                               String collegeCode,
                               String collegeTitle,
                               String englishTitle,
                               tringeducationalLevel,
                               String subordinateDepartment,
                               String fax,
                               String telephone,
                               String address,
                               String postcode,
                               String URLAddress)
        throws exceptionBussinessLogic, IOException
    {
        //代码块省略
    }

    /**
     * 功能简述: 方法体 collegeUpdate()的主要功能是完成学院信息资料的修改。
     */
```

```
    public boolean collegeUpdate(String universityCode,
                                 String collegeCode,
                                 String collegeTitle,
                                 String englishTitle,
                                 String educationalLevel,
                                 String subordinateDepartment,
                                 tring fax,String telephone,
                                 String address,
                                 String postcode,String URLAddress)
        throws exceptionBussinessLogic, IOException
    {
        //代码块省略
    }
    /**
     * 功能简述：方法体 collegeSearch()的主要功能是完成学院信息资料的查询。
     */

    public List collegeSearch(String universityCode,
                              String collegeCode)
    {
            //代码块省略
    }
    /**
     * 功能简述：方法体 collegeDelete 的主要功能是完成学院信息资料的删除。
     */
    public boolean collegeDelete(String universityCode,
                                 String collegeCode)
    {
        //代码块省略
    }
}
```

详细代码请在清华大学出版社网站下载。

11.2 方法重载

在 Java 中，同一个类中的两个或两个以上的方法可以拥有同一个名字，只要它们的参数声明不同即可。在这种情况下，该方法被称为重载(overloaded)，这个过程称为方法重载(method overloading)。方法重载是 Java 实现多态性的一种方式。

方法的重载只跟方法的名字和参数个数和参数类型有关，与方法前面的修饰符无关，包括返回值、static、访问控制关键字(public，protected，private)、final。

发生重载的条件如下。

(1) 在使用重载时只能通过不同的参数样式。例如，不同的参数类型，不同的参数个数，不同的参数顺序。但是，同一方法内的几个参数类型必须不一样，例如，可以是 Search(int, float)，但是不能为 Search(int, int)。

(2) 不能通过访问权限、返回类型、抛出的异常进行重载。

(3) 方法的异常类型和数目不会对重载造成影响。

(4) 对于继承来说,如果某一方法在父类中是访问权限是 priavte,那么就不能在子类对其进行重载。如果定义,也只是定义了一个新方法,而不会达到重载的效果。

继续以“学籍管理软件”为例。将系统划分为 3 个部分(也有分层的含义),一部分负责输入和输出,另外一部分负责业务规则校验,最后一部分负责业务处理和数据保存。在数据运算过程中,特别是数据查询部分,根据不同的输入参数确定不同的数据文件和运算方式。所以,可以采用方法重载的理念设计类结构。例程 11-3 是“学籍管理软件”业务信息查询类 Java 程序。

[**例程 11-3**]　“学籍管理软件”业务信息查询类的代码。

```
import java.util.ArrayList;
import java.util.List;
/**
 * bussinessStatistics 统计分析类主要功能是,完成业务逻辑的请求
 * 根据不同的请求参数,获取不同的数据集合。
 * @author 晨落
 * @version 2.0
 * 创建日期: 2011 - 10 - 04
 */
public class bussinessStatistics implements bussinessSearch
{
    List resultList = new ArrayList();
/**
 *   大学列表查询,构造方法 bussinessSearch。
 * @param universityCode 学校编号
 */
public List bussinessSearch(String universityCode)
      throws exceptionBussinessLogic
/**
 * 学院查询,构造方法
 * @param universityCode  学校编号
 * @param colldegeCode  学院编号
 */

public List bussinessSearch(String universityCode,
                            String collegeCode,
/**
 * 系名单,构造方法,查询多条记录
 * @param universityCode  学校编号
 * @param colldegeCode  学院编号
 * @param departimeCode  系编号
 */
public List bussinessSearch(String universityCode,
                            String collegeCode,
                            String departmentCode)
      throws exceptionBussinessLogic

/**
 * 功能介绍: 专业查询,构造方法
 * @param universityCode  学校编号
```

```
 * @param colldegeCode  学院编号
 * @param departimeCode  系编号
 * @param professionCode  专业编号
 * @returnresultList
 * @throws exceptionBussinessLogic
 */
public List bussinessSearchSort(String universityCode,
                                String collegeCode,
                                String departmentCode,
                                String professionalCode)
    throws exceptionBussinessLogic

    /**
     * 学生成绩查询
     * @param universityCode  学校编号
     * @param collegeCode  学院编号
     * @param departmentCode  系编号
     * @param professionalCode  专业编号
     * @param classNumber  班级编号
     * @param studentId  学生编号
     */
    public List bussinessSearch(String universityCode,
                                String collegeCode,
                                String departmentCode,
                                String professionalCode,
                                String classNumber,
                                String studentId)
        throws exceptionBussinessLogic
```

在"学籍管理软件"业务统计类中，主要负责完成学校、学院等相关信息的统计分析。类名称为bussinessStatistics，在此使用了方法重载，都是用同名方法成员，只是依据不同的参数形式决定所需要完成的功能项。

11.3 方法覆盖

方法覆盖是在子类的继承父类过程中，子类对父类的方法进行重写。当父类中的方法被覆盖后，除非用 super 关键字调用方法外，再也无法调用父类中的方法了。

一个子类能够覆盖父类的方法，只要方法名和参数名完全相同就是覆盖。父类中方法是 private 类型不能覆盖。

需要注意是，子类在重新定义父类已有的方法时，应保持与父类完全相同的方法头声明，即应与父类有完全相同的方法名、返回值和参数列表，否则就不是方法的覆盖，而是子类定义自己与父类无关的方法，父类的方法未被覆盖，所以仍然存在。

在覆盖多态中，由于同名的不同方法是存在于不同的类中的，所以需在调用方法时指明调用的是哪个类的方法，以便把它们区分。例程 11-4 就是覆盖例子。

[**例程 11-4**]　方式覆盖。

```
class fatherClass
{
    void fatherPrint()
    {
        System.out.println("I am father!");
    }
}
class SonClass extends fatherClass
{
    void fatherPrint()
    {
        System.out.println("Iamson!");
    }
}
public class myInherit
{
    public static void main(String args[])
    {
        sonClass sonObject = new sonClass();
        sonObject.fatherPrint();                     //子类对象调用子类的方法
        fatherClass fatherObject = new fatherClass();
        fatherObject.fatherPrint();                  //父类对象调用父类的方法
    }
}
```

运行结果是：

```
I am son!
I am father!
```

覆盖发生的必备条件是：覆盖方法的标志必须要和被覆盖的方法标志完全匹配，包括方法名称和参数类型；覆盖方法的返回值必须和被覆盖的方法的返回一致；覆盖方法所抛出的异常必须和被覆盖方法所抛出的异常一致；被覆盖的方法不能为 private，否则在其子类中只是新定义了一个方法，并没有对其进行覆盖；覆盖的方法的访问权限必须大于等于被覆盖方法的访问权限；被覆盖的方法不能是 final 类型的，因为 final 类型的方法就是声明不能被覆盖。但是覆盖的方法可以是 final 类型的，不会影响覆盖效果；静态的方法不会发生覆盖。

11.4　super 关键字

相对 this 来说，super 表示的是当前类的直接父类对象，是当前对象的直接父类对象的引用。所谓直接父类是相对于当前类的其他“祖先”类而言的。例如，假设类 University 派生出子类 College，College 类又派生出自己的子类 Department，则 College 是 Department 的直接父类，而 University 是 Department 的祖先类。super 代表的就是直接父类。这就使得我们可以比较简便、直观地在子类中引用直接父类中的相应属性或方法。例程请参阅 11.6 节的内容。

11.5 "学籍管理软件"优化设计

11.5.1 关于继承的讨论

洪杨俊：继承是面向对象的核心思想之一，在面向对象的系统分析与设计过程中，关于继承方面我们需要思考哪些核心内容？

晨落：我个人觉得核心内容应该包括继承关系规划、重载设计、方法覆盖和继承相关关键字的应用。

洪杨俊：我们是否可以逐一分析呢？

晨落：第一个问题是继承关系规划，系统来源于客户需求，软件是由若干程序代码组成，而面向对象的软件开发的基本组成是类，并且类又是由若干个成员方法组成，成员方法在某种意义上体现的是客户功能需求（不是所有的成员方法都能体现出客户的表象需求）。某一个功能可能会存在于不同的类中，如果我们不以面向对象的思想来编程，则需要在每个类中添加一个与其他类功能相同的成员方法。继承的优点之一是代码的可重用性，类规划中必须考虑继承关系。

洪杨俊：那您是如何分析继承关系的呢？

晨落：我会根据领域类图中的组合关系来判断，当然这不是唯一的。例如，在"学籍管理软件"中，学校可能由若干个学院组成的，学院有可能由若干个系组成，系又可能由若干专业组成。其实这在某种意义上反映了父类与子类之间的关系。

洪杨俊：这样就可以组织类间的继承关系吗？

晨落：不是，还需要进一步分析。现在继续分析"学籍管理软件"。假设我查询某个学院，需要同时查询这个学院所在的大学，否则这样的查询是没有实际意义的，因为同名的学院太多了，例如，北京大学和南京大学都可能设置管理学院，因此在查询学院信息的同时，必须要查询到学院所在大学信息。如果大学信息维护中已经包含大学信息查询成员方法，并且其功能与学院信息中关于大学信息的查询成员方法功能完全相同，则直接继承学校信息中的查询成员方法即可。为了方便分析继承关系，我经常会填写一些分析表格，这样类继承关系将更加清楚，如表 11-1 所示。

表 11-1 类继承关系说明

类名称	方法成员	父类名称	父类成员方法	功能说明

洪杨俊：我知道类不可以多继承，也就说一个子类不能继承多个父类，而一个父类可以被多个子类继承。但是，类之间可以多层次继承吗？

晨落：可以的，比如说 B 类继承了 A 类，C 类继承了 B 类，那么，C 类自然就继承了 A 类。

洪杨俊：为什么要设计重载？如何设计重载？

晨落：重载的价值在于它允许相关的方法可以使用同一个名字来访问，这样提高了类的方便使用，易于理解。重载分为两种，包括普通方法重载和构造方法重载。普通方法主要是当两个方法的功能相似而参数列表（参数的类型或个数）不同时使用；构造方法重载使成员变量具有不同的初值，重载时也要求参数列表不同。

晨落：关于设计重载方面，我觉得主要分析类中的方法体是否具有相近功能特征，并且这些功能具有较高的共享需求。例如，在“学籍管理软件”中，学校信息的增加、修改、删除、查询中，查询功能具有非常强的共享性，这样我们就将查询功能统一命名为 bussinessSearch，只要参数值不一样就可以了。10.2 节是关于重载方法的例程，类 bussinessStatistics 中的重载方法名为 bussinessSearch，可根据不同的参数分别查询学校信息、学院信息、系信息、专业信息等，这样任何相关类在调用查询信息时，不需要对每个类进行实例化，只要对一个类实例化，并且输入相关参数，便可执行相应的方法。

洪杨俊：关于方法覆盖又是如何理解的？

晨落：方法覆盖应该是在子类中出现了与父类同名的方法，这样就叫做覆盖。本人建议在程序设计中不要轻易使用覆盖，在子类中尽量地重新定义方法名，也能够提高软件的可读性。

洪杨俊：super 的应用场景是什么？

晨落：super 一般在子类继承父类的过程中，采用方法覆盖方法，完成成员方法的设计，以便调用父类的覆盖方法。关于类间关系的应用将在 11.5.2 节中得到体现。

11.5.2　类间关系优化设计——继承的思想

本章的“学籍管理软件”类图是在第 10 章的基础上进行的又一次优化。这次优化是从继承的角度设计的，优化后的类关系图如图 11-1 所示。

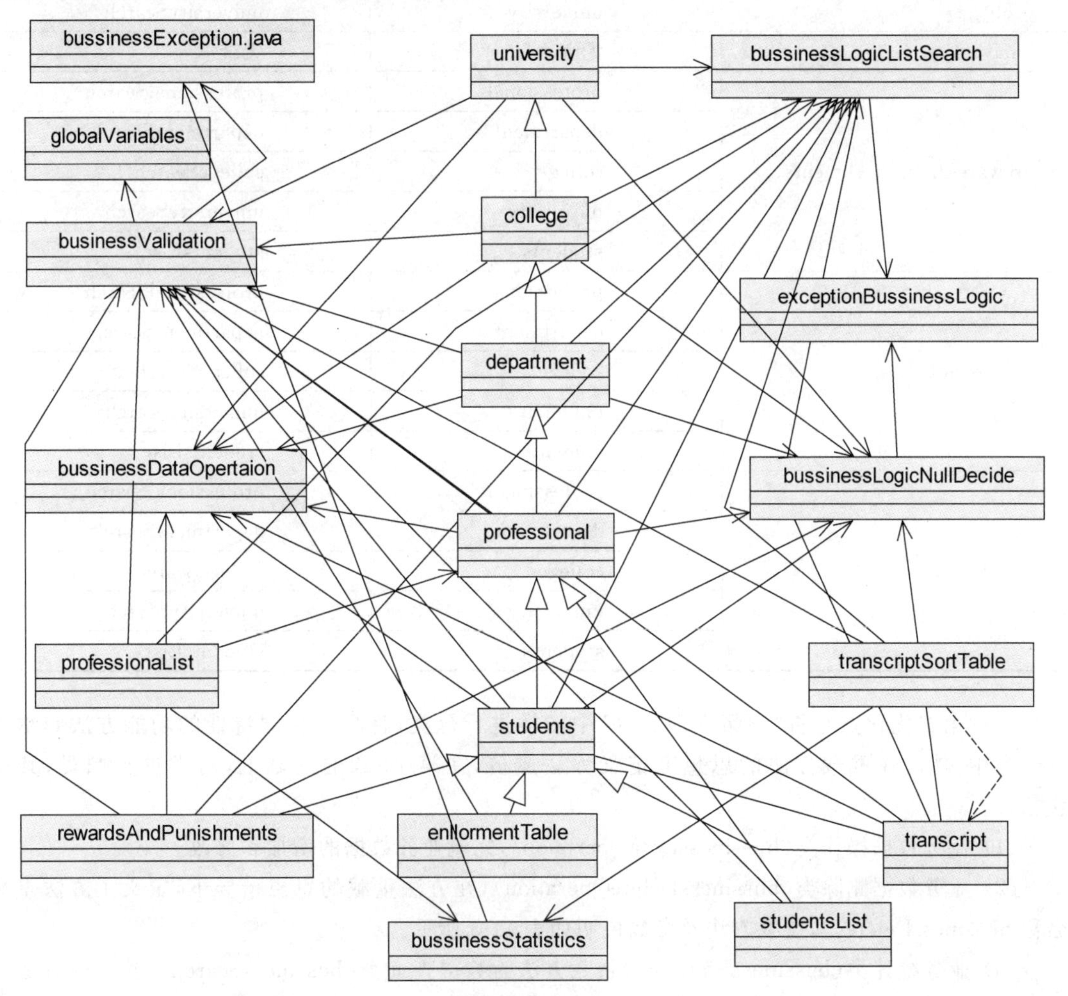

图 11-1　学籍管理软件继承关系类图

本章类关系的第一优化点是从继承的视角来完成类关系优化的,"学籍管理软件"中类间关系的继承关系是 students → professional → department → college → university,其中奖惩信息(rewaresAndPunishments)、考试成绩类(transcript)、学生信息表(studentsList)继承了 students 类。详细类间继承关系说明如表 11-2 所示。

表 11-2 "学籍管理软件"类继承关系

类 名 称	父类名称	父类成员方法
students	professional	professionalSearch
	department	departmentSearch
	college	collegeSearch
	university	universitySearch
professional	department	departmentSearch
	college	collegeSearch
	university	universitySearch
department	college	collegeSearch
	university	universitySearch
college	university	universitySearch
university	无继承	无继承
rewaresAndPunishments	professional	professionalSearch
	department	departmentSearch
	college	collegeSearch
	university	universitySearch
	students	studentsList
transcript	professional	professionalSearch
	department	departmentSearch
	college	collegeSearch
	university	universitySearch
	students	studentsList
studentsList	professional	professionalSearch
	department	departmentSearch
	college	collegeSearch
	university	universitySearch
	students	studentsList

本章第二优化点是将"学籍管理软件"中的类进行分类,将具有相同特性的功能方法归纳到同一类中,然后在重载方法的思想上定义方法成员,在第 10 章的基础上,对类进行归类,其中包括:

(1) 业务数据操作类(bussinessDataOpertaion),完成业务数据的增加和修改。

(2) 业务数据删除类(bussinessDeleteOperation),在方法重载的思想指导下,定义了方法重载名称 bussinessDelete,其重载方法及参数说明如表 11-3 所示。

(3) 业务统计类(bussinessStatistics)重载方法为数据查询类(bussinessSearch),其重载方法及参数说明如表 11-4 所示。

表 11-3 业务数据删除类方法重载及参数说明

方法名称	参数	功能
bussinessDelete	universityCode,collegeCode, departmentCode,professionalCode, classNumber, studentId	删除学生信息
	universityCode,collegeCode,departmentCode, professionalCode, classNumber	删除班级信息
	universityCode,collegeCode,departmentCode, professionalCode	删除专业信息
	universityCode,collegeCode,departmentCode	删除系信息
	universityCode,collegeCode	删除学院信息
	universityCode	删除学校信息

表 11-4 业务统计类重载方法及参数说明

方法名称	参数	功能
bussinessSearch	universityCode,collegeCode, departmentCode,professionalCode, classNumber, studentId	查询学生信息
	universityCode,collegeCode,departmentCode, professionalCode, classNumber	查询班级信息
	universityCode,collegeCode,departmentCode, professionalCode	查询专业信息
	universityCode,collegeCode,departmentCode	查询系信息
	universityCode,collegeCode	查询学院信息
	universityCode	查询学校信息

(4) 另外业务查询(bussinessLogicListSearch)、信息空值判断(bussinessLogicNullDecide)都是建立在方法重载的基础上的,重载方法名称为 bussinessSearch,参数列表同业务统计类(bussinessStatistics)相同。

11.5.3 程序运行流程——重载的思想

本章程序流程如图 11-2 所示,该图是在第 10 章的程序运行流程的基础上进行优化的,并以重载的思想为出发点进行设计。在图 11-2 中,增加了业务查询(bussinessLogicListSearch)、信息空值判断(bussinessLogicNullDecide)和业务统计类(bussinessStatistics)重载方法的判断。在业务查询、信息空值判断和业务统计方面增加了参数判断,根据不同的参数执行不同的 bussinessSearch 覆盖方法。参数说明如表 11-5 所示。

表 11-5 学籍管理软件查询方法重载参数说明

universityCode,collegeCode, departmentCode,professionalCode, classNumber, studentId	查询学生信息
universityCode,collegeCode,departmentCode, professionalCode, classNumber	查询班级信息

续表

universityCode, collegeCode, departmentCode, professionalCode	查询专业信息
universityCode, collegeCode, departmentCode	查询系信息
universityCode, collegeCode	查询学院信息
universityCode	查询学校信息

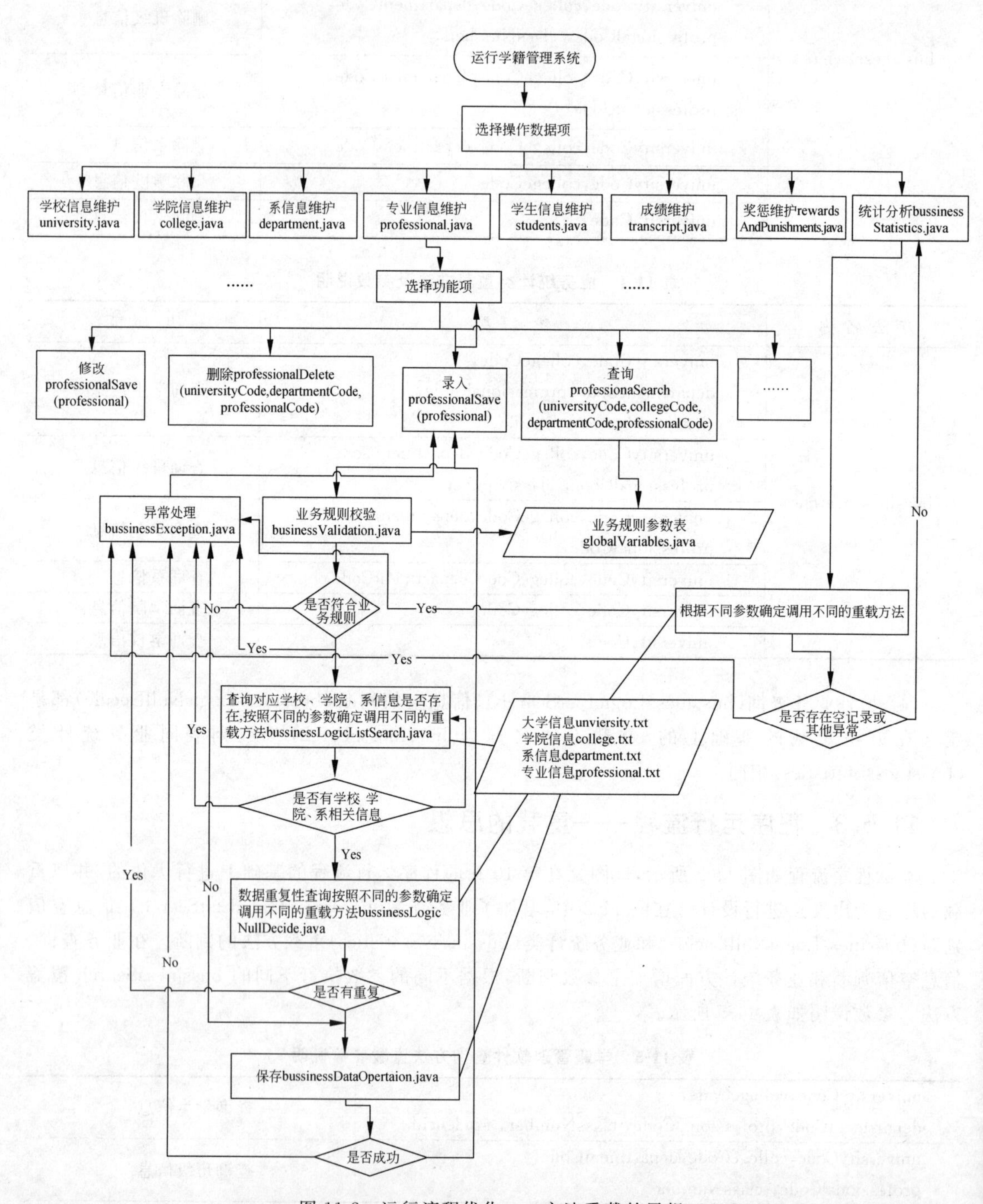

图 11-2 运行流程优化——方法重载的思想

11.5.4 异常处理——继承的思想

在 Java 继承机制中，人们在编程中必须考虑继承时涉及的异常，这样保证程序的正确性和可靠性。

(1) RuntimeException 与 Exception、Error 不同点：当方法体中抛出非 RuntimeException(及其子类)时，方法名必须声明抛出的异常；但是当方法体中抛出 RuntimeException(包括 RuntimeException 子类)时，方法名不必声明该可能被抛出的异常，即使声明了，Java 程序在某个调用的地方，也不需要 try-catch 从句来处理异常。

(2) 假如一个方法在父类中没有声明抛出异常，那么，子类覆盖该方法的时候，不能声明异常。

(3) 假如一个方法在父类中声明了抛出异常，子类覆盖该方法的时候，或者不声明抛出异常，或者声明被抛出的异常继承自它所覆盖的父类中的方法抛出的异常。

(4) 当一个类继承某个类，以及实现若干个接口，而被继承的类与被实现的接口拥有共同的方法，并且该方法被覆盖时，它所声明抛出的异常必须与它父类以及接口一致。

11.6 部分程序代码——继承及重载的思想

11.6.1 父类——学校信息维护

学校信息维护是学院信息维护的父类。代码如例程 11-5 所示。

[**例程 11-5**] 学校信息维护父类。

```
/**
 * 文件名: university.java
 * 版权: 晨落
 * 描述: university.Java 是"学籍管理软件"关于学校信息维护的业务逻辑层源代码程序
 * 修改人: 晨落
 * 作者: 晨落
 * 版本号: 1.0
 * 日期: 2011 - 09 - 24
 */

import java.util.Date;                          //处理日期数据类型
import java.lang.Boolean;                       //处理逻辑数据类型
import java.lang.String;                        //处理字符数据类型
import java.util.ArrayList;                     //处理数据集合
import java.util.List;                          //处理数组类型数据
import java.util.Arrays;                        //处理数据类型数据
import java.lang.Double;                        //处理双精度数据类型
import java.lang.Integer;                       //处理整数类型
import java.lang.Character;                     //处理字符串类型数据
import java.math.BigDecimal;                    //处理高精度数据类型


/**
 *功能简介 :
 *       学籍管理软件业务逻辑处理程序,主要完成学校数据的维护,
 *       包括数据保存、数据修改、数据删除等。
 *       本类是接收 university page 页面的请求。
```

```
 * @author 晨落
 * @version 1.0
 * @see universitySave(String universityCode,
                        String university,
                        String englishTitle,
                        String universityKind,
                        String headUnits,
                        String aim,
                        String educationalLevel,
                        String educationalScope,
                        String managementSystem,char fax,
                        String telephone,
                        String address,
                        String postcode,
                        String URLAddress) 大学信息保存
 * @see universityUpdate(String universityCode,
                          String university,
                          String englishTitle,
                          String universityKind,
                          String headUnits,
                          String aim,
                          String educationalLevel,
                          String fax,
                          String educationalScope,
                          String address,
                          String managementSystem,
                          String telephone,
                          String postcode,
                          String URLAddress) 所指学校信息
 * @see universitySearch(String universityCode)大学信息查询
 * @see universityDelete(String universityCode)大学信息删除
 * @since 无
 * 修改日期: 2011 - 09 - 24
 */

public class university
{
    public String URLAddress;
    private boolean saveStates;
    private boolean updateStates;
    private boolean Deletestates;
    /*
     * 查询 university.txt 文件是否存在,在 globalBussinessLogic 文件中读取全局变量,
     * 查找指定的文件路径是否存在,调用参数包括路径和文件名。
     */
        globalBussinessLogic gbl = new globalBussinessLogic();
        String filePath = gbl.getSTATIC_DATAPATH();
        String fileName = gbl.STATIC_UNIVERSITY;
        fileSearch fs = new fileSearch();

    /**
     * 功能简述:
```

```
    *      方法体 universitySave()的主要功能是完成学校信息资料的保存。
    *  @author 晨落
    *  @version 2.0
    * @param universityCode String 学校代码
    * @param university String 学校名称
    * @param englishTitle String 英文名称
    * @param universityKind String 办学性质
    * @param headUnits String 举办单位
    * @param aim String 办学宗旨
    * @param educationalLevel String 办学层次
    * @param educationalScope Integer 办学规模
    * @param managementSystem String 内部管理体制
    * @param fax char 传真
    * @param telephone char 联系电话
    * @param address char 地址
    * @param postcode char 邮编
    * @param URLAddress String 网址
    * @return saveStates boolean 保存成功或失败
    */

public boolean universitySave (StringuniversityCode,
                              String university,
                              String englishTitle,
                              String universityKind,
                              String headUnits ,
                              String aim,
                              String educationalLevel,
                              String educationalScope,
                              String managementSystem,
                              String fax,
                              String telephone,
                              String address,
                              String postcode,
                              String URLAddress)
        throws exceptionBussinessLogic
    {

        //查询 university.txt 中是否已经存在 universityCode,如果存在学
        //校编号,则退出。

            try
            {
                fs.fileSearch(filePath, fileName);
    /*
     * 实例化业务逻辑,判断 bussinessLogicNullDecide 是否已经存在学校信
     * 息,如果存在,则抛出异常;如果不存在,则执行数据保存。
     */

            bussinessLogicNullDecide blnd = new bussinessLogicNullDecide();
            List blndList = blnd.bussinessSearch(universityCode);
            bussinessDataOpertaion bdo = new bussinessDataOpertaion();
            boolean saveStates = bdo.universitySave(universityCode,
```

```
            university, englishTitle, universityKind,headUnits, aim,
            educationalLevel,educationalScope, managementSystem,
            fax, telephone, address, postcode, URLAddress);
            }
            catch(exceptionBussinessLogic EBL)
            {
                exceptionBussinessLogic ebc = new exceptionBussinessLogic();
                ebc.exceptionBussinessLogic(exceptionMessage)
            }
              return saveStates;
    }

    /**
      * 功能简述:
      *       方法体 universityUpdate()的主要功能是完成学校信息资料的修改
      * @ author 晨落
      * @ version 1.0
      * @param universityCode String 学校代码
      * @param university String 学校名称
      * @param englishTitle String 英文名称
      * @param universityKind String 办学性质
      * @param headUnits String 举办单位
      * @param aim String 办学宗旨
      * @parameducationalLevel String 办学层次
      * @param educationalScope String 办学规模
      * @param managementSystem String 内部管理体制
      * @param fax char 传真
      * @param telephone char 联系电话
      * @param address char 地址
      * @param postcode char 邮编
      * @param URLAddress String 网址
      * @return updateStates boolean 修改成功或失败
      */

    public boolean universityUpdate(StringuniversityCode,
                                    String university,
                                    String englishTitle,
                                    String universityKind,
                                    String headUnits ,
                                    String aim,
                                    String educationalLevel,
                                    String educationalScope,
                                    String managementSystem,
                                    String fax,
                                    String telephone,
                                    String address,
                                    String postcode,
                                    String URLAddress)
        throws exceptionBussinessLogic
    {

/*
```

```
* 查询学校编号信息是否为空,如果为空则抛出异常,则说明记录存在,可以对
* 所指定学校信息进行修改。
*/
        try
        {
            fs.fileSearch(filePath, fileName);

            //查询数据
            bussinessLogicListSearch blls = new bussinessLogicListSearch();
            List ListResult = blls.bussinessSearch(universityCode);

            //执行学校信息修改。
            bussinessDataOpertaion bdo = new bussinessDataOpertaion();
            updateStates = bdo.universitySave(universityCode, university,
                                  englishTitle, universityKind,headUnits, aim,
                                  educationalLevel,educationalScope,
                                  managementSystem,fax, telephone,
                                  address,postcode, URLAddress);
        }
        catch(exceptionBussinessLogic EBL)
        {
            exceptionBussinessLogic ebc = new exceptionBussinessLogic();
            ebc.exceptionBussinessLogic(exceptionMessage)
        }

      return updateStates;

  }

  /**
   * 功能简述:
   *     方法体 universitySearch()的主要功能是完成学校信息资料
   *     的查询,本成员方法可以提供为其他子类继承。
   * @author 晨落
   * @version 1.0
   * @param universityCode 学校代码。
   * @return universityList ArrayList 学校数组
   */

  public List universitySearch(String universityCode)
     throws exceptionBussinessLogic
  {
     List universityList = new ArrayList();
     try
     {
        fs.fileSearch(filePath, fileName);
        bussinessLogicListSearch blls = new bussinessLogicListSearch();
        universityList = blls.bussinessSearch(universityCode);
     }
     catch(exceptionBussinessLogic EBL)
        {
           exceptionBussinessLogic ebc = new exceptionBussinessLogic();
```

```
                ebc.exceptionBussinessLogic(exceptionMessage)

            }
            return universityList;
    }
    /**
     * 功能简述:
     *      方法体 universityDelete 的主要功能是完成学校信息资料
     *      的查询，在学习第 14 章之前，本方法体作为空方法体存在。
     * @ author 晨落
     * @ version 1.0
     * @param   universityCode 学校代码
     * @return DeleteStates boolean 删除成功
     */
    public boolean universityDelete(String universityCode) throws exceptionBussinessLogic
    {

        /*
          * 查询学校编号信息是否为空，如果没有异常抛出，则说明记录存
          * 在，可以对所指学校信息进行删除。
          */

            try
            {
                //查询数据
                fs.fileSearch(filePath, fileName);
                bussinessLogicListSearch blls = new bussinessLogicListSearch();
            //使用到方法重载
                List ListResult = blls.bussinessSearch(universityCode);
            bussinessDeleteOperation bdo = new bussinessDeleteOperation();
            //使用到方法重载
                Deletestates = bdo.bussinessDelete(universityCode);
            }
            catch(exceptionBussinessLogic EBL)
            {
                exceptionBussinessLogic ebc = new exceptionBussinessLogic();
                ebc.exceptionBussinessLogic(exceptionMessage)
            }
        return Deletestates;
    }
}
```

11.6.2 子类——学院信息维护

子类学院信息维护代码如例程 11-6 所示。

[**例程 11-6**] 学院信息维护子类。

```
import java.io.IOException;
import java.util.ArrayList;
import java.util.List;
/**
```

```
 * 文件名: college.java
 * 版权: 晨落
 * 描述: "学籍管理软件"中关于学院信息维护的业务逻辑层源代码程序。
 * 作者 : 晨落
 * 版本号: 1.0
 * 日期: 2011 - 09 - 24
 */
/**
 * 功能简介 :
 *      是"学籍管理软件"业务逻辑处理程序,主要完成学院数据的维护,
 *      包括数据保存、数据修改、数据删除等。
 *      本类是接收 collegepage 页面的请求。
 * @author 晨落
 * @version 1.0
 * @since 无
 * 修改日期: 2011 - 09 - 29
 */
//在这里使用继承机制
public class college extends university
{
    private boolean saveStates;
    private boolean updateStates;
    private boolean Deletestates;
    /*
     * 查询 college.txt 文件是否存在,在 globalBussinessLogic 文件中读取
     * 全局变量,查找指定的文件路径是否存在,调用参数包括路径和文件名。
     */
        globalBussinessLogic gbl = new globalBussinessLogic();
        String filePath = gbl.getSTATIC_DATAPATH();
        String fileName = gbl.STATIC_COLLEGE;
        boolean searchResult;

        fileSearch fs = new fileSearch();

        /**
         * 功能简述:
         *      方法体 collegeSave()的主要功能是完成学院信息资料
         *      的保存,在学习第 14 章之前,本方法体的主要任务是
         *      执行业务数据校验和正确数据的页面打印输出功能。
         * @author 晨落
         * @version 1.0
         * @param universityCode String 学校代码
         * @param collegeCode String 学院代码
         * @param collegeTitle String 学院名称
         * @param englishTitle String 英文名称
         * @param educationalLevel String 培养层次
         * @param subordinateDepartment String 所设系所
         * @param fax char 传真
         * @param telephone char 联系电话
         * @param address char 地址
         * @param postcode char 邮编
         * @param URLAddress char 网址
```

```
         * @return boolean saveStates
         * @throws IOException
         */

public boolean collegeSave(String universityCode,
                           String collegeCode,
                           String collegeTitle,
                           String englishTitle,
                           String educationalLevel,
                           String subordinateDepartment,
                           String fax,
                           String telephone,
                           String address,
                           String postcode,
                           String URLAddress)
        throws exceptionBussinessLogic, IOException

   {
  //查询 collegeList.txt 中是否已经存在 universityCode 和 collegeCode,如果存在学校编号,则
  //退出

          try
          {
              fs.fileSearch(filePath, fileName);

              /*
               * 实例化业务逻辑,判断 bussinessLogicNullDecide 是否
               *已经存在学校信息,如果存在,则抛出异常; 如果不存在,则执行数据保存。
               */

              bussinessLogicNullDecide blnd = new bussinessLogicNullDecide();
            //方法重载,根据 universityCode 和 collegeCode 参数操作
            //学院信息表信息查询。
              List blndList = blnd.bussinessSearch(universityCode, collegeCode) ;

            //调用业务数据操作类,并且保存学校基本信息。
              bussinessDataOpertaion bdo = new bussinessDataOpertaion();
              boolean saveStates =
                      bdo.collegeSave(universityCode, collegeCode, collegeTitle,
                      englishTitle, educationalLevel, subordinateDepartment,
                      fax, telephone, address, postcode, URLAddress);

          }
          catch(exceptionBussinessLogic EBL)
          {
              exceptionBussinessLogic ebc = new exceptionBussinessLogic();
              ebc.exceptionBussinessLogic(exceptionMessage)
          }
        return saveStates;

   }
```

```
    /**
     * 功能简述:
     *      方法体 collegeUpdate()的主要功能是完成学院信息资料的修改。
     * @author 晨落
     * @version 1.0
     * @param universityCode String 学校代码
     * @param collegeCode String 学院代码
     * @param collegeTitle String 学院名称
     * @param englishTitle String 英文名称
     * @param educationalLevel String 培养层次
     * @param subordinateDepartment String 所设系所
     * @param fax String 传真
     * @param telephone char 联系电话
     * @param address char 地址
     * @param postcode char 邮编
     * @param URLAddress char 网址
     * @return boolean updateStates 更新状态
     */

public boolean collegeUpdate(String universityCode,
                             StringcollegeCode,
                             String collegeTitle,
                             String englishTitle,
                             String educationalLevel,
                             String subordinateDepartment,
                             String fax,
                             String telephone,
                             String address,
                             String postcode,
                             String URLAddress)
        throws exceptionBussinessLogic
    {
    //查询 college.txt 中是否已经存在学院信息,如果存在,则不可以保存学院基本信息。
        try
        {
            bussinessLogicListSearch blls = new bussinessLogicListSearch();
            searchResult = blls.fileSearch(filePath, fileName);
        }
        catch (exceptionBussinessLogic EBL)
        {
            exceptionBussinessLogic ebc = new exceptionBussinessLogic();
            ebc.exceptionBussinessLogic(exceptionMessage)
        }

/*
 * 查询学院编号信息是否为空,如果没有异常抛出,则说明记录存在,可以对
 * 所指定学院信息进行修改。
 */

        try
        {
            //查询数据
```

```
            bussinessLogicListSearch blls = new bussinessLogicListSearch();
            //方法重载,根据 universityCode 和 collegeCode 参数操作
            //学院信息表信息查询。
            List ListResult = blls.bussinessSearch(universityCode, collegeCode);
        }
        catch(exceptionBussinessLogic EBL)
        {

        }
        try
        {
            //执行学院信息修改。
              bussinessDataOpertaion bdo  = new bussinessDataOpertaion();
              updateStates = bdo.collegeUpdate(universityCode,
                                    collegeCode, collegeTitle,englishTitle,
                                    educationalLevel, subordinateDepartment,
                                    fax, telephone, address, postcode, URLAddress);
        }
        catch(exceptionBussinessLogic EBL)
        {
            exceptionBussinessLogic ebc = new exceptionBussinessLogic();
            ebc.exceptionBussinessLogic(exceptionMessage)
        }

         return updateStates;
}

/**
 * 功能简述:
 *      方法体 collegeSearch()的主要功能是完成学院信息资料
 *      的查询,本方法体作为空方法体存在。
 * @author 晨落
 * @version 1.0
 * @param universityCode 学校代码
 * @param collegeCode 学院代码
 * @return ArrayList collegeList 列表
 */

public List collegeSearch(String universityCode,
                          String collegeCode)
{
    //查询学院基本信息。

        List collegeList = new ArrayList();
        try
        {
            fs.fileSearch(filePath, fileName);
            bussinessLogicListSearch blls = new bussinessLogicListSearch();
            //方法重载,根据 universityCode 和 collegeCode 参数操作
            //学院信息表信息查询。

            collegeList = blls.bussinessSearch(universityCode, collegeCode);
```

```
            }
            catch(exceptionBussinessLogic EBL)
            {
                exceptionBussinessLogic ebc = new exceptionBussinessLogic();
                ebc.exceptionBussinessLogic(exceptionMessage)
            }
            return collegeList;
    }
    /**
     * 功能简述:
     *     方法体 collegeDelete 的主要功能是完成学院信息资料删除。
     * @author 晨落
     * @version 1.0
     * @param universityCode 学校代码
     * @param collegeCode 学院代码
     * @return boolean deleteStates,删除状态
     */

    public boolean collegeDelete(String universityCode,
                                 String collegeCode)
    {
        /*
         * 查询学校编号和学院信息是否为空,如果没有异常抛出,则说明
         * 记录存在,可以对所指定学院信息进行修改。
         */

            try
            {
                fs.fileSearch(filePath,fileName);

                    //查询数据
                bussinessLogicListSearch blls = new bussinessLogicListSearch();
        //方法重载,根据 universityCode 和 collegeCode 参数操作
        //学院信息表信息查询。
                List ListResult = blls.bussinessSearch(universityCode, collegeCode);

                bussinessDeleteOperation bdo = new bussinessDeleteOperation();
        //方法重载,根据 universityCode 和 collegeCode 参数操作
        //学院信息表信息删除。
                Deletestates = bdo.bussinessDelete(universityCode, collegeCode);
              }
            catch(exceptionBussinessLogic EBL)
            {
                exceptionBussinessLogic ebc = new exceptionBussinessLogic();
                ebc.exceptionBussinessLogic(exceptionMessage)
            }
           return Deletestates;
    }
}
```

11.6.3　父类与子类的整合——学生信息维护页面

"学籍管理软件"类程序同样分为三层,页面层程序命名以 XXXXpage 规则命名文件,主要完

成用户数据输入以及数据规则性校验等。关于 Java 输入页面设计的内容将在第 13 章和第 14 章中讲解。本节仅提供学生信息维护页面的代码摘录例程 11-7,详细代码请在清华大学出版社网站下载。

[**例程 11-7**] 父类与子类的整合。

```
/**
 * 文件名: studentsPage.java
 * 版权: 晨落
 * 描述: studentsPage.java 是"学籍管理软件"关于学生基本信息维护的页面实
 * 现源代码程序
 * 修改人: 晨落
 * 作者 : 晨落
 * 版本号: 1.0
 * 日期: 2011 - 09 - 24
 */
//文件名: studentsPage.java
import java.util.Date;                          //处理日期数据类型
import java.lang.Boolean;                       //处理逻辑数据类型
import java.lang.String;                        //处理字符数据类型
import java.util.ArrayList;
import java.util.List;                          //处理数组类型数据
import java.util.Arrays;                        //处理数据类型数据
import java.lang.Double;                        //处理双精度数据类型
import java.lang.Integer;                       //处理整数类型
import java.lang.Character;                     //处理字符串类型数据
import java.math.BigDecimal;                    //处理高精度数据类型

import java.awt.*;
import java.awt.event.*;
import java.awt.FlowLayout;
import javax.swing.JCheckBoxMenuItem;
import javax.swing.JFrame;
import javax.swing.JButton;
import javax.swing.JLabel;
import javax.swing.JMenu;
import javax.swing.JMenuBar;
import javax.swing.JMenuItem;
import javax.swing.JPanel;
import javax.swing.JPopupMenu;
import javax.swing.JTextArea;
import javax.swing.JTextField;
import javax.swing.KeyStroke;
import java.awt.Event;

public class studentsPage extends JFrame implements ActionListener, ItemListener
{

    /**
     * 功能简述: 方法体 studentsSearch()的主要功能是完成学生基本信息资料的
     * 查询。本方法体实例化了 students.java 程序,而 students 继承了
     * professional,一直往上继承,形成了多层次继承关系。在本方法体中
```

```
* 只要实例化 students 类,即可方便调用学校维护、学院维护信息等类
* 中的成员方法,体现了代码的可重用性。
*  @author 晨落
*  @version 1.0
*  @param 本章暂无。
*  @return 本章在暂无。
*/

public void studentsSearch() throws bussinessException,exceptionBussinessLogic
   {
      /* 以下内容属于第 14 章和第 15 章内容,在此不必仔细研究。

       universityCode = (JTextFielduniversityCode.getText()).trim();
       collegeCode = (JTextFieldcollegeCode.getText()).trim();
       departmentCode = (JTextFielddepartmentCode.getText()).trim();
       professionalCode = (JTextFieldprofessionalCode.getText()).trim();
       classNumber = (JTextFieldclassNumber.getText()).trim();
       studentId = (JTextFieldstudentId.getText()).trim();

      try
      {
      ValidateResult = validateDataSearch(universityCode,
                        collegeCode,departmentCode, professionalCode,
                        classNumber, studentId);
      /* 以下代码可以很好地体现继承的优势。
         if (ValidateResult == true)
         {
            List universityList = new ArrayList();
            List collegeList = new ArrayList();
            List departmentList = new ArrayList();
            List professionalList = new ArrayList();
            List studentsList = new ArrayList();
            //学生信息维护查询(students.java)继承学校信息维护
            //查询成员方法。
            universityList = st.universitySearch(universityCode);
            //学生信息维护查询(students.java)继承学院信息维护
            //查询成员方法。
            collegeList = st.collegeSearch(universityCode, collegeCode);
            //学生信息维护查询(students.java)继承系信息维护查
            //询成员方法。
            departmentList = st.departmentSearch(universityCode,
                                    collegeCode, departmentCode);
         //学生信息维护查询(students.java)继承了专业信息维护。
         professionalList = st.professionalSearch(universityCode, collegeCode,
                                    departmentCode, professionalCode);
      studentsList = st.studentsSearch(universityCode, collegeCode,
                              departmentCode, professionalCode,
                              classNumber,studentId);

         }
         else
         {
            return;
```

```
            }
        }
        catch(exceptionBussinessLogic ebl)
        {
                exceptionBussinessLogic ebc = new exceptionBussinessLogic();
                ebc.exceptionBussinessLogic(exceptionMessage)
        }
    }
}
```

11.6.4 重载方法——统计分析类框架代码

统计类框架代码如例程 11-8 所示。

[**例程 11-8**] 统计类框架代码

```
import java.util.ArrayList;
import java.util.List;
/**
 * bussinessStatistics 统计分析类主要功能是,完成业务逻辑的请求,
 * 根据不同的请求,获取不同的数据集合。本类中主要是使用了重载的思
 * 想,并根据不同的参数值确定对应的数据统计分析。
 * @author 晨落
 * @version 2.0
 * 创建日期: 2011 - 10 - 04
 */
public class bussinessStatistics implements bussinessSearch
{
    List resultList = new ArrayList();
    /**
     * 方法重载,通过按照学校编码(universityCode)查询学院信息。
     */
    public List bussinessSearch(String universityCode)
           throws exceptionBussinessLogic
    {
        if (resultList.isEmpty())
        {
            throw new exceptionBussinessLogic("查无学院列表");
        }
            return resultList;
    }
    /**
     *   方法重载,按照学校编码(universityCode)、学院编码(collegeCode)
     *   和系编码(departmentCode)查询专业信息。
     */
    public List bussinessSearch(String universityCode,
                                String collegeCode,
                                String departmentCode)
           throws exceptionBussinessLogic
    {
        if (resultList.isEmpty())
```

```
    {
        throw new exceptionBussinessLogic("查无专业列表");
    }
        return resultList;
}
/**
  * 方法重载,按照学校编码(universityCode)、学院编码(collegeCode)
  * 和系编码(departmentCode)和专业编号(professionalCode)查询
  * 学生名单
  */
public List bussinessSearch(String universityCode,
                            String collegeCode,
                            String departmentCode,
                            String professionalCode)
       throws exceptionBussinessLogic
{
    if (resultList.isEmpty())
    {
        throw new exceptionBussinessLogic("查无学生名单");
    }
        return resultList;
}

/**
  * 方法重载,按照学校编码(universityCode)、学院编码(collegeCode)
  * 和系编码(departmentCode)、专业编号(professionalCode)
  * 班级编号(classNumber)和学生编号(studentId)查询学生成绩
  */
public List bussinessSearch(String universityCode,
                            String collegeCode,
                            String departmentCode,
                            String professionalCode,
                            String classNumber,
                            String studentId)
       throws exceptionBussinessLogic
{
    if (resultList.isEmpty())
    {
        throw new exceptionBussinessLogic("查无学生学习成绩");
    }
        return resultList;
}
/**
  * 按照学校编码(universityCode)、学院编码(collegeCode)
  * 和系编码(departmentCode)、专业编号(professionalCode)班级
  * 编号(classNumber)和学生编号(studentId)查询学生奖惩记录
  */
public List StudentRAP(String universityCode,
                       String collegeCode,
                       String departmentCode,
```

```
                                 String professionalCode,
                                 String classNumber,
                                 String studentId)
            throws exceptionBussinessLogic
        {
            if (resultList.isEmpty())
            {
                throw new exceptionBussinessLogic("查无学生奖惩记录");
            }
                return resultList;
        }
    }
```

11.7 继承及重载优化进程检查

程序优化与实现进程检查如表 11-6 所示。

表 11-6 “学籍管理软件”开发进程检查

检查项	需求类型	实现进度			本章 Java 支持
		设计	优化	完成	
规划类	功能需求	*	*		以继承的视角设计系统是非常必要的，这样可以提高软件的健壮性、安全性和可重用性等。我们不但要遵循 Java 继承机制，同时也要思考继承关系的合理性，继承需要遵循业务规则，按照业务规则规划继承。本章完成了“学籍管理软件”继承关系机制的设计，并结合“学籍管理软件”异常机制设计并优化“学籍管理软件”类图。最后完成了继承关系代码实现
动态输入	功能需求	*	*		
数据动态处理	功能需求	*	*		
程序控制	功能需求	*		*	
健壮性	性能需求	*	*	*	
数据存储	功能需求			*	
方便查询	性能需求	*			
统计分析	功能需求				
复杂计算	功能需求				
运行控制	性能需求	*	*	*	
运行速度	性能需求				
代码重用	性能需求	*	*	*	
人机交互	功能需求				
类关系	性能需求				

11.8 本章小结

(1) 方法继承。利用 extends 关键字一个方法继承另一个方法，而且只能直接继承一个类。当子类和父类类在同一个包时，子类继承父类中的 public/protected/默认级别的变量和方法；在不同包时，继承 public/protected 级别的变量和方法。

(2) 方法重载。如果有两个方法的方法名相同，但参数不一致，那么可以说一个方法是另一个方法的重载。方法重载具体的条件是：方法名相同；方法的参数类型，个数顺序至少有一项不同；方法的返回类型可以不相同；方法的修饰符可以不相同。

(3) 方法覆盖。如果在子类中定义一个方法，其名称、返回类型及参数签名正好与父类中某个方法的名称、返回类型及参数名相匹配，那么可以说，子类的方法覆盖了父类的方法。子类的方法名称返回类型及参数名必须与父类的一致；子类方法不能缩小父类方法的访问权限；子类方法不能抛出比父类方法更多的异常；方法覆盖只存在于子类和父类之间，同一个类中只能重载；父类的静态方法不能被子类覆盖为非静态方法；子类可以定义与父类的静态方法同名的静态方法，以便在子类中隐藏父类的静态方法（满足覆盖约束）；而且Java虚拟机把静态方法和所属的类绑定，而把实例方法和所属的实例绑定。

（4）super关键字。super和this关键字都可以用来覆盖Java语言的默认作用域，使被屏蔽的方法或变量变为可见；父类的成员变量和方法为private时，将使super访问编译出错；在类的构造方法中，通过super语句调用这个类的父类的构造方法；在子类中访问父类的被屏蔽的方法和属性；只能在构造方法或实例方法内使用super关键字，而在静态方法和静态代码块内不能使用super。

"学籍管理软件"采用继承思想，优化了类间关系，提高了软件的可重用性。类间继承线路图：students→professional→department→college→university。

方法重载也是"学籍管理软件"类设计的重要内容之一。该软件设计了业务查询(bussinessLogicListSearch)、信息空值判断(bussinessLogicNullDecide)和业务统计类(bussinessStatistics)的重载方法，重载方法名称为bussinessSearch。

第12章 类间关系之抽象类与接口应用

12.1 抽象类

如果说北京科技大学的学生是一个类，它可以派生出若干个子类，如本科生、硕士研究生、博士研究生、进修生等。在学生中，几乎不可能出现既是本科生又是硕士研究生的双重身份，而北京科技大学的学生仅仅是一个抽象概念，它代表所有北京科技大学学生的共同特征，例如，他们具有相同的学校地址，北京海淀区学院路30号等。这样的类就是Java中的abstract类。

既然抽象类没有具体的对象，定义它又有什么作用呢？我们继续以北京科技大学学生为例。假设向其他人介绍北京科技大学某专业硕士研究生时，都会介绍这个硕士研究生所学的专业方向是什么，是属于国家几级学科，学生在校的学习成绩，导师是什么职称以及这个学生在学校的研究成果等。对于其他专业的学生也是如此。但是无论如何，介绍都需要将北京科技大学这个重要属性包含在内。这实际是一种经过优化了的概念组织方式：把所有北京科技大学的共同特点抽象出来，概括形成"北科大学生"这个概念；其后在描述和处理某一种具体的北京科技大学学生时，就只需要简单地描述出它与其他学生类所不同的特殊之处，而不必再重复与其他学生相同的特点，这种组织方式使得所有的概念层次分明，非常符合人们的思维习惯。

Java中定义抽象类是出于相同的考虑。由于抽象类是它的所有子类的公共属性的集合，所以使用抽象类的一大优点是可以充分利用这些公共属性提高开发和维护程序的效率。

在Java中，凡是用abstract修饰符修饰的类称为抽象类，和一般的类不同之处在于：

(1) 一个类中可以包含抽象方法，如果这个抽象方法没有被实现，需要通过关键字abstract进行标记声明为抽象类。

(2) 抽象类中可以包含抽象方法，但不是必须一定要包含抽象方法。在抽象类中也可以包含非抽象方法和域变量。

(3) 抽象类是没有对象的抽象类，这一特征说明抽象类不能实例化为对象，也就是说不能使用new语句实例化抽象方法。

(4) 抽象类只能被继承。子类必须为父类中的所有抽象方法提供实现，否则它们也是抽象类。

(5) 子类可以使用方法覆盖对父类方法调用。

定义一个抽象类的格式如下。

```
abstract class ClassName
{
    …                                    //类的主体部分
}
```

例如，假定一个抽象类为学校，这个类中打印输出学校的基本信息，而子类学生信息继承了抽象类中关于学校基本信息内容。如例程 12-1 所示。

［**例程 12-1**］ 抽象类——学校信息。

```
import java.util.*;
public abstract class universityInformation
{

    public void universityInformation()
    {
        System.out.println("学校名称：北京科技大学");
        System.out.println("学校类别：工科综合院校");
        System.out.println("学校级别：国家重点 211 工程院校");
        System.out.println("学校地址：北京市海淀区学院路 30 号");
    }
}
```

学生信息类——继承学校抽象类，如例程 12-2 所示。

［**例程 12-2**］ 学生信息类——继承学校抽象类。

```
public class studentInformation extends universityInformation
{
    public void studentInformation()
    {
        super.universityInformation();
        System.out.println("学生姓名：王贝思");
        System.out.println("学历：硕士研究生");
        System.out.println("专业：计算机软件与理论");
        System.out.println("指导教师：晨落");
    }
}
//启动运行类
public class studentsMain
{
    public static void main(String[] args)
    {
        studentInformation SI = new studentInformation();
        SI.universityInformation();
        SI.studentInformation();
    }
}
```

运行结果：

```
学校名称：北京科技大学
学校类别：工科综合院校
学校级别：国家重点 211 工程院校
学校地址：北京市海淀区学院路 30 号
学生姓名：王贝思
学历：硕士研究生;
专业：计算机软件与理论
指导教师：晨落
```

在上述2个例程中，首先定义了一个抽象类universityInformation，在这个抽象类中，声明一个抽象方法universityInformation()；接着定义了universityInformation的子类studentInformation，在studentInformation中重写继承universityInformation ()方法；随后，在主类studentsMain中生成类studentInformation的一个实例，并将该实例引用返回到universityInformation类变量SI中。

12.2 接口

12.2.1 接口的概念

Java为了避免多继承所衍生的问题，因而限定类的继承只支持单继承。但在实际中，较为复杂问题的解决一般需要用到多继承，因此，Java通过接口来实现类间多继承的功能。

Java中的接口是一系列方法的声明，是一些方法特征的集合。一个接口只有方法的特征，没有方法的实现，因此这些方法可以在不同的地方被不同的类实现，而这些实现可以具有不同的行为(功能)。接口具有两种含义：(1)Java接口在Java语言中存在的结构中有特定的语法和结构；(2)一个类所具有的方法的特征集合，是一种逻辑上的抽象。前者叫做“Java接口”，后者叫做“接口”。

接口实现和实现继承的规则不同，一个类只有一个直接父类，但可以实现多个接口。

Java接口本身没有任何实现，Java接口只描述public行为，所以Java接口比Java抽象类更抽象化。

Java接口的方法只能是抽象的和公开的，Java接口不能有构造器，Java接口可以有public，static的和final属性。Java中声明接口的语法如下。

```
[public] interface 接口名[extends 父接口名列表]
{
    //接口体
     [public][static][final] 接口名称;
}
```

定义接口与定义类非常相似。实际上完全可以把接口理解为由抽象方法组成的特殊类。

interface是接口声明的关键字，它说明着所定义的接口的名字，这个名字应该符合Java对标识符的规定。与类定义相仿，声明接口时也需要给出访问控制符，不同的是接口的访问控制符只有public一个。用public修饰的接口是公共接口，可以被所有的类和接口使用；没有public修饰符的接口，只能被同一个包中的其他类和接口利用。接口也具有继承性，定义一个接口时，可通过extends关键字声明该接口是某个已经存在的父接口的派生接口，它将继承父接口的方法。与类的继承不同的是，一个接口可以有一个以上父接口，它们之间用逗号分隔，形成父接口列表。新接口将继承所有父接口中的属性和方法。

接口体由两部分组成：一部分是对接口中域的声明，另一部分是对接口中方法的声明。接口中的所有域都必须是public、static和final，这是系统默认的规定，所以接口属性也可以没有任何修饰符，其效果完全相同。接口中的所有方法都必须是默认的public、abstract，无论是否有修饰符显式地限定它。在接口中，只能给出这些抽象方法的方法名、返回值和参数列表，而不能定义方法体。

12.2.2 接口的实现

接口的声明仅仅给出抽象方法，而没有具体实现。如果一个类要实现一个接口，那么这个类就提供了实现定义在接口中的所有抽象方法的方法体。类实现接口时需要注意以下问题。

(1) 在类的声明部分，用implements关键字声明该类将要实现哪些接口。

(2) 如果实现某接口的类不是abstract抽象类，则在类的定义部分必须实现指定接口的抽象方法体,并且有完全相同的返回值和参数列表。

(3) 如果实现某接口的类是 abstract 的抽象类,则它可以不实现该接口所有的方法。但是对于这个抽象类的任何一个非抽象子类而言,它们父类所实现的接口中的所有抽象方法都必须有实在的方法体。这些方法体可以来自抽象的父类,也可以来自子类自身,但是不允许存在未被实现的接口方法,这主要体现了非抽象类中不能存在抽象方法的原则。

(4) 接口的抽象方法的访问限制符都已制定为 public,所以类在实现方法时,必须显式地使用 public 修饰符;

(5) 一个接口不能实现(implements)另一个接口,但可以继承多个其他的接口。

(6) 通过接口,可以方便地对已经存在的系统进行自下而上的抽象。

接口的另一个重要作用是,其子类定义了统一的规范和方法。在保证子类统一规则下,可以充分发挥程序员的创造性,同时也能够同一功能项在不同环境的不同解释。例如,同样都是查询学校信息,每个人的关注点都不一样;家长可能关注的是学校在哪里,学校食堂情况,学校住宿情况;而学生可能关注的是专业设置,师资力量。无论关注什么,只要输入学校编号,返回数组只是数组的元素不同而已,以下程序代码解释了接口的作用。

(1) 学校信息和学院信息关注接口如例程 12-3 所示。

[**例程 12-3**] 学校信息和学院信息接口。

```
public interface IuniversityAndCollege
{
    //学校信息打印抽象方法
    public void printerUnviersity();
    //学院信息打印抽象方法
    public void printerCollege();

}
```

(2) 学生关注类,实现了 IuniversityAndCollege 接口,如例程 12-4 所示。

[**例程 12-4**] 实现接口的学生关注类。

```
public class students implements IuniversityAndCollege {

    //实现了 IuniversityAndCollege 抽象方法,根据学生的关注点打印输出学院相关信息。
public void printerCollege()
{
    System.out.println("学院名称: 信息工程学院");
    System.out.println("学校学院级别: 二级学院");
    System.out.println("系名称: 通讯工程系、软件工程系、计算机应用系");
}
    //实现 printerUnviersity 抽象方法,根据学生的关注点打印输出学校相关信息。
public void printerUnviersity()
{
    System.out.println("学校名称: 北京科技大学");
    System.out.println("学校类别: 工科综合院校");
    System.out.println("学校级别: 国家重点高校,211 工程院校");
    System.out.println("学校地址: 北京市海淀区学院路 30 号");
}

}
```

(3) 母亲关注类,实现了 IuniversityAndCollege 接口,参见例程 12-5。

[**例程 12-5**] 母亲关注类。

```
public class mother implements IuniversityAndCollege {
//实现 IuniversityAndCollege 抽象方法,根据母亲的关注点打印输出学院相关信息。
public void printerCollege()
{
    System.out.println("学院名称: 信息工程学院");
    System.out.println("学校学院级别: 二级学院");
    System.out.println("教授数量: 正教授 20 人,副教授 10 人");
    System.out.println("实验室数量: 国家重点实验室 4 个,市级重点实验室 20 个");
    System.out.println("就业率: 90 %");
}
    //实现 printerUnviersity 抽象方法,根据母亲的关注点打印输出学校相关信息。
    public void printerUnviersity()
    {
        System.out.println("学校名称: 北京科技大学");
        System.out.println("学校地址: 北京市海淀区学院路 30 号");
        System.out.println("食堂个数: 3 个");
        System.out.println("平均日消费: 24 元");
        System.out.println("宿舍情况: 4 人间,有空调,有暖气");
    }
}
```

(4) 实现类,参见例程 12-6。

[**例程 12-6**] 实现接口测试类。

```
public class testclassMain {
//负责 mother 类和 students 类的实例化以及相关方法调用。
public static void main(String[ ] args) {
    //实例化 mother 类,调用成员方法,输出 mother 关注点
    mother Mother = new mother();
    System.out.println("母亲的关注点: ");
    Mother.printerUnviersity();
    Mother.printerCollege();
    //实例化 students 类,调用成员方法,输出学生的关注点
    students Student = new students();
    System.out.println("学生的关注点: ");
    Student.printerUnviersity();
    Student.printerCollege();

    }

}
```

运行结果:

```
母亲的关注点:
学校名称: 北京科技大学
学校地址: 北京市海淀区学院路 30 号
食堂个数: 3 个
```

平均日消费：24 元
宿舍情况：4 人间，有空调，有暖气
学院名称：信息工程学院
学校学院级别：二级学院
教授数量：正教授 20 人，副教授 10 人
实验室数量：国家重点实验室 4 个，市级重点实验室 20 个
就业率：90 %
学生的关注点：
学校名称：北京科技大学
学校类别：工科综合院校
学校级别：国家重点高校，211 工程院校
学校地址：北京市海淀区学院路 30 号
学院名称：信息工程学院
学校学院级别：二级学院
系名称：通讯工程系、软件工程系、计算机应用系

以上代码是接口的实例，充分体现了接口的规范性和接口实现的灵活性。

12.3 接口与抽象类

面向对象设计的重点在于抽象，因此 Java 接口和 Java 抽象类就有存在的必然性。

Java 接口（interface）和 Java 抽象类（abstract class）都代表的是抽象类型，就是人们需要提出的抽象层的具体表现。如果要提高程序的复用率，增加程序的可维护性和可扩展性，就必须是面向接口的编程，面向抽象的编程。正确地使用接口、抽象类这些有用的抽象类型，并使它们成为软件结构层次上的顶层。

Java 接口和 Java 抽象类有太多相似的地方，又有太多特别的地方，究竟在什么地方才是它们的最佳位置呢？进行一下比较。

(1) Java 接口和 Java 抽象类最大的一个区别就在于，Java 抽象类能提供某些方法的部分实现，而 Java 接口不可以。这也是 Java 抽象类的优点和用处。如果向一个抽象类里加入一个新的具体方法时，那么它所有的子类都能得到这个新方法。如果在一个 Java 接口里加入一个新方法，所有实现这个接口的类就无法成功通过编译，因为必须让每一个类都再实现这个方法才行，这显然是 Java 接口的缺点。

(2) 一个抽象类的实现只能由这个抽象类的子类给出，也就是说，这个实现处在抽象类所定义出的继承的等级结构中，而由于 Java 语言的单继承性，所以抽象类作为类型定义工具的效能大打折扣。在这一点上，Java 接口的优势显现出来了，任何一个实现了一个 Java 接口所规定的方法的类都可以具有这个接口的类型，而一个类可以实现任意多个 Java 接口，从而这个类就有了多种类型。使用抽象类，那么继承这个抽象类的子类类型就比较单一，因为子类只能单继承抽象类；而子类能够同时实现多个接口，因此类型就比较多。接口和抽象类都可以定义对象，但是只能用它们的具体实现类来进行实例化。

(3) Java 接口是定义混合类型的理想工具，混合类表明一个类不仅仅具有某个主类型的行为，而且具有其他的次要行为。

12.4 多态

面向对象编程有 3 个特征，即封装、继承和多态。

方法的重写、重载与动态连接构成多态性。Java 之所以引入多态的概念，原因之一是它在类的继承问题上和 C++不同，C++允许多继承。Java 只允许单继承，派生类与基类间有 ISA 的关系。

这样做虽然保证了继承关系的简单明了，但势必在功能上有很大的限制，所以，Java 引入了多态性的概念以弥补这点不足。此外，抽象类和接口也是解决单继承规定限制的重要手段。同时，多态也是面向对象编程的精髓所在。

现在继续以 12.2 节的学院和学校信息关注为例，由于其中已定义了 IuniversityAndCollege 接口，其接口有两个子类，分别是 mother 类和 students 类。它们的关注点不同，在遵循同一接口规则的情况下，实现了各自的功能。

现在如果定义一个子类，它继承例如 mother 类，那么后者就是前者的父类。可以通过下列语句：

```
IuniversityAndCollege xuesheng = new mother();
```

实例化一个 mother 的对象，这个不难理解。但像上面语句这样定义时：它表示定义了一个 IuniversityAndCollege 类型的引用，指向新建的 mother 类型的对象。由于 mother 是继承自它的父类 IuniversityAndCollege，所以 IuniversityAndCollege 类型的引用是可以指向 mother 类型的对象。

定义一个父类类型的引用指向一个子类的对象既可以使用子类强大的功能，又可以抽取父类的共性，这点特别是父类为抽象类时体现得更为明显。

所以，父类类型的引用可以调用父类中定义的所有属性和方法，而对于子类中定义而父类中没有的方法，它是无可奈何的。

与此同时，父类中的一个方法只有在父类中定义而在子类中没有重写的情况下，才可以被父类类型的引用调用。

对于父类中定义的方法，如果子类中重写了该方法，那么父类类型的引用将会调用子类中的这个方法，这就是动态连接。现在将 12.2 节中的 InterfaceMain 进行改进，这次修改是基于 Java 多态的思想进行的。程序代码如例程 12-7 所示。

[**例程 12-7**]　多态——改进的 InterfaceMain。

```
public class InterfaceMain {
//负责 mother 类和 students 类的实例化以及相关方法调用。
public static void main(String[] args) {
    //实例化 mother 类，引用接口 IuniversityAndCollege 调用成员方法，输出
    //mother 关注点
        IuniversityAndCollege Mother = new mother();
        System.out.println("母亲的关注点：");
        Mother.printerUnviersity();
        Mother.printerCollege();
        //实例化 students 类，引用接口 IuniversityAndCollege 调用成员方法，输
        //出 students 关注点
        IuniversityAndCollege Student = new students();
        System.out.println("学生的关注点：");
        Student.printerUnviersity();
        Student.printerCollege();
    }
}
```

运行结果：

```
母亲的关注点：
学校名称：北京科技大学
学校地址：北京市海淀区学院路 30 号
```

食堂个数：3 个
平均日消费：24 元
宿舍情况：4 人间，有空调，有暖气
学院名称：信息工程学院
学校学院级别：二级学院
教授数量：正教授 20 人，副教授 10 人
实验室数量：国家重点实验室 4 个，市级重点实验室 20 个
就业率：90 %
学生的关注点：
学校名称：北京科技大学
学校类别：工科综合院校
学校级别：国家重点高校，211 工程院校
学校地址：北京市海淀区学院路 30 号
学院名称：信息工程学院
学校学院级别：二级学院
系名称：通讯工程系、软件工程系、计算机应用系

例程 12-7 是典型的多态例子。子类 Mother 和 students 同时都实现了接口 IuniversityAndCollege，并根据自身需求分别实现了接口的两个方法体方法 printerUnviersity 和 printerCollege，实现后的 printerUnviersity 和 printerCollege 不再是同一个方法体了，而是根据每个子类所关注的不同点，实现了不同的功能，也打印输出了不同的消息。接口类型的引用 Mother 和 students 在调用该方法时将会调用子类中相关的方法。

对于多态，可以总结如下。

(1) 使用父类类型的引用指向子类的对象。

(2) 该引用只能调用父类中定义的方法和变量。

(3) 如果子类中重写了父类中的一个方法，那么在调用这个方法的时候，将会调用子类中的这个方法。

(4) 变量不能被重写(覆盖)，“重写”的概念只针对方法，如果在子类中“重写”了父类中的变量，那么在编译时会报错。

12.5 “学籍管理软件”优化设计

第 11 章以重载思想为基础设计了“学籍管理软件”的业务实现类，其中包括了业务逻辑查询类(bussinessLogicListSearch)、业务数据重复性判定(bussinessLogicNullDecide)和统计分析类(bussinessStatistics)。这些类中都用到同一个成员方法名 bussinessSearch，且实现了同一个接口 bussinessSearch。同样，bussinessSearch 重载方法参数不同，所操作的数据文件不同，业务算法也不同。本节将应用 Java 的 3 个概念，构造函数、方法重载和接口，对该软件继续优化，优化后的接口关系图如图 12-1 所示。

bussinessLogicListSearch 类实现了接口 bussinessSearch，主要任务是负责来自业务逻辑层的业务请求，返回唯一的一条数据，例如，个人基本信息，操作的学生信息文件为 students. txt。

bussinessLogicNullDecide 类实现接口 bussinessSearch 中重载方法 bussinessSearch()，主要任务是负责来自业务逻辑层的业务请求，如果为空值，则抛出异常；如果不为空值，则返回 null。

bussinessStatistics 类实现接口 bussinessSearch 中重载方法 bussinessSearch()，主要任务是负责来自业务逻辑层的业务请求，返回为非空值数据集合。

参数与数据操作如表 11-5 所示。

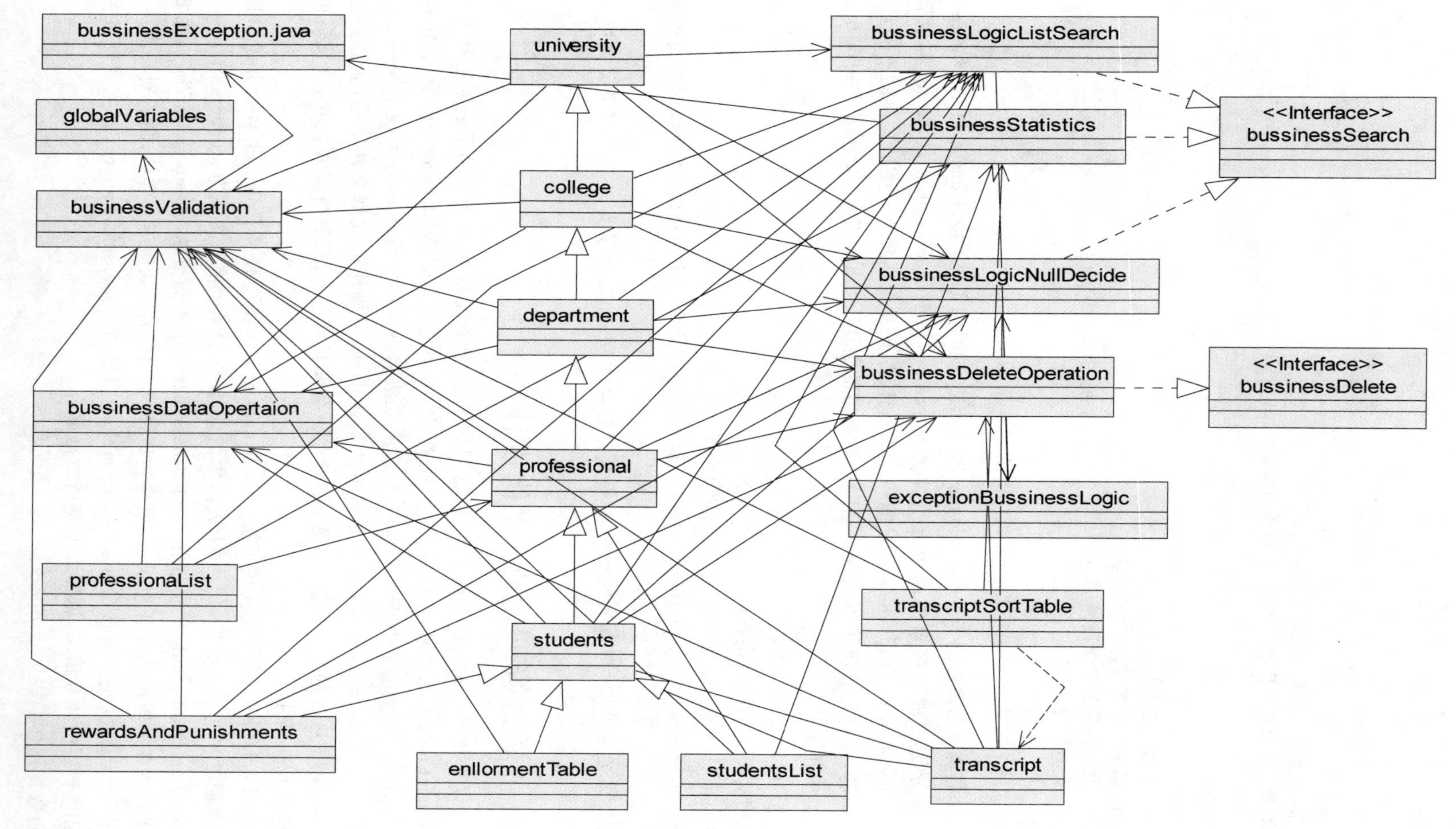

图 12-1 “学籍管理软件”接口关系图

12.6 “学籍管理软件”接口及接口实现代码

本节主要完成对第 11 章的进一步优化，在第 11 章的基础上应用了接口的方法，充分体现了接口的优势，实现了 Java 程序的可维护性和可扩展性。

12.6.1 业务查询接口(bussinessSearch)

业务查询接口程序如例程 12-8 所示。

[**例程 12-8**]　业务查询接口程序。

```
import java.util.ArrayList;
import java.util.List;
/**
 * 功能介绍:
 *      bussinessSearch 接口是为"学籍管理软件"查询除业务提供
 * 的通用接口,在这些接口中包括对学校、学院、系、专业和
 * 学生的查询。按照不同的字段组合分别查询操作不同的数据文件。
 * @author 晨落
 * @version 1.0
 * 创建日期: 2011 - 10 - 04
 */

public interface bussinessSearch extends bussinessLogic
{

    /**
     * 接口方法介绍:
     *      提供按照学校编号查询的方法接口。返回值类型为 List,数据值由实现方法体决定。
     * @param universityCode String 学校编号
     * @return List 查询学校数组
     * @throws exceptionBussinessLogic
     */

    public List bussinessSearch(String universityCode)
          throws exceptionBussinessLogic;
    /**
     * 接口方法介绍:
     * @param universityCode  学校编号
     * @param collegeCode  学院编号
     * @return List  集合
     * @throws exceptionBussinessLogic
     */

    public List bussinessSearch(String universityCode, String collegeCode)
          throws exceptionBussinessLogic;

    /**
     * 接口方法介绍: 按照学校、学院、系组合查询
     * @param universityCode  学校编号
     * @param collegeCode  学院编号
     * @param departmentCode  系编号
     * @return List 集合
```

```
 * @throws exceptionBussinessLogic
 */

public List bussinessSearch(String universityCode,
                            String collegeCode, String departmentCode)
       throws exceptionBussinessLogic;
/**
 * 接口方法介绍:
 *      按照学校、学院、系、专业组合查询,返回值类型为 List,数据值由实现方法体决定
 * @param universityCode  学校编号
 * @param colldegeCode  学院编号
 * @param departimeCode  系编号
 * @param professionCode  专业编号
 * @return List  集合
 * @throws exceptionBussinessLogic
 */

public List bussinessSearch(String universityCode,
                            String collegeCode,
                            String departmentCode,
                            String professionalCode)
       throws exceptionBussinessLogic;
/**
 * 接口方法介绍:检索要操作的数据文件是否存在。
 * @param filePath  文件路径
 * @param fileName  文件名称
 * @return exceptionBussinessLogic
 */
public boolean fileSearch(String filePath,String fileName)
       throws exceptionBussinessLogic;

/**
 * 功能介绍:查询指定的路径下的文件是否存在。如果不存在,则返回为 false
 * @param universityCode  学校编号
 * @param colldegeCode  学院编号
 * @param departimeCode  系编号
 * @param professionCode  专业编号
 * @param studentId  学生编号
 * @return List  集合
 * @throws exceptionBussinessLogic
 */

public List bussinessSearch(String universityCode,
                            String collegeCode,
                            String departmentCode,
                            String professionalCode,
                            String studentId)
       throws exceptionBussinessLogic;

/**
 * 功能介绍:学生信息查询,返回值为 List 类型,具体内容由各个实现方法体决定。
 * @param universityCode  学校编号
```

```
     * @param colldegeCode  学院编号
     * @param departimeCode  系编号
     * @param professionCode  专业编号
     * @param classNumber  班级编号
     * @param studentId  学生编号
     * @return List 集合
     * @throws exceptionBussinessLogic
     */

    public List bussinessSearch(String universityCode,
                                String collegeCode,
                                String departmentCode,
                                String professionalCode,
                                String classNumber,
                                String studentId)
            throws exceptionBussinessLogic;

    /** 功能简介:学生成绩信息查询
     * @param universityCode  大学编号
     * @param collegeCode  学院编号
     * @param departmentCode  系编号
     * @param professionalCode  专业编号
     * @param classNumber  班级编号
     * @param studentId  学生编号
     * @return list
     * @throws exceptionBussinessLogic
     */
    public List transcriptSearch(String universityCode,
                                 String collegeCode,
                                 String departmentCode,
                                 String professionalCode,
                                 String classNumber,
                                 String studentId)
            throws exceptionBussinessLogic;

/** 功能简介:学生奖惩信息查询
 * @param universityCode
 * @param collegeCode
 * @param departmentCode
 * @param professionalCode
 * @param classNumber
 * @param studentId
 * @return
 * @throws exceptionBussinessLogic
 */
    public List rewardsAndPunishments(String universityCode, String collegeCode,
                                      String departmentCode, String professionalCode,
                                      String classNumber, String studentId)
            throws exceptionBussinessLogic;

}
```

12.6.2 数据删除接口(bussinessDelete)

数据删除程序接口例程如例程12-9所示。

[**例程12-9**] 数据删除程序接口。

```
import java.util.List;
/**
 * 功能介绍:
 * bussinessDelete的主要功能是为其他业务提供删除相关记录的业务
 * 业务接口。本接口继承了bussinessLogic接口。
 * @see bussinessDelete(String universityCode)  删除学校信息
 * @see bussinessDelete(String universityCode, String collegeCode)  删除学院信息
 * @see bussinessDelete(String universityCode, String collegeCode,
 *                      String departmentCode)  删除系信息
 * @see bussinessDelete(String universityCode, String colldegeCode,
 *                      String departimeCode, String professionCode)  删除专业信息
 * @see bussinessDelete(String universityCode,String colldegeCode,
 *                      String departimeCode, String professionCode,
 *                      String studentId)  删除学生信息
 * @see bussinessDelete(String universityCode, String colldegeCode,
 *                      String departimeCode,String professionCode,
 *                      String classNumber)  删除班级信息
 * @author晨落
 * @创建日期: 2011-10-04
 * @version 1.0
 */

public interface bussinessDelete extends bussinessLogic
{
/**
 * 接口方法介绍: 提供按照学校编号删除的方法接口。
 * @param universityCode String  学校编号
 * @return List  查询学校数组
 * @return 删除状态 boolean
 */

public boolean bussinessDelete(String universityCode)
      throws exceptionBussinessLogic;
/**
 * 接口方法介绍: 删除学院信息。
 * @param universityCode  学校编号
 * @param collegeCode  学院编号
 * @return 删除状态 boolean
 */

    public boolean bussinessDelete(String universityCode,
                                   String collegeCode)
          throws exceptionBussinessLogic;
    /**
     * 接口方法介绍: 删除系信息。
     * @param universityCode  学校编号
```

```
     * @param collegeCode   学院编号
     * @param departmentCode   系编号
     * @return 删除状态 boolean
     */

public boolean bussinessDelete(String universityCode,
                              String collegeCode,
                              String departmentCode)
      throws exceptionBussinessLogic;
/**
 * 接口方法介绍: 删除专业信息。
 * @param universityCode   学校编号
 * @param colldegeCode   学院编号
 * @param departimeCode   系编号
 * @param professionCode   专业编号
 * @return 删除状态 boolean
 */

public boolean bussinessDelete(String universityCode,
                              String colldegeCode,
                              String departimeCode,
                              String professionCode)
      throws exceptionBussinessLogic;
/**
 * 接口介绍: 删除学生信息。
 * @param universityCode   学校编号
 * @param colldegeCode   学院编号
 * @param departimeCode   系编号
 * @param professionCode   专业编号
 * @param studentId   学生编号
 * @return 删除状态 boolean
 */

public boolean bussinessDelete(String universityCode,
                              String colldegeCode,
                              String departimeCode,
                              String professionCode,
                              String studentId)
      throws exceptionBussinessLogic;

/**
 * 功能介绍: 删除班级学生信息。
 * @param universityCode   学校编号
 * @param colldegeCode   学院编号
 * @param departimeCode   系编号
 * @param professionCode   专业编号
 * @param classNumber   班组编号
 *
 * @return 删除状态 boolean
 */
public boolean bussinessDelete(String universityCode,
                              String colldegeCode,
```

```
                        String departimeCode,
                        String professionCode,
                        String classNumber,
    throws exceptionBussinessLogic;
}
```

12.6.3 统计分析类(bussinessStatistics)

统计分析类实现如例程 12-10 所示。

[**例程 12-10**] 统计分析类实现。

```
package chapter16.src;
import java.util.ArrayList;
import java.util.List;

/**
 * bussinessStatistics 统计分析类主要功能是,完成业务逻辑的请求。
 * 根据不同的请求,获取不同的数据集合。本类中主要是使用重载的思
 * 想,根据不同的参数值,确定对应的数据统计分析。
 * @author 晨落
 * @version 2.0
 * 创建日期: 2011 - 10 - 04
 */
public class bussinessStatistics implements bussinessSearch
{
    List resultList = new ArrayList();

    String universityCode ;

   /**
     * 方法重载,通过学校编码(universityCode)查询学院信息。
     */

    public List bussinessSearch(String universityCode)
        throws exceptionBussinessLogic
    {
        if (resultList.isEmpty())
        {
            throw new exceptionBussinessLogic("查无学院列表");
        }
            return resultList;
    }


   /**
     * 方法重载,按照学校编码(universityCode)、学院编码(collegeCode)
     * 和系编码(departmentCode)查询专业信息。
     */

    public List bussinessSearch(String universityCode,
                        String collegeCode,
```

```
                                   String departmentCode)
        throws exceptionBussinessLogic
    {
        if (resultList.isEmpty())
        {
            throw new exceptionBussinessLogic("查无专业列表");
        }
            return resultList;
    }
    /**
     * 方法重载,按照学校编码(universityCode)、学院编码(collegeCode)
     * 和系编码(departmentCode)和专业编号(professionalCode)查询学生名单
     */
    public List bussinessSearch(String universityCode,
                                String collegeCode,
                                String departmentCode,
                                String professionalCode)
        throws exceptionBussinessLogic
    {
        if (resultList.isEmpty())
        {
            throw new exceptionBussinessLogic("查无学生名单");
        }
            return resultList;
    }

    /**
     * 功能介绍:专业学生排名
     * @param universityCode
     * @param colldegeCode
     * @param departimeCode
     * @param professionCode
     * @return
     * @throws exceptionBussinessLogic
     */

    public List bussinessSearchSort(String universityCode,
                                    String collegeCode,
                                    String departmentCode,
                                    String professionalCode)
        throws exceptionBussinessLogic
    {
        if (resultList.isEmpty())
        {
            throw new exceptionBussinessLogic("查无学生名单,无法排名");
        }
        return resultList;
    }

    public List bussinessSearch(String universityCode,
                                String collegeCode,
                                String departmentCode,
```

```
                                        String professionalCode,
                                        String studentId)
        throws exceptionBussinessLogic
    {

        if (resultList.isEmpty())
        {
            throw new exceptionBussinessLogic("查无学生成绩");
        }
            return resultList;
    }
    /**
     * 方法重载,按照学校编码(universityCode)、学院编码(collegeCode)
     * 和系编码(departmentCode)、专业编号(professionalCode)
     * 班级编号(classNumber)和学生编号(studentId)查询学生成绩
     */
    public List bussinessSearch(String universityCode,
                                String collegeCode,
                                String departmentCode,
                                String professionalCode,
                                String classNumber,
                                String studentId)
        throws exceptionBussinessLogic
    {
        if (resultList.isEmpty())
        {
            throw new exceptionBussinessLogic("查无学生学习成绩");
        }
            return resultList;
    }
    //本方法体为空继承
    public boolean fileSearch(String filePath, String fileName)
    {
            return false;
    }

   //本方法体
    public List bussinessSearch(String universityCode, String collegeCode)
            throws exceptionBussinessLogic
    {
            return resultList;
    }

    /**
     * 按照学校编码(universityCode)、学院编码(collegeCode)
     * 和系编码(departmentCode)、专业编号(professionalCode)
     * 班级编号(classNumber)和学生编号(studentId)查询学生奖惩记录
     */
    public List StudentRAP(String universityCode,
                           String collegeCode,
                           String departmentCode,
                           String professionalCode,
```

```
                        String classNumber,
                        String studentId)
        throws exceptionBussinessLogic
    {
        if (resultList.isEmpty())
        {
            throw new exceptionBussinessLogic("查无学生奖惩记录");
        }
            return resultList;
    }
    /**
     * 学生成绩信息查询
     */

    public List transcriptSearch(String universityCode,
                                 String collegeCode,
                                 String departmentCode,
                                 String professionalCode,
                                 String classNumber,
                                 String studentId)
        throws exceptionBussinessLogic
    {
        if (resultList.isEmpty())
        {
            throw new exceptionBussinessLogic("您所操作数据已经存在");
        }

        return resultList = null;
    }
  /**
   * 按照学生信息查询学生奖惩信息
   */
    public List rewardsAndPunishments(String universityCode,
                                      String collegeCode,
                                      String departmentCode,
                                      String professionalCode,
                                      String classNumber,
                                      String studentId)
        throws exceptionBussinessLogic
    {
        if (resultList.isEmpty())
        {
            throw new exceptionBussinessLogic("您所操作数据尚未存在");
        }
        return resultList = null;
    }
}
```

12.6.4 信息查询类(bussinessLogicListSearch)

信息查询实现类如例程 12-11 所示。

[**例程 12-11**]　信息查询实现类。

```
import java.io.File;
import java.io.IOException;
import java.util.ArrayList;
import java.util.List;
/**
 * 功能介绍:
 *      本类主要完成数据查询的业务逻辑,实现了 bussinessSearch 接口,
 * 在 bussinessLogicListSearch 类中,如果检索的数据集合不为空,则
 * 返回数据集合; 如果为空,则抛出异常。
 * @author 晨落
 * @version 版本号 1.0
 * 创建日期: 2011 - 10 - 04
 */

public class bussinessLogicListSearch implements bussinessSearch
{
    List searchList = new ArrayList();          //定义数据集合

    /**
     * 方法介绍: 提供按照学校编号查询。如果不存在所查学校抛出异常。
     * @param universityCode String 学校编号
     * @return List 查询学校数组
     */
    public List bussinessSearch(String universityCode) throws exceptionBussinessLogic
    {
        //此处添加查询业务数据列表语句

        if (searchList.isEmpty())
        {
            throw new exceptionBussinessLogic("查无信息");
        }
            return searchList;
    }

    /**
     * 方法介绍: 按照学校编号和学院编号查询,如果不存在指定学院,抛出异常。
     * @param universityCode  学校编号
     * @param collegeCode  学院编号
     * @return List  集合
     */

    public List bussinessSearch(String universityCode,
                                String collegeCode)
        throws exceptionBussinessLogic
    {
    //此处添加查询业务数据列表语句
        if (searchList.isEmpty())
        {
            throw new exceptionBussinessLogic("查无信息");
        }
        return searchList;
    }
```

```
/**
 * 方法介绍：按照学校、学院、系组合查询专业，如果不存在指定的系，抛出异常。
 * @param universityCode  学校编号
 * @param collegeCode  学院编号
 * @param departmentCode  系编号
 * @return List  集合
 */

public List bussinessSearch(String universityCode,
                            String collegeCode,
                            String departmentCode)
    throws exceptionBussinessLogic
{
    //此处添加查询业务数据列表语句
    if (searchList.isEmpty())
    {
        throw new exceptionBussinessLogic("查无信息");
    }
    return searchList;
}

/**
 *接口方法介绍：按照学校、学院、系、专业组合查询，如果不存在指定的专业，抛出异常。
 * @param universityCode  学校编号
 * @param colldegeCode  学院编号
 * @param departimeCode  系编号
 * @param professionCode  专业编号
 * @return List  集合
 */

public List bussinessSearch(String universityCode,
                            String collegeCode,
                            String departmentCode,
                            String professionalCode)
    throws exceptionBussinessLogic
{
    //此处添加查询业务数据列表语句
    if (searchList.isEmpty())
    {
        throw new exceptionBussinessLogic("查无信息");
    }
    return searchList;
}
/**
 * 接口方法介绍：
 *       检索所要操作的数据文件是否存在。
 * @param filePath  文件路径
 * @param fileName  文件名称
 * @return List  集合
 */
```

```
public boolean fileSearch(String filePath,
                          String fileName)
    throws exceptionBussinessLogic
{
 //此处添加查询业务数据列表语句
    boolean fileNameResult = false;
    String createFileName = "";
    createFileName = filePath + fileName ;
    File f = new File(createFileName);
    if (f.exists())
    {
        return fileNameResult = true;
    }
    else
    {
        try
        {
            f.createNewFile();
            System.out.println("文件创建成功");
        }
        catch(IOException IOE)
        {
            throw new exceptionBussinessLogic("文件存在异常");
        }
    }
return fileNameResult = true ;
}

/**
 * 功能介绍:暂时为空方法体。
 * @param universityCode  学校编号
 * @param colldegeCode  学院编号
 * @param departimeCode  系编号
 * @param professionCode  专业编号
 * @param studentId  学生编号
 * @return List  集合
 */
public List bussinessSearch(String universityCode,
                            String collegeCode,
                            String departmentCode,
                            String professionalCode,
                            String studentId)
    throws exceptionBussinessLogic
{
   //此处添加查询业务数据列表语句
    if (searchList.isEmpty())
    {
        throw new exceptionBussinessLogic("查无信息");
    }
    return searchList;
}
```

```
/**
 * 功能介绍：学生基本信息查询，如果不存在，抛出异常。
 * @param universityCode  学校编号
 * @param colldegeCode  学院编号
 * @param departimeCode  系编号
 * @param professionCode  专业编号
 * @param classNumber  班级编号
 * @param studentId  学生编号
 * @return List  集合
 */
public List bussinessSearch(String universityCode,
                            String collegeCode,
                            String departmentCode,
                            String professionalCode,
                            String classNumber,
                            String studentId)
    throws exceptionBussinessLogic
{
    //此处添加查询业务数据列表语句
    if (searchList.isEmpty())
    {
        throw new exceptionBussinessLogic("查无信息");
    }
    return searchList;
}

/**
 * 成绩查询方法体
 */
public List transcriptSearch(String universityCode,
                             String collegeCode,
                             String departmentCode,
                             String professionalCode,
                             String classNumber,
                             String studentId)
    throws exceptionBussinessLogic
{
    if (searchList.isEmpty())
    {
        throw new exceptionBussinessLogic("无学生成绩");
    }
    return searchList;
}

/**
 *  学生奖惩信息查询方法体
 */
public List rewardsAndPunishments(String universityCode,
                                  String collegeCode,
                                  String departmentCode,
                                  String professionalCode,
                                  String classNumber,
```

```
                                String studentId)
        throws exceptionBussinessLogic
    {
        if (searchList.isEmpty())
        {
            throw new exceptionBussinessLogic("无学生奖惩信息 ");
        }
            return searchList;
    }
}
```

12.7 进程检查——类抽象与接口应用

本章的“学籍管理软件”的开发进程情况如表 12-1 所示。

表 12-1 项目进程检查

检 查 项	需求类型	实 现 进 度			本章 Java 支持(需要修改)
		设计	优化	完成	
规划类	功能需求	*	*		以接口的视角设计系统是非常必要的,这样可以提高软件的健壮性、安全性和可重用性等。Java 的单继承性决定了其有较为严重的局限性。将接口与抽象应用于“学籍管理软件”中,能够大大地优化程序代码,增加软件可维护性和代码的可重复性
动态输入	功能需求	*	*		
数据动态处理	功能需求	*	*		
程序控制	功能需求	*	*	*	
健壮性	性能需求	*	*	*	
数据存储	功能需求	*	*	*	
方便查询	性能需求	*	*	*	
统计分析	功能需求				
复杂计算	功能需求				
运行控制	性能需求	*	*	*	
运行速度	性能需求				
代码重用	性能需求	*	*	*	
人机交互	功能需求				
类关系	性能需求	*	*	*	

12.8 本章小结

本章的主要内容是 Java 抽象类与 Java 接口,现总结如下。

1. 抽象 abstract 修饰符

抽象类 abstract 修饰符用来修饰类和成员方法,抽象的核心内容包括:①用 abstract 修饰的类表示抽象类,抽象类位于继承树的抽象层,抽象类不能被实例化;②用 abstract 修饰的方法表示抽象方法,抽象方法没有方法体。抽象方法用来描述系统具有什么功能,但不提供具体的实现。

Java 抽象遵循的规则如下。

(1) 抽象类可以没有抽象方法,但是有抽象方法的类必须定义为抽象类,如果一个子类继承一个抽象类,子类也没有实现父类的所有抽象方法,那么子类也要定义为抽象类,否则编译会出错的。

(2) 抽象类没有构造方法,也没有抽象静态方法,但是可以有非抽象的构造方法;抽象类不能被实例化,但是可以创建一个引用变量,类型是一个抽象类,并让它引用非抽象类的子类的一个实例;不能用 final 修饰符修饰。

2. Interface 接口

Interface 关键字定义接口，也称为接口类型，用于明确地描述系统对外提供的所有服务，清晰地分离系统的实现细节，实现传说中的解耦合。Interface 规则如下。

接口的成员变量都是 public static final 类型的，必须显示初始化；接口的成员方法都是 public abstract 类型的；接口只能包含 public static final 类型的成员变量和 public abstract 类型的成员方法；接口中没有构造方法，不能实例化，同 abstract 一样，可以定义一个引用变量，让实现了 Interface 的具体类来构造；实现了一个接口，必须实现接口所有的抽象方法，除非该类定义为抽象类；可以实现多个接口，用 Java 语言实现多继承。

3. abstract 和 Interface 的区别

抽象类中可以为部分方法提供默认的实现，可以避免子类中重复实现它们，提高代码的可重用性；而接口中只能包含抽象方法；一个类只能继承一个直接的父类，比如抽象类，但是可以实现多个接口。

本章基于接口思想对"学籍管理软件"进行了再次优化，设计了两个业务查询接口(bussinessSearch)和数据删除接口(bussinessDelete)，其中业务查询接口(bussinessSearch)包含了统计分析类(bussinessStatistics)、信息查询类(bussinessLogicListSearch)和业务空值性查询(bussinessLogicNullDecide)等实现类。而数据删除接口(bussinessDelete)的子类是数据删除操作类(bussinessDataOpertaion)，这样增加了类的可重用性和类的规则性。

第13章 Java数据结构之数组

在解决实际问题的过程中，程序经常要处理大量相同类型的数据，而且这些数据又会被反复引用，采用数组这一工具便是一种明智的选择。数组可以使数据有效地排列并且让使用者方便地访问。

使用数组的最大好处是，可以让一批相同性质的数据共用一个变量名，而不必为每个数据取一个名字。这样不仅程序书写大为简单，代码量大量减少，而且程序的可读性也大大地提高。

Java 数组是一个独立的对象，要经过定义、分配内存及赋值后才能使用，本章将对 Java 数组进行详细介绍。

13.1 一维数组创建

Java 语言中，在能够使用或访问数组元素之前，需要创建数组。数组创建语法格式包括以下 3 种格式。

1）第一种格式

先定义数组变量，再创建数组对象，为数组分配存储空间。其中，一维数组的定义可以采用如下两种格式之一。

```
数组元素类型  数组名[ ];
数组元素类型[ ]  数组名;
```

对已经按上述格式定义的数组，进一步地通过 new 运算符创建数组对象，分配内存空间，格式如下。

```
数组名 = new 数组元素类型[数组元素个数];
```

例如：

```
intsort[ ];                          //定义一个整型数组 sort
double [ ]score;                     //定义一个双精度型数组 score
sort = new int[10];                  //为数组 sort 分配 10 个元素空间
score = new double[20];              //为数组 score 分配 20 个元素空间
```

在程序没有最后赋值之前，Java 会自动地赋予这些数组默认值，数值类型的默认值为 0，逻辑类型的默认值为 false，字符型类型的默认值为'\0'，对象类型初始化为 null。

2）第二种格式

在定义数组变量的同时创建数组对象，格式如下。

```
数组元素类型  数组名[ ] = new 数组元素类型[数组元素个数];
数组元素类型[ ]  数组名 = new 数组元素类型[数组元素个数];
```

例如:

```
intsort[ ] = new int[10];
doublescore[ ] = new double[20];
```

在这里分别定义了一个数组名为 sort 的整数型,分配了 10 个内存空间单元。同时,定义了空间为 20 个内存单元的 double 型数组。

3) 第三种格式

利用初始化,完成定义数组变量并创建数组对象。此时不用 new 运算符。格式如下。

```
数组元素类型  数组名[ ] = {值 1,值 2, … };
```

例如:

```
intsort[ ] = {1,2,3,4,5,6,7,8,9,10};
doublescore[ ] = {85,85.2,90.0,95.2,93.6,85,87};
```

在本例中,定义了类型 sort 为整数型,并对其进行初始化为 10 个元素的数组;另外,定义了一个 double 数组 score,并初始化为 7 个元素。

使用 new 运算符可以增加已经创建了的数组的空间,例如:

```
intsort[ ] = new int[20];
sort = new int[22];
```

数组元素的类型,也是数组的类型,它可以是基本数据类型,也可以是对象类型。

13.2 一维数组元素访问

对于数组元素的访问,Java 是通过下标进行。一维数组元素的访问格式如下。

```
数组名[下标]
```

例如,我们需要从 score 数组中读取下标为 4 的数值时,如例程 13-1 所示。

[**例程 13-1**] 读取数组。

```
double score[ ] = {85,85.2,90.0,95.2,93.6,85,87};
double score5;
score5 = score[4];
```

Java 规定,数组下标由 0 开始,最大下标是数组元素个数−1。例如,数组 int sort[ ]={11,12,13,14,15,16},其下标从 0 到 5,a[0]为 11,a[5]为 16。又如:

```
Stringwho[ ] = {"I","am ","a","student"};
```

其下标从 0 到 3,who[0]为字符串"I",who [3]为字符串"student"。

下标必须是整型或可以转变成整型的量,可以是常量、变量或表达式。

在访问数组元素时,要特别注意下标的越界问题,即下标是否超出范围。如果下标超出范围,则编译时产生名为 ArrayIndexOutOfBoundsException 的错误,提示用户下标越界。如果使用没有初始化的数组,则产生名为 NullPointException 的错误,提示用户数组没有初始化。

编写一个应用程序,求 Fibonacci 数列的前 10 个数,如例程 13-2 所示。

[**例程 13-2**] Fibonacci 数列。FibonacciDataArrary 数列的定义为:$F_1=F_2=1$,当 $n\geqslant 3$ 时,

$F_n = F_{n-1} + F_{n-2}$。

```
public class FibonacciDataArrary
{
    public static void main(String[ ] args)
    {
        int i;
        int f[ ] = new int[10];
        f[0] = 1;f[1] = 1;
        for(i = 2;i<10;i++)
            f[i] = f[i-1] + f[i-2];
        for(i = 1;i<= 10;i++)
            System.out.println("F[" + i + "] = " + f[i- 1]);
    }
}
```

运行结果为：

```
F[1] = 1
F[2] = 1
F[3] = 2
F[4] = 3
F[5] = 5
F[6] = 8
F[7] = 13
F[8] = 21
F[9] = 34
F[10] = 55
```

一维数组有一个重要的属性——length，它指示数组中的元素个数。语法如下。

```
数组名.length
```

［**例程 13-3**］ 获取数组长度。

```
public class ArrayLength
{

public static void main(String[ ] args)
{
    int i;
    int sort[ ] = new int[10];
    System.out.println("数组长度为: " + sort.length);
}
}
```

运行结果为：

```
数组长度为: 10
```

使用一维数组的典型例子，是设计排序的程序。下面的程序利用冒泡法进行排序，对相邻的两个元素进行比较，并把小的元素交换到前面。具体如例程 13-4 所示。

［**例程 13-4**］ 冒泡排序。

```
public class trancptSort
```

```
{
    public static void main(String args[ ])
    {
        int i,j;
        doubletrancpt[ ] = {80,81.5,90.0,85.0,70,60,54.5};
        int l = trancpt.length;
        for( i = 0;i < l - 1;i++)
            for( j = i + 1;j < l;j++)
            if(trancpt [i]> trancpt [j])
            {
                int t = trancpt [i];
                trancpt [i] = trancpt [j];
                trancpt [j] = t;
            }
        for( i = 0;i < l;i++)
            System.out.print (trancpt [i] + " ,");
    }
}
```

运行结果：

```
54.5,60,70,80,81.5,85.0,90.0,
```

当数组元素的类型是某种对象类型时，则构成对象数组。因为数组中每一个元素都是一个对象，故可以使用成员运算符"."访问对象中的成员。在下例中，定义了类 Student，并在主类的 main 方法中声明 Student 类的对象数组：

```
Student [ ] e = new Student[5];
```

则使用语句：

```
e[0] = new Student("张三",25);
```

调用构造函数初始化对象元素，通过 e[0].name 的形式可以访问这个对象的 name 成员。

以下程序是老王家 5 个孩子的姓名和年龄，在打印输出他们的姓名和年龄的同时，计算出他们的平均年龄。具体如例程 13-5 所示。

[**例程 13-5**] 数组计算。

```
public class CmdArray {
    public static void main(String[ ] args)
    {
        student[ ] e = new Student[5];
        e[0] = new Student("王飞",23);
        e[1] = new Student("王振",21);
        e[2] = new Student("王娇",19);
        e[3] = new Student("磊磊",14);
        e[4] = new Student("王贝思",7);
        getAverage (e);
        System.out.println("平均年龄是: " + getAverage(e));
    }
    static int getAverage(Student[ ] d)            //求平均年龄
    {
        int sum = 0;
        for(int i = 0;i < d.length;i++)
```

```
            sum = sum + d[i].age;
        return sum/d.length;
    }
    static void getAverage (Student[ ] d)
    {
        for(int i = 0;i < d.length;i++)
            System.out.println(d[i].name + " " + d[i].age);
    }
}
class Student
{
    String name;
    int age;
    public Student(String name,int age)          //构造函数
    this.name = name;
    this.age = age;
}
```

运行结果：

```
姓名  年龄
王飞  23
王振  21
王娇  19
磊磊  14
王贝思  7
平均年龄是: 16
```

13.3 二维数组创建

二维数组本质上也是一维数组，一维数组中的每个元素又是一个一维数组，则构成二维数组。二维数组的定义格式如下。

格式一：

```
数据类型  数组名[ ][ ];
```

格式二：

```
数据类型[ ][ ]数组名;
```

例如：

```
intsort[ ][ ];
double[ ][ ] trancpt;
```

当我们创建了二维数组后，并不是说明已经有内存地址分配了，而是必须使用运算符 new 来创建数组对象，分配内存，这样才可以访问数组中的每个元素。使用 new 运算符时有两种方式。

一种方式是，在定义二维数组的同时，分配内存空间。例如：

```
sort a[ ][ ] = new sort [2][3];
```

另一种方式是，首先定义二维数组的行数，然后再分别为每一行指定列数。例如：

```
int b[ ][ ] = new int [2][ ];
b[0] = new int[3];
```

```
b[1] = new int[3];
```

特别地，这种方式可以形成不规则的数组。例如：

```
int b[ ][ ] = new int [2][ ];                   //共 2 行
b[0] = new int[3];                              //第一行有 3 个 int 元素
b[1] = new int[10];                             //第二行有 10 个 int 元素
```

二维数组也可以不用 new 运算符，而是利用初始化，完成定义数组变量并创建数组对象的任务。例如：

```
int a[ ][ ] = {{1,2,3},{4,5,6}};
int b[ ][ ] = {{1,2,4,5,6},{6,7,6,9}};
int c[ ][ ] = {{1,2},{6,7,6,9}};                //初始化为不规则的数组。
```

13.4 二维数组元素访问

二维数组元素访问格式如下。

```
数组名[行下标][列下标]
```

其中，行下标和列下标都由 0 开始，最大值为每一维的长度减 1。

二维数组的 length 属性与一维数组不同。在二维数组中，“数组名.length”指示数组的行数，“数组名[行下标].length”指示该行中的元素个数。

例如，定义一个不规则的二维数组，输出其行数和每行的元素个数，并求数组所有元素的和，如例程 13-6 所示。

[**例程 13-6**] 二维数组求和。

```
public class TwoArray
{
    public static void main(String args[ ])
    {
    int b[ ][ ] = {{11},{21,22},{31,32,33,34}};
    int sum = 0;
    System.out.println("数组 b 的行数: " + b.length);
    for(int I = 0;I < b.length;I++)
    {
        System.out.println("b[" + I + "]行的数据个数: " + b[I].length);
        for(int j = 0;j < b[I].length;j++)
        {
            sum = sum + b[I][j];
        }
    }
    System.out.println("数组元素的总和: " + sum);
    }
}
```

运行结果：

```
数组的行数: 3
b[0]行的数据个数: 1
b[1]行的数据个数: 2
b[2]行的数据个数: 4
b 数组元素的总和: 278   184
```

13.5 本章小结

数组(array)是相同类型变量的集合,可以使用共同的名字引用它。数组可被定义为任何类型,可以是一维或多维。数组中的一个特别要素是通过下标来访问它。数组提供了一种将有联系的信息分组的便利方法。

Java数组可以分为一维数组、二维数组和多维数组等,数组分为数组定义和数组赋值两部分。在没有赋值之前,Java数组一般不给数组分配内存空间,只有赋值后才有内存地址分配。数组的定义和赋值相对灵活,数组在没有赋值之前,Java会自动地赋予这些数组默认值,数值类型的默认值为0,逻辑类型的默认值为false,字符型类型的默认值为“\0”,对象类型初始化为null。

数组有一个length属性,表示数组中元素的数目,该属性可以被读取,但是不能被修改。数组中的每个元素都有唯一的索引,它表示元素在数组中的位置。第一个索引值为0,最后一个索引值为length-1。

关于数组的算法不是本章重点内容,在这里不做详细讲述。

Java数据结构之常用集合

在第 13 章介绍了 Java 数组，数据是 Java 的最基础算法，也是 Java 源程序提供的基本算法，但是现实开发过程中，对程序要求和算法更高，复杂的数据结构需要程序员付出更大的劳动方可完成，并且会出现更多的异常，Java 平台提供了一个数据集合框架，帮助程序员完成复杂的算法，程序员在开发过程中直接使用其框架即可。集合框架主要由一系列操作对象的接口和部分类组成。Java 集合类图如图 14-1 所示。

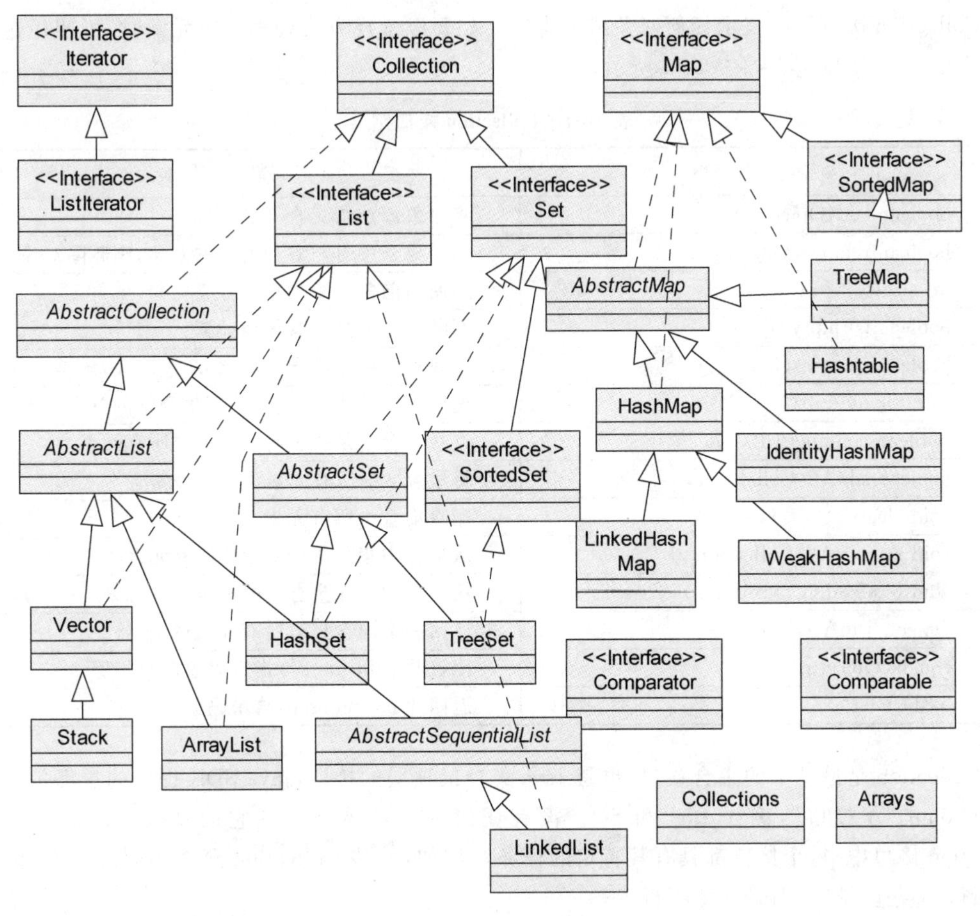

图 14-1　Java 集合类图

14.1 Java集合概述

在第13章介绍了Java的数组，数组是Java最基础的算法，但是现实开发过程中对程序要求更高，那么复杂的数据结构需要程序员付出更大的劳动方可完成，并且可能出现更多的程序异常。Java平台提供了一个数据集合框架，提供强大的算法支持和实现。集合框架主要由一系列操作对象的接口和部分类组成。Java集合类图如图14-1所示。

Java集合的组成相对复杂，本章只选择部分经常用到的接口或类进行讨论，包括如下内容：

(1) Collection接口是一组允许重复的对象。

(2) Set接口继承Collection，但不允许重复，使用自己内部的一个排列机制。

(3) List接口继承Collection，允许重复，以元素安插的次序来放置元素，不会重新排列。

(4) Map接口是一组成对的键-值对象，即所持有的是key-value pairs。Map中不能有重复的键。Map拥有自己的内部排列机制。

这里的Collection、List、Set和Map都是接口，不是具体的类实现。接口不能被实例化。例如，语句“List studentsList=new ArrayList()”中，List是接口，ArrayList才是具体的类。

下面就Collect接口、Iterator接口、Set接口、List接口和Map接口做详细介绍。

14.2 Collection接口和Iterator接口

Collection接口用于表示任何对象或元素组。如要以常规方式处理一组元素时，可使用这一接口。Collection接口定义如表14-1所示。

表14-1 Collection接口定义

方　　法	描　　述
boolean add(Object o)	将对象添加给集合
boolean remove(Object o)	如果集合中有与o相匹配的对象，则删除对象o
int size()	返回当前集合中元素的数量
boolean isEmpty()	判断集合中是否有任何元素
boolean contains(Object o)	查找集合中是否含有对象o
Iterator iterator()	返回一个迭代器，用来访问集合中的各个元素
Boolean containsAll(Collection c)	查找集合中是否含有集合c中所有元素
boolean addAll(Collection c)	将集合c中所有元素添加给该集合
void clear()	删除集合中所有元素
void removeAll(Collection c)	从集合中删除集合c中的所有元素
void retainAll(Collection c)	从集合中删除集合c中不包含的元素
Object[] toArray()	返回一个内含集合所有元素的array
equals(Object o)	比较此collection与指定对象是否相等
hashCode()	返回此collection的哈希码值

Collection是最基本的集合接口，也是Java集合最顶层的接口，Java SDK提供的类都是继承自Collection的“子接口”，例如List和Set。没有任何一个具体类实现它的方法。在这些继承的Collection接口中，每个接口都具有其特定的任务。例如，一些Collection允许相同的元素，而另一些不行；一些能排序，而另一些不行。

所有实现Collection接口的类都必须提供两个标准的构造函数：无参数的构造函数用于创建一个空的Collection；有Collection参数的构造函数用于创建一个新的Collection，这个新的

Collection 与传入的 Collection 有相同的元素。后一个构造函数允许用户复制一个 Collection。

如何遍历 Collection 中的每一个元素？不论 Collection 的实际类型如何，它都支持一个 iterator()的方法，该方法返回一个迭代器，使用该迭代器即可逐一访问 Collection 中每一个元素。典型的用法如例程 14-1 所示。

［**例程 14-1**］ 遍历 Collection 的典型方法。

```
import java.util.ArrayList;
import java.util.Collection;
import java.util.Iterator;
import java.util.List;
import java.util.Set;
import java.util.HashSet;
import java.util.*;

public class CollectionExample
{
    public static void print(Collection <? extends Object > c)
    {
        Iterator <? extends Object > it = c.iterator();
        while(it.hasNext())
        {
            Object element = it.next();
            System.out.print(element);
        }
    }
    public static void main(String[] args)
    {
        Set < String > set = new HashSet < String >();
        set.add("王贝思  ");
        set.add("王飞  ");
        set.add("磊磊  ");
        set.add("王娇  ");
        print(set);
        System.out.println();

        List < String > list = new ArrayList < String >();
        list.add("大学本科 ");
        list.add("小学  ");
        list.add("高中  ");
        list.add("大学专科 ");
        print(list);
        System.out.println();

        Map < String, String > map = new HashMap < String, String >();
        map.put("男","26");
        map.put("女", "9");
        map.put("女", "17");
        map.put("女", "24");
        print(map.entrySet());
    }
}
```

运行结果：

王飞　　王贝思 磊磊　王娇
大学本科 小学　高中　大学专科
女 = 24 男 = 26

14.2.1 AbstractCollection 抽象类

AbstractCollection 类提供具体 Java 类的基本功能。虽然人们可以自行实现 Collection 接口的所有方法，但是除了 iterator( ) 和 size( ) 方法在恰当的子类中实现以外，其他所有方法都由 AbstractCollection 类来提供实现。如果子类不覆盖某些方法，可选的如 add() 之类的方法将抛出异常。在 AbstractCollection 实现类中，主要实现表 14-2 列出的方法。

表 14-2　AbstractCollection 实现的方法

方　法	描　述
Boolean add(E e)	确保此 collection 包含指定的元素，为可操作项
Boolean addAll(Collection<? extends E> c)	将指定 collection 中的所有元素都添加到此 collection 中，为可操作项
void clear()	移除此 collection 中的所有元素
boolean contains(Object o)	如果此 collection 包含指定的元素，则返回 true
boolean containsAll(Collection<? > c)	如果此 collection 包含指定 collection 中的所有元素，则返回 true
boolean isEmpty()	如果此 collection 不包含元素，则返回 true
abstract Iterator<E> iterator()	返回在此 collection 中的元素上进行迭代的迭代器
boolean remove(Object o)	如果存在，从此 collection 中移除指定元素的单个实例
Boolean removeAll(Collection<? > c)	移除此 collection 中那些也包含在指定 collection 中的所有元素(可选操作)
boolean retainAll(Collection<? > c)	仅保留此 collection 中那些也包含在指定 collection 的元素
abstract int size()	返回此 collection 中的元素数
Object[] toArray()	返回包含此 collection 中所有元素的数组
<T< T[] toArray(T[] a)	返回数组的运行时类型与指定数组的运行时类型相同
String toString()	返回此 collection 的字符串表示形式

AbstractCollection 抽象类不能直接实例化，只能够通过继承方式来调用它的成员方法。在 Java 中，AbstractList 继承了 AbstractCollection，vector 是一个实现类，多层次继承了其他接口成员方法。

14.2.2 Iterator 接口

Collection 接口的 iterator()方法返回一个 Iterator。Iterator 接口方法能以迭代方式逐个访问集合中各个元素，并安全的从 Collection 中除去适当的元素。

(1) boolean hasNext()：判断是否存在另一个可访问的元素。

(2) Object next()：返回要访问的下一个元素。如果到达集合结尾，则抛出 NoSuchElementException 异常。

(3) void remove()：删除上次访问返回的对象。本方法必须紧跟在一个元素的访问后执行。如果上次访问后集合已被修改，方法将抛出 IllegalStateException。

关于"Iterator 中删除操作对底层 Collection 也有影响。"的解释如下。

迭代器是故障快速修复(fail-fast)的。这意味着,当另一个线程修改底层集合时,如果我们正在用 Iterator 遍历集合,那么,Iterator 就会抛出 ConcurrentModificationException(另一种 RuntimeException 异常)异常并立刻失败。

14.2.3 Collection 接口支持的其他操作

Collection 接口支持的其他操作,要么是作用于元素组的任务,要么是同时作用于整个集合的任务。具体实现方法如表 14-3 所示。

表 14-3 Collection 接口支持的其他操作

方 法	描 述
Boolean containsAll(Collection collection)	方法允许查找当前集合是否包含了另一个集合的所有元素,即另一个集合是否是当前集合的子集。其余方法是可选的,因为特定的集合可能不支持集合更改
boolean addAll(Collection collection)	addAll()方法确保另一个集合中的所有元素都被添加到当前的集合中,通常称为并
void clear()	clear()方法从当前集合中除去所有元素
void removeAll(Collection collection)	removeAll()方法类似于 clear(),但只除去了元素的一个子集
void retainAll(Collection collection)	retainAll()方法类似于 removeAll()方法,不过可能感到它所做的与前面正好相反:它从当前集合中除去不属于另一个集合的元素

14.3 Set

Java 中的 Set 和正好与数学上直观的集(set)的概念是相同的。Set 最大的特性是不允许在其中存放的元素是重复的。根据这个特点,可使用 Set 这个接口来实现前面提到的关于商品种类的存储需求。Set 可以被用来过滤在其他集合中存放的元素,从而得到一个没有包含重复、新的集合。

按照定义,Set 接口继承 Collection 接口,而且它不允许集合中存在重复项。所有原始方法都是现成的,没有引入新方法。具体的 Set 实现类依赖添加的对象的 equals()方法来检查等同性。具体包含方法如表 14-4 所示。

表 14-4 set 方法说明

方 法	描 述
public int size()	返回 set 中元素的数目,如果 set 包含的元素数大于 Integer. MAX_VALUE,返回 Integer. MAX_VALUE
public boolean isEmpty()	如果 set 中不含元素,返回 true
public boolean contains(Object o)	如果 set 包含指定元素,返回 true
public Iterator iterator()	返回 set 中元素的迭代器
public Object[] toArray()	返回包含 set 中所有元素的数组
public Object[] toArray(Object[] a)	返回包含 set 中所有元素的数组,返回数组的运行时类型是指定数组的运行时类型
public boolean add(Object o)	如果 set 中不存在指定元素,则向 set 加入
public boolean remove(Object o)	如果 set 中存在指定元素,则从 set 中删除

续表

方　法	描　述
public boolean removeAll(Collection c)	如果 set 包含指定集合,则从 set 中删除指定集合的所有元素
public boolean containsAll(Collection c)	如果 set 包含指定集合的所有元素,返回 true。如果指定集合也是一个 set,只有是当前 set 的子集时,方法返回 true
public boolean addAll(Collection c)	如果 set 中不存在指定集合的元素,则向 set 中加入所有元素
public boolean retainAll(Collection c)	只保留 set 中所含的指定集合的元素(可选操作)。换言之,从 set 中删除所有指定集合不包含的元素。如果指定集合也是一个 set,那么该操作修改 set 的效果是使它的值为两个 set 的交集
public boolean removeAll(Collection c)	如果 set 包含指定集合,则从 set 中删除指定集合的所有元素
public void clear()	从 set 中删除所有元素

Set 集合存放的是对象的引用,且没有重复对象。如例程 14-2 所示。

[**例程 14-2**]　Set 集合对象引用例程。

```
public class CollectionExample
{
    public static void print(Collection < ? extends Object > c)
    {
        Iterator <? extends Object > it = c. iterator();
        while(it. hasNext())
        {
            Object element = it. next();
            System. out. print(element);
        }
    }

    public static void main(String[ ] args)
    {
        Set < String > set = new HashSet < String >();
        set. add("王贝思  ");
        set. add("王飞  ");
        set. add("磊磊  ");
        set. add("王娇  ");
        set. add("王飞  ");
        print(set);
        System. out. println();
    }
}
```

运行结果:

王飞　王贝思　磊磊　王娇

本例程中,程序 add 两个王飞,但是结果输出只有一个王飞,这体现了 Set 集合中对象的不重复性。

14.3.1 HashSet 类和 TreeSet 类

Java 集合支持 Set 接口两种普通的实现——HashSet 和 TreeSet。在多数情况下,人们使用 HashSet 存储重复自由的集合。考虑到效率,添加到 HashSet 的对象需要采用恰当分配散列码的方式来实现 hashCode()方法。虽然大多数系统类覆盖了 Object 中默认的 hashCode()实现,但创建人们自己的、要添加到 HashSet 的类时,别忘了覆盖 hashCode()。另外,当从集合中以有序的方式抽取元素时,TreeSet 实现是有效的。为了保证有序进行集合排序,添加到 TreeSet 的元素必须是可排序的。Java 集合添加对 Comparable 元素的支持。

为优化 HashSet 空间的使用,可以进行调优,初始容量和负载因子。TreeSet 不包含调优选项,因为树总是平衡的,保证了插入、删除、查询的性能为 $\log(n)$。

为演示具体 Set 类的使用,例程 14-3 创建了一个 HashSet,并往集合中添加了一组字词,其中有个词添加两次。接着,程序把集中的名字列表打印出来,重复的名字并未出现。最后,程序把集作为 TreeSet 来处理,并显示有序的列表。

[**例程 14-3**] Set 类使用例程。

```
import java.util.*;
public class SetExample
{
    public static void main(String args[])
    {
        Set set = new HashSet();
        set.add("晨落");
        set.add("男");
        set.add("中国人");
        set.add("喜欢吃土豆");
        set.add("中国人");
        System.out.println(set);
        Set sortedSet = new TreeSet(set);
        System.out.println(sortedSet);
    }
}
```

运行程序,产生以下输出。请注意重复的条目只出现了一次,列表的第二次输出已按中文拼音顺序排序。

```
[晨落,男,中国人,喜欢吃土豆]
[男, 喜欢吃土豆,晨落, 中国人]
```

特别说明 TreeSet 类,TreeSet 类实现了 SortedSet 接口,能够对集合中的对象进行排序,如例程 14-4 所示。

[**例程 14-4**] TreeSet 类例程。

```
import java.util.*;
public class TreeSetExample1
{
    public static void main(String[] args)
    {
        Set<Integer> set = new TreeSet<Integer>();
        set.add(new Integer(6));
        set.add(new Integer(5));
        set.add(new Integer(9));
        set.add(new Integer(8));
        set.add(new Integer(1));
        set.add(new Integer(6));
        set.add(new Integer(7));
```

```
            Iterator<Integer> it = set.iterator();
            while(it.hasNext())
            {
                System.out.print(it.next() + " ");
            }
        }
    }
```

例程 14-4 程序体现了 Java TreeSet 排序的特性。在默认情况下,TreeSet 采取自然排序法。TreeSet 排序的另外一种方法是客户化排序,例程 14-5 就是客户化排序的例子。

[**例程 14-5**] TreeSet 自然排序例程。

```
import java.util.Set;
import java.util.TreeSet;
public class TreeSetDemo
{
    public static void main(String[] args)
    {
        Set<Person> allSet = new TreeSet<Person>();
        allSet.add(new Person("王贝思", 9));
        allSet.add(new Person("王飞", 25));
        allSet.add(new Person("王振", 23));
        allSet.add(new Person("王娇", 20));
        allSet.add(new Person("磊磊", 17));
        System.out.println(allSet);
    }
}

class Person implements Comparable<Person>
{
    private String name;
    private int age;
    public Person(String name, int age)
    {
        this.name = name;
        this.age = age;
    }
    public String toString()
    {
        return "姓名: " + this.name + ";" + "年龄: " + this.age;
    }

    public int compareTo(Person person)
    {
        if(this.age > person.age)
        {
            return 1;
        }
        else if(this.age < person.age)
        {
            return -1;
        }
```

```
        else
        {
            return 0;
        }
    }
}
```

运行结果：

[姓名：王飞；年龄：25,姓名：王振；年龄：23,姓名：王娇；年龄：20,姓名：磊磊；年龄：17；姓名：王贝思；年龄：9]

14.3.2 AbstractSet 类

AbstractSet 类提供 Set 接口的实现，从而最大限度地减少实现此接口所需的工作。

通过扩展 AbstractSet 类来实现一个 set 的过程与通过扩展 AbstractCollection 来实现 Collection 的过程是相同的，除了该类的子类中的所有方法和构造方法都必须服从 Set 接口所强加的额外限制（例如，add 方法不允许将一个对象的多个实例添加到一个 set 中）。

AbstractSet 类覆盖了 equals()和 hashCode()方法，以确保两个相等的集返回相同的散列码。若两个集大小相等且包含相同元素，则这两个集相等。按定义，集散列码是集中元素散列码的总和。因此，不论集的内部顺序如何，两个相等的集会报告相同的散列码。

14.4 List

List 接口继承了 Collection 接口，以定义一个允许重复项的有序集合。该接口不但能够对列表的一部分进行处理，还添加了面向位置的操作。

面向位置的操作不仅包括插入某个元素或 Collection 的功能，还包括获取、除去或更改元素的功能。在 List 中搜索元素，可以从列表的头部或尾部开始，如果找到元素，还将报告元素所在的位置。表 14-5 为 List 接口提供的支持。

表 14-5 List 接口提供的支持

方　法	描　述
Boolean add(E e)	确保此 collection 包含指定的元素，为可操作项
void add(int index,Object element)	在指定位置 index 上添加元素 element
Boolean addAll(int index, Collection c)	将集合 c 的所有元素添加到指定位置 index
Object get(int index)	返回 List 中指定位置的元素
int indexOf(Object o)	返回第一个出现元素 o 的位置，否则返回－1
int lastIndexOf(Object o)	返回最后一个出现元素 o 的位置，否则返回－1
Object remove(int index)	删除指定位置上的元素
Object set(int index, Object element)	用元素 element 取代位置 index 上的元素，并且返回旧的元素
ListIterator listIterator()	返回一个列表迭代器，用来访问列表中的元素
ListIterator listIterator(int index)	返回一个列表迭代器，用来从指定位置 index 开始访问列表中的元素
List subList(int fromIndex, int toIndex)	返回从指定位置 fromIndex(包含)到 toIndex(不包含)范围中各个元素的列表视图

14.4.1 ListIterator 接口

ListIterator 接口继承 Iterator 接口，以添加或更改底层集合中的元素，还支持双向访问。

ListIterator 没有当前位置，光标位于调用 previous 和 next 方法返回的值之间。一个长度为 n 的列表，有 $n+1$ 个有效索引值。

（1）void add(Object o)：将对象 o 添加到当前位置的前面。

（2）void set(Object o)：用对象 o 替代 next 或 previous 方法访问的上一个元素。如果上次调用后列表结构被修改了，那么将抛出 IllegalStateException 异常。

（3）boolean hasPrevious()：判断向后迭代时是否有元素可访问。

（4）Object previous()：返回上一个对象。

（5）int nextIndex()：返回下次调用 next 方法时将返回的元素的索引。

（6）int previousIndex()：返回下次调用 previous 方法时将返回的元素的索引。

添加 add()操作一个元素，将导致新元素立刻被添加到隐式光标的前面。因此，添加元素后调用 previous()将返回新元素，而调用 next()则不起作用，返回添加操作之前的下一个元素。

实现 List 接口的常用类有 LinkedList、ArrayList、Vector 和 Stack。

14.4.2 ArrayList 类和 LinkedList 类

在 Java 集合框架中有两种常规的 List 实现——ArrayList 和 LinkedList。ArrayList 类和 LinkedList 类应用于不同的场景。

ArrayList 的应用场景是，如果需要支持随机访问，而不必在除尾部的任何位置插入或删除元素，那么，ArrayList 提供可选的集合。但如果需要频繁地从列表的中间位置添加和删除元素，而只能顺序地访问列表元素，那么，LinkedList 实现更好。

ArrayList 和 LinkedList 都实现 Cloneable 接口，提供两个构造函数，一个无参的，一个接受另一个 Collection。

14.4.2.1 LinkedList 类

LinkedList 类添加了一些处理列表两端元素的方法。LinkedList 类实现的方法如表 14-6 所示。

表 14-6 LinkedList 实现的方法

方法	描述
void addFirst(Object o)	将对象 o 添加到列表的开头
void addLast(Object o)	将对象 o 添加到列表的结尾
Object getFirst()	返回列表开头的元素
Object getLast()	返回列表结尾的元素
Object removeFirst()	删除并且返回列表开头的元素
Object removeLast()	删除并且返回列表结尾的元素
LinkedList()	构建一个空的链接列表
LinkedList(Collection c)	构建一个链接列表，并且添加集合 c 的所有元素

使用这些新方法，便可以把 LinkedList 当作一个堆栈、队列或其他面向端点的数据结构。关于 LinkedList 举例如例程 14-6 所示。

［**例程 14-6**］ LinkedList 应用。

```
import java.util.*;
public class ListExample1 {

    public static void main(String[] args)
    {
```

```
        //TODO Auto - generated method stub
        String name = "姓名：王贝思";
        String sex = "性别：女 ";
        String age = "年龄：9 岁";
        String educationalLevel = "学历：小学";
        String grade = "年级：四年级";
        List < String > studentsList = new LinkedList < String >();
        studentsList.add(name);
        studentsList.add(sex);
        studentsList.add(age);
        studentsList.set(1,grade);
        studentsList.set(2,educationalLevel);

        Iterator < String > it = studentsList.iterator();
        while(it.hasNext())
        {
            System.out.println(it.next());
        }

        }

    }
```

运行结果：

```
姓名：王贝思
年级：四年级
学历：小学
```

例程 14-6 是使用 Set 语句来替换源 List 对象。如果采取赋值语句，程序运行结果会发生变化。程序代码及运行结果如例程 14-7 所示。

[**例程 14-7**]　Set 语句和 List 对象比较。

```
import java.util. * ;
public class ListExample2 {
    public static void main(String[ ] args)
    {
        String name = "姓名：王贝思";
        String sex = "性别：女 ";
        String age = "年龄：9 岁";
        String educationalLevel = "学历：小学";
        String grade  = "年级：四年级";
        List < String > studentsList = new LinkedList < String >();
        studentsList.add(name);
        studentsList.add(sex);
        studentsList.add(age);
        studentsList.add(grade);
        studentsList.add(educationalLevel);

        Iterator < String > it = studentsList.iterator();
        while(it.hasNext())
        {
            System.out.println(it.next());
```

```
            }
        }
    }
```

运行结果：

```
姓名：王贝思
性别：女
年龄：9岁
年级：四年级
学历：小学
```

14.4.2.2 ArrayList类

ArrayList类完成List接口的主要实现，对于连续的访问数据应优先使用AbstractSequentialList，而不是ArrayList类。

若要实现不可修改的列表，编程人员只需扩展此类，并提供get(int)和size()方法的实现。

若要实现可修改的列表，编程人员必须另外重写set(int, E)方法（否则将抛出UnsupportedOperationException）。如果列表为可变大小，则编程人员必须另外重写add(int, E)和remove(int)方法。

按照Collection接口规范中的建议，编程人员通常应该提供一个void(无参数)和collection构造方法。

与其他抽象collection实现不同，编程人员不必提供迭代器实现；迭代器和列表迭代器由此类在以下“随机访问”方法上实现：get(int)、set(int, E)、add(int, E)和remove(int)。

ArrayList类中每个非抽象方法的文档详细描述了其实现。如果要实现的collection允许更有效的实现，则可以重写所有这些方法。

ArrayList类封装了一个动态再分配的Object[]数组。每个ArrayList对象有一个capacity。这个capacity表示存储列表中元素的数组的容量。当元素添加到ArrayList时，它的capacity在常量时间内自动增加。

ArrayList提供的实现方法如表14-7所示。

表14-7 ArrayList提供的方法

方法	描述
boolean add(E e)	将指定的元素添加到此列表的尾部
void add(int index, element)	在列表的指定位置插入指定元素
boolean addAll(int index, Collection <? extends E> c)	将指定collection中的所有元素都插入到列表中的指定位置
void clear()	从此列表中移除所有元素
boolean equals(Object o)	将指定的对象与此列表进行相等性比较
abstract E get(int index)	返回列表中指定位置的元素
Int hashCode()	返回此列表的哈希码值
int indexOf(Object o)	返回此列表中第一次出现的指定元素的索引；如果此列表不包含该元素，则返回－1
Iterator<E> iterator()	返回以恰当顺序在此列表的元素上进行迭代的迭代器
Int lastIndexOf(Object o)	返回此列表中最后出现的指定元素的索引；如果列表不包含此元素，则返回－1
ListIterator<E> listIterator()	返回此列表元素的列表迭代器(按适当顺序)

续表

方　法	描　述
ListIterator<E> listIterator(int index)	返回列表中元素的列表迭代器(按适当顺序),从列表的指定位置开始
E remove(int index)	移除列表中指定位置的元素(可选操作)
protected void removeRange (int fromIndex, int toIndex)	从此列表中移除索引在 fromIndex(包括)和 toIndex(不包括)之间的所有元素
E set(int index, E element)	用指定元素替换列表中指定位置的元素
List < E > subList (int fromIndex, int toIndex)	返回列表中指定的 fromIndex(包括)和 toIndex(不包括)之间的部分视图
void ensureCapacity(int minCapacity)	在向一个 ArrayList 对象添加大量元素的程序中,可使用 ensureCapacity 方法增加 capacity。这可以减少增加重分配的数量
void trimToSize()	整理 ArrayList 对象容量为列表当前大小。程序可使用这个操作减少 ArrayList 对象存储空间

ArrayList 经常被用到 Java 数据集合中,例程 14-8 的程序代码包含了 ArrayList 提供的大部分实现。

[**例程 14-8**] ArrayList 应用举例。

```
import java.util.*;
import java.io.*;
import java.lang.*;

public class ArrayListExample {

    public void doArrayListExample()
    {
        final int MAX = 5;
        int counter = 0;
        System.out.println(" +---------------------------------+ ");
        System.out.println("|    创建存储对象 ArrayList 容器          |");
        System.out.println(" +---------------------------------+ ");
        System.out.println();
        List ListUniversity = new ArrayList();
        List ListCollege = new ArrayList();

        for (int i = 0 ; i < MAX ; i++)
        {
            System.out.println("-- 存储号整数(" + i + ")");
            ListUniversity.add(new Integer(i));
        }

        System.out.println("钢铁学院");
        ListCollege.add("钢铁学院");
        System.out.println("材料科学与工程学院");
        ListCollege.add("材料科学与工程学院");
        System.out.println("经济管理学院");
        ListCollege.add("经济管理学院");
```

```
System.out.println("外国语学院");
ListCollege.add("外国语学院");
System.out.println("法学院");
ListCollege.add("法学院");
System.out.println("钢铁学院");
ListCollege.add("钢铁学院");

System.out.println(" +--------------------------------+ ");
System.out.println("|使用 Iterator 对象 ArrayList 容器          |");
System.out.println(" +--------------------------------+ ");
System.out.println();

Iterator i = ListUniversity.iterator();
while(i.hasNext())
{
    System.out.println(i.next());
}

System.out.println(" +------------------------------------+ ");
System.out.println("|使用 ListIterator 调用 ArrayList 容器          |");
System.out.println(" +------------------------------------+ ");
System.out.println();
System.out.println(" +------------------------------------+ ");
System.out.println("|  使用索引号调用 ArrayList 容器                  |");
System.out.println(" +------------------------------------+ ");
System.out.println();
for(int j = 0 ; j < ListCollege.size();j++)
    {
        System.out.println("[" + j + "] - " + ListCollege.get(j));
    }

    System.out.println(" +------------------------------------+ ");
    System.out.println("|    查询一个结果值然后返回一个索引值          |");
    System.out.println(" +------------------------------------+ ");
    System.out.println();
    int loctaionIndex = ListCollege.indexOf("钢铁学院");
    System.out.println("钢铁学院的索引是:" + loctaionIndex);
    System.out.println(" +------------------------------------+ ");
    System.out.println("| 查询信息返回第一个和最后一个索引值          |");
    System.out.println(" +------------------------------------+ ");
    System.out.println();
    System.out.println("钢铁学院的第一个索引值是:
                    " + ListCollege.indexOf("钢铁学院"));
    System.out.println("钢铁学院的最后一个索引值是:
                " + ListCollege.lastIndexOf("钢铁学院"));

    System.out.println(" +------------------------------------+ ");
    System.out.println("|在源数组基础上创建数组,并且打印出来          |");
    System.out.println(" +------------------------------------+ ");
    System.out.println();
    List SubListCollege = ListCollege.subList(2, ListCollege.size());
    System.out.println("新数组从索引号 4 到
```

```
            " + ListCollege.size() + ":" + SubListCollege);
System.out.println(" +------------------------------------+ ");
System.out.println("|              在新数组中排序            |");
System.out.println(" +------------------------------------+ ");
System.out.println();
System.out.println("源数组列表" + ListCollege);
Collections.sort(SubListCollege);
System.out.println("新数组排序" + ListCollege);
System.out.println("");
System.out.println(" +------------------------------------+ ");
System.out.println("|              在新数组中反方向排序        |");
System.out.println(" +------------------------------------+ ");
System.out.println();


System.out.println("源数组列表" + ListCollege);
Collections.reverse(SubListCollege);
System.out.println("新数组反向排序" + ListCollege);
System.out.println("");
System.out.println(" +------------------------------------+ ");
System.out.println("|              数组是否为空判断          |");
System.out.println(" +------------------------------------+ ");
System.out.println();
System.out.println("UniversityList 为空吗? " + ListUniversity.isEmpty());
System.out.println("CollegeList 为空吗?" + ListCollege.isEmpty());
System.out.println("SubListCollege 为空吗" + SubListCollege.isEmpty());
System.out.println(" +------------------------------------+ ");
System.out.println("| 数组比较,并且将两个数组进行赋值            |");
System.out.println(" +------------------------------------+ ");
System.out.println();
System.out.println("UniversityList(操作之前): " + ListUniversity);
System.out.println("CollegeList(操作之前): " + ListCollege);
System.out.println("SubCollegeList(操作之前): " + SubListCollege);
System.out.println("");

ListUniversity = new ArrayList(ListCollege);

System.out.println("UniversityList(操作之后): " + ListUniversity);
System.out.println("CollegeList(操作之后): " + ListCollege);
System.out.println("SubCollegeList(操作之后): " + SubListCollege);
System.out.println("");

System.out.println("目前 universityList 和 collegeList 是否相等"
            + ListUniversity.equals(ListCollege));
System.out.println(" +------------------------------------+ ");
System.out.println("|  将 ArrayList 转换为数组类型             |");
System.out.println(" +------------------------------------+ ");
System.out.println();
Object[] objArray = ListCollege.toArray();
for (int j = 0; j < objArray.length; j++)
{
    System.out.println("Array Element[" + j + "] = " + objArray[j]);
```

```
        }
        System.out.println(" +-------------------------------------+ ");
        System.out.println("|    清除数组元素,比较前后变化              |");
        System.out.println(" +-------------------------------------+ ");
        System.out.println();
        System.out.println("UniversityList(操作之前): " + ListUniversity);
        System.out.println("CollegeList(操作之前): " + ListCollege);
        System.out.println();
        ListUniversity.clear();
        System.out.println("UniversityList(操作之后): " + ListUniversity);
        System.out.println("CollegeList(操作之后): " + ListCollege);
    }

    public static void main(String[ ] args)
    {
        ArrayListExample listExample = new ArrayListExample();
        listExample.doArrayListExample();
    }

}
```

例程 14-8 中的程序代码包含了我们使用到的 ArrayList 中大部分方法实现。其代码运行结果如下。

```
+--------------------------------+
|   创建存储对象 ArrayList 容器      |
+--------------------------------+

-- 存储号整数(0)
-- 存储号整数(1)
-- 存储号整数(2)
-- 存储号整数(3)
-- 存储号整数(4)
钢铁学院
材料科学与工程学院
经济管理学院
外国语学院
法学院
钢铁学院
+--------------------------------+
|使用 Iterator 对象 ArrayList 容器 |
+--------------------------------+
0
1
2
3
4
+-------------------------------------+
|使用 ListIterator 调用 ArrayList 容器   |
+-------------------------------------+

+-------------------------------------+
```

```
|使用索引号调用 ArrayList 容器                |
+-------------------------------------+
[0] - 钢铁学院
[1] - 材料科学与工程学院
[2] - 经济管理学院
[3] - 外国语学院
[4] - 法学院
[5] - 钢铁学院
+-------------------------------------+
|查询一个结果值然后返回一个索引值              |
+-------------------------------------+

钢铁学院的索引是:0
+-------------------------------------+
|查询信息返回第一个和最后一个索引值            |
+-------------------------------------+
钢铁学院的第一个索引值是: 0
钢铁学院的最后一个索引值是: 5
+-------------------------------------+
|在源数组基础上创建数组,并且打印出来           |
+-------------------------------------+
新数组从索引号 4 到 6:[经济管理学院, 外国语学院, 法学院, 钢铁学院]
+-------------------------------------+
|   在新数组中排序                           |
+-------------------------------------+
源数组列表[钢铁学院, 材料科学与工程学院, 经济管理学院, 外国语学院, 法学院, 钢铁学院]
新数组排序[钢铁学院, 材料科学与工程学院, 外国语学院, 法学院, 经济管理学院, 钢铁学院]
+-------------------------------------+
|    在新数组中反方向排序                     |
+-------------------------------------+

源数组列表[钢铁学院, 材料科学与工程学院, 外国语学院, 法学院, 经济管理学院, 钢铁学院]
新数组反向排序[钢铁学院, 材料科学与工程学院, 钢铁学院, 经济管理学院, 法学院, 外国语学院]

+-------------------------------------+
|          数组是否为空判断                  |
+-------------------------------------+
UniversityList 为空吗? false
CollegeList 为空吗? false
SubListCollege 为空吗 false
+-------------------------------------+
|数组比较,并且将两个数组进行赋值              |
+-------------------------------------+
UniversityList(操作之前): [0, 1, 2, 3, 4]
CollegeList(操作之前): [钢铁学院, 材料科学与工程学院, 钢铁学院, 经济管理学院, 法学院, 外国
语学院]
SubCollegeList(操作之前): [钢铁学院, 经济管理学院, 法学院, 外国语学院]
UniversityList(操作之后): [钢铁学院, 材料科学与工程学院, 钢铁学院, 经济管理学院, 法学院, 外
国语学院]
CollegeList(操作之后): [钢铁学院, 材料科学与工程学院, 钢铁学院, 经济管理学院, 法学院, 外国
```

```
语学院]
SubCollegeList(操作之后):[钢铁学院，经济管理学院，法学院，外国语学院]
目前 universityList 和 collegeList 是否相等 true
+-----------------------------------+
|    将 ArrayList 转换为数组类型       |
+-----------------------------------+

Array Element[0] = 钢铁学院
Array Element[1] = 材料科学与工程学院
Array Element[2] = 钢铁学院
Array Element[3] = 经济管理学院
Array Element[4] = 法学院
Array Element[5] = 外国语学院
+-----------------------------------+
|   清除数组元素,比较前后变化          |
+-----------------------------------+
UniversityList(操作之前):[钢铁学院，材料科学与工程学院，钢铁学院，经济管理学院，法学院，外国语学院]
CollegeList(操作之前):[钢铁学院，材料科学与工程学院，钢铁学院，经济管理学院，法学院，外国语学院]
UniversityList(操作之后):[]
CollegeList(操作之后):[钢铁学院，材料科学与工程学院，钢铁学院，经济管理学院，法学院，外国语学院]
```

14.4.2.3 Vector 类

Java Vector 类可以实现自动增长的对象数组；它通过提供向量(Vector)类以实现类似动态数组的功能。在 Java 语言中没有指针概念的,但如果能正确灵活地使用指针又确实可以大大地提高程序的质量,例如,在 C、C++ 中,所谓"动态数组"一般都由指针来实现。为了弥补这点缺陷,Java 提供了丰富的类库来方便编程者使用,Vector 类便是其中之一。

创建一个向量类的对象后,可以往其中任意地插入不同的类的对象,既不需顾及类型也不需预先选定向量的容量,并可方便地进行查找。对于预先不知或不愿预先定义数组大小,并需频繁进行查找、插入和删除工作的情况,可以考虑使用向量类。向量类提供以下 3 种构造方法。

(1) public vector()。

(2) public vector(int initialcapacity,int capacityIncrement)。

(3) public vector(int initialcapacity)。

使用第一种方法,系统会自动地对向量对象进行管理。若使用后两种方法,则系统将根据参数 initialcapacity 设定向量对象的容量(即向量对象可存储数据的大小),当真正存放的数据个数超过容量时,系统会扩充向量对象的存储容量。

参数 capacityIncrement 给定每次扩充的扩充值。当 capacityIncrement 为 0 时,则每次扩充一倍。利用这个功能可以优化存储。在 Vector 类中,提供了各种方法方便用户使用,具体方法说明如表 14-8 所示。

表 14-8 Vector 提供的方法列表

方　法	描　述
Boolean add(E e)	将指定元素添加到此向量的末尾
void add(int index, E element)	在此向量的指定位置插入指定的元素

续表

方 法	描 述
boolean addAll(Collection<? extends E> c)	将指定 Collection 中的所有元素添加到此向量的末尾，按照指定 collection 的迭代器所返回的顺序添加这些元素
Boolean addAll (int index, Collection <? extends E> c)	在指定位置将指定 Collection 中的所有元素插入到此向量中
void addElement(E obj)	将指定的组件添加到此向量的末尾，将其大小增加 1
int capacity()	返回此向量的当前容量
Void clear()	从此向量中移除所有元素
Object clone()	返回向量的一个副本
boolean contains(Object o)	如果此向量包含指定的元素，则返回 true
boolean containsAll(Collection<? > c)	如果此向量包含指定 Collection 中的所有元素，则返回 true
void copyInto(Object[] anArray)	将此向量的组件复制到指定的数组中
E elementAt(int index)	返回指定索引处的组件
Enumeration<E< elements()	返回此向量的组件的枚举
void ensureCapacity(int minCapacity)	增加此向量的容量（如有必要），以确保其至少能够保存最小容量参数指定的组件数
boolean equals(Object o)	比较指定对象与此向量的相等性
E firstElement()	返回此向量的第一个组件（位于索引 0）处的项）
E get(int index)	返回向量中指定位置的元素
int hashCode()	返回此向量的哈希码值
intindexOf(Object o)	返回此向量中第一次出现的指定元素的索引，如果此向量不包含该元素，则返回－1
intindexOf(Object o, int index)	返回此向量中第一次出现的指定元素的索引，从 index 处正向搜索，如果未找到该元素，则返回－1
void insertElementAt(E obj, int index)	将指定对象作为此向量中的组件插入到指定的 index 处
boolean isEmpty()	测试此向量是否不包含组件
E lastElement()	返回此向量的最后一个组件
int lastIndexOf(Object o)	返回此向量中最后一次出现的指定元素的索引；如果此向量不包含该元素，则返回－1
int lastIndexOf(Object o, int index)	返回此向量中最后一次出现的指定元素的索引，从 index 处逆向搜索，如果未找到该元素，则返回－1
E remove(int index)	移除此向量中指定位置的元素
boolean remove(Object o)	移除此向量中指定元素的第一个匹配项，如果向量不包含该元素，则元素保持不变
boolean removeAll(Collection<? > c)	从此向量中移除包含在指定 Collection 中的所有元素
void removeAllElements()	从此向量中移除全部组件，并将其大小设置为零
boolean removeElement(Object obj)	从此向量中移除变量的第一个（索引最小的）匹配项
void removeElementAt(int index)	删除指定索引处的组件
protected void removeRange (int fromIndex, int toIndex)	从此 List 中移除其索引位于 fromIndex（包括）与 toIndex（不包括）之间的所有元素
boolean retainAll(Collection<? > c)	在此向量中仅保留包含在指定 Collection 中的元素
E set(int index, E element)	用指定的元素替换此向量中指定位置处的元素
void setElementAt(E obj, int index)	将此向量指定 index 处的组件设置为指定的对象
void setSize(int newSize)	设置此向量的大小

续表

方 法	描 述
int size()	返回此向量中的组件数
List < E > subList (int fromIndex, int toIndex)	返回此 List 的部分视图,元素范围为从 fromIndex(包括)到 toIndex(不包括)
Object[] toArray()	返回一个数组,包含此向量中以恰当顺序存放的所有元素
< T > T[] toArray(T[] a)	返回一个数组,包含此向量中以恰当顺序存放的所有元素;返回数组的运行时类型为指定数组的类型
String toString()	返回此向量的字符串表示形式,其中包含每个元素的 String 表示形式
void trimToSize()	对此向量的容量进行微调,使其等于向量的当前大小

例程 14-9 现在定义一个实体类,类名称为 College,college 实体存储学院相关信息的。VectorExample 包含一个 main()方法,负责 college 数据的实例化和输出。

[**例程 14-9**] VectorExample。

```
import java.util.Iterator;
import java.util.*;

public class VectorExample
{
    public static void main(String args[])
    {
        Vector vecCollege = new Vector();
        vecCollege.addElement(new college("圆明园附近学院","001","010 - 62358475",
                                    "圆明园东路 1 号"));
        vecCollege.addElement(new college("五道口工程学院","002","010 - 62314785",
                                    "中关村北路 12 号"));
        vecCollege.addElement(new college("海淀培训学院","003","010 - 85624123",
                                    "中关村南路 13 号"));
        vecCollege.addElement(new college("学院路农民学院","004","010 - 76584213",
                                    "学院路 32 号"));
        vecCollege.addElement(new college("西直门火车学院","005","010 - 58741365",
                                    "上道路 24 号"));
        vecCollege.addElement(new college("学院路地球培训学院","006",
                                    "010 - 62314571","学院路 28 号"));
        vecCollege.addElement(new college("二里庄附小钢铁附属学院","007",
                                    "010 - 78541236","学院路 30 号"));
        System.out.println("数据长度: " + vecCollege.size());
        college collegeField = (college)vecCollege.elementAt(0);
        Integer i = 0;
        for (i = 0; i< vecCollege.size();i++)
        {
            collegeField = (college)vecCollege.elementAt(i);
            System.out.println(collegeField.getCollegeTitle() + ":
                         " + collegeField.getCollegeNo() +
                         collegeField.getCollegeTel() + collegeField.getCollegeAddress());
        }

        System.out.println(collegeField.getCollegeTitle() + ":  " +
```

```
                    collegeField.getCollegeNo() +
                collegeField.getCollegeTel() + collegeField.getCollegeAddress());
    }

}

public class college
{
    private String collegeTitle;
    private String collegeNo;
    private String collegeAddress;
    private String collegeTel;
    public college(String collegeTitle,
                   String collegeNo,
                   String collegeAddress,
                   String collegeTel)
    {
        this.collegeTitle = collegeTitle;
        this.collegeNo = collegeNo;
        this.collegeAddress = collegeAddress;
        this.collegeTel = collegeTel;

    }
    public String getCollegeTitle()
    {
        return this.collegeTitle;
    }
    public String getCollegeNo()
    {
        return this.collegeNo;
    }
    public String getCollegeAddress()
    {
        return this.collegeAddress;
    }
    public String getCollegeTel()
    {
        return this.collegeTel;
    }
}
```

运行结果：

```
数据长度：7
圆明园附近学院：  001 圆明园东路 1 号 010 - 62358475
五道口工程学院：  002 中关村北路 12 号 010 - 62314785
海淀培训学院：  003 中关村南路 13 号 010 - 85624123
学院路农民学院：  004 学院路 32 号 010 - 76584213
西直门火车学院：  005 上道路 24 号 010 - 58741365
学院路地球培训学院：  006 学院路 28 号 010 - 62314571
二里庄附小钢铁附属学院：  007 学院路 30 号 010 - 78541236
二里庄附小钢铁附属学院：  007 学院路 30 号 010 - 78541236
```

14.5 Map

14.5.1 Map 接口概述

Map 提供一个更通用的元素存储方法。Map 集合类用于存储元素对(称为“键”和“值”),其中每个键映射到一个值。从概念上而言,人们可以将 List 看作是具有数值键的 Map。而实际上,除了 List 和 Map 都在定义 Java. util 中外,两者并没有直接的联系。

Java 核心类中有很多预定义的 Map 类。在介绍具体实现之前,我们先介绍 Map 接口本身,以便了解所有实现的共同点。Map 接口定义了 4 种类型的方法,每个 Map 都包含这些方法。

Map 接口不是 Collection 接口的继承。Map 接口用于维护键-值对(key-value pairs),该接口描述从不重复的键到值的映射。Java Map 提供的服务如表 14-9 所示。

表 14-9 Map 接口方法说明

方　法	描　述
Object put(Object key, Object value)	将互相关联的一个关键字与一个值放入该映像
Object remove(Object key)	从映像中删除与 key 相关的映射
void putAll(Map t)	将来自特定映像的所有元素添加给该映像
void clear()	从映像中删除所有映射
Object get(Object key)	获得与关键字 key 相关的值,并且返回与关键字 key 相关的对象,如果没有在该映像中找到该关键字,则返回 null
boolean containsKey(Object key)	判断映像中是否存在关键字 key
boolean containsValue(Object value)	判断映像中是否存在值 value
int size()	返回当前映像中映射的数量
boolean isEmpty()	判断映像中是否有任何映射
Collection values()	返回映像中所有值的视图集
Set entrySet()	返回 Map. Entry 对象的视图集

14.5.2 Map. Entry 接口

Map 的 entrySet()方法返回一个实现 Map. Entry 接口的对象集合。集合中每个对象都是底层 Map 中一个特定的键-值对。通过这个集合的迭代器,我们可以获得每一个条目的键或值并对值进行更改。当条目通过迭代器返回后,除非是迭代器自身的 remove()方法或者迭代器返回的条目的 setValue()方法,其余对源 Map 外部的修改都会导致此条目集变得无效,同时产生条目行为未定义。Map. Entry 接口提供了如表 14-10 所示服务。

表 14-10 Map. Entry 接口服务说明

方　法	描　述
Object getKey()	返回条目的关键字
Object getValue()	返回条目的值
Object setValue(Object value)	将相关映像中的值改为 value,并且返回旧值

14.5.3 SortedMap 接口

Java 集合提供了个特殊的 Map 接口——SortedMap 用来保持键的有序顺序。SortedMap 接口为映像的视图(子集),包括两个端点提供了访问方法。除了排序是作用于映射的键以外,处理

SortedMap 和处理 SortedSet 一样。

添加到 SortedMap 实现类的元素必须实现 Comparable 接口，否则必须给它的构造函数提供一个 Comparator 接口的实现。TreeMap 类是它的唯一一份实现。因为对于映射来说，每个键只能对应一个值，如果在添加一个键-值对时比较两个键产生了 0 返回值(通过 Comparable 的 compareTo() 方法或通过 Comparator 的 compare()方法)，那么，原始键对应值被新的值替代。如果两个元素相等，那还好。但如果不相等，那么就需要修改比较方法，让比较方法和 equals() 的效果一致。SortedMap 接口提供的服务如表 14-11 所示。

表 14-11　SortedMap 接口提供的服务

方　　法	描　　述
Comparator comparator()	返回对关键字进行排序时使用的比较器，如果使用 Comparable 接口的 compareTo()方法对关键字进行比较，则返回 null
Object firstKey()	返回映像中第一个(最低)关键字
Object lastKey()	返回映像中最后一个(最高)关键字
SortedMap subMap (Object fromKey, Object toKey)	返回从 fromKey(包括)至 toKey(不包括)范围内元素的 SortedMap 视图(子集)
SortedMap headMap(Object toKey)	返回 SortedMap 的一个视图，其内各元素的 key 皆小于 toKey
SortedSet tailMap(Object fromKey)	返回 SortedMap 的一个视图，其内各元素的 key 皆大于或等于 fromKey

14.5.4　AbstractMap 抽象类——Abstrac

和其他抽象集合实现相似，AbstractMap 类覆盖了 equals()和 hashCode()方法，以确保两个相等映射返回相同的哈希码。如果两个映射大小相等、包含同样的键且每个键在这两个映射中对应的值都相同，则这两个映射相等。映射的哈希码是映射元素哈希码的总和，其中每个元素是 Map.Entry 接口的一个实现。因此，不论映射内部顺序如何，两个相等映射会报告相同的哈希码。

14.5.5　HashMap 类和 TreeMap 类

"集合框架"提供两种常规的 Map 实现——HashMap 和 TreeMap (TreeMap 实现 SortedMap 接口)。在 Map 中插入、删除和定位元素，HashMap 是最好的选择；但如果需要按自然顺序或自定义顺序遍历键，那么 TreeMap 会更好。使用 HashMap 要求添加的键类明确定义了 hashCode()和 equals()的实现。这个 TreeMap 没有调优选项，因为该树总处于平衡状态。

14.5.5.1　HashMap 类

为了优化 HashMap 空间的使用，人们可以调优初始容量和负载因子，HashMap 提供了如表 14-12 所示的具体方法。

表 14-12　HashMap 实现的方法

方　　法	描　　述
HashMap()	构建一个空的哈希映像
HashMap(Map m)	构建一个哈希映像，并且添加映像 m 的所有映射
HashMap(int initialCapacity)	构建一个拥有特定容量的空的哈希映像
HashMap(int initialCapacity, floatloadFactor)	构建一个拥有特定容量和加载因子的空的哈希映像

14.5.5.2 TreeMap 类

TreeMap 没有调优选项,因为该树总处于平衡状态。TreeMap 类实现的方法如表 14-13 所示。

表 14-13 TreeMap 提供的方法

方　法	描　述
TreeMap()	构建一个空的映像树
TreeMap(Map m)	构建一个映像树,并且添加映像 m 中所有元素
TreeMap(Comparator c)	构建一个映像树,并且使用特定的比较器对关键字进行排序
TreeMap(SortedMap s)	构建一个映像树,添加映像树 s 中所有映射,并且使用与有序映像 s 相同的比较器排序

14.5.6 LinkedHashMap 类

LinkedHashMap 扩展 HashMap,以插入顺序将关键字-值对添加进链接哈希映像中。像 LinkedHashSet 一样,LinkedHashMap 内部也采用双重链接式列表。其具体实现如表 14-14 所示。

表 14-14 LinkedHashMap 类提供的方法

方　法	描　述
LinkedHashMap()	构建一个空链接哈希映像
LinkedHashMap(Map m)	构建一个链接哈希映像,并且添加映像 m 中所有映射
LinkedHashMap(int initialCapacity)	构建一个拥有特定容量的空的链接哈希映像
LinkedHashMap (int initialCapacity, float loadFactor)	构建一个拥有特定容量和加载因子的空的链接哈希映像
LinkedHashMap (int initialCapacity, float loadFactor, boolean accessOrder)	构建一个拥有特定容量、加载因子和访问顺序排序的空的链接哈希映像
protected boolean removeEldestEntry(Map.Entry eldest)	若想删除最老的映射,则覆盖该方法,以便返回 true

14.5.7 Map 例程

本节用一个综合程序例子介绍 Map 的实现方法,具体情况例程 14-10 所示。

[**例程 14-10**] Map 的一个综合应用。

```
import java.util.*;
public class MapExample
{

    public static void main(String[] args)
    {
        System.out.println("测试我的 HashMap");
        MapExample.testHashMap();
        System.out.println("测试我的 HashTable");
        MapExample.testHashtable();
        System.out.println("测试我的 LinkedHashMap");
        MapExample.testLinkedHashMap();
        System.out.println("测试我的 TreeMap");
        MapExample.testTreeMap();
        Map myMap = new HashMap();
```

```
        MapExample.init(myMap);
        System.out.println("新初始化一个 Map: myMap");
        MapExample.output(myMap);
        //清空 Map
        myMap.clear();
        System.out.println("将 myMap clear 后,myMap 空了吗?  " + myMap.isEmpty());
        MapExample.output(myMap);
        myMap.put("aaa", "aaaa");
        myMap.put("bbb", "bbbb");
        //判断 Map 是否包含某键或者某值
        System.out.println("myMap 包含键 aaa?  " + MapExample.containsKey(myMap, "aaa"));
        System.out.println("myMap 包含值 aaaa?  " + MapExample.containsValue(myMap, "aaaa"));
        //根据键删除 Map 中的记录
        myMap.remove("aaa");
        System.out.println("删除键 aaa 后,myMap 包含键 aaa?  " +
                          MapExample.containsKey(myMap, "aaa"));
        //获取 Map 的记录数
        System.out.println("myMap 包含的记录数:  " + myMap.size());
    }
    public static void init(Map map)
    {
        if(map!= null)
        {
            String key = null;
            for(int i = 5;i > 0;i -- )
            {
                key = new Integer(i).toString() + ".0";
                map.put(key,key.toString());
                map.put(key, key.toString() + "0");
            }
        }
    }
    public static void output(Map map)
    {
        if(map!= null)
        {
            Object key = null;
            Object value = null;
            Iterator it = map.keySet().iterator();
            while(it.hasNext())
            {
                key = it.next();
                value = map.get(key);
                System.out.println("key:" + key + "; value:" + value);
            }
            Map.Entry entry = null;
            it = map.entrySet().iterator();
            while(it.hasNext())
            {
                entry = (Map.Entry)it.next();
                System.out.println("key:" + entry.getKey() + ";
                                  value:" + entry.getValue());
```

```
            }
        }
    }

    public static boolean containsKey(Map map,Object key)
    {
        if(map!= null)
        {
            return map.containsKey(key);
        }
        return false;
    }

    public static boolean containsValue(Map map,Object value)
    {
        if(map!= null)
        {
            return map.containsValue(value);
        }
        return false;
    }

    public static void testHashMap()
    {
        Map myMap = new HashMap();
        init(myMap);
        myMap.put(null, "goodbye");
        myMap.put("bye bye", null);
        output(myMap);
    }

    public static void testHashtable()
    {
        Map myMap = new Hashtable();
        init(myMap);

        myMap.put(null, "王贝思");
        myMap.put("王飞", null);
        output(myMap);

    }

    public static void testLinkedHashMap()
    {
        Map myMap = new LinkedHashMap();
        init(myMap);
        myMap.put(null,"王振");
        myMap.put("wangfei", null);
        output(myMap);
    }

    public static void testTreeMap()
```

```
    {
        Map myMap = new TreeMap();
        init(myMap);
        myMap.put(null, "ddd");
        myMap.put("hello", null);

    }
}
```

14.6 本章小结

用“集合框架”设计软件时，记住该框架 4 个基本接口的下列层次结构关系，将带来益处。

（1）Collection 接口是一组允许重复的对象。

（2）Set 接口继承 Collection，但不允许重复。

（3）List 接口继承 Collection，允许重复，并引入位置下标。

（4）Map 接口既不继承 Set 也不继承 Collection，存取的是键-值对。

常用的集合实现类之间的区别说明如表 14-15 所示。

表 14-15 Java 常用集合区别说明

Collection/Map	接口	成员重复性	元素存放顺序（Ordered/Sorted）	元素中被调用的方法	基于的数据结构
HashSet	Set	Unique elements	No order	equals() hashCode()	Hash 表
LinkedHashSet	Set	Unique elements	Insertion order	equals() hashCode()	Hash 表和双向链表
TreeSet	SortedSet	Unique elements	Sorted	equals() compareTo()	平衡树（Balanced tree）
ArrayList	List	Allowed	Insertion order	equals()	数组
LinkedList	List	Allowed	Insertion order	equals()	链表
Vector	List	Allowed	Insertion order	equals()	数组
HashMap	Map	Unique keys	No order	equals() hashCode()	Hash 表
LinkedHashMap	Map	Unique keys	Key insertion order/Access orderof entries	equals() hashCode()	Hash 表和双向链表
Hashtable	Map	Unique keys	No order	equals() hashCode()	Hash 表
TreeMap	SortedMap	Unique keys	Sorted in key order	equals() compareTo()	平衡树（Balanced tree）

第15章 数据结构在“学籍管理软件”中的应用

15.1 关于 Java 集合的讨论

洪杨俊：在第 14 章我们学习了 Java 集合框架，基本掌握了这些框架中接口以及部分实现类和对这些集合的应用。请问王老师，Java 集合与其他书籍中讲到的 Java 数据结构有关系吗？

晨落：Java 集合类实现了计算机学科课程中所讲授的绝大多数数据结构，比如可变大小的数组类、链表类、平衡树类以及散列-集合类。

晨落：使用 Java 集合框架有如下几个好处：首先，学生使用的代码都已经过测试，不需要由教员或者教科书作者另外创建一套模块，形成一套成熟的体系，减少了学生的学习成本和老师的教学成本；其次，学生们有机会学习专家们的代码，这些代码一定会比他们之前见过的代码更高效、更简洁，使得学生的学习能力大大提高。

晨落：尽管 Java 集合类非常重要，建立在数据结构和算法基础课之上，但它并不是唯一的研究热点。那些不同于 Java 集合框架中的方法也值得考虑。

洪杨俊：Java 数据集合能给程序员带来什么益处？

晨落：使用集合框架的益处是，因为 Java 集合能够帮助人们完成部分算法功能，减少程序员的工作量。

洪杨俊：请概括说明 Java 集合中的类与接口特点是什么？

晨落：ArrayList 是基于数组方式实现的，无容量限制。ArrayList 在执行插入元素时可能要扩容，在删除元素时并不会减少数组的容量。如果希望相应地缩小数组容量，可以调用 trimToSize()，在查找元素时要遍历数组，对于非 null 的元素采取 equals 的方式寻找。

洪杨俊：那么请问 LinkedList 又有什么特点？

晨落：LinkedList 是基于双向链表机制实现的。元素的插入、移动较快，非线程安全。

洪杨俊：其他 Java 集合的特点？

晨落：其他 Java 集合的特点如下：

Vector 是基于 Object 数组的方式来实现的。

Stack 是基于 Vector 实现的，支持 LIFO。

HashSet 是基于 HashMap 实现的，无容量限制。不允许元素重复。

TreeSet 是基于 TreeMap 实现的，支持排序。

HashMap 采用数组方式存储 key、value 构成的 Entry 对象，无容量限制。基于 key hash 寻找 Entry 对象存放到数组的位置，对于 hash 冲突采用链表的方式来解决。在插入元素时可能会扩大数组的容量，在扩大容量时会重新计算 hash，并复制对象到新的数组中。

TreeMap 是基于红黑树实现，无容量限制。

洪杨俊：这些 Java 集合的应用场景是什么？

晨落：概括这些场景如下，ArrayList 适用于通过位置来读取元素的场景；LinkedList 适用于要头尾操作或插入指定位置的场景；Vector 适用于要线程安全的 ArrayList 的场景；Stack 适用于线程安全的 LIFO 场景；HashSet 适用于对排序没有要求的非重复元素的存放；TreeSet 适用于要排序的非重复元素的存放；HashMap 适用于大部分 key-value 的存取场景；TreeMap 适用于需排序存放的 key-value 场景。

洪杨俊：请问 Java 集合使用应用频繁吗？

晨落：在程序设计中遇到较为复杂的算法时才会用到，而一般的数据库操作或较为简单的数据运算则很少用到 Java 集合。

15.2 “学籍管理软件”数据结构设计

15.2.1 数据分析

数据保存、修改、删除、查询等操作一般包括两种方式：一种是通过读取永久性数据文件的方式，例如数据库中的一个数据表；另一种方式是对内存数据的操作。在数据库操作方面，程序员不需要太多考虑其数据结构和算法，只要掌握数据库 SQL 语句和优化方法即可，所有内存的操作都由数据库管理系统来处理，例如索引、主外键等。而对内存数据的操作则需要程序员掌握数据结构相关原理和数据结构应用场景来实现。本书案例“学籍管理软件”的数据存储是通过文本文件来实现的，其数据的保存、修改、删除和查询操作需考虑必要的数据结构。

现在分析“学籍管理软件”中需要操作的数据结构，以便确定“学籍管理软件”中用到的数据结构。我们对“学籍管理软件”的每个数据表进行分析，包括它们是否需要排序、是否多条记录、是否有可重复性校验、属于输入数据还是输出数据结构等，具体的数据分析如表 15-1 所示。

表 15-1 “学籍管理软件”数据分析

数 据 表	操作	排序	重复性	输入/输出
university	增加	否	校验	输入
	修改	否	校验	输入
	删除	否	否	输出
	查询	是	否	输出
college	增加	否	校验	输入
	修改	否	校验	输入
	删除	否	否	输出
	查询	否	否	输出
department	增加	否	校验	输入
	修改	否	校验	输入
	删除	否	否	输出
	查询	是	否	输出
professional	增加	否	校验	输入
	修改	否	校验	输入
	删除	否	否	输出
	查询	是	否	输出

续表

数 据 表	操作	排序	重复性	输入/输出
students	增加	否	校验	输入
	修改	否	校验	输入
	删除	否	否	输出
	查询	是	否	输出
transcript	增加	否	校验	输入
	修改	否	校验	输入
	删除	否	否	输出
	查询	是	否	输出
rewardsAndPunishments	增加	否	校验	输入
	修改	否	校验	输入
	删除	否	否	输出
	查询	是	是	输出
professionaList	查询	是	是	输出
transcriptSortTable	查询	是	是	输出
studentsList	查询	是	是	输出

任何一个软件系统的开发都离不开客户需求，而程序设计都是为满足系统需求而服务的。数据结构设计同理，不同的数据需求决定了采取不同的数据结构。通过以上表格分析发现，“学籍管理软件”所需要的数据结构应该包括以下几类。

1. *数据参数*

所谓的数据参数就是以唯一记录作为操作对象，在操作过程中一次只操作一条记录，数据操作是针对数据文件的操作。在“学籍管理软件”中，数据保存、修改、删除都是对单条记录进行操作的。一般情况下，在输入参数中可以包含不同的数据类型和数据长度。在“学籍管理软件”中，数据参数表有 university、college、department、professional、students、transcript 和 rewardsAndPunishments。对于参数表不做命名操作，通过方法体参数表传递即可。

2. *单记录数据结构*

所谓的单记录数据结构是指在返回数据中，以单表数据形式存在，但是返回数据元素数据类型不相同。在“学籍管理软件”中，university、college、department、professional、students 都属于单列表记录，无排序要求，数据是从数据文件中读取。所以采用 Java 集合中的 ArrayList 实现操作，命名为“数据表名称＋List”。

3. *多记录无序数据结构*

所谓多记录无序数据结构是指数据返回值中包含一条以上记录并无排序要求的，一般在数据文件中读取后无须任何排序，直接输出，例如在“学籍管理软件”中的 listTranscript、listRewardsAndPunishments、listProfessional 无须排序，拟采用 Java 集合 ArrayList 类操作数据。

4. *多记录有序数据结构*

所谓多记录有序数据结构是指在返回值中不但是多条数据集，并且按照一定的规则进行排序。在“学籍管理软件”中，studentsSortList 和 transcriptSortTableList 采取排序数据结构，其中 studentsSortList 是以学生编号为排序关键字，transcriptSortTableList 是以考试成绩为排序关键字。这里定义了两个实体类，分别是 studentsEntry 和 transcriptEntry，它们实现 Comparable 接口，并按照相应的关键字进行排序，生成新的数据结构。

5. *关于数据重复性校验*

数据重复性校验仅在保存和修改时使用。由于“学籍管理软件”的数据操作以数据文件读取为操作方式，所以关于数据的重复性校验不通过内存操作，也就是不存在这样的数据结构需求。

15.2.2 数据结构设计

经过15.2.1节的分析，可以基本确定“学籍管理软件”的数据类型及数据名称规范。现在结合Java集合实现类的不同特点，分析“学籍管理软件”中将要用到的Java集合类。

LinkedList适用于要头尾操作或插入指定位置的场景，考虑到“学籍管理软件”的数据保存与修改每次只操作一条记录，且保存和修改都是直接对数据文件进行操作的，插入或修改所操作的不是内存，LinkedList高效率删除和保存特点无法在这里体现出来，因此在该软件中不用LinkedList。

Vector适用于线程安全的ArrayList的场景，本书的“学籍管理软件”未考虑多线程操作同一数据内容，更无内存操作的需求，所以不建议采用Vector数据结构。

Stack适用于线程安全的LIFO场景。由于“学籍管理软件”对线程安全方面无特别需求，所以“学籍管理软件”不建议采用Stack。

HashSet适用于对排序无要求的非重复元素的存放，尽管“学籍管理软件”对数据的重复性有所要求，例如学生编号不能重复等，但是，判断重复性是通过对数据文件进行操作来判断数据的重复性的，所以不使用HashSet数据结构。

TreeSet适用于需排序的非重复元素的存放。“学籍管理软件”尽管有排序需求，但是，非重复性需求体现在数据保存过程中对数据文件中是否有重复记录的判断，不通过内存操作完成，所以不考虑使用TreeSet。

HashMap适用于大部分key-value的存取场景。HashMap适合于应用在主外键关系的存储场景。因为“学籍管理软件”的这种关系体现在文件存储结构中，关联关系通过保存和修改过程中对数据重复性校验来实现。所以不建议采用HashMap数据结构。

TreeMap适用于需排序存放的key-value场景。TreeMap的使用更不适合“学籍管理软件”需求。

ArrayList适用于通过为位置来读取元素的场景，ArrayList数据结构相对灵活，适用于对数据的排序和读取没有特别要求，所以“学籍管理软件”中只使用ArrayList实现类。

“学籍管理软件”中使用的数据结构以及输入参数、类名称和方法成员列表说明如下。

1. *增加、修改数据参数表*

类名称：bussinessDataOpertaion.java

功能介绍：主要完成“学籍管理软件”相关数据文件的操作，包括增加记录和修改记录，具体分析如表15-2所示。

表15-2 增加修改数据参数

功能	方法成员	输入参数	数据文件名称
学院信息保存	collegeSave	universityCode, collegeCode, collegeTitle, englishTitle, educationalLevel, subordinateDepartment, fax, telephone, address, postcode, URLAddress	college.txt
学院信息修改	collegeUpdate	universityCode, collegeCode, collegeTitle, englishTitle, educationalLevel, subordinateDepartment, fax, telephone, address, postcode, URLAddress	college.txt
系信息保存	departmentSave	universityCode, collegeCode, departmentCode, departmentTitle, departmentEnglishTitle, educationalLevel, subordinateProfessional, telephone, address, postcode, URLAddress	department.txt

续表

功能	方法成员	输入参数	数据文件名称
系信息修改	departmentUpdate	universityCode,collegeCode,departmentCode,departmentTitle,departmentEnglishTitle,educationalLevel,subordinateProfessional,telephone,address, postcode, URLAddress	department. txt
专业信息保存	professionalSave	universityCode, collegeCode,departmentCode,professionalCode,professionalTitle,professionaEnglish,professionalKind,enducationLevel,classNumber,classTitle,courseList	professional. txt
专业信息修改	professionalUpdate	universityCode, collegeCode,departmentCode,professionalCode,professionalTitle,professionaEnglish,professionalKind,enducationLevel,classNumber,classTitle,courseList	professional. txt
奖惩信息保存	rewardsAndPunishments Save	universityCode,collegeCode,departmentCode,professionalCode, classNumber, StudentId,RdDate,units, reasons, result	rewardsAndPunish mens. txt
奖惩信息修改	rewardsAndPunishments Update	universityCode,collegeCode,departmentCode,professionalCode, classNumber, StudentId,RdDate,units, reasons, result	rewardsAndPunish ments. txt
学生信息保存	studentsSave	universityCode, collegeCode, departmentCode,professionalCode,departmentTitle,professionalTitle,classNumber,studentId,name, sex, birthday, nation, politicalStatus admission,joinTheLeagueDate,postcode,specialtyList, telephone, birthPlace,Address	students. txt
学生信息修改	studentsUpdate	universityCode, collegeCode, departmentCode,professionalCode,departmentTitle,professionalTitle,classNumber,studentId,name, sex, birthday, nation, politicalStatus admission,joinTheLeagueDate,postcode,specialtyList, telephone, birthPlace,Address	students. txt
考试成绩保存	transcriptSave	universityCode,collegeCode,departmentCode,professionalCode, classNumber,StudentId,courseCode, courseTitle,examinationsScores,experimentScores,schoolAssignment,classRoomScores,totalScores	transcript. txt
考试成绩修改	transcriptUpdate	universityCode,collegeCode,departmentCode,professionalCode, classNumber,StudentId,courseCode, courseTitle,examinationsScores,experimentScores,schoolAssignment,classRoomScores,totalScores	transcript. txt
学校信息保存	universitySave	universityCode,university, englishTitle,universityKind,headUnits,aim,educationalLevel,educationalScope, managementSystem,fax,telephone,address,postcode, URLAddress	university. txt

续表

功能	方法成员	输入参数	数据文件名称
学校信息修改	universityUpdate	universityCode,university, englishTitle, universityKind,headUnits,aim,educationalLevel, educationalScope, managementSystem,fax, telephone,address,postcode, URLAddress	university. txt

2. 数据删除参数表

类名称：bussinessDeleteOperation

功能概述：主要完成学籍管理文件数据记录删除，数据删除参数表如表 15-3 所示。

表 15-3　数据删除参数

功　能	方法成员	输入参数
学校信息删除	bussinessDelete	universityCode
学院信息删除	bussinessDelete	universityCode,collegeCode
系信息删除	bussinessDelete	universityCode,collegeCode,departmentCode
专业信息删除	bussinessDelete	universityCode,collegeCode,departmentCode,professionalCode
学生信息删除	bussinessDelete	universityCode, collegeCode, departmentCode, professionalCode, classNumber,StudentId
奖惩信息删除	deleteRewardsAndPunishments	universityCode, collegeCode, departmentCode, professionalCode, classNumber,StudentId
成绩删除	deleteTranscript	universityCode, collegeCode, departmentCode, professionalCode, classNumber,StudentId

3. 单记录数据结构

类名称：bussinessLogicListSearch

功能介绍：主要完成"学籍管理软件"数据查询功能，是单条记录查询并显示，单记录数据结构如表 15-4 所示。

表 15-4　单记录数据结构

数据结构名称	方法成员	输入参数	功　能
universityList	bussinessSearch	universityCode	学校信息查询
collegeList	bussinessSearch	universityCode,collegeCode	学院信息查询
departmentList	bussinessSearch	universityCode,collegeCode,departmentCode	系信息查询
professionalList	bussinessSearch	universityCode, collegeCode, departmentCode,professionalCode	专业信息查询
studentsList	bussinessSearch	universityCode, collegeCode, departmentCode, professionalCode, classNumber,StudentId	学生信息查询

4. 多记录无序数据结构

类名称：bussinessStatistics

功能介绍：完成多记录无序数据查询的数据结构如表 15-5 所示。

表 15-5　多记录无序数据结构

数据结构名称	方法成员	输入参数	功能介绍
listCollege	bussinessSearch	universityCode	学院列表
listDepartment	bussinessSearch	universityCode,collegeCode	系列表

续表

数据结构名称	方法成员	输入参数	功能介绍
listRAP	StudentRAP	universityCode,collegeCode, departmentCode, professionalCode, classNumber, studentId	学生奖惩表
listTranscript	transcriptSearch	universityCode,collegeCode, departmentCode, professionalCode, classNumber, studentId	学生成绩表
listProfessional	bussinessSearch	universityCode,collegeCode,departmentCode	专业列表

5. 多记录有序数据结构

类名称：bussinessStatistics

功能介绍：完成多记录有序数据的查询，其数据结构如表15-6所示。

表15-6 多记录有序数据结构

数据结构名称	方法成员	输入参数	功能介绍
transcriptSortTableList	bussinessSearchSort	universityCode,collegeCode,departmentCode, professionalCode	按照考试成绩排序
studentsSortList	bussinessSearch	universityCode,collegeCode,departmentCode, professionalCode	按照学生编号排序

6. 数据结构元素组成

在确定了数据结构的名称以及类型后，需要确定数据结构中的数据元素。表15-7列出了数据结构中所拥有的元素。

表15-7 数据结构元素组成

数据结构名称	元素列表	说明
universityList	universityCode,university, englishTitle,universityKind,headUnits, aim, educationalLevel, educationalScope, managementSystem, fax,telephone,address,postcode,URLAddress	单记录学校信息
collegeList	universityCode,collegeCode,collegeTitle,englishTitle,educationalLevel, subordinateDepartment,fax,telephone,address,postcode, URLAddress。	多记录学院信息
departmentList	universityCode, collegeCode, departmentCode, departmentTitle, departmentEnglishTitle,educationalLevel,subordinateProfessional, telephone,address,postcode,URLAddress	单记录系信息
professionalList	universityCode, collegeCode,departmentCode,professionalCode, professionalTitle,professionaEnglish,professionalKind, enducationLevel,classNumber,classTitle,courseList	单记录专业信息
studentsList	universityCode, collegeCode, departmentCode,professionalCode, departmentTitle, professionalTitle, classNumber, studentId, name, sex, birthday, nation, politicalStatus, admission, joinTheLeagueDate, postcode, specialtyList, telephone, birthPlace,Address	单记录学生信息
listCollege	collegeTitle, englishTitle, educationalLevel, subordinateDepartment, fax,telephone,address, postcode,URLAddress	多记录无序

续表

数据结构名称	元素列表	说明
listDepartment	departmentTitle, departmentEnglishTitle, educationalLevel, subordinateProfessional, telephone, address, postcode, URLAddress	多记录无序
listRAP	RdDate, units, reasons, result	多记录无序
listTranscript	courseCode, courseTitle, examinationsScores, experimentScores, schoolAssignment, classRoomScores, totalScores	多记录无序
listProfessional	professionalTitle, professionaEnglish, professionalKind, enducationLevel, classNumber, classTitle, courseList	多记录无序
transcriptSortTableList	Rank, classNumber, StudentId, courseCode, courseTitle, totalScores	多记录有序
studentsSortList	studentId, classNumber, name, sex, birthday, nation, politicalStatus, admission, joinTheLeagueDate, postcode, specialtyList, telephone, birthPlace, Address	多记录无序

7. 数据类设计

在“学籍管理软件”中，单记录数据采用的是参数传递的方式进行，而多记录有序和无序数据结构采用实体类定义。数据元素与数据结构中定义完全相同。表15-8是数据结构与实体类之间的对应关系。

表15-8 数据结构与实体类之间的对应关系

数据结构名称	数据结构实体
listCollege	collegeEntry
listDepartment	departmentEntry
listRAP	RAPEntry
listTranscript	transcriptEntry
listProfessional	professionalEntry
transcriptSortTableList	transcriptSortEntry
studentsSortList	studentsEntry

15.3 类优化

在设计“学籍管理软件”数据结构时，包括了有序多记录数据结构。然而所要实现输出的数据集合是按照需求显示的，因此需要在原有类的基础上添加一些新的类，以保证系统功能设计实现。

在“学籍管理软件”中，只有学生考试成绩排名和分专业学生列表是排序的。

学生考试成绩排名业务逻辑是由 bussinessStatistics 类中的 bussinessSearchSort 成员方法完成从数据文件中读取学生信息，然后由 transcriptEntry 完成学生成绩实体读取和成绩排名，transcriptEntry 实现了接口 Comparable。而专业学生名单与学生成绩排名算法一致，是通过 bussinessStatistics 类中的 bussinessSearch（universityCode, collegeCode, departmentCode, professionalCode）成员方法完成从数据文件中读取学生信息，由 studentsEntry 完成排序。详细内容如图15-1所示。

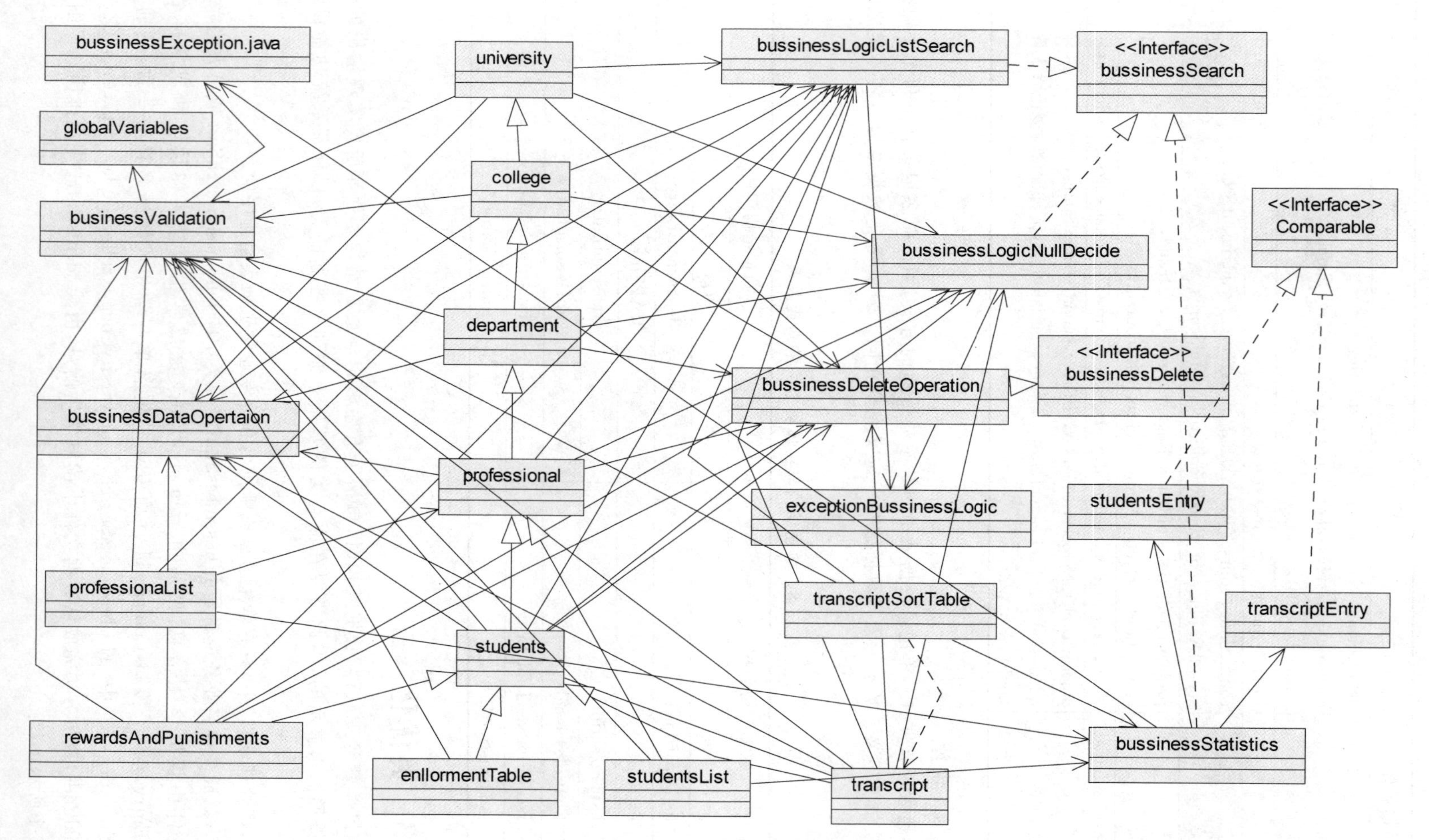

图 15-1 “学籍管理软件”类优化图

15.4 查询算法设计

1. 单记录数据查询

单记录数据集合查询算法相对简单。在数据文件中只要有一条记录满足条件，则返回 List，程序运行结束。基本算法思想如下(以查询学生基本信息为例)。

```
List studentsList = new ArrayList();            //实例化学生数据集合
readFile                           //读取数据文件，由于文件读取是第 16 章内容，这里不详细介绍
while (循环条件语句)
{
    if (条件查找到第一条记录)
    {
        String studentsBase = readline()
        //将学生信息赋值到字符串中
        studentsList.add(studentsBase) ;
        //将学生基本添加到学生信息集合中
        return studentsList;
         //返回学生信息 List
    }

}
```

2. 多记录无序数据查询

多记录无序数据集合查询算法比单记录相对复杂。在数据文件中取出所有满足条件的数据记录，并且将相应的数据值赋值到 List 集合中。如果记录为空，则抛出异常，程序运行结束。基本算法思想如下(以专业列表为例)。

```
List listProfessional = new ArrayList();        //实例化专业数据集合
readFile                          //读取数据文件，由于文件读取是第 16 章内容，这里不详细介绍。
while (循环条件语句)
{
     if (条件查找到第一条记录)
     {
        String professionalBase = readline();
        //将专业信息赋值到字符串中
        listProfessional.add(studentsBase) ;
        //将专业信息添加到专业信息集合中
     }
}

if (listProfessional.isEmpty())                 //如果专业记录为空，则抛出异常
{
    thrownew exceptionBussinessLogic("查无记录");
}
else
{
    return  listProfessional;                   //返回专业信息数据集合
}
```

3. 多记录有序数据查询

多记录有序数据查询算法最为复杂。在这里需要创建一个实体类，用于处理实体创建以及数

据排序功能，这个类实现了接口 Comparable 中 compareTo(Object o)方法。然后业务逻辑类负责创建集合并返回集合类型。详细算法如下(以学生名单为例)。

创建实体类，在实体类中用 setXXX()和 getXXX()读取数据变量，然后使用 compareTo(studentsEntry O)方法对学生编号(studentsId)比较且排序。学生实体类名称为 studentsEntry。

数据读取算法描述如下。

```
List < students > studentsSortList = new ArrayList < students >();
readFile                          //读取数据文件,由于文件读取是第 16 章内容,这里不详细介绍
while (循环条件语句)
{
    if (条件查找到第一条记录)
    {
        String studentsBase = readline()
        //从数据文件中读取一条记录
        students st1 = new students();
        //实例化学生信息
        st1.setXXX() = studentsBase.get(I);
        //变量赋值
        …
        studentsSortList.add(st1) ;
        //将数据对象添加到集合中
    }
}
Collections.sort(studentsSortList);
//对集合排序
 return studentsSortList;
//返回集合
```

15.5 “学籍管理软件”数据结构代码实现

“学籍管理软件”数据结构设计本质上应贯穿于整个开发过程，但是要展示可运行且完全的代码则需要伴随 Java 的学习逐步实现。学生信息和其他信息列表都来自于数据文件中，且为文本类型文件，这部分内容将在第 16 章中学习。所以本节代码是关于集合操作的代码实现，只描述到算法设计这个层面，具体详细实现将在第 16 章中完善。

15.5.1 学生名单排序实体

学生名单排序实体如例程 15-1 所示。

[**例程 15-1**] 学生名单排序。

```
import java.util.*;
/**
 * 专业学生名单,本类提供了学生基本信息实体创建和排序功能,实现了 Comparable。
 */
public class studentsEntry implements Comparable < studentsEntry >
{
private String   studentId;                        //学生编号
private String name;                               //学生姓名
private String sex;                                //性别
private String classNumber;                        //班级编号
private String birthday;                           //出生日期
```

```
private String nation;                       //籍贯
private String politicalStatus;              //政治面貌
private String admission;                    //入学时间
private String joinTheLeagueDate;            //入团时间
private String specialtyList;                //专长
private String telephone;                    //电话号码
private String postcode;                     //邮政编码
private String birthPlace;                   //出生地点
private String  Address;                     //地址


public studentsEntry() {
    //TODO Auto-generated constructor stub
}

public void setStudentId(String studentId)
{
    this.studentId = studentId;
}
public void setName(String name)
{
    this.name = name;
}
public void setSex(String sex)
{
    this.sex = sex;
}

public void set(String classNumber)
{
    this.classNumber = classNumber;
}
public void setBirthday(String birthday )
{
    this.birthday = birthday;
}
public void setBirthPlace(String birthPlace)
{
    this.birthPlace = birthPlace;
}
public void setPoliticalStatus(String politicalStatus)
{
    this.politicalStatus = politicalStatus;
}
public void setSpecialtyList(String specialtyList)
{
    this.specialtyList = specialtyList;
}
public void setJoinTheLeagueDate(String joinTheLeagueDate)
{
    this.joinTheLeagueDate = joinTheLeagueDate;
}
```

```
public void setAdmission(String admission )
{
    this.admission = admission;
}

public void setNation(String nation)
{
    this.nation = nation;
}

public void setTelephone(String telephone)
{
    this.telephone = telephone;
}

public void setPostcode(String postcode )
{
    this.postcode = postcode;
}

public void setAddress (String Address)
{
    this.Address = Address;
}

public String getStudentId()
{
    return this.studentId;
}

public String getName()
{
    return name;
}

public String getSex()
{
    return sex;
}

public String getClassNumber()
{
    return classNumber;
}
public String getBirthday()
{
    return birthday;
}

public String getBirthPlace()
{
```

```
        return birthPlace;
    }

    public String getPoliticalStatus()
    {
        return politicalStatus;
    }

    public String getSpecialtyList()
    {
        return specialtyList;
    }

    public String getJoinTheLeagueDate()
    {
        return joinTheLeagueDate;
    }

    public String getAdmission()
    {
        return admission;
    }

    public String getNation()
    {
        return nation;
    }

    public String getTelephone()
    {
    return telephone;
    }

    public String getPostcode()
    {
    return postcode;
    }
    public String getAddress()
    {
    return Address;
    }


    public int compareTo(studentsEntry O)
    {
     return this.getStudentId().compareTo(O.getStudentId());
    }

    }
```

15.5.2 考试成绩排序

考试成绩排序如例程 15-2 所示。

[**例程 15-2**] 成绩排序。

```
/**
 * @author wangsthero
 * 考试成绩实体类主要完成数据对象变量的存储以及这些数据
 * 按照考试总成绩排序。实现了 Comparable 接口 compareTo 方法。
 */
public class transcriptEntry implements Comparable<transcriptEntry>
{
    private  String  studentId;              //学生姓名
    private  String  courseCode;             //课程代码
    private  String  courseTitle;            //课程名称
    private  double  examinationsScores;     //考试成绩
    private  double  experimentScores;       //实验成绩
    private  double schoolAssignment;        //作业成绩
    private  double  classRoomScores;        //课堂成绩
    private  double  totalScores;            //总成绩
    public transcriptEntry()
    {
    }
    public  String  getStudentId()
    //学生姓名
    {
        return studentId;
    }
    public  String  getCourseCode()
    {
        return courseCode;
    }                                        //课程代码
    public  String  getCourseTitle()
    {
        return courseTitle ;
    }                                        //课程名称
    public  double  getExaminationsScores()
    {
        return examinationsScores ;          //考试成绩
    }
    public  double  getExperimentScores()
    {
        return experimentScores ;            //实验成绩
    }
    public  double getSchoolAssignment()
    {
        return  schoolAssignment;            //作业成绩
    }
    public  double  getClassRoomScores()
    {
        return classRoomScores  ;            //课堂成绩
```

```
    }
    public  double  getTotalScores()
    {
        return totalScores ;                                  //总成绩
    }
    public void setStudentId(String studentId)
                                                              //学生编号
    {
        this.studentId = studentId;
    }
    public  void  setCourseCode(String studentId)
    {
        this.courseCode = courseCode;
    }                                                         //课程代码
    public  void setCourseTitle(String courseTitle)
    {
        this.courseTitle = courseTitle ;
    }                                                         //课程名称
    public  void  setExaminationsScores(double examinationsScores)
    {
        this.examinationsScores = examinationsScores ;        //考试成绩
    }
    public void setExperimentScores (double  experimentScores)
    {
        this.experimentScores = experimentScores ;            //实验成绩
    }
    public  void setSchoolAssignment(double schoolAssignment)
    {
        this.schoolAssignment = schoolAssignment;             //作业成绩
    }
    public  void  setClassRoomScores(double  classRoomScores )
    {
        this.classRoomScores = classRoomScores  ;             //课堂成绩
    }
    public  void setTotalScores (double  totalScores )
    {
        this.totalScores =  totalScores ;                     //总成绩
    }
    /**
     * 按照总成绩排序,转换为 int 类型。
     */
    public int compareTo(transcriptEntry o)
    {
    return (int)this.getTotalScores() - (int)o.getTotalScores();
    }
}
```

15.6 进程检查——数据结构完善

通过数据集合的学习,应掌握了数据结构及算法的应用场景和应用方法。结合数据集合的相关知识,本章进一步地完善了“学籍管理软件”的各项功能,具体进程如表 15-9 所示。

表 15-9 “学籍管理软件”进程检查

检 查 项	需求类型	实现进度			本章 Java 支持
		设计	优化	完成	
规划类	功能需求	*	*	*	
动态输入	性能需求	*	*	*	
数据动态处理	功能需求	*	*	*	
程序控制	功能需求	*	*	*	
健壮性	性能需求				
数据存储	功能需求				
方便查询	性能需求				
统计分析	功能需求				
复杂计算	功能需求				
运行控制	性能需求	*	*	*	
运行速度	性能需求				
代码重用	性能需求	*	*	*	
人机交互	功能需求				
类关系	性能需求	*	*	*	
		*	*	*	

第16章 数据输入输出——Java IO流

16.1 Java数据流概述和Java.IO

在前面的章节的学习过程中,我们已经学习并分析了Java基础知识。但是仅依照我们所掌握的知识结构,还无法完成一个系统的基本功能开发。例如在前面的章节中,如果需要输入学生的基本信息只能通过程序代码给予赋值,这显然不能满足客户需求的,也就是说不可能也不应要求客户懂得计算机语言,而必须提供一种输入方式,让用户独立于代码来完成系统的数据输入。另外,这些数据文件如何才能永久保存?例如学生考试成绩它必须要通过一种存储介质保存起来然后方便分析和查询等,通过数据库保存学籍信息是一种最为有效的方法,鉴于本书不讨论数据库所以不在这里详细说明。本章所讲的数据保存方式采用的是Java IO数据流读取方式保存和修改数据信息。这是本章所有讨论的关于输入和输出的相关话题。

输入输出是指应用程序与外部设备及其他计算机进行数据交流的操作,如读写硬盘数据、向显示器输出数据、通过网络读取其他节点的数据等。任何一种编程语言必须拥有输入输出的处理方式,Java语言也不例外。Java语言的输入输出数据是以流的形式出现的,并且Java提供了大量的类来对流进行操作,从而实现输入输出功能。

16.1.1 流的概念

流是个抽象的概念,是对输入输出设备的抽象。在Java程序中,数据的输入/输出操作都是以"流"的方式进行。流是Java内存中的一组有序数据序列,Java将数据从源(文件、内存、键盘、网络)读入到内存中,形成了流,然后将这些流写到另外的目的地(文件、内存、控制台、网络)。之所以称为流,是因为这个数据序列在不同时刻所操作的是源的不同部分。

Java中的流,可以从不同的角度进行分类。

(1) 按照输入和输出,可以分为输入流和输出流。

(2) 按照处理数据单位不同,可以分为字节流和字符流,字节流是一次读入或读出8位二进制。字符流是一次读入或读出16位二进制。字节流和字符流的原理是相同的,只不过处理的单位不同而已。后缀是Stream的是字节流,而后缀是Reader、Writer的是字符流。

(3) 按照实现功能不同,可以分为节点流和处理流。节点流是直接与数据源相连,读入或读出。直接使用节点流,读写不方便,为了更快的读写文件,才有了处理流。处理流是与节点流一块使用,在节点流的基础上,再套接一层,套接在节点流上的就是处理流。

16.1.2 Java.IO 包

Java 语言在输入和输出方面提供了比较完善的功能实现，而这些功能实现全部包含在 Java.IO 包中。Java.IO 内包含了大部分数据输入和输出实现类，本章中只选择经常使用的类实现，其他类图实现请读者在需要的时候及时地查询相关参考资料即可。

Object 类的直接子类基本输入流(InputStream)和基本输出流(OutputStream)是以 8 位字节为单位处理字节流类的，读写也是按照字节为单位进行的。

Reader 和 Writer 类是专门处理 16 位字符流的类，读写以字符(Unicode)为单位进行。它们都是抽象类，提供了所有子类共用的一些读写操作，子类在此基础上通过实现某些接口，完成对数据的读写。因此，不能用这些抽象类来创建对象，当程序需要向外部设备输入或输入数据时，需要创建该类的子类对象。图 16-1 是 Java 基本流类的继承关系。

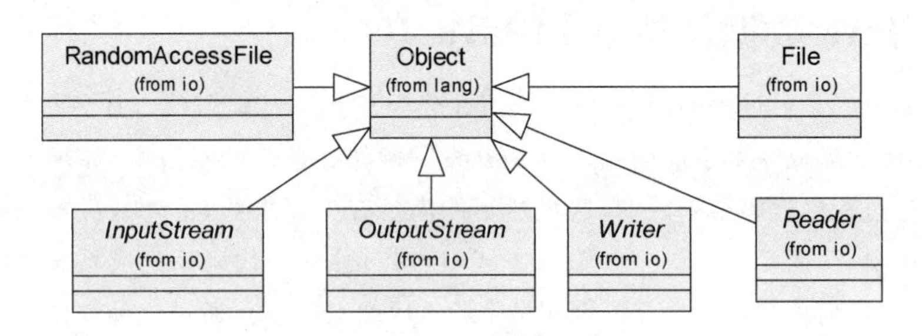

图 16-1 Java 基本流类的集成关系类图

基本输入数据流是 Java.IO 的基本内容之一，也是经常用到的 Java 数据操作，图 16-2 是基本输入流(InputStream)的继承关系图。

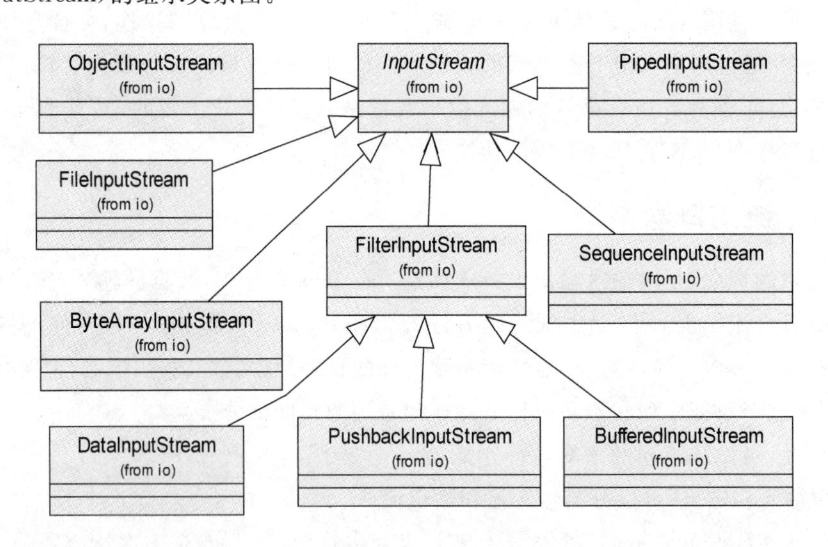

图 16-2 InputStream 输入流继承关系

基本数据输出数据流也是 Java.IO 的基本内容之一，是经常用到的 Java 操作，图 16-3 是基本输出流(OutputStream)的继承关系图。

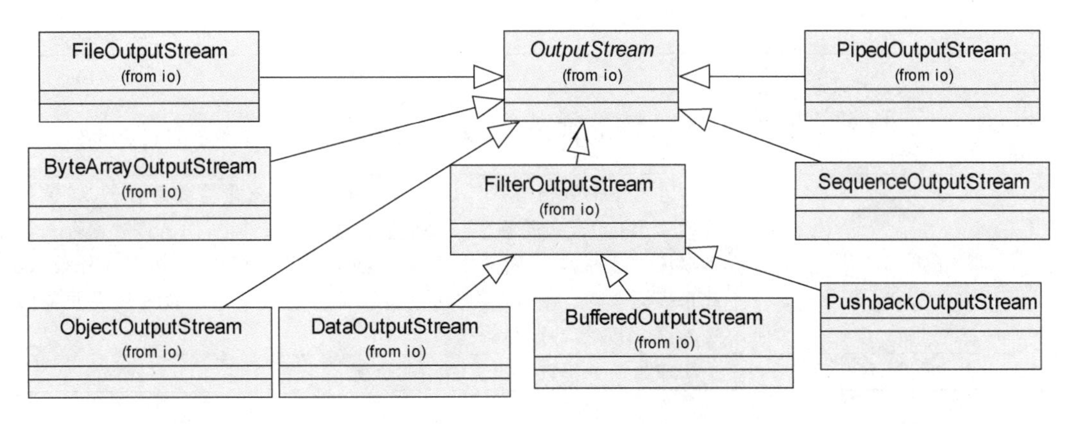

图 16-3　OutputStream 输出流继承关系

16.2　InputStream 与 OutputStream 类

16.2.1　InputStream 类

InputStream 类是个抽象类,它定义了许多有用的以及所有子类必须的方法,包括读取、移动指针、标记、复位、关闭等方法。表 16-1 介绍了 InputStream 的基本方法。

表 16-1　InputStream 类实现的基本方法

方　法	描　述
public int read( )	从输入流的当前位置读取一个字节的数据,并返回一 int 型值。如果当前位置没有数据,则返回－1。该方法为 abstract,由子类来具体实现
public int read(byte[] b)	从输入流的当前位置开始读取多个字节,并将它们保存到字节数组 b 中,同时返回所读到的字节数。如果当前位置没有数据,则返回－1
public int read(byte[] b, int off, int len)	从输入流的当前位置读取指定个数(len)的字节,并将读取的字节保存到字节数组 b 中,并且要从数组 b 指定索引(off)位置开始起,同时返回所读到的字节数。如果当前位置没有数据,则返回－1
public int available( )	返回输入流中可以读取的字节数
public void close( )	关闭输入流,并释放流占用的系统资源
mark( )	每个流在创建时产生一个位置指针,指向流的第一个数据,每当执行读操作时,位置指针自动向后移动指向下一个要读取的数据
reset( )	和 mark( )方法配合

16.2.2　OutputStream 类

OutputStream 类也是抽象类,是字节输出流的直接或间接的父类。当程序需要向外部设备输出数据时,需要创建 OutputStream 的某一个子类的对象来完成。表 16-2 介绍该类的常用方法,与 InputStream 类似,这些方法也可能抛出 IOException 异常。

表 16-2　OutputStream 类实现的常用方法

方　法	描　述
public void write(int b)	将 int 型变量 b 的低字节写入到数据流的当前位置
public void write(byte [] b)	将字节数组 b 的 b. length 个字节写入到数据流的当前位置

续表

方　法	描　述
public void write(byte[] b, int off, int len)	将字节数组 b 由下标 off 开始，长度为 len 的字节数据写到输出流
public void flush( )	将缓冲区中的数据写到外设并清空缓冲区。这里需要解释的是，输出流的 write( )方法并不是一次将数据直接写入外设，而是将数据存入设备对应的缓冲区，只有数据达到一定的量(缓冲区满)才被写入外设，以此来提高效率。flush( )方法是将缓冲区的数据强制写入外设并清空缓冲区，不管缓冲区是否已满
public void close( )	关闭输出流并释放输出流占用的资源

由 InputStream 类和 OutputStream 类派生出一些常用的子类。子类中一般都重写父类的方法，并增加新的方法或实现 Java. Io 包中的某些接口，以适应读写各种不同格式数据流的需要，提高输入输出的效率，也将低层内容封装起来。InputStream 和 OutputStream 的子类简要说明如下。

(1) FileInputStream 类和 FileOutputStream 类：负责从本地文件的读写数据。

(2) PipedInputStream 类和 PipedOutputStream 类：用于以管道的方式在应用程序线程间进行数据传输，一个线程的 PipedInputStream 对象从另一个线程的 PipedOutputStream 对象中读取数据。

(3) FilterInputStream 类和 FilterOutputStream 类：过滤输入输出流，主要能够对输入输出的数据作类型或格式上的转换，实现了对二进制字节的编码转换，而它又进一步派生出一些具体的子类，如 DataInputStream、DataOutputStream 和 BufferedInputStream、BufferedOutputStream 等。

(4) ByteArrayInputStream 类和 ByteArrayOutputStream 类：用于进行内存数据的输入和输出。

16.3 File 类

在应用程序设计中，除了基本的键盘输入和屏幕输出外，最常用的输入输出就是对磁盘文件的读和写。Java 语言不仅支持文件管理，还支持目录管理。在 Java. Io 包中定义的大多数类是实行流式操作的，包括 File、RandomAccessFile、FileInputStream、FileOutStream 等类，它们是专门处理文件的类，为程序员编写文件操作提供了方便，减少了编程工作量。

File 类是专门用来管理目录和文件的，每一个 File 类的对象都与某个目录或文件相联系，调用 File 类的方法对目录或文件进行管理，包括对文件或目录的创建、删除、改名、获取相关信息等，它直接处理文件和文件系统。

但需要注意的是，File 类并没有指定信息怎样从文件读取或向文件存储，而需要由像 FileInputStream 与 FileOutStream 等这些类来实现。表 16-3 是 File 类中实现的基本方法。

表 16-3　File 类中实现的基本方法

方　法	描　述
public boolean canWrite( )	返回文件是否可写
public boolean canRead( )	返回文件是否可读
public boolean createNewFile( )	当文件不存在时创建文件
public boolean delete( )	从文件系统内删除该文件
public void deleteOnExit( )	程序顺利结束时从系统中删除文件

续表

方　　法	描　　述
public boolean equals(File f)	判断两个 File 类对象是否相同
public boolean exists( )	判断文件是否存在
public File getAbsoluteFile( )	以 File 类对象形式返回文件的绝对路径
public String getAbsolutePath( )	以字符串形式返回文件的绝对路径
public String getName( )	以字符串形式返回文件名称
public String getParent( )	以字符串形式返回文件父目录路径
public String getPath( )	以字符串形式返回文件的相对路径
public File getParentFile( )	以 File 类对象形式返回文件父目录的路径
public boolean isDirectory()	判断该 File 对象所对应的是否是目录
public boolea isFile()	判断该 File 对象所对应的是否是文件
public long lastModified()	返回文件的最后修改时间
public int length()	返回文件长度
public String[] list()	返回文件和目录清单(字符串对象)
public File[] listFiles()	返回文件和目录清单(File 对象)
public boolean mkdir()	在当前目录下生成指定的目录
public boolean renameTo(File dest)	将当前 File 对象对应的文件名改为 dest 对象对应的文件名
public boolean setReadOnly()	将文件设置为只读
public String toString()	将文件对象的路径转换为字符串返回

16.3.1 File 类的构造函数

与其他类一样,使用 File 类之前需要创建 File 类的对象,File 类有下列 3 个构造函数。

1. public File(String pathname)

创建一个对应于参数 pathname 的 File 类对象。参数 pathname 是包含目录和文件名的字符串。如果没有文件名,则代表目录。这里假设创建一个文件路径,该文件路径下创建一个大学基本信息的名叫 University. txt 的文本文件,如例程 16-1 所示。

[**例程 16-1**] 创建文本文件。

```
File FilePatheNane = new File("d:\\20110802\\javaTeachings\\ Data");
File UniversityName = newFile("d:\\20110802\\javaTeachings\\Data\\university. txt ");
```

考虑到程序的可移植性,尽量不要使用绝对路径,而使用相对路径。如当前程序所在目录为 Javateachings,创建 UniversityName 对象可以写成例程 16-2 所示。

[**例程 16-2**] 创建相对路径下的文本文件。

```
File UniversityName = new File("Data\\ university. txt "");
```

2. public File(String parent, String child)

该构造函数将 pathname 分成两部分 parent 和 child,参数 parent 表示目录或文件所在路径,参数 child 表示目录或文件名称,如例程 16-3 所示。

[**例程 16-3**] 利用两参数创建文本文件。

```
File UniversityName = newFile("d:\\20110802\\javaTeachings\\Data","university. txt ");
```

3. public File(File parent, String child)

该构造函数与上一个的不同之处在于,将 parent 的参数类型由 String 变为 File,代表 parent 是一个已经创建了的 File 类文件对象(指向目录),如例程 16-4 所示。

[**例程 16-4**] 使用第 3 个构造函数创建文本文件。

```
File FilePatheNane = new File("d:\\20110802\\javaTeachings\\Data");
File UniversityName = new File(FilePatheNane, "university.txt");
```

16.3.2 File 类举例

File 举例如例程 16-5 所示。

[**例程 16-5**] 一个 File 类文件举例。

```
import java.io.*;                              //导入输入输出包
import java.util.Date;                         //导入 util 包
public class fileClassExample {
    public static void main(String[] args)
    {
        //创建文件名,变量名称为 fileName
        String fileName = "d:\\20110802\\javaTeachings\\Data\\university.txt";
        //创建文件
        File universityFile = new File(fileName);
        //如果文件不存在则打印输出文件尚未创建
        if(!universityFile.exists())
        {
            System.out.println(universityFile + "尚未创建");
        }
        //如果是文件目录,则打印输出目录选择文件对象是目录,并且创建目录
        if(universityFile.isDirectory())
        {
            System.out.println("文件对象" + universityFile.getName() + "是目录");
            File ds = new File("universityFile");
            if(ds.exists())
            {
                ds.mkdir();
                System.out.println("目录" + ds.getAbsolutePath() + "创建文件结束");
            }
        }
        //如果创建的是文件,则打印输出文件的相关属性
        if(universityFile.isFile())
        {
            //文件路径
            System.out.println("文件对象: " + universityFile.getAbsolutePath());
            //文件大小
            System.out.println("文件大小: " + universityFile.length());
            //文件的可读性
            System.out.println("文件可读性: " + universityFile.canRead());
            if(universityFile.canRead())
            {
                //修改文件的可读性
                System.out.println("设置文件为只读方式: " + universityFile.setReadOnly());
                //输出文件最后一次修改时间
                System.out.println("上次修改时间为: " + new
                Date(universityFile.lastModified()).toString());
```

```
            }
        }
    }
}
```

运行结果：

```
文件对象: d:\20110802\javaTeachings\Data\university.txt
文件大小: 89
文件可读性: true
设置文件为只读方式 true
上次修改时间为: Thu Dec 22 14:53:25 CST 2011
```

16.4 文件输入与输出

到目前为止，我们已经学习了 File 类。File 类的功能主要是管理文件，如果仅仅能创建文件是不够的，只有对文件进行读和写操作才具有实际意义，才能满足用户需求。

File 类不是流类，没有对文件内容的读写方法，要完成对文件内容的读取和写入，需要使用 Java. Io 包中的 FileInputStream 类和 FileOutputStream 类。下面介绍 FileInputStream 和 FileOutputStream 类的基本实现。

16.4.1 FileInputStream 类和 FileOutputStream 类

16.4.1.1 FileInputStream

FileInputStream 类包含构造函数以及其他已经实现的方法，这些方法介绍如表 16-4 所示。

表 16-4 FileInputStream 包含的构造函数以及其他方法

方　　法	描　　述
public FileInputStream(String name)	为参数 name 所指定的文件名创建一个 FileInputStream 对象
public FileInputStream(File file)	参数 file 是已经创建的 File 对象，为 file 对象相对应的文件创建一个 FileInputStream 对象
Public FileInputStream(FileDescriptor fdObj)	使用 FileDescriptor 对象创建一个 FileInputStream 对象
int available()	返回下一次对此输入流调用的方法可以不受阻塞地从此输入流读取(或跳过)的估计剩余字节数
void close()	关闭此文件输入流并释放与此流有关的所有系统资源
protected void finalize()	确保在不再引用文件输入流时调用其 close 方法
FileChannel getChannel()	返回与此文件输入流有关的唯一 FileChannel 对象
FileDescriptor getFD()	返回表示到文件系统中实际文件的连接的 FileDescriptor 对象，该文件系统正被此 FileInputStream 使用
int read()	从此输入流中读取一个数据字节
int read(byte[] b)	从此输入流中将最多 b. length 个字节的数据读入一个 byte 数组中
int read(byte[] b, int off, int len)	从此输入流中将最多 len 个字节的数据读入一个 byte 数组中
long skip(long n)	从输入流中跳过并丢弃 n 个字节的数据

16.4.1.2 FileOutputStream

文件输出流是用于将数据写入 File 或 FileDescriptor 的输出流。文件是否可用或能否可以被创建取决于基础平台。特别是某些平台一次只允许一个 FileOutputStream(或其他文件写入对象)

打开文件进行写入。在这种情况下,如果所涉及的文件已经打开,则此类中的构造方法将失败。FileOutputStream 实现的方法如表 16-5 所示。

表 16-5　FileOutputStream 实现的方法

方　法	描　述
FileOutputStream(File file)	创建一个向指定 File 对象表示的文件中写入数据的文件输出流
FileOutputStream(File file, boolean append)	创建一个向指定 File 对象表示的文件中写入数据的文件输出流
FileOutputStream(FileDescriptor fdObj)	创建一个向指定文件描述符处写入数据的输出文件流,该文件描述符表示一个到文件系统中的某个实际文件的现有连接
FileOutputStream(String name)	创建一个向指定名称的文件中写入数据的输出文件流
FileOutputStream(String name, boolean append)	创建一个向指定 name 的文件中写入数据的输出文件流
FileChannel getChannel()	返回与此文件输出流有关的唯一 FileChannel 对象
protected void　finalize()	清理到文件的连接,并确保在不再引用此文件输出流时调用此流的 close 方法
void　close()	关闭此文件输出流并释放与此流有关的所有系统资源
FileDescriptor getFD()	返回与此流有关的文件描述符
void　write(byte[] b)	将 b. length 个字节从指定 byte 数组写入此文件输出流中
void　write(byte[] b, int off, int len)	将指定 byte 数组中从偏移量 off 开始的 len 个字节写入此文件输出流
void　write(int b)	将指定字节写入此文件输出流

16.4.1.3　BufferedReader

从字符输入流中读取文本,缓冲每个字符,从而实现字符、数组和行的高效读取。

可以指定缓冲区的大小,或者使用默认的大小。大多数情况下,默认值就足够大了。

通常,Reader 所做的每个读取请求都会对底层字符或字节流进行相应的读取请求。因此,建议用 BufferedReader 包装所有 read()操作,这样可能免于使用开销很高的 Reader(如 FileReader 和 InputStreamReader),例如:

```
BufferedReader in
   = new BufferedReader(new FileReader("xueji.in"));
```

将缓冲指定文件的输入。如果没有缓冲,则每次调用 read()或 readLine()都会导致从文件中读取字节,并将其转换为字符后返回,而这是极其低效的。

通过用合适的 BufferedReader 替代每个 DataInputStream,可以将 DataInputStream 用于文字输入的程序,进行本地化。

BufferedReader 类实现的基本功能如表 16-6 所示。

表 16-6　BufferedReader 类实现的基本功能

方　法	描　述
public BufferedReader(Reader in)	创建一个使用默认大小输入缓冲区的缓冲字符输入流
public BufferedReader(Reader in, int sz)	创建一个使用指定大小输入缓冲区的缓冲字符输入流
public void close()	关闭该流并释放与之关联的所有资源
public void mark(int readAheadLimit)	标记流中的当前位置
public boolean markSupported()	判断此流是否支持 mark()操作(它一定支持)
public int read()	读取单个字符

续表

方　　法	描　　述
public intread(char[] cbuf, int off, int len)	将字符读入数组的某一部分
public StringreadLine()	读取一个文本行
public boolean ready()	判断此流是否已准备好被读取
public void reset	将流重置到最新的标记
public longskip(long n)	跳过字符

16.4.1.4　BufferedWriter

使用 BufferedWriter 时，写入的数据并不会先输出至目的设备，而是先存储至缓冲区中。如果缓冲区中的数据满了，才会一次性对目的设备进行写出。例如一个文件，通过缓冲区可减少对硬盘的输入/输出动作，以提高写文件的效率。

BufferedWriter 类实现的基本功能如表 16-7 所示。

表 16-7　BufferedWriter 类实现的基本功能

方　　法	描　　述
public BufferedWriter(Writer out)	创建一个使用默认大小输出缓冲区的缓冲字符输出流
public BufferedWriter(Writer out, int sz)	创建一个使用给定大小输出缓冲区的新缓冲字符输出流
public void close()	关闭此流，但要先刷新它
public void flush()	刷新该流的缓冲
public void newLine()	写入一个行分隔符
public void write(char[] cbuf, int off, int len)	写入字符数组的某一部分
public void write(int c)	写入单个字符
public void write(String s, int off, int len)	写入字符串的某一部分

16.4.2　FileInputStream 和 FileOutputStream 在“学籍管理软件”中的应用

例程 16-6 全面展示了利用 File 类管理文件及文件读写操作。其中 main()方法调用其他文件，createFile()管理文件，WriterFile()写文件，ReaderFile()读文件。

[**例程 16-6**]　FileInputStream 和 FileOutputStream 在“学籍管理软件”中的应用。

```
import java.util.*;
import java.io.*;
/**
 * 本类主要完成文件的创建、写文件和读取文件数据。
 */
public class IOFileExample
{
    /*
     * 主函数，调用文件创建、写文件和读取文件函数。
     */
    public static void main(String[] args)
    {

        //实例化类 IOFileExample
        IOFileExample IOFE = new IOFileExample();
```

```
        //执行 createFile(),创建文件,返回值为 boolean
        if (IOFE.createFile())
        {
            //执行写操作
            IOFE.WriterFile();
            //执行读操作
            IOFE.ReaderFile();
        }
    }
    /*
     * 创建 D:\\20110802\\javaTeachings\\Data\\IOFileExample.txt
     * 如果文件存在,则输出文件信息;如果文件不存在,则创建文件
     */

    public boolean createFile()
    {
        //定义文件名为字符串
        String createFileName = "D:\\20110802\\javaTeachings\\Data\\IOFileExample.txt";
        //创建文件对象
        File f = new File(createFileName);
        //如果文件存在,则打印输出相关信息
        if (f.exists())
        {
            //输出文件路径
            System.out.println("文件路径为: " + f.getAbsolutePath());
            //输出文件名称
            System.out.println("文件名称为: " + f.getName().toString());
            //输出文件相对路径
            System.out.println("文件相对路径为: " + f.getPath());
            //输出文件可读性
            System.out.println("文件是否可以读操作: " + f.canRead());
            //输出文件可写操作
            System.out.println("文件是否可以写操作: " + f.canWrite());
            //输出文件长度
            System.out.println("文件长度: " + f.length());
            //输出文件最后一次修改时间
            System.out.println("文件最后一次修改时间: " + f.lastModified());
            return true;
        }
        else
        {
            try
            {

                if(f.createNewFile())
                {
                System.out.println("文件创建成功!");
                return true;
                }

            }
            catch(IOException IOE)
```

```
            {
                IOE.printStackTrace();

            }
        }
    return true ;
    }
    public void WriterFile()
    {
        //文件字符串
        String writerFile = "D:\\20110802\\javaTeachings\\Data\\IOFileExample.txt";
        String universityCode  = "23582" + " ";
        String collegeCode = "2164" + " ";
        String departmentCode = "3562" + " ";
        String professionalCode = "3964" + " ";
        //组合字符串,
        String s = universityCode + collegeCode +
                                    departmentCode + professionalCode + "\n";
        try
        {
            //创建写文件对象
            FileWriter fw = new FileWriter(writerFile,true);
            //将字符串写入文件对象中,从字符串 0 开始,写 S 字符串的长度
            fw.write(s, 0, s.length());
            //将字符串保存到文件中
            fw.flush();
            //关闭文件
            fw.close();
        }
        catch(IOException IOE)
        {
            IOE.printStackTrace();
        }
    }

    public void ReaderFile()
    {
        //指定读出的文件
        String readFileName = "D:\\20110802\\javaTeachings\\Data\\IOFileExample.txt";
        //实例化文件,并打开文件 readFileName
            File file = new File(readFileName);
            //文件缓冲
        BufferedReader reader = null;
        try
        {
            //打开缓冲文件
            reader = new BufferedReader(new FileReader(file));
            String tempString = null;
            //定义空字符串
            int line  = 1 ;
            //创建 ArrayList 集合
            List ve = new ArrayList();
```

```
                //while 循环读取缓冲文件
                while((tempString = reader.readLine())!= null)
                {
                    String StrArrayTemp[] = tempString.split(" ");
                    for (int i = 0;i <= 3;i++)
                    {
                        System.out.println("第" + i + "个元素是:"
                                                + StrArrayTemp[i]);
                        ve.add(StrArrayTemp[i]);
                        System.out.println("这里是第" + ve.size() + "个元素,
                                        这个元素的数值是: " + ve.get(i));
                    }
                    //读取文件长度
                    System.out.println("line" + line + ":" + tempString);
                    if (tempString.length()> 20)
                    {
                        String universityCodeTemp = tempString.substring(0, 5);
                        String collegeCodeTemp = tempString.substring(6, 10);
                        String departmentCodeTemp =  tempString.substring(11,15);
                        String professionalCodeTemp = tempString.substring(16,20);
                        System.out.println("学校编号: " + universityCodeTemp);
                        System.out.println("学院编号: " + collegeCodeTemp);
                        System.out.println("系编号: " + departmentCodeTemp);
                        System.out.println("专业编号: " + professionalCodeTemp);
                    }
                    line ++;
                }
                //关闭读文件缓冲
                reader.close();
            }
            catch(IOException e)
            {
                e.printStackTrace();
            }
            finally
            {
                if(reader!= null)
                {
                    try
                    {
                        reader.close();
                    }
                    catch(IOException el)
                    {
                        el.printStackTrace();
                    }
                }
            }

        }
    }
```

16.4.3　随机文件的读取 RandomAccessFile 类

至此，我们已经学习了 Java 用于文件的处理的 FileInputStream 类和 FileOutputSteam 类，也了解了可以读写格式数据的 DataInputStream 类和 DataOutputStream 类。读者可能发现 Java 对文件的处理功能被分散在不同的类中，像 DataInputStream 和 DataOutputStream 就是从 FilterInputStream 继承来的。事实上对文件的处理还可利用其他输入输出类来完成特定方式的读写，如带缓冲的读写、实现管道式读写等。

RandomAccessFile 类的实例支持对随机访问文件的读取和写入。随机访问文件的行为类似存储在文件系统中的一个大型 byte 数组。存在指向该隐含数组的光标或索引，称为文件指针；输入操作从文件指针开始读取字节，并随着对字节的读取而前移此文件指针。如果随机访问文件以读取/写入模式创建，其输出操作也可用；输出操作从文件指针开始读取字节，并随着对字节的读取而前移此文件指针。读取隐含数组的当前末尾之后的输出操作导致该数组扩展。该文件指针可以通过 getFilePointer 方法读取，并通过 seek 方法设置。

通常，如果此类中的所有读取例程在读取所需数量的字节之前已到达文件末尾，则抛出 EOFException(是一种 IOException)。如果由于某些原因无法读取任何字节，而不是在读取所需数量的字节之前已到达文件末尾，则抛出 IOException，而不是 EOFException。需要特别指出的是，如果流已被关闭，则可能抛出 IOException。RandomAccessFile 类实现的方法如表 16-8 所示。

表 16-8　RandomAccessFile 类实现的方法

方　法	描　述
RandomAccessFile(File file,String mode)	RandomAccessFile 类的构造方法
RandomAccessFile (String name, String mode)	RandomAccessFile 类的构造方法
FileDescriptor getFD()	获取文件的描述
long getFilePointer()	获取文件指针的位置
long length()	获取文件的长度
int read()	从文件中读取一个字节
int read(byte[] b)	从文件中读取 b. length 个字节的数据并保存到数组 b 中
int read(byte[] b,int off,int len)	从文件中读取 len 个字节的数据并保存到数组 b 的指定位置中
boolean readBoolean()	从文件中读取一个 boolean 值
byte readbyte()	从文件中读取一个字节
char readChar()	从文件中读取一个字符
double readDouble()	从文件中读取一个 double 值
float readFloat()	从文件中读取一 float 值
void readFully(byte[] b)	从文件中的当前指针位置开始读取 b. length 个字节的数据到数组 b 中
void readFully(byte[] b,int off,int lne)	从文件中的当前指针位置开始读取 len 个字节的数据到数组 b 的数组指定位置中
int readInt()	从文件中读取一个 int 值
String readLine()	从文件中读取一个字符串
long readLong()	从文件中读取一个 long 值
short readShort()	从文件中读取一个 short 值
int readUnsignedByte()	从文件中读取一个无符号的八位数值
int readUnsignedShort()	从文件中读取一个无符号的十六位数值

续表

方　法	描　述
String readUTF()	从文件中读取一个字符串
void seek(long pos)	指定文件指针在文件中的位置
void setLength(long newLength)	设置文件的长度
int skipBytes(int n)	在文件中跳过指定的字节数
void write(byte[] b)	向文件中写入一个字节数组
void write(byte[] b,int off,int len)	向文件中写入数组 b 中从 off 位置开始长度为 len 的字节数据
void write(int b)	向文件中写入一个 int 值
void writeBoolean(boolean v)	向文件中写入一个 boolean 值
void writeByte(int v)	向文件中写入一个字节
void writeByte(String s)	向文件中写入一个字符串
void writeChar(int v)	向文件中写入一个字符
void writeChars(String s)	向文件中写入一个作为字符数据的字符串
void writeDouble(double v)	向文件中写入一个 double 值
void writeFloat(float v)	向文件中写入一个 float 值
void writeInt(int v)	向文件中写入一个 int 值
void writeLong(long v)	向文件中写入一个 long 值
void writeShort(int v)	向文件中写入一个短型 int 值
void writeUTF(String str)	向文件中写入一个 UTF 字符串

例程 16-8 使用 RandomAccessFile 写文件和读取文件。该例程分别定义了两个类，其中 Student 负责数据的定义和数据处理；而 StudentsOperatioin 负责人机交互和数据的写操作和读操作。其中的学生信息类 Student 负责定义学生成绩数据结构，具体参见例程 16-7，而例程 16-8 StudentsOperation 类完成 RandomAccessFile 数据操作。

［**例程 16-7**］ Student 学生成绩数据结构定义。

```
public class Student
{
    private String name;                    //姓名
    private int score;                      //成绩
    public Student()
    {
        setName("noname");
    }
    public Student(String name, int score)
    {
        setName(name);
        this.score = score;
    }
    public void setName(String name)
    {
        StringBuilder builder = null;
        if(name != null)
        builder = new StringBuilder(name);
        else
        builder = new StringBuilder(15);
        builder.setLength(15);              //最长 15 字符
```

```
            this.name = builder.toString();
        }
        public void setScore(int score)
        {
            this.score = score;
        }
        public String getName()
        {
            return name;
        }
        public int getScore()
        {
            return score;
        }
        //每个数据固定写入 34 字节
        public static int size()
        {
            return 34;
        }
    }
```

StudentsOperation.java是随机读取类文件，包含main方法，接收来自用户的输入，创建数据文件以及随机读取和随机写入。

[**例程 16-8**]　StudentsOperation类完成RandomAccessFile数据操作。

```
import java.io.*;
import java.util.*;

public classStudentsOperation
{
    public static void main(String[] args)
    {
    Student[] students = {
                        new Student("王贝思", 90),
                        new Student("王飞", 95),
                        new Student("王振", 88),
                        new Student("王娇", 84)};
    try
    {
        File StudentFileName = new File(args[0]);
        //建立 RandomAccessFile 实例并以读写模式打开文件
        RandomAccessFile randomAccessFile =
                            new RandomAccessStudentFile(StudentFileName, "rw");
        for(int i = 0; i < students.length; i++)
        {
            //使用对应的 write 方法写入数据
            RandomAccessStudentFile.writeChars(students[i].getName());
            RandomAccessStudentFile.writeInt(students[i].getScore());
        }
        Scanner scanner = new Scanner(System.in);
        System.out.print("读取第几个数据?");
        int num = scanner.nextInt();
```

```
            //使用 seek()方法操作存取位置
            RandomAccessStudentFile.seek((num - 1) * Student.size());
            Student student = new Student();
            //使用对应的 read 方法读出数据
            student.setName(readName(RandomAccessStudentFile));
            student.setScore(RandomAccessStudentFile.readInt());
            System.out.println("姓名: " + student.getName());
            System.out.println("分数: " + student.getScore());
            //设置关闭文件
            RandomAccessStudentFile.close();
        }
        catch(ArrayIndexOutOfBoundsException e)
        {
            System.out.println("请指定文件名称");
        }
        catch(IOException e)
        {
            e.printStackTrace();
        }
    }
        private static String readName(RandomAccessStudentFile randomAccessStudentFile)
        throws IOException
        {
            char[] name = new char[15];
            for(int i = 0; i < name.length; i++)
            name[i] = randomAccessStudentFile.readChar();
            //将空字符取代为空格符并返回
            return new String(name).replace('\0', ' ');
        }
}
```

16.5 标准输入和输出

所谓标准输入输出是指对计算机系统默认的标准输入设备和标准输出设备进行读写操作，默认的输入设备通常是键盘，默认的输出设备通常是显示器。我们已经知道，Java 程序与外部设备进行数据交换时使用的是流方式，而使用流需要创建一个相对应的流对象来实现与外部设备的连接。例如，当需要读写磁盘文件时，应首先创建一个与文件相连接的输入或输出流类对象。

由于程序的标准输入输出比较频繁，如果每次进行标准输入输出时，都要创建相应的流对象，就显得很不方便。为此，Java 系统事先定义了两个流对象，分别与系统的标准输入和标准输出相连接。这就是 System.in 和 System.out。

16.5.1 System.in 对象

System 类是 Java.lang 包中的一个很重要的类，它的所有方法和属性都是静态的，因此在使用它的属性和方法时不用创建对象，只要使用类名做前缀。System.in 是 InputStream 类的对象，调用 System.in.read()方法就可以实现标准输入的读操作。

与大多数输入输出方法一样，System.in.read()方法可能引发 IOException 异常，因此必须使用异常处理的 try{…}catch(IOException e){…}语句块来捕获异常并进行异常处理。

16.5.2 System.out 对象

System.out 是 PrintStream 类的对象，PrintStream 类是 FilterOutputStream 类的子类，其中定义了可输出多种不同类型数据的方法 print()和 println()方法。print()方法在向屏幕输出数据完毕时，光标停在最后一个符后；而 println()方法在向屏幕输出数据完毕时，自动换行，光标停留在下一行的第一个符位置。

用 System.in.read()方法读字符，是以回车键作为输入结束。因此，读入的除字符信息本身以外，末尾还有“\r”“\n”(回车符、换行符)两个字符。在上面例子中，如果输入：abcde，则实际在字节数组 ch 中存放有 7 个字符的信息。

16.5.3 数据类型的转换

对于 System.in 对象来说，输入的信息是作为字节来读的，所以获取输入的字符信息比较简单。但如果所输入的数据不是作为字符，而要作为其他类型的数据(如 int 型、float 型、double 型等)，就必须进行数据类型的转换。如输入字符 358 123，要想得到的是一个整型值 123。Java 不会自动进行转换，这些数据的转换过程必须在程序中完成。本节将讨论数据转换方面的问题。

16.5.3.1 简单数据类型转换

简单类型数据间的转换，有自动转换和强制转换两种方式，通常发生在表达式中或方法的参数传递时，需要进行数据类型转换。

1. 自动转换

当一个较“小”数据与一个较“大”的数据一起运算时，系统将自动将“小”数据转换成“大”数据，再进行运算。而在方法调用时，实际参数较“小”，而被调用的方法的形式参数数据又较“大”时，系统也将自动将“小”数据转换成“大”数据，再进行方法的调用，自然，对于多个同名的重载方法，会转换成最“接近”的“大”数据并进行调用。这些类型由“小”到“大”分别为(byte，short，char)—int—long—float—double。这里所说的“大”与“小”，并不是指占用字节的多少，而是指表示值的范围的大小。

2. 强制转换

将“大”数据转换为“小”数据时，可以使用强制类型转换。即必须采用如下语句格式。

```
int n = (int)3.14159/2;
```

可以想象，这种转换可能会导致溢出或精度的下降。

3. 表达式的数据类型自动提升

关于类型的自动提升，注意下面的规则。

(1) 所有的 byte、short、char 型的值将被提升为 int 型。

(2) 如果有一个操作数是 long 型，计算结果是 long 型。

(3) 如果有一个操作数是 float 型，计算结果是 float 型。

(4) 如果有一个操作数是 double 型，计算结果是 double 型。

4. 包装类过渡类型转换

简单类型的变量转换为相应的包装类，可以利用包装类的构造函数。即 Boolean(boolean value)、Character(char value)、Integer(int value)、Long(long value)、Float(float value)、Double(double value)。

而在各个包装类中，总有形为××Value()的方法，来得到其对应的简单类型数据。利用这种方法，也可以实现不同数值型变量间的转换，例如，对于一个双精度实型类，intValue()可以得到其对应的整型变量，而 doubleValue()可以得到其对应的双精度实型变量。

16.5.3.2 字符串与其他类型之间转换

字符串与其他类型之间的转换包括如下内容。

1. 其他类型向字符串的转换

(1) 调用类的串转换方法：X. toString()。

(2) 自动转换：X+“”。

(3) 使用 String 的方法：String. volueOf(X)。

2. 字符串作为值，向其他类型的转换

(1) 先转换成相应的封装器实例，再调用对应的方法转换成其他类型。

(2) 静态 parseXXX 方法。

(3) Character 的 getNumericValue(char ch)方法。

16.5.3.3 Date 类与其他数据类型的相互转换

整型和 Date 类之间并不存在直接的对应关系，只是可以使用 int 型为分别表示年、月、日、时、分、秒，这样就在两者之间建立了一个对应关系，转换时可以使用 Date 类构造函数的 3 种形式。

(1) Date(int year, int month, int date)：以 int 型表示年、月、日。

(2) Date(int year, int month, int date, int hrs, int min)：以 int 型表示年、月、日、时、分。

(3) Date(int year, int month, int date, int hrs, int min, int sec)：以 int 型表示年、月、日、时、分、秒。

在长整型和 Date 类之间有一个很有趣的对应关系，就是将一个时间表示为距离格林尼治标准时间 1970 年 1 月 1 日 0 时 0 分 0 秒的毫秒数。对于这种对应关系，Date 类也有其相应的构造函数 Date(long date)。

若要获取 Date 类中的年、月、日、时、分、秒以及星期，可以使用 Date 类的 getYear()、getMonth()、getDate()、getHours()、getMinutes()、getSeconds()、getDay()方法，也可以将其理解为将 Date 类转换成 int。

而 Date 类的 getTime()方法可以得到前面所述的一个时间对应的长整型数，像包装类一样，Date 类也有一个 toString()方法，可以将其转换为 String 类。

16.6 本章小结

Java IO 流用来处理设备之间的数据传输，Java 对数据的操作是通过流的方式处理的。Java 用于操作流的类都在 IO 包中，流按流向分为两种：输入流、输出流。流按操作类型分为字节流和字符流两种，其中字节流以操作任何数据，因为在计算机中任何数据都是以字节的形式存储的，字符流只能操作纯字符数据比较方便。Java I/O 类库具有两个对称性，这些对称性包括输入——输出对称和字节流——字符流对称。

1) 输入——输出对称包括：

- InputStream 和 OutputStream 对称；
- FilterInputStream 和 FilterOutputStream 对称；
- DataInputStream 和 DataOutputStream 对称；
- Reader 和 Writer 对称；
- InputStreamReader 和 OutputStreamWriter 对称；
- BufferReader 和 BufferWriter 对称。

2) 字节流和字符流对称，例如，InputStream 和 Reader 分别表示字节输入流和字符输入流，OutputStream 和 Writerr 分别表示字节输出流和字符输出流对称。

本章同时也介绍了 File 类的用法，它不是用于输入和输出，而是用于管理文件系统，File 类的名字容易让人误以为它仅仅代表文件，而实际上 File 对象既可以表示文件系统中的一个文件，也可以表示一个目录。

当一个 File 对象被创建后，它代表的文件或目录有可能在文件系统中存在，也可能不在文件系统中存在，可以用 File 类的 exist()方法来判断它是否存在。如果 File 对象代表文件，并且在文件系统中不存在，可以用 File 类的 createNewFile()方法来创建该文件，如果 File 对象代表目录，并且在文件系统中不存在，可以用 File 类中的 mkdir()方法来创建该目录。

第17章 数据存储与读取在“学籍管理软件”中的应用

17.1 数据存储及文件规划

17.1.1 数据存储说明

严格地说，数据库是“按照数据结构来组织、存储和管理数据的仓库”。在经济管理的日常工作中，常常需要把某些相关的数据放进这样的“仓库”，并根据管理的需要进行相应的处理。例如，企业或事业单位的人事部门常常要把本单位职工的基本情况（职工号、姓名、年龄、性别、籍贯、工资、简历等）存放在表中，这张表就可以看成是一个数据库。有了这个“数据仓库”，管理者就可以根据需要随时查询某职工的基本情况，也可以查询工资在某个范围内的职工人数等。如果这些工作都能在计算机上自动进行，那么人事管理就达到了极高的水平。此外，在财务管理、仓库管理、生产管理中也需要建立众多的这类“数据库”，使其可以利用计算机实现财务、仓库、生产的自动化管理。

然而，数据库的设计过程是一个复杂的过程，它一般包括实体关系确定、数据库的逻辑设计、数据库物理设计。数据库物理设计还包括数据表结构设计、数据库存储过程设计、数据库索引设计以及视图设计等。按理来说，“学籍管理软件”也是如此。但是如果要完成一个数据库的设计，仅仅 Java 基础这部分知识是远远不够的。数据库设计本身是一门很深的学科，需要专门学习。既然本书学到了数据 Java.IO，也就需要将这部分知识运用到项目案例中。本章仅分析和设计“学籍管理软件”最基本部分的数据存储及文件规划。在设计之前，需说明以下几点。

(1) 数据的存储应该考虑到索引与存储结构问题，但是，本系统中没有考虑，如果读者感兴趣，可以参见作者编写的《软件是这样“炼”成的——从软件需求分析到软件架构设计》。

(2) 数据表间关系应该有一定的描述，使读者了解数据之间的结构关系。由于本章所描述的不是完全意义上的表间关系描述，因为该软件其实不是一个关系数据库，而只是为了通过案例学习 Java 知识点，达到学以致用的目标。

(3) 本书案例的主要任务是通过应用来巩固知识，所以，没有更多的思考数据库的优化，数据存储采用的是文本文件进行存储，更谈不上数据库的安全性，如果读者感兴趣，可以在作者编写的《软件是这样“炼”成的——从软件需求分析到软件架构设计》。

(4) 数据查询的灵活性，这个需求更有难度，也不可能在现有 Java 基础知识的前提下完成复杂的数据库架构，例如，SQL 语句的应用等。当然，这样数据查询的灵活性确实有必要。

17.1.2　数据表间关系

在前面的章节中，已经学习了数据结构的部分内容。“学籍管理软件”中有许多数据结构，如学院列表，系列表，学生考试成绩排名表等，这些表本质上是从基础表中获取的，是业务运算的结果。图 17-1 列出了“学籍管理软件”表间关系。

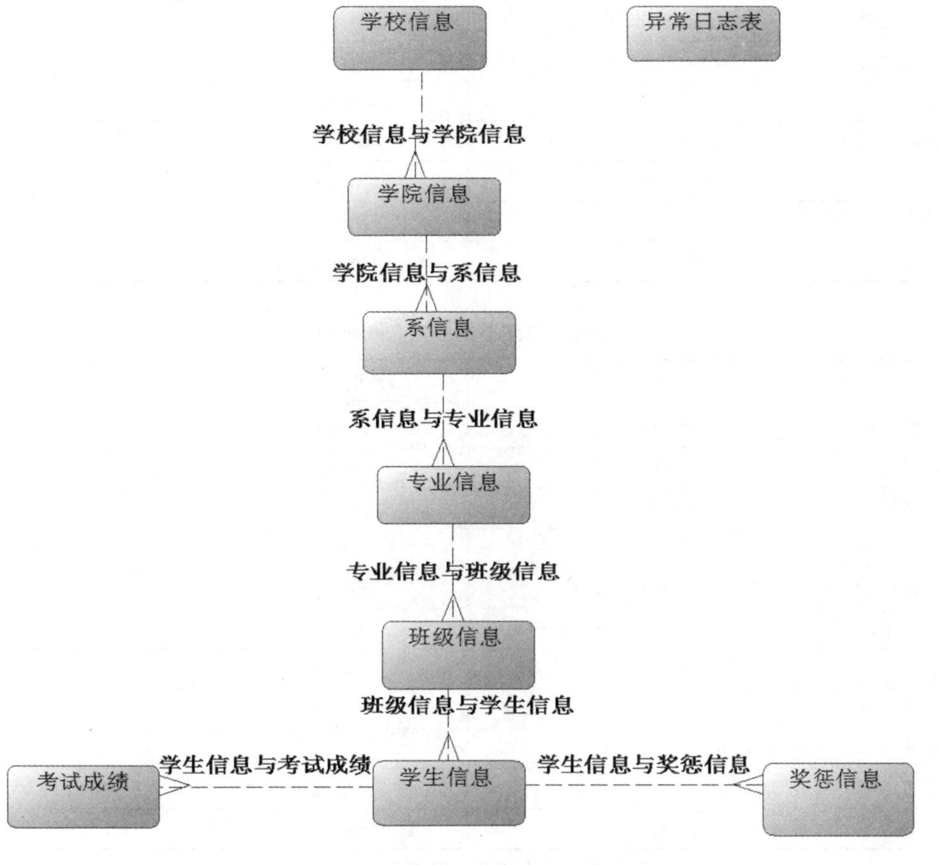

图 17-1　“学籍管理软件”表间关系图

经过分析发现，“学籍管理软件”只有 6 个基础表，其中包括学校信息表(university)、学院信息表(college)、系信息表(department)、专业信息表(professional)、学生信息表(student)、考试成绩表(transcriptEntry)和奖惩信息表(rewardsAndPunishments)，异常日志表(exceptionLog. txt)从表间关系来说是独立于其他表的。

17.1.3　表结构设计

表 17-1～表 17-8 是“学籍管理软件”表结构设计。

表 17-1　学校基本信息(university. txt)

名　称	数据项名称	数据类型	唯一性
学校代码	universityCode	String	唯一
学校名称	university	String	
英文名称	englishTitle	String	
办学性质	universityKind	String	

续表

名　　称	数据项名称	数 据 类 型	唯　一　性
举办单位	headUnits	String	
办学宗旨	aim	String	
办学层次	educationalLevel	String	
办学规模	educationalScope	String	
内部管理体制	managementSystem	String	
传真	fax	String	
联系电话	telephone	String	
地址	address	String	
邮编	postcode	String	
网址	URLAddress	String	

表 17-2　学院基本信息(college.txt)

名　　称	数据项名称	数 据 类 型	唯　一　性
学校代码	universityCode	String	
学院代码	collegeCode	String	唯一性
学院名称	collegeTitle	String	
英文名称	englishTitle	String	
培养层次	educationalLevel	String	
所设系所	subordinateDepartment	String	
传真	fax	String	
联系电话	telephone	String	
地址	address	String	
邮编	postcode	String	
网址	URLAddress	String	

表 17-3　系基本信息(department.txt)

名　　称	数据项名称	数 据 类 型	唯　一　性
学校代码	universityCode	String	
学院代码	collegeCode	String	
系代码	departmentCode	String	唯一性
系名称	departmentTitle	String	
英文名称	departmentEnglishTitle	String	
培养层次	educationalLevel	String	
所设专业	subordinateProfessional	String	
联系电话	telephone	String	
地址	address	String	
邮编	postcode	String	
网址	URLAddress	String	

表 17-4 专业信息(professional. txt)

名　　称	数据项名称	数据类型	唯　一　性
学校代码	universityCode	String	
学院代码	collegeCode	String	
系代码	departmentCode	String	
专业代码	professionalCode	String	唯一性
专业名称	professionalTitle	String	
专业英文名称	professionaEnglish	String	
专业类别	professionalKind	String	
学历层次	enducationLevel	String	
班级编号	classNumber	String	
班级名称	classTitle	String	
课程设置	courseList	String	

表 17-5 学生基本信息(students. txt)

名　　称	数据项名称	数据类型	唯　一　性
学校代码	universityCode	String	
学院代码	collegeCode	String	
系代码	departmentCode	String	
系代码	departmentCode	String	
专业代码	professionalCode	String	
系别	departmentTitle	String	
专业	professionalTitle	String	
班级	classNumber	String	
学号	studentId	String	唯一性
姓名	Name	String	
性别	Sex	String	
出生日期	Birthday	Date	
民族	Nation	String	
政治面貌	politicalStatus	String	
入学时间	Admission	Date	
入团(党)时间	joinTheLeagueDate	Date	
邮编	Postcode	String	
有何特长	specialtyList	String	
联系电话	Telephone	String	
籍贯	birthplace	String	
家庭地址	Address	String	

表 17-6 考试成绩(transcript. txt)

名　　称	数据项名称	数据类型	唯　一　性
学校代码	universityCode	String	
学院代码	collegeCode	String	
系代码	departmentCode	String	
系代码	departmentCode	String	
专业代码	professionalCode	String	
学号	studentId	String	

续表

名　　称	数据项名称	数据类型	唯一性
课程代码	courseCode	String	
课程名称	courseTitle	String	
考试成绩	examinationsScores	Double	
实验成绩	experimentScores	Double	
作业成绩	schoolAssignment	Double	
课堂成绩	classRoomScores	Double	
总成绩	totalScores	Double	

表 17-7　奖惩信息(rewardsAndPunishments. txt)

名　　称	数据项名称	数据类型	唯一性
学校代码	universityCode	String	
学院代码	collegeCode	String	
系代码	departmentCode	String	
系代码	departmentCode	String	
专业代码	professionalCode	String	
学号	studentId	String	
日期	RdDate	Date	
奖惩单位	units	String	
奖惩原因	reasons	String	
奖惩结果	result	String	

表 17-8　异常日志表(exceptionLog. txt)

名　　称	数据项名称	数据类型	唯一性
时间	exceptionDate	Date	
异常描述	exceptionDecrpt	String	
类名称	classTitle	String	
成员方法	Menthod	String	

17.2　类优化设计

到目前为止,"学籍管理软件"业务逻辑部分类图设计已经完成了。本节主要从以下几方面对类图进行优化的。

(1) 增加业务逻辑中数据文件操作的部分,数据文件包括学校信息表(university)、学院信息表(college)、系信息表(department)、专业信息表(professional)、学生信息表(student)、考试成绩表(transcript)和奖惩信息表(rewardsAndPunishments),另外还包括了异常日志表(exceptionLog. txt)。在类图中是标识为 BussinessDocument。

(2) 确定操作以上文件的类,包括单记录查询类(bussinessLogicListSearch)、条件查询类(bussinessLogicNullDecide)、数据删除类(bussinessDeleteOperation)、数据保存和修改类(bussinessDataOpertaion)类和统计分析类(bussinessStatistics)。

(3) 设计新的实体类结构,保证数据集合的有效操作,包括学院信息实体类(collegeEntry)、系信息实体类(departmentEntry)、奖惩信息类(RAPEntry)、考试成绩类(transcriptEntry)、专业信息类(professionalEntry)、成绩排序类(transcriptSortEntry)、学生信息类(studentsEntry)。类图如图 17-2 所示。

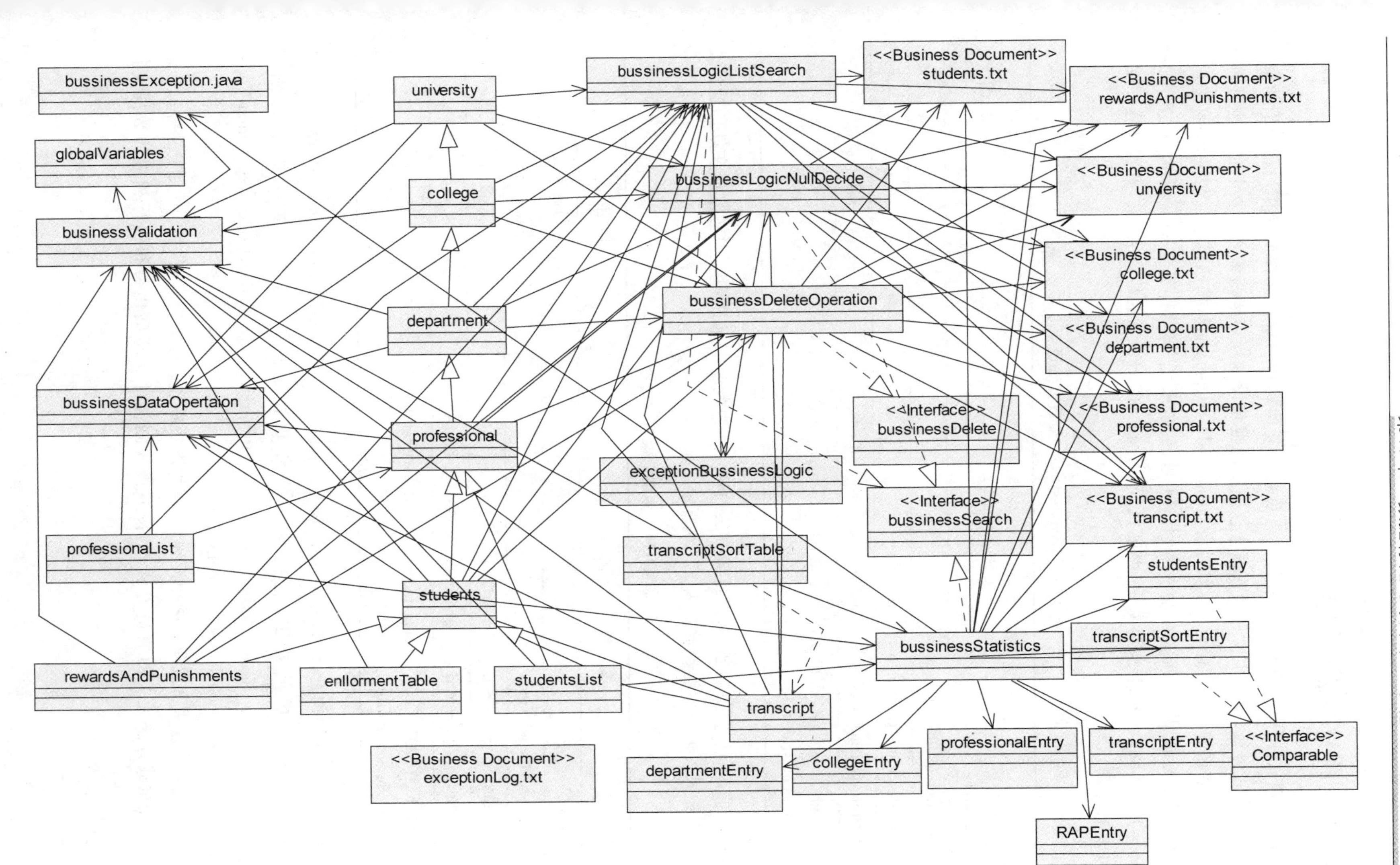

图 17-2　“学籍管理软件”基于数据存储的类优化关系图

17.3 程序流程优化

“学籍管理软件”中的业务逻辑部分主要负责业务计算和对数据文件的操作。在前面的章节中我们已经做过分析,本章主要从对数据文件操作的视角设计程序运行流程。在业务数据处理过程中需要完成数据的增加和修改,则实例化 bussinessDataOperation,按照程序命名规则,直接调用相应的方法成员及对应的文件操作即可。如果选择删除文件,则需要实例化 bussinessDeleteOperation,根据参数值,判断执行 BussinessDelete 重载成员方法。参数及操作文件说明如表 17-9 所示。

表 17-9 BusinessDelete 重载方法说明

参 数 表	操 作 文 件
universityCode	university. txt
universityCode,collegeCode	college. txt
universityCode,collegeCode,departmentCode	department. txt
universityCode,collegeCode,departmentCode,professionalCode	professional. txt
universityCode, collegeCode, departmentCode, departmentCode, professionalCode, studentId	students. txt

在单记录查询和空值判断中,对重载方法的调用参数判断与选择删除中对数据文件的操作是一致的。多记录查询条件的参数如表 17-10 所示。

表 17-10 多条记录查询说明

参 数 表	操 作 文 件
universityCode	college. txt
universityCode,collegeCode	department. txt
universityCode,collegeCode,departmentCode	professional. txt
universityCode,collegeCode,departmentCode,professionalCode	students. txt
universityCode, collegeCode, departmentCode, departmentCode, professionalCode, studentId	transcript. txt

另外需要特别说明的是,在 bussinessDeleteOperation 类中,包含 deleteRewardsAndPunishments 和 deleteTranscript 两个成员方法,它们输入的参数表是相同的,操作的数据表分别是 rewardsAndPunishments 和 transcript,参数值是 universityCode, collegeCode, departmentCode, departmentCode,professionalCode, studentId。

图 17-3 是关于方法重载业务操作流程,该流程图所描述的是系统运行过程中关于文件操作的参数判断,如重载方法无关的成员方法,则按照类规划设计而实例化类和执行相应的数据文件操作。

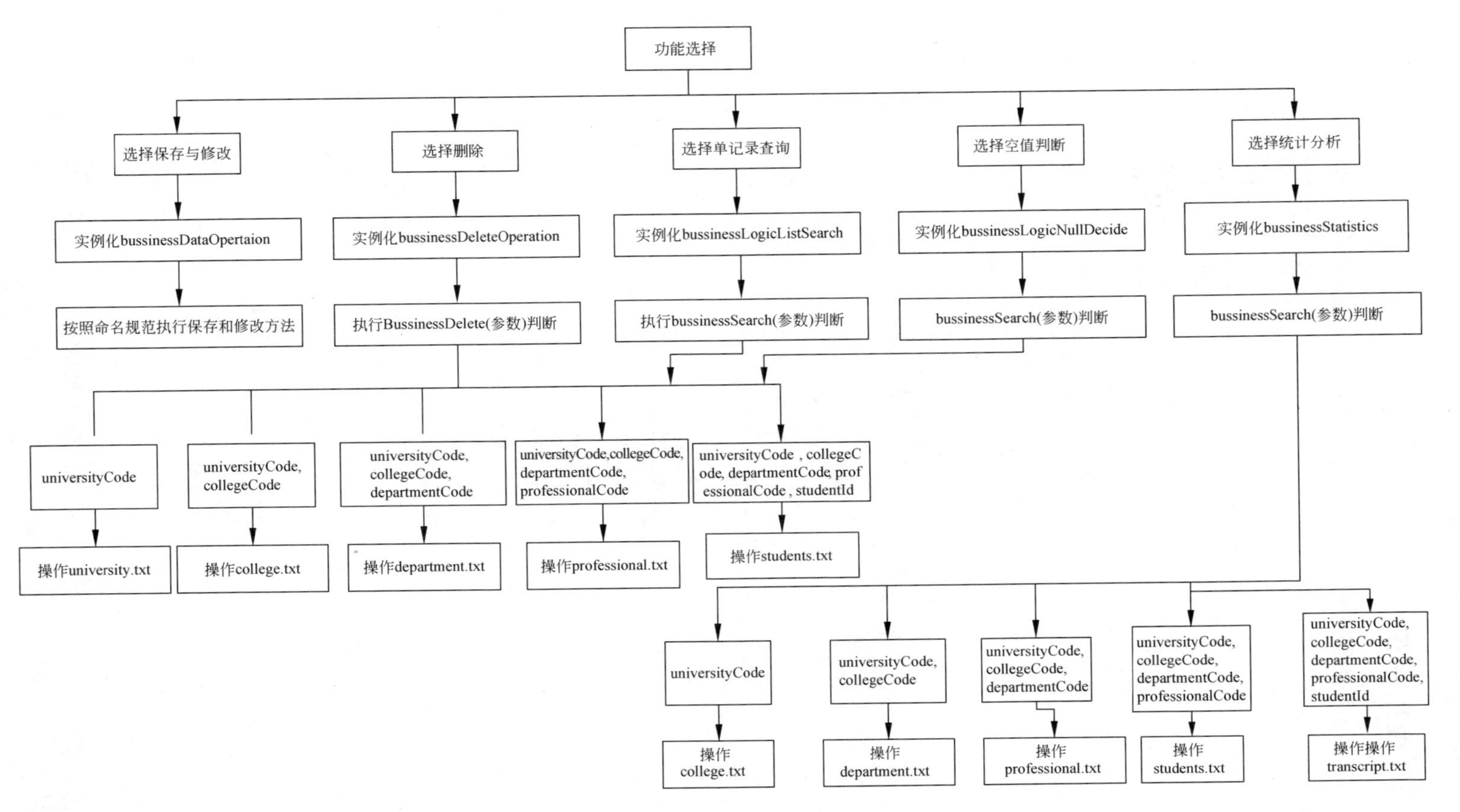

图 17-3　方法重载流程图

17.4 数据保存及查询

17.4.1 数据保存

数据保存是指在“学籍管理软件”中,用户层输入的数据保存到相应的数据文件中的一个过程。在这里不包括数据有效性校验等,只是将客户数据保存到数据文件的过程。其操作流程是如图 17-4 所示。

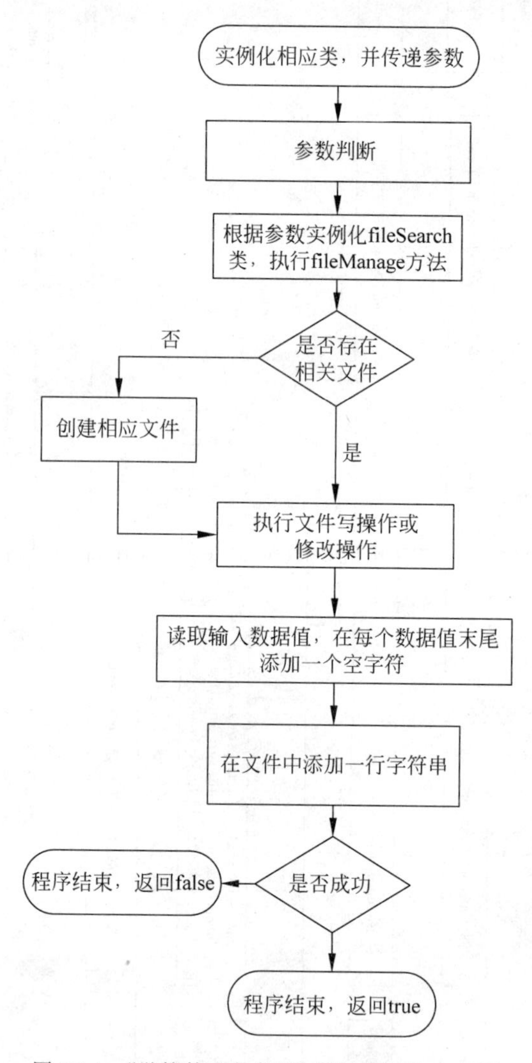

图 17-4 “学籍管理软件”数据保存操作流程图

实例化相应类后,根据参数值判断对哪个文件进行操作;然后实例化 fileSearch 并执行 fileManage 方法体,fileManage 读取全局变量文件 globalVariables,根据 globalBussinessLogic 全局变量判定文件存在的路径,参数表如下。

```
STATIC_DATAPATH                       //文件路径
STATIC_UNIVERSITY                     //学校信息文件名
STATIC_COLLEGE                        //学院信息文件名
STATIC_DEPARTMENT                     //系信息文件名
STATIC_PROFESSIONAL                   //专业信息文件名
```

```
STATIC_STUDENTS                         //学生信息文件名
STATIC_REWARDSANDPUNISHMENTS            //奖惩信息文件名
STATIC_TRANSCRIPT                       //考试成绩信息文件名
STATIC_EXCEPTION                        //异常信息文件名
```

如果文件存在，则将输入的数据参数组成字符串，在每个参数值后加一个空字符，这样将不同的数据值隔开。为了保证数据中存在空格现象，需要将值中相应的空格替换成“#”字符，最后保存字符串到文件中。如果保存成功，则返回 true；如果保存失败，则抛出异常并返回 false。

17.4.2 数据读取

数据读取的流程与数据存储流程基本一致，实例化相应类后，根据参数值判断对哪个文件进行操作；然后实例化 fileSearch 并执行 fileManage 方法体，fileManage 读取全局变量文件 globalVariables，根据 globalBussinessLogic 全局变量判定文件存在的路径，参数表如下。

```
STATIC_DATAPATH                         //文件路径
STATIC_UNIVERSITY                       //学校信息文件名
STATIC_COLLEGE                          //学院信息文件名
STATIC_DEPARTMENT                       //系信息文件名
STATIC_PROFESSIONAL                     //专业信息文件名
STATIC_STUDENTS                         //学生信息文件名
STATIC_REWARDSANDPUNISHMENTS            //奖惩信息文件名
STATIC_TRANSCRIPT                       //考试成绩信息文件名
STATIC_EXCEPTION                        //异常信息文件名
```

如果文件存在，则按照条件值读取相应的数据文件，并且在每一行将数据之中“#”替换为空字符；最后按照空格读取相应的数据值，并赋值到集合中。

17.5 Java IO 异常处理

IO 异常是 Java 异常的重要内容之一，本节专门整理 JavaIO 信息供读者使用和理解 Java IO 异常机制，如表 17-11 所示。

表 17-11 Java IO 异常信息

异常信息	说明
CharConversionException	用于字符转换异常的基类
EOFException	当输入过程中意外到达文件或流的末尾时，抛出此异常
FileNotFoundException	当试图打开指定路径名表示的文件失败时，抛出此异常
InterruptedIOException	I/O 操作已中断信号，抛出此异常
InvalidClassException	当 Serialization 运行时检测到某个类具有一些问题时，抛出此异常
InvalidObjectException	指示一个或多个反序列化对象未通过验证测试
IOException	当发生某种 I/O 异常时，抛出此异常
NotActiveException	当序列化和反序列化不活动时，抛出此异常
NotSerializableException	当实例需要具有序列化接口时，抛出此异常
ObjectStreamException	特定于 Object Stream 类的所有异常的超类
OptionalDataException	指示对象读取操作失败的异常，原因是无法读取流中的基本数据或已序列化对象的数据末尾
StreamCorruptedException	当从对象流中读取的控制信息与内部一致性检查相冲突时，抛出此异常
SyncFailedException	当 sync 操作失败时，抛出此异常

续表

异常信息	说　明
UnsupportedEncodingException	不支持字符编码
UTFDataFormatException	在数据输入流中或由实现该数据输入接口的任何类中，以 UTF-8 修改版格式读取错误字符串时，抛出此异常
WriteAbortedException	在写入操作过程中抛出 ObjectStreamException 之一的信号

17.6 数据存储与读取代码实现

到目前为止，基本学完了 Java 数据操作的全部知识，所以本节将展示文件读取部分的代码。

17.6.1 文件管理

文件管理是“学籍管理软件”Java IO 的核心内容之一，例程 17-1 将“学籍管理软件”中部分文件管理的 Java 源代码展现给读者，希望通过示例代码透彻理解 Java IO 文件管理知识内容。

[**例程 17-1**] 文件管理。

```
import java.io.*;
import java.text.DateFormat;
import java.util.Date;
/*
 *本类的主要任务是:
 * 1. 判断数据文件是否存在
 * 2. 如果数据文件不存在,则创建文件
 * 3. 要实例化本类的类包括: bussinessDeleteOperation、bussinessLogicListSearch、
 * bussinessLogicNullDecide、
 * bussinessDataOpertaion 和 bussinessStatistics。
 *   本类将要实例化的类: globalBussinessLogic,主要读取数据文件配置信息。
 */

public class fileManage
{
   //实例化数据文件配置文件
    globalBussinessLogic GBL = new globalBussinessLogic();
    //读取数据文件路径
    private String filePath = GBL.STATIC_DATAPATH;
    private String fileName;
   //文件是否存在判断
    /**
     * 文件创建与可操作性判断
     */
    ublic boolean fileName(int operationFileId) exceeptionBussinessLogic
    {
        //根据操作文件编号判断文件名赋值
        switch (operationFileId)
        {
            //如果 Id 为 1,则赋值学校信息文件名 fileName 变量
            case 1:
                fileName = GBL.STATIC_UNIVERSITY;
                break;
```

```
        //如果 Id 为 2,则赋值学院信息文件名 fileName 变量
    case 2:
        fileName = GBL.STATIC_COLLEGE;
        break;
        //如果 Id 为 3,则赋值系信息文件名 fileName 变量
    case 3:
        fileName = GBL.STATIC_DEPARTMENT;
        break;
        //如果 Id 为 4,则赋值专业信息文件名 fileName 变量
    case 4:
        fileName = GBL.STATIC_PROFESSIONAL;
        break;
        //如果 Id 为 5,则赋值学生基本信息文件名 fileName 变量
    case 5:
        fileName = GBL.STATIC_STUDENTS;
        break;
        //如果 Id 为 6,则赋值考试成绩信息文件名 fileName 变量
    case 6:
        fileName = GBL.STATIC_TRANSCRIPT;
        break;
        //如果 Id 为 7,则赋值奖惩信息文件名 fileName 变量
    case 7:
        fileName = GBL.STATIC_REWARDSANDPUNISHMENTS;
        break;
        //如果 Id 为 8,则赋值异常信息文件名 fileName 变量
    case 8:
        fileName = GBL.STATIC_EXCEPTION;
        break;
}

//组合文件字符串,包括文件路径
String OperationFileName = filePath + fileName;
//构造 File 函数,创建文件操作对象
File f = new File(OperationFileName);
//如果文件存在,则返回 true;
if (f.exists())
{
    return true;
}
else
{
    try
    {
        //创建文件
        if (f.createNewFile())
        {
            //实例化时间类
            Date now = new Date();
            //获取操作日期格式
            DateFormat  operationDate = DateFormat.getDateInstance();
  //组合字符串,将创建文件信息、原因和时间保存到操作日志中
```

```
                exceptionBussinessLogic EBL = new
                                exceptionBussinessLogic(operationDate.format(now) +
                                "创建文件,是因为查无此文件" + OperationFileName);
                }
            return true;
            }
            //抛出异常
            catch(IOException IOE)
            {
        //捕获异常,并且说明创建文件异常和相关信息保存到异常文件中
        throw new exceptionBussinessLogic("创建文件名:" + fileName +
            "存在异常,异常信息为:" + IOE.getMessage().toString());
        }
        }
    }
}
```

17.6.2 数据保存

本类中包含了“学籍管理软件”中数据文件的保存和修改部分,考虑到版面问题,本节例程 17-2 只展示学校信息保存的代码部分。

[**例程 17-2**] 学校信息保存。

```
/**
 * bussinessDataOpertaion 负责完成"学籍管理软件"中数据保存
 * 与修改功能。本类没有任何继承,也没有实现任何接口。
 * @author 晨落
 */
import java.io.*;
public class bussinessDataOpertaion
{
    boolean operationStates = false;          //定义保存状态
    //其他成员方法省略
    /**
          * 功能简述:
          *     方法体 universitySave()的主要功能是完成学校信息资料
          *     的保存,是对数据文件的操作部分。关于业务规则校验部分
          *     不是本成员方法考虑的范围。
          * @author 晨落
          * @version 2.0
          * @param universityCode String 学校代码
          * @param  university  String  学校名称
          * @param englishTitle  String  英文名称
          * @param universityKind String   办学性质
          * @param  headUnits  String  举办单位
          * @param aim     String    办学宗旨
          * @param educationalLevel  String  办学层次
          * @param educationalScope  Integer  办学规模
          * @param managementSystem  String 内部管理体制
          * @param  fax  char  传真
          * @param  telephone  char  联系电话
          * @param address  char  地址
```

```
  * @param  postcode  char  邮编
  * @param URLAddress  String  网址
  * @return saveStates boolean 保存成功或失败
  * /
public boolean universitySave(String universityCode,
                String   university, String englishTitle,
                String  universityKind, String headUnits,
                String  aim,String educationalLevel,
                IntegereducationalScope,String managementSystem,
                String  fax, String telephone,
                String  address, String postcode,
                String  URLAddress)
        throws exceptionBussinessLogic
{
    //实例化文件配置文件类
    globalBussinessLogic  gbl = new globalBussinessLogic ();
    //赋值文件路径名称
    String filePath = gbl.STATIC_DATAPATH;
    //赋值学校信息文件名称
    String fileName = gbl.STATIC_UNIVERSITY;
    //组合字符串,便于文件操作
    String fileNamePath = filePath + fileName;

    //实例化 fileManage 类,并且调用 fileName 方法,
    //判断文件是否存在,如果不存在则抛出异常
    fileManage FM = new fileManage();
    if (FM.fileName(1) == false)
    {
        throw new exceptionBussinessLogic("学校信息文件操作有误。");
    }
    else
    {
    //接收输入参数,并且调用 StringChange 方法,将输入值中
    //将空字符转换为"^",将","转换为"#"
    //学校编号
        String    tempuniversityCode = StringChange(universityCode );
        //学校名称
        String    tempuniversity = StringChange(university);
        String    tempenglishTitle = StringChange(englishTitle);
        String    tempuniversityKind = StringChange(universityKind);
        String    tempheadUnits = StringChange(headUnits);
        String    tempaim = StringChange(aim);
        String    tempeducationalLevel = StringChange(educationalLevel);
        String    tempeducationalScope = StringChange(educationalScope.toString());
        String    tempmanagementSystem = StringChange(managementSystem);
        String    tempfax = StringChange(fax);
        String    temptelephone = StringChange(telephone);
        String    tempaddress = StringChange(address);
        String    temppostcode = StringChange(postcode);
        String    tempURLAddress = StringChange(URLAddress);
        //universityString 将输入变量组合成新的字符串
        //经过字符转换后的变量,在每个变量后面添加一个
```

```
            //空字符串组组成新的 universityString
            StringuniversityString = tempuniversityCode + "
                                        " + tempuniversity + " " + tempenglishTitle + " "
                                        + tempuniversityKind + " " + tempheadUnits + "
                                        " + tempaim + " " + tempeducationalLevel + " "
                                        + tempeducationalScope + "" + tempmanagementSystem + " "
                                        + tempfax + " " + temptelephone + " " + tempaddress + " "
                                        + temppostcode + " " + tempURLAddress + " ";
            try
            {
                //创建文件读写对象,实例化名称为 fw
                FileWriter fw = new FileWriter(fileNamePath, true);
                //universityString 写入文件尾部
                fw.write(universityString, 0, universityString.length());
                //提交文件
                fw.flush();
                //关闭文件,释放内存
                fw.close();
                return operationStates = true;
            }
            catch (IOException e)
            {
                //捕获异常,并保存到异常文件中
            throw new exceptionBussinessLogic("学校信息无法保存"
                        + e.getLocalizedMessage().toString());
            }
        }
    }
```

17.6.3 多记录查询

例程 17-3 以学生名单为例,将数组按照学生编号进行排序,将 Java IO 知识全面展现给读者。其他成员方法源代码请在清华大学出版社网站下载。

[**例程 17-3**] 多记录查询代码实现。

```
import java.io.BufferedReader;
import java.io.File;
import java.io.FileReader;
import java.io.IOException;
import java.util.ArrayList;
import java.util.List;
/**
 * bussinessStatistics 统计分析类主要功能是,完成业务逻辑的请求
 * 根据不同的请求,获取不同的数据集合。在这里具有了一定的数据。
 * @author 晨落
 * @version 2.0
 * 创建日期: 2011 - 10 - 04
 */
public class bussinessStatistics implements bussinessSearch
{
public List bussinessSearchSort (String universityCode,
                                 String collegeCode,
                                 String departmentCode,
```

```
                                String professionalCode)
        throws exceptionBussinessLogic
{
    //实例化对象 studentsSortList,定义为 List 集合类型,并且执行
    //ArrayList 类,实现学生数据集合返回
    List < studentsEntry > studentsSortList = new ArrayList < studentsEntry >();
    //文件状态判断
    //实例化 fileManage 类,并且调用 fileName 方法
    //判断文件是否存在,如果不存在则抛出异常
    fileManage FM = new fileManage();
    //读取 students.txt
    if (FM.fileName(5) == false)
    {
        throw new exceptionBussinessLogic("学校信息文件操作有误。");
    }
    else //如果所操作文件没有异常,则执行 students.txt 文件读操作
    {
        globalBussinessLogic  gbl = new globalBussinessLogic ();
        //赋值文件路径名称
        String filePath = gbl.STATIC_DATAPATH;
        //赋值学校信息文件名称
        String fileName = gbl.STATIC_STUDENTS;
        //组合字符串,便于文件操作
        String fileNamePath = filePath + fileName;
        try
        {
            //创建文件读写对象
            File file = new File(fileNamePath);
            //创建读取缓冲
            BufferedReader reader = null;
            //打开学生信息文件 university.txt
            reader = new BufferedReader(new FileReader(fileNamePath));
            //建立临时字符串
            String tempString = null;
            //逐行读取学生信息文件(university.txt)信息
            while((tempString = reader.readLine())!= null)
            {
                //定义数组,并且定义为空
                String StrArrayTemp[] = null;
                //读取行字符串,并且按照空格分隔为不同的数组元素
                StrArrayTemp = tempString.split(" ");
                //数组中第 0 个元素是学校编号
                Stringuniversity CodeTemp = (StrArrayTemp[0].toString()).trim();
                //数组中第 1 个元素是学院编号
                String collegeCodeTemp = (StrArrayTemp[1].toString()).trim();
                //数组中第 2 个元素是系编号
                String departmentCodeTemp = (StrArrayTemp[2].toString()).trim();
                //数组中第 3 个元素是专业编号
                String professionalCodeTemp  = (StrArrayTemp[3].toString()).trim();
                //数组中第 4 个元素是系名称
                String departmentTitleTemp = (StrArrayTemp[4].toString()).trim();
                //数组中第 5 个元素是专业名称
                String professionalTitleTemp = (StrArrayTemp[5].toString()).trim();
                //数组中第 6 个元素是班级编号
                String classNumberTemp = (StrArrayTemp[6].toString()).trim();
```

```
                    //数组中第 7 个元素是学生编号
                    String studentIdTemp = (StrArrayTemp[7].toString()).trim();
                    //数组中第 8 个元素是姓名
                    String nameTemp = (StrArrayTemp[8].toString()).trim();
                    //数组中第 9 个元素是性别
                    String sexTemp = (StrArrayTemp[9].toString()).trim();
                    //数组中第 10 个元素是出生日期
                    String birthdayTemp = (StrArrayTemp[10].toString()).trim();
                    //数组中第 11 个元素是籍贯
                    String nationTemp = (StrArrayTemp[11].toString()).trim();
                    //数组中第 12 个元素是政治面貌
                    String politicalStatusTemp = (StrArrayTemp[12].toString()).trim();
                    //数组中第 13 个元素是注册日期
                    String admissionTemp = (StrArrayTemp[13].toString()).trim();
                    //数组中第 14 个元素是入团时间
                    String joinTheLeagueDateTemp = (StrArrayTemp[14].toString()).trim();
                    //数组中第 15 个元素是邮政编码
                    String postcodeTemp = (StrArrayTemp[15].toString()).trim();
                    //数组中第 16 个元素是专业特长
                    String specialtyListTemp = (StrArrayTemp[16].toString()).trim();
                    //数组中第 17 个元素是电话号码
                    String telephoneTemp = (StrArrayTemp[17].toString()).trim();
                    //数组中第 18 个元素是出生地
                    String birthPlaceTemp = (StrArrayTemp[18].toString()).trim();
                    //数组中第 19 个元素是住址
                    String AddressTemp = (StrArrayTemp[19].toString()).trim();
                    //条件判断,临时变量与读取参数值进行比较。比较包括学校编号、学院
                    //编号系编号和专业编号
                    if(universityCodeTemp.equals(universityCode)
                        || collegeCodeTemp.equals(collegeCode)
                        ||departmentCodeTemp.equals(departmentCode)
                        ||professionalCodeTemp.equals(professionalCode))        {
                    //实例化学生实体类,并且赋值
                    studentsEntry studentsBase = new studentsEntry();
                    studentsBase.setStudentId(studentIdTemp);
                    studentsBase.setClassNumber(classNumberTemp);
                    studentsBase.setName(nameTemp);
                    studentsBase.setSex(sexTemp);
                    studentsBase.setBirthday(birthdayTemp);
                    studentsBase.setNation(nationTemp);
                    studentsBase.setPoliticalStatus(politicalStatusTemp);
                    studentsBase.setAdmission(admissionTemp);
                    studentsBase.setJoinTheLeagueDate(joinTheLeagueDateTemp);
                    studentsBase.setPostcode(postcodeTemp);
                    studentsBase.setSpecialtyList(specialtyListTemp);
                    studentsBase.setTelephone(telephoneTemp);
                    studentsBase.setBirthPlace(birthPlaceTemp);
                    studentsBase.setAddress(AddressTemp);
                    //添加学生排序数组与学生基本信息
                    studentsSortList.add(studentsBase);
                }
            }
            //如果学生排序数组为空
            if (studentsSortList.isEmpty())
            {
```

```
                //抛出异常
                throw new exceptionBussinessLogic("查无学生名单");
            }
            else
            {
                //返回数组类型
                return studentsSortList;
            }
        }
        catch (IOException e)
        {
            //捕获异常,并保存到异常文件中
            thrownew exceptionBussinessLogic("学校信息无法保存"
                        + e.getLocalizedMessage().toString());
        }
    }
  }
}
```

17.7　数据读取与存储实现进程检查

到目前为止,“学籍管理软件”实现进程如表 17-12 所示。

表 17-12　“学籍管理软件”进程检查

检　查　项	需求类型	实现进度			本章 Java 支持
		设计	优化	完成	
规划类	功能需求	*	*	*	
动态输入	性能需求	*	*	*	
数据动态处理	功能需求	*	*	*	
程序控制	功能需求	*	*	*	
健壮性	性能需求				
数据存储	功能需求	*	*	*	
方便查询	性能需求	*	*	*	
统计分析	功能需求	*	*	*	
复杂计算	功能需求	*	*	*	
运行控制	性能需求	*	*	*	
运行速度	性能需求	*	*	*	
代码重用	性能需求	*	*	*	
人机交互	功能需求				
类关系	性能需求	*	*	*	

17.8　本章小结

本章的主要任务是将 Java IO 基础知识应用于“学籍管理软件”中,完成应用 Java 知识对数据的最后实现。同时通过分析对“学籍管理软件”类图再次进行了优化,使得“学籍管理软件”的数据结构得到了进一步优化。

第18章

Java图形界面在"学籍管理软件"中的应用

18.1 用AWT生成图形化用户界面

尽管在Java I/O中学习了System.in,但是这种人机交互过程是极其不方便,更谈不上界面友好。本章将讨论如何使用Java AWT(Abstract Window Toolkit)实现人机交互。Java AWT主要类间关系图如图18-1所示。

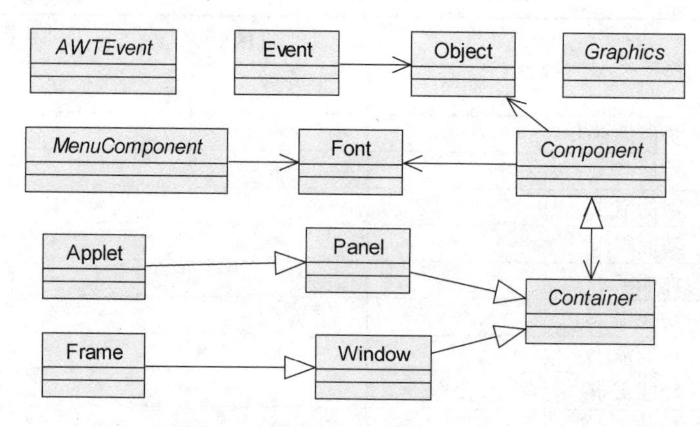

图18-1 AWT主要类间关系图

Java AWT是Java API为Java程序提供的建立图形用户界面GUI (Graphics User Interface)工具集,AWT可用于Java的applet和applications中。它支持图形用户界面编程的功能,包括用户界面组件;事件处理模型;图形和图像工具,包含形状、颜色和字体类;布局管理器,可以灵活地进行窗口布局而与特定窗口的尺寸和屏幕的分辨率无关;数据传送类,可以通过本地平台的剪贴板来进行剪切和粘贴。

Java AWT包含用于创建用户界面和绘制图形图像的所有类。在AWT术语中,诸如按钮或滚动条之类的用户界面对象称为组件。Component类是所有AWT组件的根。

当用户与组件交互时,一些组件会激发事件。AWTEvent类及其子类用于表示AWT组件能够激发的事件。

容器是一个可以包含组件和其他容器的组件。容器还可以具有布局管理器,用来控制容器中组件的可视化布局。AWT包带有几个布局管理器类和一个接口,此接口可用于构建自己的布局管理器。

18.2 组件

Java 的图形用户界面的最基本组成部分是组件(component)。组件是一个以图形化方式显示在屏幕上并能与用户进行交互的对象,例如,一个按钮,一个标签等。组件不能独立地显示出来,必须将组件放在一定的容器中才能显示出来。

类 Java.awt.Component 是许多组件类的父类,Component 类中封装了组件通用的方法和属性,如图形的组件对象、大小、显示位置、前景色和背景色、边界、可见性等,因此许多组件类也就继承了 Component 类的成员方法和成员变量,相应的成员方法如表 18-1 所示。

表 18-1 Component 类实现方法

成员方法	功能介绍
void add(PopupMenu popup)	向组件添加指定的弹出菜单
void doLayout()	提示布局管理器布局此组件
Color getBackground()	获取组件的背景色
Component getComponentAt(Point p)	返回包含指定点的组件或子组件
Cursor getCursor()	获取组件中的光标集合
getFont()	获取组件的字体
Color getForeground()	获取组件的前景色
int getHeight()	返回组件的当前高度
int getWidth()	返回组件的当前宽度
protected String paramString()	返回此组件状态的字符串表示形式
protected void processEvent(AWTEvent e)	处理组件上发生的事件
void remove(MenuComponent popup)	从组件移除指定的弹出菜单
void setBackground(Color c)	设置组件的背景色
void setBounds(int x, int y, int width, int height)	移动组件并调整其大小
void setBounds(Rectangle r)	移动组件并调整其大小,使其符合新的有界矩形 r
void setCursor(Cursor cursor)	为指定的光标设置光标图像
void setFocusable(boolean focusable)	将此 Component 的焦点状态设置为指定值
void setFont(Font f)	设置组件的字体
void setForeground(Color c)	设置组件的前景色
void setMaximumSize(Dimension maximumSize)	将组件的最大大小设置为常量值
void setMinimumSize(Dimension minimumSize)	将组件的最小大小设置为常量值
void setName(String name)	将组件的名称设置为指定的字符串
void setSize(Dimension d)	调整组件的大小,使其宽度为 d.width,高度为 d.height
void setSize(int width, int height)	调整组件的大小,使其宽度为 width,高度为 height
void setVisible(boolean b)	根据参数 b 的值显示或隐藏此组件
String toString()	返回此组件及其值的字符串表示形式
void update(Graphics g)	更新组件
void validate()	确保组件具有有效的布局

18.3 容器

容器 Java.awt.Container 是 Component 的子类,因此容器本身也是一个组件,它具有组件的所有性质,但是它的主要功能是容纳其他组件和容器。一个容器可以容纳多个组件,并使它们成为一个整体。容器可以简化图形化界面的设计,以整体结构来布置界面。所有的容器都可以通过

add()方法向容器中添加组件。Java Container 类中主要成员方法说明如表 18-2 所示。

表 18-2 Java Container 类中主要成员方法说明

成员方法	功能介绍
Component add(Component comp)	将指定组件追加到此容器的尾部
Component add(Component comp, int index)	将指定组件添加到此容器的给定位置上
voidadd(Component comp, Object constraints)	将指定的组件添加到此容器的尾部
void add(Component comp, Object constraints, int index)	使用指定约束,将指定组件添加到此容器的指定索引所在的位置上
void remove(Component comp)	从此容器中移除指定组件
void remove(int index)	从此容器中移除 index 指定的组件
void removeAll()	从此容器中移除所有组件
void removeContainerListener(ContainerListener l)	移除指定容器的侦听器,从而不再接收来自此容器的容器事件
void setFont(Font f)	设置此容器的字体
void setLayout(LayoutManager mgr)	设置此容器的布局管理器
void update(Graphics g)	更新容器
void validate()	验证此容器及其所有子组件
protected void validateTree()	递归继承容器树,对于所有被标记为需要重新计算布局的子树(标记为无效的那些子树)重新计算布局

18.4 事件处理

18.4.1 事件类

与 AWT 有关的所有事件类都由 Java.awt.AWTEvent 类派生,它也是 EventObject 类的子类。AWT 事件共有 10 类,可以归为低级事件和高级事件两大类。

1. 低级事件

低级事件是指基于组件和容器的事件。当一个组件上发生事件,如鼠标的进入、点击、拖放等,或组件的窗口开关等,都会触发组件事件。

(1) 组件事件(ComponentEvent)主要是完成组件尺寸的变化、移动等。

(2) 容器事件(ContainerEvent)主要是完成组件增加、移动等。

(3) 窗口事件(WindowEvent)主要完成关闭窗口、窗口闭合、图标化等。

(4) 焦点事件(FocusEvent)主要完成焦点的获得和丢失。

(5) 键盘事件(KeyEvent)主要完成键按下、释放。

(6) 鼠标事件(MouseEvent)主要完成鼠标"单击"、移动。

2. 高级事件

高级事件是基于语义的事件,它可以不和特定的动作相关联,而依赖于触发此事件的类,例如,在 TextField 中按 Enter 键,会触发 ActionEvent 事件;滑动滚动条会触发 AdjustmentEvent 事件;或是选中项目列表的某一条就会触发 ItemEvent 事件,主要的高级事件说明如下。

(1) 动作事件(ActionEvent)主要负责按钮按下,TextField 中按 Enter 键等。

(2) 调节事件(AdjustmentEvent)在滚动条上移动滑块以调节数值。

(3) 项目事件(ItemEvent)主要完成选择项目,不选择"项目改变"。

(4) 文本事件(TextEvent)主要完成文本事件的文本对象改变。

18.4.2 事件监听器

事件监听器类则包含了事件被触发时的响应函数，业务逻辑写在该响应函数中，本节将介绍事件监听器相关内容。

(1) 窗口事件，引发原因是窗口操作，事件监听实现接口是 WindowListener，接口适配器是 WindowAdapter，注册窗口事件的方法是 addWindowListener 接口。其中 WindowEvent 方法包括 7 个方法：

① windowActivated(WindowEvent e) //激活窗口

② windowClosed(WindowEvent e) //调用 dispose 方法关闭窗口后

③ windowClosing(WindowEvent e) //试图利用窗口关闭框关闭窗口

④ windowDeactivated(WindowEvent e) //本窗口成为非活动窗口

⑤ windowDeiconified(WindowEvent e) //窗口从最小化恢复为普通窗口

⑥ windowIconified(WindowEvent e) //窗口变为最小化图标

⑦ windowOpened(WindowEvent e) //当窗口第一次打开成为可见时

(2) ActionEvent 活动事件，其引发原因是单击按钮、双击列表框中的选项、选择菜单项、在文本框中回车。事件监听接口是 ActionListener。接口方法方法是 actionPerformed(ActionEvent e)。注册事件方法是 addActionListener。

(3) TextEvent 文本事件其引发原因是文本框或文本区域内容改变，其事件监听接口是 TextListener。接口方法包括 textValueChanged(TextEvent e)，注册事件方法 addTextListener。

(4) ItemEvent 选项事件，其引发原因为改变列表框中的选中项，改变复选框选中状态，改变下拉列表的选中项，事件监听接口是 ItemListener，接口方法是 itemStateChanged(ItemEvent e)，注册事件方法 addItemListener。

(5) AdjustmentEvent 调整事件，其引发原因是操作滚动条以改变滑块位置，事件监听接口是 AdjustmentListener，接口方法包括 adjustmentValueChanged(AdjustmentEvent e)，注册事件方法方法包括 addAdjustmentListener。

(6) KeyEvent 键盘事件，引发原因有三种。它们是按下并释放键、按下键、释放键。事件监听接口：KeyListener，接口方法包括：

① keyPressed(KeyEvent e) //键已被按下时调用

② keyReleased(KeyEvent e) //键已被释放时调用

③ keyTyped(KeyEvent e) //键已被按下并释放时调用

KeyEvent 方法：char ch=e.getKeyChar()；

事件监听适配器(抽象类)：KeyAdapter

注册事件方法：addKeyListener

(7) MouseEvent 事件，其引发原因：鼠标作用在一个组件上，鼠标事件：鼠标键按下，鼠标键抬起，单击鼠标键，鼠标指针进入一个组件，鼠标指针离开一个。主要组件包括鼠标移动事件：鼠标移动，鼠标拖动。鼠标事件监听接口为 MouseListener，该接口方法包括三种：

① mouseClicked(MouseEvent e)

② mouseEntered(MouseEvent e)

③ mouseExited(MouseEvent e)

鼠标事件监听适配器(抽象类)：MouseAdapter，注册鼠标事件方法是 addMouseListener，鼠标事件监听接口为 MouseMotionListener，其接口方法包括：mouseMoved(MouseEvent e)和

mouseDragged(MouseEvent e)。鼠标移动事件监听适配器是 MouseMotionAdapter 和注册鼠标移动事件方法是 addMouseMotionListener。

MouseEvent 方法：

① e.getClickCount()　//1 为单击,2 为双击

② Point e.getPoint()　//取鼠标指针位置

③ int e.getX()和 int e.getY()//取鼠标指针位置

e. getMotifiers()＝e.BUTTON1_MASK　//取鼠标左键

＝ e.BUTTON3_MASK　//取鼠标右键

(8) FocusEvent 焦点事件引发原因：组件获得焦点，组件失去焦点，其事件监听接口是 FocusListener,其接口方法包括如下：

① focusGained(FocusEvent e)

② focusLost(FocusEvent e)

FocusEvent 焦点事件接口适配器是 FocusAdapter,注册事件方法是 addFocusListener。

(9) ComponentEvent 组件事件引发原因：当组件移动，改变大小，改变面貌可见性时引发，接口适配器：ComponentAdapter，注册事件方法：addComponentListener，事件监听接口：ComponentListener 及接口方法包括：

① componentHidden(ComponentEvent e)　//组件隐藏

② componentMoved(ComponentEvent e)　//组件移动

③ componentResized(ComponentEvent e)　//组件改变大小

④ componentShown(ComponentEvent e)　//组件变为可见

(10) ContainerEvent 容器事件，引发原因：当容器内增加或移走组件时引发，接口适配器是 ContainerAdapter,注册该事件方法是 addContainerListener,事件监听接口是 ContainerListener,接口方法包括：

① componentAdded(ContainerEvent e)　//容器内加入组件

② componentRemoved(ContainerEvent e)　//从容器中移走组件

18.4.3 AWT 事件相应的监听器接口

AWT 事件相应的监听接口包括如下几类。

1. ActionEvent

该类主要负责激活组件，其接口名称为 actionListener，定义的方法包括 actionPerformed (ActionEvent)。

2. ItemEvent

该类包含的接口为 ItemListener,定义的方法为 itemStateChanged(ItemEvent)。

3. MouseEvent

该类包括如下接口。

(1) MouseMotionListener,完成鼠标移动事件的处理。其定义的方法包括 mouseDragged (MouseEvent)、mouseMoved(MouseEvent)。

(2) MouseListener,完成鼠标单击的事件处理，其定义的方法包括 mousePressed(MouseEvent)、mouseReleased(MouseEvent)、mouseEntered(MouseEvent)、mouseExited(MouseEvent)、mouseClicked(MouseEvent)。

4. 键盘事件 KeyEvent

该类主要完成键盘事件处理，接口名称包括 KeyListener，定义方法包括 keyPressed

(KeyEvent)、keyReleased(KeyEvent)、keyTyped(KeyEvent)。

5. 焦点事件

FocusEvent组件收到或失去焦点,定义的接口名称为FocusListener,其接口定义的方法包括focusGained(FocusEvent)和focusLost(FocusEvent)。

6. 鼠标移动滚动组件

AdjustmentEvent提供了移动的滚动条等组件,定义接口AdjustmentListener和接口方法adjustmentValueChanged(AdjustmentEvent)。

7. ComponentEvent

负责对象移动缩放显示隐藏等功能,定义接口ComponentListener,该接口定义了componentMoved(ComponentEvent)、componentHidden(ComponentEvent)、componentResized(ComponentEvent)和componentShown(ComponentEvent)方法。

8. WindowEvent事件

主要完成收到窗口级事件的处理,其定义的接口名称为WindowListener,定义的方法为windowClosing(WindowEvent)、windowOpened(WindowEvent)、windowIconified(WindowEvent)、windowDeiconified(WindowEvent)、windowClosed(WindowEvent)、windowActivated(WindowEvent)、windowDeactivated(WindowEvent)。

9. ContainerEvent事件

主要完成容器中增加删除了组件的事件处理,定义的接口包括ContainerListener,定义的方法包括componentAdded(ContainerEvent)和componentRemoved(ContainerEvent)。

10. TextEvent事件

文本字段或文本区发生改变的事件处理,其接口名称为TextListener,定义的方法为textValueChanged(TextEvent)。

18.4.4 事件适配器

Java语言为一些监听器接口提供了适配器(Adapter)类。可以通过继承事件所对应的Adapter类重写需要的方法,有些没必要实现的方法可以不考虑。事件适配器为人们提供了一种实现监听器的简单手段,可以减少程序代码编写量。具体内容如下。

1. 事件适配器EventAdapter

Java.awt.event包中定义的事件适配器类包括组件适配器(ComponentAdapter)、容器适配器(ContainerAdapter)、焦点适配器(FocusAdapter)、键盘适配器(KeyAdapter)、鼠标适配器(MouseAdapter)、鼠标运动适配器(MouseMotionAdapter)和窗口适配器(WindowAdapter)。

2. 用内部类实现事件处理

内部类是被定义于另一个类中的类,使用内部类具有很多优点,主要有:①一个内部类的对象可访问外部类的成员方法和变量,包括私有的成员;②实现事件监听器时,采用内部类、匿名类编程易于实现;③编写事件驱动程序,内部类很方便。因此内部类所能够应用的地方往往是在AWT的事件处理机制中。

3. 匿名类(Anonymous Class)

当一个内部类的类声名只是在创建此类对象时用了一次,而且要产生的新类需继承于一个已有的父类或实现一个接口,才能考虑用匿名类,由于匿名类本身无名,因此它也就不存在构造方法,它需要显示地调用一个无参的父类的构造方法,并且重写父类的方法。所谓的匿名就是该类连名字都没有,只是显示地调用一个无参的父类的构造方法。

18.5 AWT组件库

Java AWT组件库中有丰富的组件，本节介绍使用频率较高的组件。

1. 按钮(Button)

按钮是最常用的一个组件，其构造方法如下。

```
Button b = new Button("Quit");
```

当按钮被单击后，会产生ActionEvent事件，需ActionListener接口进行监听和处理事件。

ActionEvent的对象调用getActionCommand()方法，可以得到按钮的标识名，默认按钮名为label。

用setActionCommand()可以为按钮设置组件标识符。

2. 复选框(Checkbox)

复选框提供简单的"on/off"开关，旁边显示文本标签。构造方法如下。

```
setLayout(new GridLayout(3,1));
add(new Checkbox("one",null,true));
add(new Checkbox("two"));
add(new Checkbox("three"));
```

复选框用ItemListener来监听ItemEvent事件。当复选框状态改变时，用getStateChange()获取当前状态。使用getItem()获得被修改复选框的字符串对象。

3. 复选框组(CheckboxGroup)

使用复选框组，可以实现单选框的功能。

准确地说，CheckboxGroup中的复选框按钮可以在任意给定的时间处于on状态。按下任何按钮，可将按钮状态设置为on，并且强制将任何其他on状态的按钮更改为off状态。

4. 下拉式菜单(Choice)

下拉式菜单每次只能选择其中的一项，它能够节省显示空间，适用于大量选项。

5. Canvas

一个应用程序必须继承Canvas类才能获得有用的功能，例如创建一个自定义组件。如果想在画布上完成一些图形处理，则Canvas类中的paint()方法必须被重写。

Canvas组件监听各种鼠标、键盘事件。当在Canvas组件中输入字符时，必须先调用requestFocus()方法。

6. 单行文本输入区(TextField)

只能显示一行，当Enter键被按下时，会发生ActionEvent事件，可以通过ActionListener中的actionPerformed()方法对事件进行相应处理。可以使用setEditable(boolean)方法设置为只读属性。

7. 文本输入区(TextArea)

TextArea可以显示多行多列的文本。使用setEditable(boolean)方法，可以将其设置为只读的。在TextArea中可以显示水平或垂直的滚动条。要判断文本是否输入完毕，可以在TextArea旁边设置一个按钮，通过单击按钮产生的ActionEvent对输入的文本进行处理。

8. 列表(List)

列表中提供了多个文本选项，它支持滚动条，可浏览多项。

```
List lst = new List(4,false);     //两个参数分别表示显示的行数、是否允许多选
lst.add("Venus");
```

```
lst.add("Earth");
lst.add("JavaSoft");
lst.add("Mars");
cnt.add(lst);
```

9. 框架(Frame)

Frame是顶级窗口,可以显示标题,重置大小。当Frame被关闭,将产生WindowEvent事件,Frame无法直接监听键盘输入事件。

10. 对话框(Dialog)

它是Window类的子类。对话框和一般窗口的区别在于它依赖于其他窗口。对话框分为非模式(non-modal)和模式(modal)两种。

11. 文件对话框(Filedialog)

当用户想打开或存储文件时,使用文件对话框进行操作。

12. 菜单(Menu)

无法直接将菜单添加到容器的某一位置,也无法使用布局管理器对其加以控制。菜单只能被添加菜单容器(MenuBar)中。

13. MenuBar

只能被添加到Frame对象中,作为整个菜单树的根基。

14. Menu

下拉菜单。它可以被添加到MenuBar中或其他Menu中。

15. MenuItem

MenuItem是菜单树中的“叶子节点”。MenuItem通常被添加到一个Menu中。对于MenuItem对象,可以添加ActionListener,使其能够完成相应的操作。

用AWT来生成图形化用户界面时,组件和容器的概念非常重要。组件是各种各样的类,封装了图形系统的许多最小单位,例如按钮、窗口等;而容器也是组件,它最主要的作用是装载其他组件,但是像Panel()将在第19章中详细介绍()这样的容器也经常被当作组件添加到其他容器中,以便完成复杂的界面设计。布局管理器是Java语言与其他编程语言在图形系统方面较为显著的区别,容器中各个组件的位置是由布局管理器来决定的,共有5种布局管理器,每种布局管理器都有自己的放置规律。事件处理机制能够让图形界面响应用户的操作,主要涉及事件源、事件、事件处理者等三方,事件源就是图形界面上的组件,事件就是对用户操作的描述,而事件处理者是处理事件的类。因此,对于AWT中所提供的各个组件,需要了解该组件经常发生的事件以及处理该事件的相应监听器。

18.6 “学籍管理软件”页面设计

18.6.1 页面构成

任何一个系统如果没有友好的用户交互界面,这个系统就没有任何实际意义。而在前面章节中的所有的知识都是围绕着业务逻辑和数据读取进行的。随着对Java的进一步了解,我们应该具备了对页面规划的能力。尽管本书的案例“学籍管理软件”离真正的应用有很大的差距,但至少通过它,可以给读者一个学习思路,以理解知识是如何应用在实际项目中。本节给出该软件的界面结构,如图18-2所示。

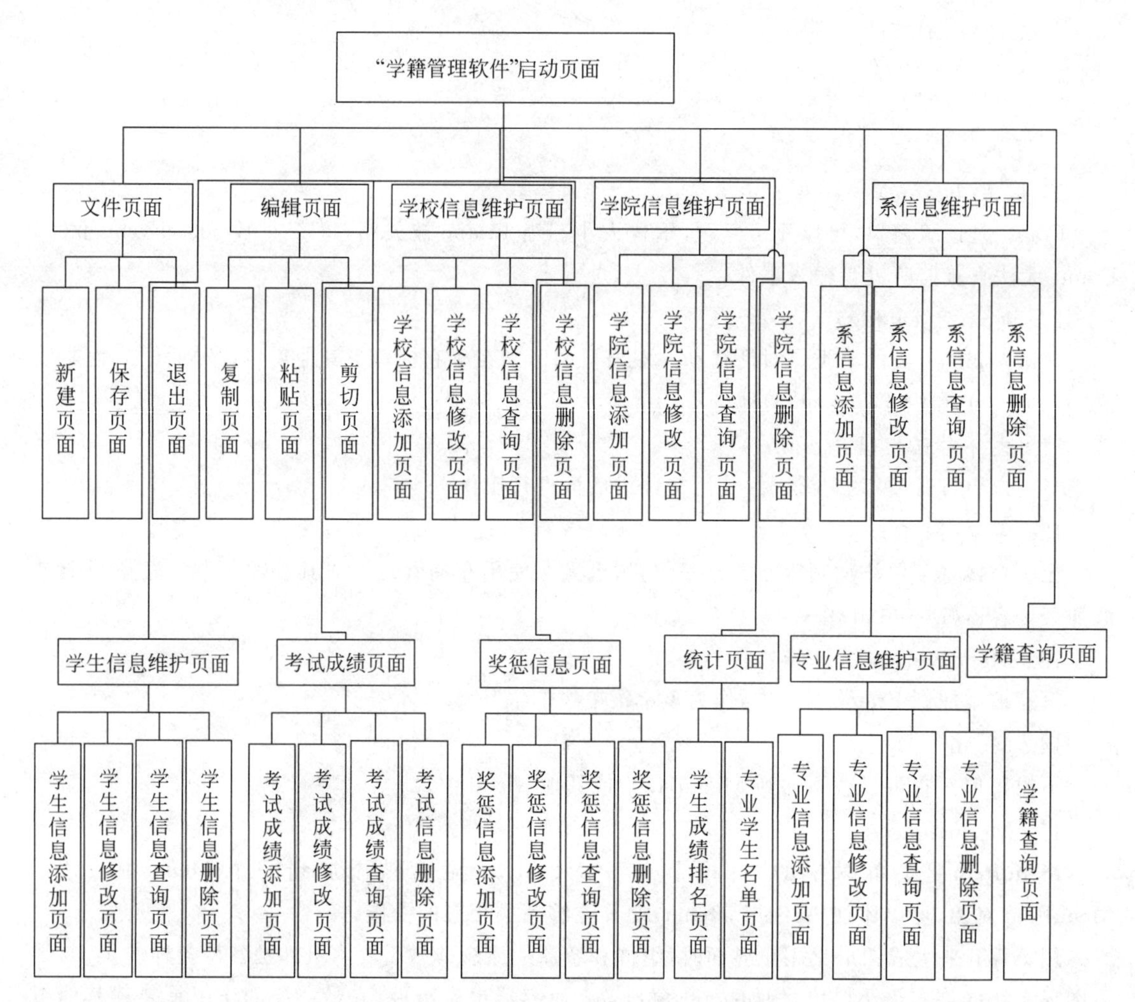

图 18-2 “学籍管理软件”界面结构图

18.6.2 主界面程序代码

主界面程序代码如例程 18-1 所示。

[**例程 18-1**] “学籍管理软件”主界面程序。

```
import java.awt.TextArea;
import java.awt.event.ActionEvent;
import java.awt.event.ActionListener;
import java.awt.event.ItemEvent;
import java.awt.event.ItemListener;

import javax.swing.JFrame;
import javax.swing.JMenu;
import javax.swing.JMenuBar;
import javax.swing.JMenuItem;
import javax.swing.JPopupMenu;

//学籍管理软件主界面。采取菜单模式,按照图 18 - 2 结构,分级、分栏编写程序代码,实现了管理软件
//界面设计
```

```
public class schoolRolManagement extends JFrame implements  ActionListener, ItemListener
{
    private static final long serialVersionUID = 1L;
    /**
     * 功能简介:
     *       无参数 main 方法,main 方法在第 6 章主要职能是能够集成其他
     *       page 页面,按照类图的描述关系实现页面集成。main 方法将
     *       随 Java 课程的进步逐步完善。
     *    @author 晨落
     *    @version 2.0
     *    @param args[]
     *    @return null
     *    @exception   I/0 main 方法编译错误或者输入 IO 错误
     *    修改日期: 2011-09-24
     * 按照类图关系设计实现类之间
     * 关系调用,在类之间关系调用中,并没有要求实现具体功能
     */

    //定义 outputArea 为文本编辑器
      TextArea outputArea;
      //定义主菜单 popup
      JPopupMenu popup;

      /**
       * 实例化 JFrame,创建 frame
       * @param s
       */
      public schoolRolManagement(String s)
      {
          super(s);                               //运行 JFrame 类,并且创建 frame
          outputArea = new TextArea(3,30);        //实例化一个输出编辑框
          add("Center",outputArea);               //将编辑区域设置为到 frame 的底部
          outputArea.setEditable(true);           //设置可编辑框为 true

      }

      /**
       * createMainMenu 是本系统中菜单创建,创建一级菜单以及子菜单
       */
      public void createMainMenu()
      {
          //实例化菜单
          JMenuBar mb = new JMenuBar();
          //将 mb 窗体的菜单栏设置为指定的菜单栏
          setJMenuBar(mb);
          /*
           * 创建一级菜单
           */

          JMenu file = new JMenu("文件");
          JMenu edit = new JMenu("编辑");
```

```
JMenu university = new JMenu("学校信息维护");
JMenu college = new JMenu("学院信息维护");
JMenu department = new JMenu("系信息维护");
JMenu professional = new JMenu("专业信息维护");
JMenu students = new JMenu("学生信息维护");
JMenu transcript = new JMenu("学生成绩维护");
JMenu rewardAndPunishment = new JMenu("奖惩信息维护");
JMenu enrollmentTable = new JMenu("学籍查询");
JMenu Statistics = new JMenu("统计分析");

//将 file 菜单添加到菜单栏
mb.add(file);
//将 edit 菜单添加到菜单栏
mb.add(edit);
//将 university 菜单添加到菜单栏
mb.add(university);
//将 college 菜单添加到菜单栏
mb.add(college);
//将 department 菜单添加到菜单栏
mb.add(department);
//将 professional 菜单添加到菜单栏
mb.add(professional);
//将 students 菜单添加到菜单栏
mb.add(students);
//将 transcript 菜单添加到菜单栏
mb.add(transcript);
//将 rewardAndPunishment 菜单添加到菜单栏
mb.add(rewardAndPunishment);
//将 enrollmentTable 菜单添加到菜单栏
mb.add(enrollmentTable);
//将 Statistics 菜单添加到菜单栏
mb.add(Statistics);

/* =====================================================
 * 文件子菜单创建
 */
JMenuItem fileNew = new JMenuItem("新建");
JMenuItem fileSave = new JMenuItem("保存");
JMenuItem fileExit = new JMenuItem("退出");

//在文件菜单项中添加子菜单

file.add(fileNew);                    //新建文件
file.add(fileSave);                   //保存文件
file.addSeparator();                  //添加空行
file.add(fileExit);                   //退出

/* ========================================================
 * 创建子菜单文件
 */

JMenuItem editCopy = new JMenuItem("拷贝");
```

```
JMenuItem editPaste = new JMenuItem("粘贴");
JMenuItem editCut = new JMenuItem("剪切");

//在文件菜单中添加菜单项

edit.add(editCopy);
edit.add(editPaste);
edit.add(editCut);

/* ============================================================
 * 学校信息菜单栏
 */
JMenuItem universityAdd = new JMenuItem("学校信息添加");
JMenuItem universityUpdate = new JMenuItem("学校信息修改");
JMenuItem universitySearch = new JMenuItem("学校信息查询");
JMenuItem universityDelete = new JMenuItem("学校信息删除");

//学校信息菜单创建
university.add(universityAdd);
university.add(universityUpdate);
university.add(universitySearch);
university.add(universityDelete);

/* ============================================================
 * 学院信息菜单栏
 */
JMenuItem collegeAdd = new JMenuItem("学院信息添加");
JMenuItem collegeUpdate = new JMenuItem("学院信息修改");
JMenuItem collegeSearch = new JMenuItem("学院信息查询");
JMenuItem collegeDelete = new JMenuItem("学院信息删除");

//学院信息菜单创建
college.add(collegeAdd);
college.add(collegeUpdate);
college.add(collegeSearch);
college.add(collegeDelete);

/* ============================================================
 * 系信息菜单栏
 */
JMenuItem departmentAdd = new JMenuItem("系信息添加");
JMenuItem departmentUpdate = new JMenuItem("系信息修改");
JMenuItem departmentSearch = new JMenuItem("系信息查询");
JMenuItem departmentDelete = new JMenuItem("系信息删除");

//系信息菜单创建
department.add(departmentAdd);
department.add(departmentUpdate);
department.add(departmentSearch);
department.add(departmentDelete);

/* ============================================================
```

```
 * 专业信息菜单栏
 */
JMenuItem professionalAdd = new JMenuItem("专业信息添加");
JMenuItem professionalUpdate = new JMenuItem("专业信息修改");
JMenuItem professionalSearch = new JMenuItem("专业信息查询");
JMenuItem professionalDelete = new JMenuItem("专业信息删除");

//专业信息菜单创建
professional.add(professionalAdd);
professional.add(professionalUpdate);
professional.add(professionalSearch);
professional.add(professionalDelete);

/* ============================================================
 * 学生信息菜单栏
 */
JMenuItem studentsAdd = new JMenuItem("学生信息添加");
JMenuItem studentsUpdate = new JMenuItem("学生信息修改");
JMenuItem studentsSearch = new JMenuItem("学生信息查询");
JMenuItem studentsDelete = new JMenuItem("学生信息删除");

//学生信息菜单创建
students.add(studentsAdd);
students.add(studentsUpdate);
students.add(studentsSearch);
students.add(studentsDelete);

/* ============================================================
 * 学生成绩信息菜单栏
 */
JMenuItem transcriptAdd = new JMenuItem("考试成绩信息添加");
JMenuItem transcriptUpdate = new JMenuItem("考试成绩信息修改");
JMenuItem transcriptSearch = new JMenuItem("考试成绩信息查询");
JMenuItem transcriptDelete = new JMenuItem("考试成绩信息删除");

//学生成绩信息菜单创建
transcript.add(transcriptAdd);
transcript.add(transcriptUpdate);
transcript.add(transcriptSearch);
transcript.add(transcriptDelete);

/* ============================================================
 * 学生奖惩信息菜单栏
 */
JMenuItem rewardAndPunishmentAdd = new JMenuItem("奖惩信息添加");
JMenuItem rewardAndPunishmentUpdate = new JMenuItem("奖惩信息修改");
JMenuItem rewardAndPunishmentSearch = new JMenuItem("奖惩信息查询");
JMenuItem rewardAndPunishmentDelete = new JMenuItem("奖惩信息删除");
          //学生奖惩信息菜单创建
rewardAndPunishment.add(rewardAndPunishmentAdd);
rewardAndPunishment.add(rewardAndPunishmentUpdate);
rewardAndPunishment.add(rewardAndPunishmentSearch);
```

```
rewardAndPunishment.add(rewardAndPunishmentDelete);
//学生学籍查询
JMenuItem enrollmentTableSearch = new JMenuItem("学籍查询");
//统计分析
JMenuItem StatisticsStudentsList = new JMenuItem("分专业学生名单");
JMenuItemStatisticstranscriptSortTable = new JMenuItem("专业学生排名");

Statistics.add(StatisticsStudentsList);
Statistics.add(StatisticstranscriptSortTable);

//增加客户选择文件菜单监听器
fileNew.addActionListener(this);
fileSave.addActionListener(this);
fileExit.addActionListener(this);
//增加客户选择编辑菜单监听器
editCopy.addActionListener(this);
editPaste .addActionListener(this);
editCut.addActionListener(this);
//增加学校信息维护菜单监听器
universityAdd.addActionListener(this);
universityUpdate.addActionListener(this);
universitySearch.addActionListener(this);
universityDelete.addActionListener(this);
//增加学院信息维护菜单监听器
collegeAdd.addActionListener(this);
collegeUpdate.addActionListener(this);
collegeSearch.addActionListener(this);
collegeDelete.addActionListener(this);
//增加系信息维护菜单监听器
departmentAdd.addActionListener(this);
departmentUpdate.addActionListener(this);
departmentSearch.addActionListener(this);
departmentDelete.addActionListener(this);
//增加专业信息维护菜单监听器
professionalAdd.addActionListener(this);
professionalUpdate.addActionListener(this);
professionalSearch.addActionListener(this);
professionalDelete.addActionListener(this);
//增加学生信息维护菜单监听器
studentsAdd.addActionListener(this);
studentsUpdate.addActionListener(this);
studentsSearch.addActionListener(this);
studentsDelete.addActionListener(this);
//增加成绩信息维护菜单监听器
transcriptAdd.addActionListener(this);
transcriptUpdate.addActionListener(this);
transcriptSearch.addActionListener(this);
transcriptDelete.addActionListener(this);
//增加奖惩信息维护菜单监听器
rewardAndPunishmentAdd.addActionListener(this);
rewardAndPunishmentUpdate.addActionListener(this);
rewardAndPunishmentSearch.addActionListener(this);
```

```
        rewardAndPunishmentDelete.addActionListener(this);
        //增加学籍查询菜单监听器
        enrollmentTableSearch.addActionListener(this);
        //增加统计分析维护菜单监听器
        StatisticsStudentsList.addActionListener(this);
        StatisticstranscriptSortTable .addActionListener(this);
    }

    /**
     * "学籍管理软件"main 方法,启动创建菜单,也是学籍管理软件中运行程序的唯一入口
     */
    public static void main(String[] args)
    {
        //实例化 schoolRolManagement,创建 Frame 框架
        schoolRolManagement srm = new schoolRolManagement("学籍管理软件");
        //执行菜单创建文件
        srm.createMainMenu();
        //定义菜单大小
        srm.setSize(300,300);
        //设置 frame 为可视状态
        srm.setVisible(true);
    }

    public void createTree()
    {


    }
    /**
     * 本成员方法是负责监听菜单程序的请求,根据菜单标题确定实例化
     * 哪个类和成员方法。在这里需要说明的是,实例化并执行方法体
     * 方法体传递参数表示对这些按钮的开关控制。详细内容请参见
     * 页面程序源代码
     */

    public void actionPerformed(ActionEvent e)
    {
        String  menuSelected;
        menuSelected = e.getActionCommand();
        if (menuSelected == "保存" )
        {
        //方法体暂时为空
        }

        if (menuSelected == "退出" )
        {
        //方法体暂时为空
        }
        if (menuSelected == "复制")
            {
        //方法体暂时为空
            }
        if (menuSelected == "粘贴" )
```

```
    {
//方法体暂时为空
    }
if (menuSelected == "剪切" )
    {
//方法体暂时为空
    }
if (menuSelected == "学校信息添加" )
{
    //实例化学校信息维护页面程序
    universityPage up = new universityPage();
     up.universityPage(301);
}
if (menuSelected == "学校信息修改" )
{
      universityPage up = new universityPage();
      up.universityPage(302);
}
if (menuSelected == "学校信息查询")
{
      universityPage up = new universityPage();
      up.universityPage(303);
}
if (menuSelected == "学校信息删除" )
{
      universityPage up = new universityPage();
      up.universityPage(304);
}

//实例化学院信息维护页面程序
if (menuSelected == "学院信息添加" )
{
     collegePage cp = new collegePage();
     cp.collegePage(401);
}
if (menuSelected == "学院信息修改" )
{
     collegePage cp = new collegePage();
     cp.collegePage(402);
}
if (menuSelected == "学院信息查询" )
     {
     collegePage cp = new collegePage();
     cp.collegePage(403);
     }
if (menuSelected == "学院信息删除" )
{
     collegePage cp = new collegePage();
     cp.collegePage(404);
}
```

```
//实例系信息维护页面程序
if (menuSelected == "系信息添加" )
{
    departmentPage dp = new departmentPage();
    dp.departmentPage(501);
}
if (menuSelected == "系信息修改" )
{
    departmentPage dp = new departmentPage();
    dp.departmentPage(502);
}
if (menuSelected == "系信息查询" )
{
    departmentPage dp = new departmentPage();
    dp.departmentPage(503);
}
if (menuSelected == "系信息删除" )
{
    departmentPage dp = new departmentPage();
    dp.departmentPage(504);
}

//实例化专业信息维护页面程序
if (menuSelected == "专业信息添加" )
{
    professionalPage pp = new professionalPage();
    pp.professionalPage(601);
}
if (menuSelected == "专业信息修改" )
{
    professionalPage pp = new professionalPage();
    pp.professionalPage(602);
}
if (menuSelected == "专业信息查询" )
{
    professionalPage pp = new professionalPage();
    pp.professionalPage(603);
}
if (menuSelected == "专业信息删除" )
{
    professionalPage pp = new professionalPage();
    pp.professionalPage(602);
}

//实例化学生信息维护页面
if (menuSelected == "学生信息添加" )
{
    studentsPage sp = new studentsPage();
    sp.studentsPage(701);
}
```

```
if (menuSelected == "学生信息修改"      )
{
    studentsPage sp = new studentsPage();
    sp.studentsPage(702);
}
if (menuSelected == "学生信息查询" )
{
    studentsPage sp = new studentsPage();
    sp.studentsPage(703);
}
if (menuSelected == "学生信息删除" )
{
    studentsPage sp = new studentsPage();
    sp.studentsPage(704);
}

//实例化考试成绩维护页面
if (menuSelected == "考试成绩信息添加" )
{
    transcriptPage tp = new transcriptPage();
    tp.transcriptPage(801);
}
if (menuSelected == "考试成绩信息修改" )
{
    transcriptPage tp = new transcriptPage();
    tp.transcriptPage(802);
}
if (menuSelected == "考试成绩信息查询" )
{
    transcriptPage tp = new transcriptPage();
    tp.transcriptPage(803);
}
if (menuSelected == "考试成绩信息删除" )
{
    transcriptPage tp = new transcriptPage();
    tp.transcriptPage(804);
}

//实例化奖惩信息维护页面
if (menuSelected == "奖惩信息添加" )
{
    rewardsAndPunishmentsPage rap = new rewardsAndPunishmentsPage();
    rap.rewardsAndPunishmentsPage(901);
}
if (menuSelected == "奖惩信息修改" )
{
    rewardsAndPunishmentsPage rap = new rewardsAndPunishmentsPage();
    rap.rewardsAndPunishmentsPage(902);
}
if (menuSelected == "奖惩信息查询" )
```

```
        {
            rewardsAndPunishmentsPage rap = new rewardsAndPunishmentsPage();
            rap.rewardsAndPunishmentsPage(903);
        }
        if (menuSelected == "奖惩信息删除" )
        {
            rewardsAndPunishmentsPage rap = new rewardsAndPunishmentsPage();
            rap.rewardsAndPunishmentsPage(904);
        }

        //实例化学籍查询页面
        if (menuSelected == "学籍查询" )
            {
            enrollmentTablePage etp = new enrollmentTablePage();
            etp.enrollmentTablePage();
            }

        //实例化统计分析页面
        if (menuSelected == "分专业学生名单" )
            {
            studentsListPage slp = new studentsListPage();
            slp.studentsListPage();
            }
        if (menuSelected == "专业学生排名")
            {
            transcriptSortTablePage tstp = new transcriptSortTablePage();
            tstp.transcriptSortTablePage();
            }
        if(menuSelected == "退出")
            {
            System.exit(0);
            }
    }

    public void itemStateChanged(ItemEvent e) {
        //TODO Auto - generated method stub

    }

}
```

运行结果如图 18-3 所示。

18.6.3 维护页面 button 影响矩阵图

界面友好是软件设计的重要内容之一，设计不恰当的操作往往会导致出现业务逻辑错误的结果。有时某些功能的操作从本质上来说也是矛盾的，不能同时进行的。例如，在页面中同时设计了添加、保存、修改、删除、打印等，但是，在添加记录的同时不能进行修改记录，这样避免数据业务处理错误。所以，经常需要对这些不同的按钮进行可视化处理。表 18-3 是按钮相互影响的矩阵图，“※”号表示在列按钮中操作项在行中可选。

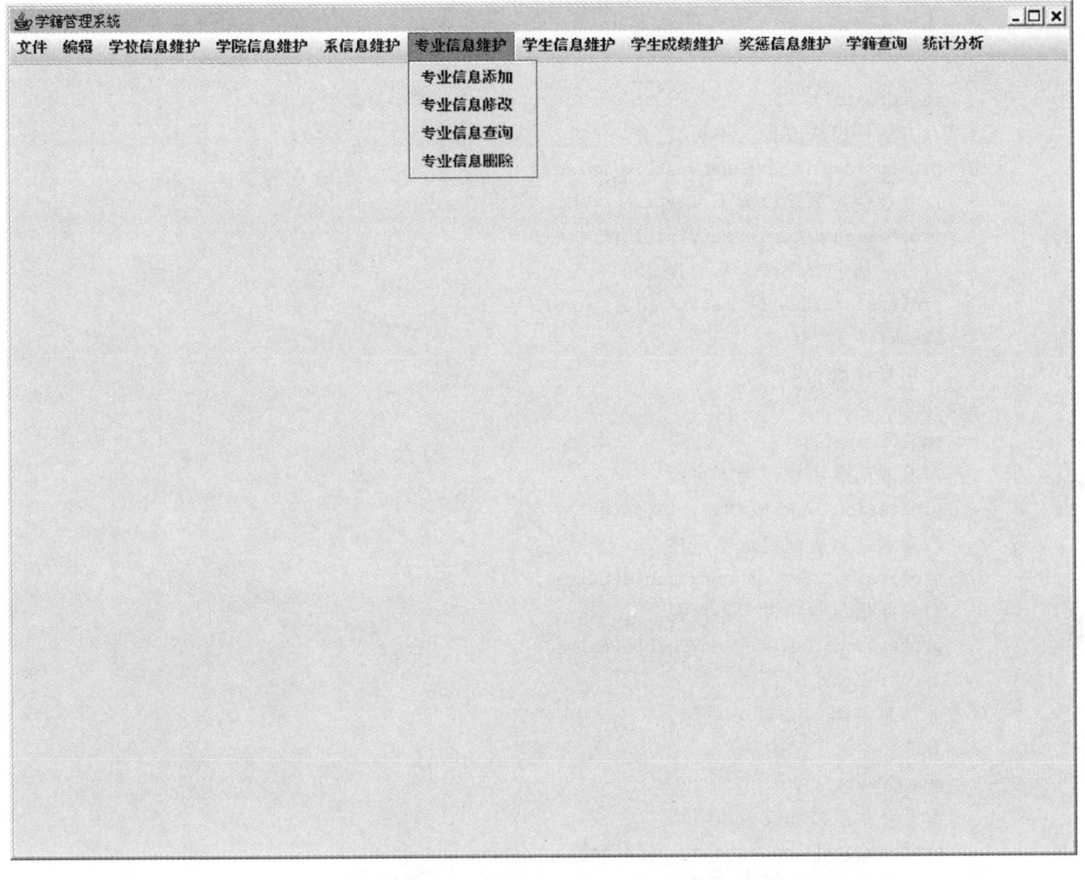

图 18-3　“学籍管理软件”主界面

表 18-3　“学籍管理软件”按钮互相影响矩阵

增加	修改	删除	查询	保存	取消	打印	退出
增加				※	※	※	※
修改				※	※	※	※
删除					※	※	※
查询	※	※			※	※	※
保存						※	※
取消	※	※	※	※		※	※
打印	※	※	※	※	※		※
退出	※	※	※	※	※	※	

例程 18-2 是专业信息维护页面按钮相互影响的可视化例程。

[**例程 18-2**]　按钮互相影响部分代码。

```
/**
 * 构造函数,负责专业信息的增加、修改、删除、查询等 button 的逻辑设置。输入参数为功能编号。
 */
public professionalPage(Integer FunctionId)
{
    switch(FunctionId)
```

```
        {
        //专业信息添加
        case 601:
            pageCreate();
            //专业信息修改设为不可视
            professionalUpdate.setVisible(false);
            //专业信息删除设为不可视
            professionalDelete.setVisible(false);
            //专业信息查询设为不可视
            professionalSearch.setVisible(false);
            break;
        //专业信息修改
        case 602:
            pageCreate();
            //专业信息添加设为不可视
            professionalAdd.setVisible(false);
            //专业信息查询设为不可视
            professionalSearch.setVisible(false);
            //专业信息删除设为不可视
            professionalDelete.setVisible(false);
            break;
        //专业信息查询
        case 603:
            pageCreate();
            //专业信息添加设为不可视
            professionalAdd.setVisible(false);
            //专业信息修改设为不可视
            professionalUpdate.setVisible(false);
            //专业修改保存设为不可视
            professionalSave.setVisible(false);
            //专业删除设为不可视
            professionalDelete.setVisible(false);
            break;
        //专业信息删除
        case 604:
            pageCreate();
            //专业信息添加设为不可视
            professionalAdd.setVisible(false);
            //专业信息修改设为不可视
            professionalUpdate.setVisible(false);
            //专业信息保存设为不可视
            professionalSave.setVisible(false);
            break;
        }
    }
```

18.7 案例进程

“学籍管理软件”案例进程如表 18-4 所示。

表 18-4 “学籍管理软件”案例进程检查

检 查 项	需求类型	实现进度			本章 Java 支持
		设计	优化	完成	
规划类	功能需求	*	*	*	人机交互是计算机软件开发中重要的设计内容,如果没有健壮的人机交互界面,那么我们的系统功能将会大大地减少。JavaAWT 提供完成人机交互的基本功能。通过本章的学习,我们可以对系统进一步优化,完成“学籍管理软件”主界面的设计与实现
动态输入	性能需求	*	*	*	
数据动态处理	功能需求	*	*	*	
程序控制	功能需求	*	*	*	
健壮性	性能需求				
数据存储	功能需求	*	*	*	
方便查询	性能需求	*	*	*	
统计分析	功能需求	*	*	*	
复杂计算	功能需求	*	*	*	
运行控制	性能需求	*	*	*	
运行速度	性能需求	*	*	*	
代码重用	性能需求	*	*	*	
人机交互	功能需求	*	*	*	
类关系	性能需求	*	*	*	

18.8 本章小结

本章介绍了用 AWT 创建 GUI 的基本方法。

Java 的图形用户界面的最基本组成部分是组件(Component),组件是一个可以以图形化的方式显示在屏幕上并能与用户进行交互的对象,例如一个按钮,一个标签等。组件不能独立地显示出来,必须将组件放在指定的容器中才可以显示出来。其中 Component 组件类可分为 Container 容器类与其他非容器类,这些容器包括了 Window、Panel、Frame、Dialog。Window 是可以不依赖于其他容器而独立存在的容器。Frame 和 Dialog 是 Window 的两个子类,Panel 只能存在于其他的容器中。

容器 Java. awt. Container 是 Component 的子类,因此容器本身也是一个组件,它具有组件的所有性质,但是它的主要功能是容纳其他组件和容器。一个容器可以容纳多个组件,并使它们成为一个整体。容器可以简化图形化界面的设计,以整体结构来布置界面。所有的容器都可以通过 add()方法向容器中添加组件。

与 AWT 有关的所有事件类都由 java. awt. AWTEvent 类派生,它也是 EventObject 类的子类。AWT 事件可以分为低级事件和高级事件两个类,总共包含了 10 事件类。

最后,使用 Java AWT 技术实现了“学籍管理软件”图形用户界面的基本实现。

第19章 Java Swing在"学籍管理软件"中的应用

19.1 Java Swing介绍

本章将介绍一个新的可替代AWT图形界面的Swing类。Swing是AWT的扩展，它提供了更强大和更灵活的组件集合。除了人们熟悉的组件如按钮、复选框和标签外，Swing还包括许多新的组件，如选项板、滚动窗口、树、表格；许多开发人员已经熟悉的组件，如按钮，在Swing也增加了新功能，而且按钮的状态改变时，按钮的图标也可随之改变。

Swing比AWT最大的优势在于Swing支持MVC体系结构实现技术。关于MVC设计模式将在19.3.1节中简单介绍。

与AWT组件不同，Swing组件实现不包括任何与平台相关的代码。Swing组件是纯Java代码，因此与平台无关。一般轻量级软件使用Swing是可行的方案。Javax包中类关系如图19-1所示。

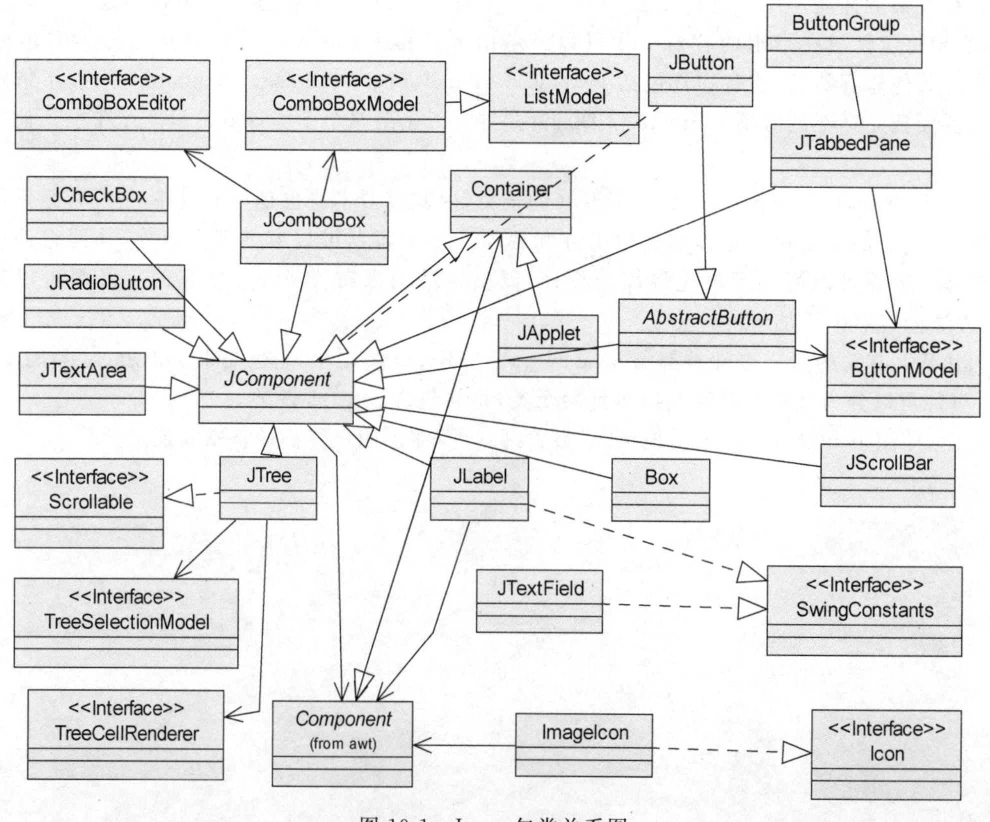

图19-1 Javax包类关系图

在 Javax. swing 包中，定义了两种类型的组件，即顶层容器(JFrame、JApplet、JDialog 和 JWindow)和轻量级组件。Swing 组件都是 AWT 的 Container 类的直接子类和间接子类。Javax 包说明如表 19-1 所示。

表 19-1 Javax 包说明

包	描　述
Com. sum. swing. plaf. motif	用户界面代表类，它们实现 Motif 界面样式
Com. sum. java. swing. plaf. windows	用户界面代表类，它们实现 Windows 界面样式
Javax. swing	Swing 组件和使用工具
Javax. swing. border	Swing 轻量组件的边框
Javax. swing. colorchooser	JcolorChooser 的支持类/接口
Javax. swing. event	事件和侦听器类
Javax. swing. filechooser	JFileChooser 的支持类/接口
Javax. swing. pending	未完全实现的 Swing 组件
Javax. swing. plaf	抽象类，定义 UI 代表的行为
Javax. swing. plaf. basic	实现所有标准界面样式公共功能的基类
Javax. swing. plaf. metal	用户界面代表类，它们实现 Metal 界面样式
Javax. swing. table	Jtable 组件
Javax. swing. text	支持文档的显示和编辑
Javax. swing. text. html	支持显示和编辑 HTML 文档
Javax. swing. text. html. parser	Html 文档的分析器
Javax. swing. text. rtf	支持显示和编辑 RTF 文件
Javax. swing. tree	Jtree 组件的支持类
Javax. swing. undo	支持取消操作

Swing 包中包含的类和接口的数量众多，由于项目需要，本章只对其中的一部分简要描述。Swing 包是开发人员需要仔细研究的部分。本书仅就“学籍管理软件”中使用到的 Swing 相关内容进行介绍，具体内容包括 AbstractButton 按钮的抽象类、ButtonGroup 封装一组互斥的按钮、ImageIcon 封装图标、JApplet Swing 版的 Applet、JButton Swing 的按钮类、JCheckBox Swing 的复选框类、JComboBox 封装组合框(下拉式菜单和文本框的组合)、JLabel Swing 版的标记、JRadioButton Swing 版的单选按钮、JScrollPane 封装滚动窗口、JTabbedPane 封装选项窗口、JTable 封装表格控件、JTextField Swing 版的文本域和 Jtree 封装树型控件。

19.2 Javax 主要控件介绍

19.2.1 AbstractButton

Swing 的按钮相对于 AWT 中 Button 类提供了更多功能。例如，可以用一个图标修饰 Swing 的按钮。Swing 的按钮是 AbstractButton 的子类，AbstractButton 类扩展 JComponent 类。

AbstractButton 类包含多种方法，用于控制按钮行为，检查复选框和单选按钮。例如，当按钮被禁止，按下或选择时，可以将其显示为不同的图标。如表 19-2 是控制行为实现的部分方法。

表 19-2 AbstractButton 控制行为实现的部分方法

成 员 方 法	描　述
void addActionListener(ActionListener l)	将一个 ActionListener 添加到按钮中
void doClick()	以编程方式执行“单击”

续表

成 员 方 法	描　　述
void doClick(int pressTime)	以编程方式执行“单击”
boolean getHideActionText()	返回 hideActionText 属性的值，该属性确定按钮是否显示 Action 的文本
void setAction(Action a)	设置 Action
void setText(String text)	设置按钮的文本
void setUI(ButtonUI ui)	设置呈现此组件的 L&F 对象
void setIcon(Icon defaultIcon)	设置按钮的默认图标

19.2.2 ButtonGroup

此类用于为一组按钮创建一个多斥(multiple-exclusion)作用域。使用相同的 ButtonGroup 对象，创建一组按钮，意味着“开启”其中一个按钮时，将关闭组中的其他所有按钮。

可将 ButtonGroup 用于任何从 AbstractButton 继承的对象组。通常，按钮组包含 JRadioButton、JRadioButtonMenuItem 或 JToggleButton 的实例。但将 JButton 或 JMenuItem 的实例放入按钮组中并没有什么意义，因为 JButton 和 JMenuItem 不实现选择状态。表 19-3 列出 ButtonGroup 实现的部分方法。

表 19-3　ButtonGroup 实现的部分方法

成 员 方 法	描　　述
void add(AbstractButton b)	将按钮添加到组中
void clearSelection()	清除选中内容，从而没有选择 ButtonGroup 中的任何按钮
int getButtonCount()	返回此组中的按钮数
Enumeration < AbstractButton > getElements()	返回此组中的所有按钮
ButtonModel getSelection()	返回选择按钮的模型
boolean isSelected(ButtonModel m)	返回对是否已选择一个 ButtonModel 的判断
void remove(AbstractButton b)	从组中移除按钮
Void setSelected(ButtonModel m, boolean b)	为 ButtonModel 设置选择值

19.2.3 JApplet

Swing 的基础是 JApplet 类，Japplet 扩展了 Applet 类。使用 Swing 的小应用程序必须是 JApplet 的子类。JApplet 增加了许多 Applet 没有的功能。例如，JApplet 支持多种窗格，如内容窗格、透明窗格和根窗格。JApplet 类实现了如表 19-4 所示的基本成员方法。

表 19-4　JApplet 类实现的部分方法

成 员 方 法	描　　述
protected void addImpl (Component comp, Object constraints, int index)	添加指定的子 Component
protected JRootPane createRootPane()	构造方法调用此方法创建默认 rootPane
AccessibleContext getAccessibleContext()	获取与此 JApplet 关联的 AccessibleContext
Container getContentPane()	返回此 Applet 的 contentPane 对象
Component getGlassPane()	返回此 Applet 的 glassPane 对象

续表

成 员 方 法	描 述
Graphics getGraphics()	为组件创建一个图形上下文
JMenuBar getJMenuBar()	返回此 Applet 上的菜单栏设置
JLayeredPane getLayeredPane()	返回此 Applet 的 layeredPane 对象
JRootPane getRootPane()	返回此 Applet 的 rootPane 对象
TransferHandler getTransferHandler()	获取 transferHandler 属性
protected String paramString()	返回此 JApplet 的字符串表示形式
void remove(Component comp)	从容器中移除指定的组件
void setContentPane(Container contentPane)	设置 contentPane 属性
void setJMenuBar(JMenuBar menuBar)	设置此 Applet 的菜单栏
void update(Graphics g)	调用 paint(g)

19.2.4 JButton

Swing 的按钮比 AWT 中 Button 类提供了更多功能。例如,可以用一个图标修饰 Swing 的按钮。Swing 的按钮是 AbstractButton 的子类,AbstractButton 类扩展 JComponent 类。AbstractButton 类包含多种方法,用于控制按钮行为,检查复选框和单选按钮。JButton 类实现的方法如表 19-5 所示。

表 19-5 JButton 实现的方法

成 员 方 法	描 述
JButton()	创建不带有设置文本或图标的按钮
JButton(Action a)	创建一个按钮,其属性从所提供的 Action 中获取
JButton(Icon icon)	创建一个带图标的按钮
JButton(String text)	创建一个带文本的按钮
JButton(String text, Icon icon)	创建一个带初始文本和图标的按钮
AccessibleContext getAccessibleContext()	获取与此 JButton 关联的 AccessibleContext
String getUIClassID()	返回指定呈现此组件的 L&F 类名的字符串
Boolean isDefaultButton()	获取 defaultButton 属性的值,如果为 true,则意味着此按钮是其 JRootPane 的当前默认按钮
protected String paramString()	返回此 JButton 的字符串表示形式
void updateUI()	根据当前外观的值重置 UI 属性

19.2.5 JCheckBox 和 JRadioButton

JCheckBox 表示复选框,用户可以同时选择多个复选框。当用户选择或者取消选择一个复选框时,将触发一个 ActionEvent 事件,可以用 ActionListener 来响应该事件。复选框实现的是一个可以被选定和取消选定的项,它将其状态显示给用户。

JRadioButton 表示单选按钮,可以把一组单选按钮加入到一个按钮组(ButtonGroup)中,在任何时候,用户能选择按钮组中的一个按钮。当用户选择了一个单选按钮时,将触发一个 ActionEvent 事件,可以用 ActionListener 来响应该事件。实现一个单选按钮,此按钮项可被选择或取消选择,并可为用户显示其状态。与 ButtonGroup 对象配合使用可创建一组按钮,一次只能选择其中的一个按钮。

JcheckBocx 和 JRadioButton 类实现的方法分别如表 19-6 和表 19-7 所示。

表 19-6　JcheckBox 方法摘要

成 员 方 法	描　述
JCheckBox()	创建一个没有文本、没有图标并且最初未被选定的复选框
JCheckBox(Action a)	创建一个复选框，其属性从所提供的 Action 获取
JCheckBox(Icon icon)	创建有一个图标、最初未被选定的复选框
JCheckBox(Icon icon, boolean selected)	创建一个带图标的复选框，并指定其最初是否处于选定状态
JCheckBox(String text)	创建一个带文本的、最初未被选定的复选框
JCheckBox(String text, boolean selected)	创建一个带文本的复选框，并指定其最初是否处于选定状态
JCheckBox(String text, Icon icon)	创建带有指定文本和图标的、最初未选定的复选框
JCheckBox(String text, Icon icon, boolean selected)	创建一个带文本和图标的复选框，并指定其最初是否处于选定状态

表 19-7　JRadioButton 实现的方法列表

成 员 方 法	描　述
JRadioButton()	创建一个初始化为未选择的单选按钮，其文本未设定
JRadioButton(Action a)	创建一个单选按钮，其属性来自提供的 Action
JRadioButton(Icon icon)	创建一个初始化为未选择的单选按钮，其具有指定的图像但无文本
JRadioButton(Icon icon, boolean selected)	创建一个具有指定图像和选择状态的单选按钮，但无文本
JRadioButton(String text)	创建一个具有指定文本的状态为未选择的单选按钮
JRadioButton(String text, boolean selected)	创建一个具有指定文本和选择状态的单选按钮
JRadioButton(String text, Icon icon)	创建一个具有指定的文本和图像并初始化为未选择的单选按钮
JRadioButton(String text, Icon icon, boolean selected)	创建一个具有指定的文本、图像和选择状态的单选按钮

19.2.6 JComboBox

将按钮或可编辑字段与下拉列表组合的组件。用户可以从下拉列表中选择值，下拉列表在用户请求时显示。如果使组合框处于可编辑状态，则组合框将包括用户可在其中输入值的可编辑字段，JComboBox 实现的部分常用方法如表 19-8 所示。

表 19-8　JComboBox 实现的方法列

成 员 方 法	描　述
JComboBox()	创建具有默认数据模型的 JComboBox
JComboBox(ComboBoxModel aModel)	创建一个 JComboBox，其项取自现有的 ComboBoxModel
JComboBox(Object[] items)	创建包含指定数组中的元素的 JComboBox
JComboBox(Vector<? > items)	创建包含指定 Vector 中的元素的 JComboBox
void addActionListener(ActionListener l)	添加 ActionListener
void addItem(Object anObject)	为项列表添加项
Action getAction()	返回此 ActionEvent 源当前设置的 Action，如果没有设置任何 Action，则返回 null
String getActionCommand()	返回发送到动作侦听器的事件中包括的动作命令

续表

成员方法	描述
ComboBoxEditor getEditor()	返回用于绘制和编辑 JComboBox 字段中所选项的编辑器
Object getItemAt(int index)	返回指定索引处的列表项
int getItemCount()	返回列表中的项数
int getMaximumRowCount()	返回组合框不使用滚动条可以显示的最大项数
void removeActionListener(ActionListener l)	移除 ActionListener
void setAction(Action a)	设置 ActionEvent 源的 Action
void setActionCommand(String aCommand)	设置发送到动作侦听器的事件中应该包括的动作命令
void setEditable(boolean aFlag)	确定 JComboBox 字段是否可编辑

19.2.7 JScrollPane

JscrollPane 是带滚动条的面板，主要是通过移动 JViewport 来实现的。JViewport 是一种特殊的对象，用于查看基层组件，滚动条实际就是沿着组件移动视口，JScrollPane 类实现的方法如表 19-9 所示。

表 19-9 JScrollPane 类实现的方法

成员方法	描述
JScrollPane()	创建一个空的(无视口的视图)JScrollPane，需要时水平和垂直滚动条都可显示
JScrollPane(Component view)	创建一个显示指定组件内容的 JScrollPane，只要组件的内容超过视图大小就会显示水平和垂直滚动条
JScrollPane(Component view, int vsbPolicy, int hsbPolicy)	创建一个 JScrollPane，它将视图组件显示在一个视口中，视图位置可使用一对滚动条控制
JScrollPane(int vsbPolicy, int hsbPolicy)	创建一个具有指定滚动条策略的空（无视口的视图）JScrollPane

19.2.8 JTable

表格是 Swing 新增加的组件，主要功能是把数据以二维表格的形式显示出来。JTable 这个类是从 AbstractTableModel 类中继承来的，其中的几个方法一定要重写，包括 getColumnCount、getRowCount、getColumnName 和 getValueAt。因为 Jtable 会从这个对象中自动获取表格显示所必需的数据，AbstractTableModel 类的对象负责表格大小的确定(行、列)、内容的填写、赋值、表格单元更新的检测等一切跟表格内容有关的属性及其操作。JTable 类生成的对象以该 TableModel 为参数，并负责将 TableModel 对象中的数据以表格的形式显示出来。JTable 类常用的方法如表 19-10 所示。

表 19-10 JTable 类常用的方法

成员方法	描述
JTable()	构造一个默认的 JTable，使用默认的数据模型、默认的列模型和默认的选择模型对其进行初始化
JTable(int numRows, int numColumns)	使用 DefaultTableModel 构造具有 numRows 行和 numColumns 列个空单元格的 JTable

续表

成员方法	描述
JTable(Object[][] rowData, Object[] columnNames)	构造一个 JTable 来显示二维数组 rowData 中的值,其列名称为 columnNames
JTable(TableModel dm)	构造一个 JTable,使用数据模型 dm、默认的列模型和默认的选择模型对其进行初始化
JTable(TableModel dm, TableColumnModel cm)	构造一个 JTable,使用数据模型 dm、列模型 cm 和默认的选择模型对其进行初始化
JTable(TableModel dm, TableColumnModel cm, ListSelectionModel sm)	构造一个 JTable,使用数据模型 dm、列模型 cm 和选择模型 sm 对其进行初始化
JTable(Vector rowData, Vector columnNames)	构造一个 JTable 来显示 Vector 所组成的 Vector rowData 中的值,其列名称为 columnNames
getModel()	获得表格的数据来源对象

19.2.9 JTextField

JTextField 是一个轻量级组件,它允许编辑单行文本。JTextField 具有建立字符串的方法,此字符串用作针对被激发的操作事件的命令字符串。JTextField 功能比 TextField 要强大些,表 19-11 列出 JtextField 实现的部分构造方法。

表 19-11 JTextField 实现的部分方法

成员方法	描述
JTextField()	构造一个新的 TextField
JTextField(Document doc, String text, int columns)	构造一个新的 JTextField,它使用给定文本存储模型和给定的列数
JTextField(int columns)	构造一个具有指定列数的新的空 TextField
JTextField(String text)	构造一个用指定文本初始化的新 TextField
JTextField(String text, int columns)	构造一个用指定文本和列初始化的新 TextField

19.2.10 JTextArea

TextArea 是一个显示纯文本的多行区域。它作为一个轻量级组件,提供与 Java. awt. TextArea 类的兼容性。此组件具有 Java. awt. TextArea 类中没有的功能。还有 JTextPane 和 JEditorPane 也是具有更多功能的多行文本类。JTextArea 实现的构造方法如表 19-12 所示。

表 19-12 JTextArea 实现的方法

成员方法	描述
JTextArea()	构造一个新的 TextArea
JTextArea(Documentdoc)	构造一个新的 JTextArea,使其具有给定的文档模型,所有其他参数均默认为(null, 0, 0)
JTextArea(Documentdoc, Stringtext, int rows, int columns)	构造具有指定行数和列数以及给定模型的新的 JTextArea
JTextArea(int rows, int columns)	构造具有指定行数和列数的新的空 TextArea
JTextArea(Stringtext)	构造显示指定文本的新的 TextArea
JTextArea(Stringtext, int rows, int columns)	构造具有指定文本、行数和列数的新的 TextArea

19.2.11 JTree

如果要显示一个层次关系分明的一组数据，用树状图表示能给用户一个直观而易用的感觉，JTree类如同Windows的资源管理器的左半部，通过点击可以“打开”“关闭”文件夹，展开树状结构的图表数据。JTree是依据MVC的思想设计的，Jtree的主要功能是把数据按照树状进行显示，其数据来源于其他对象。JTree实现的方法如表19-13所示。

表19-13 JTree实现的方法

成员方法	描述
JTree()	返回带有示例模型的JTree
JTree(Hashtable<?,? > value)	返回从Hashtable创建的JTree，它不显示根节点
JTree(Object[] value)	返回JTree，指定数组的每个元素作为不被显示的新根节点的子节点
JTree(TreeModel newModel)	返回JTree的一个实例，它显示根节点，使用指定的数据模型创建树
JTree(TreeNode root)	返回JTree，指定的TreeNode作为其根，它显示根节点
JTree (TreeNode root, boolean asksAllowsChildren)	返回JTree，指定的TreeNode作为其根，它用指定的方式显示根节点，并确定节点是否为叶节点
JTree(Vector<? > value)	返回JTree，指定Vector的每个元素作为不被显示的新根节点的子节点

19.3 基于Java Swing优化“学籍管理软件”设计

19.3.1 基于MVC设计模式设计“学籍管理软件”

19.3.1.1 MVC介绍

MVC把一个应用的处理、输入、输出流程按照Model、View、Controller的方式进行分离，这样一个应用被分成3个层——模型层、视图层、控制层。视图关系如图19-2所示。

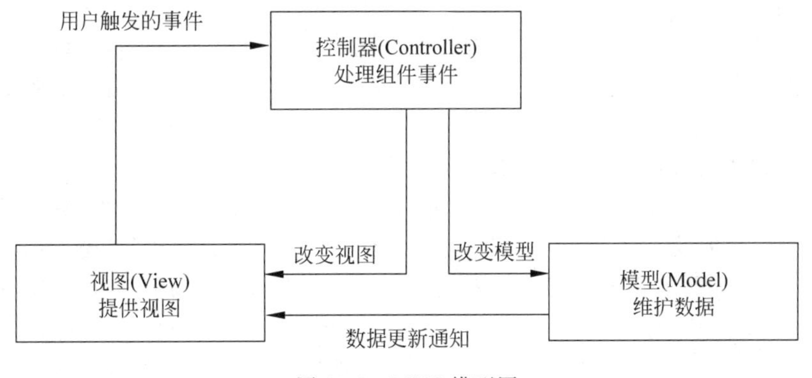

图19-2 MVC模型图

1. 视图

视图(View)代表用户交互界面，对于Web应用来说，可以概括为HTML界面，但有可能为XHTML、XML和Applet。在本书案例“学籍管理软件”中，我们使用Java class程序。随着应用的复杂性和规模性，界面的处理也变得具有挑战性。一个应用可能有很多不同的视图，MVC设计模式对于视图的处理仅限于视图上数据的采集和处理，还包括用户的请求，但不包括在视图上的业务流程的处理。业务处理由模型(Model)完成。例如,一个订单的视图只接收来自模型层的数据并显示给用户,也可以将用户界面的输入数据和请求传递给控制和模型。

2. 模型

模型是业务流程/状态的处理以及业务规则的制定。业务流程的处理过程对其他层来说是黑箱操作,模型接受视图请求的数据,并返回最终的处理结果给视图。业务模型的设计可以说是MVC最主要的核心。目前流行的EJB模型是一个典型的应用例子,它从应用技术实现的角度对模型做了进一步的划分,以便充分利用现有的组件,但它不能作为应用设计模型的框架。它仅仅告诉人们按这种模型设计就可以利用某些技术组件,从而减少技术上的困难。对一个开发者来说,就可以专注于业务模型的设计。MVC设计模式告诉人们,把应用的模型按一定的规则抽取出来,抽取的层次很重要,这也是判断开发人员是否优秀的设计依据。抽象与具体不能隔得太远,也不能太近。MVC并没有提供模型的设计方法,而只告诉人们应该组织管理这些模型,以便于模型的重构和提高重用性。我们可以用对象编程来做比喻,MVC定义一个顶级类,告诉它的子类只能做这些,但没法限制子类能做这些。这一点对编程人员非常重要。

业务模型还有一个很重要的模型是数据模型。数据模型主要指实体对象的数据。例如,将一张订单保存到数据库,从数据库获取订单。人们可以将这个模型单独列出,所有有关数据库的操作只限制在该模型中。

"学籍管理软件"中的模型层处理表示层输入的数据,然后保存到文本文件中。

3. 控制

控制层可以理解为从用户接收请求,将模型与视图匹配在一起,共同完成用户的请求。划分控制层的作用也很明显,它清楚地告诉人们,它就是一个分发器,选择什么样的模型,选择什么样的视图,可以完成什么样的用户请求。控制层并不做任何的数据处理。例如,用户点击一个连接,控制层接受请求后,并不处理业务信息,它只把用户的信息传递给模型,告诉模型做什么,选择符合要求的视图返回给用户。因此,一个模型可能对应多个视图,一个视图可能对应多个模型。

模型、视图与控制器的分离,使得一个模型可以具有多个显示视图。如果用户通过某个视图的控制器改变了模型的数据,所有其他依赖于这些数据的视图都应反映到这些变化。因此,无论何时发生了何种数据变化,控制器都会将变化通知所有的视图,导致显示的更新。这实际上是一种模型的变化-传播机制。

通过对MVC设计分析发现,MVC具有低耦合性、高重用性和可适用性。较低的生命周期成本、快速的部署、可维护性和有利于软件工程化管理等优点。所以,MVC设计模式是目前软件开发中较为普遍应用的设计框架模式。

19.3.1.2 "学籍管理软件"MVC设计模式

鉴于MVC具有低耦合、高可重用性、快速部署以及可维护性等特点,本书的"学籍管理软件"案例采用基于MVC的设计模式而设计的。当然,类似于"学籍管理软件"这类单用户小项目采用MVC设计模式自然也没有必要。考虑到案例实现的完整性,依然采用MVC设计模式思想实现"学籍管理软件"的设计。

"学籍管理软件"采用的是典型的3层架构,具体类图归纳如图19-3所示。

视图层是由与用户交互界面程序组成,主程序schoolRolManagement和其他以Page为文件尾命名的程序。其中包括学校信息维护页面(universityPage)、学院信息维护页面(collegePage)、系信息维护(departmentPage)、奖惩信息维护页面(rewardsAndPunishmentsPage)、专业信息维护页面(professionalPage)、学生信息维护页面(studentsPage)、学习成绩维护页面(transcriptPage)、学生成绩排名页面(transcriptSortTablePage)、专业学生名单页面(studentsListPage)。

控制层是视图层与业务逻辑层之间的"桥梁",负责视图层的请求与业务逻辑提供服务之间的

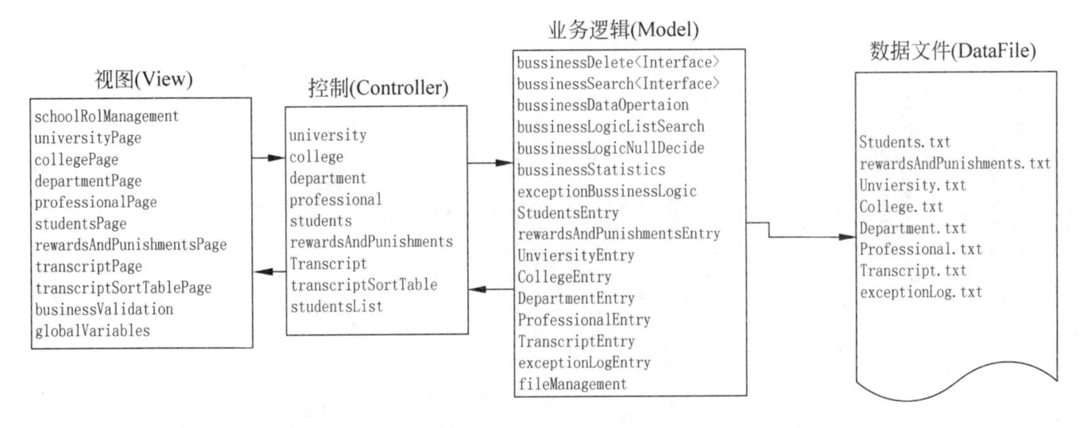

图 19-3 “学籍管理软件”类分层规划图

“匹配”，主要包括学校信息维护页面(university)、学院信息维护页面(college)、系信息维护(department)、奖惩信息维护页面(rewardsAndPunishments)、专业信息维护页面(professional)、学生信息维护页面(students)、学习成绩维护页面(transcript)、学生成绩排名页面(transcriptSortTable)、专业学生名单页面(studentsList)。

业务逻辑主要负责数据文件的存储与查询，并且为视图层提供业务服务，包括数据删除接口(bussinessDelete < Interface >)、数据查询接口(bussinessSearch < Interface >)、数据保存和修改业务程序(bussinessDataOpertaion)、学生数据查询(bussinessLogicListSearch)、学生数据非空值判断(bussinessLogicNullDecide)、业务统计分析(bussinessStatistics)、学生实体类(StudentsEntry)、奖惩信息实体类(rewardsAndPunishmentsEntry)、学校信息实体类(UnviersityEntry)、学院信息实体类(CollegeEntry)、系信息实体类(DepartmentEntry)、专业信息实体类(ProfessionalEntry)、考试成绩实体类(TranscriptEntry)、异常日志实体类(exceptionLogEntry)和文件管理(fileManagement)。

19.3.2 类图优化设计——基于 MVC

本节所提供的类图是“学籍管理软件”类图最终设计稿，它是我们不断学习和逐步完善和优化的结果。

本章是在第 18 章的基础上增加了视图层类，这些类之间关系相对独立。需要说明的是，每个视图层类与控制层类之间存在着相应的对应关系，它们之间的关系是依赖关系。还需要强调的是，将业务规则校验以及数据规则校验都归纳在视图层，保证了业务逻辑层接收到的数据都是符合业务规范的。视图层包括的类有主程序(schoolRolManagement)和学校信息维护页面(universityPage)、学院信息维护页面(collegePage)、系信息维护(departmentPage)、奖惩信息维护页面(rewardsAndPunishmentsPage)、专业信息维护页面(professionalPage)、学生信息维护页面(studentsPage)、学习成绩维护页面(transcriptPage)、学生成绩排名页面(transcriptSortTablePage)、专业学生名单页面(studentsListPage)。另外还包括业务规则校验类(businessValidation)以及定义业务规则文件(globalVariables)。

此外，在第 18 章类图的基础上又增加了文档类型，包括学生信息文件(Students. txt)、奖惩信息文件(rewardsAndPunishments. txt)、学校信息文件(Unviersity. txt)、学院信息文件(College. txt)、系信息文件(Department. txt)、专业信息文件(Professional. txt)、考试成绩信息文件(Transcript. txt)和异常日志文件(exceptionLog. txt)。

“学籍管理软件”类关系图如图 19-4 所示。

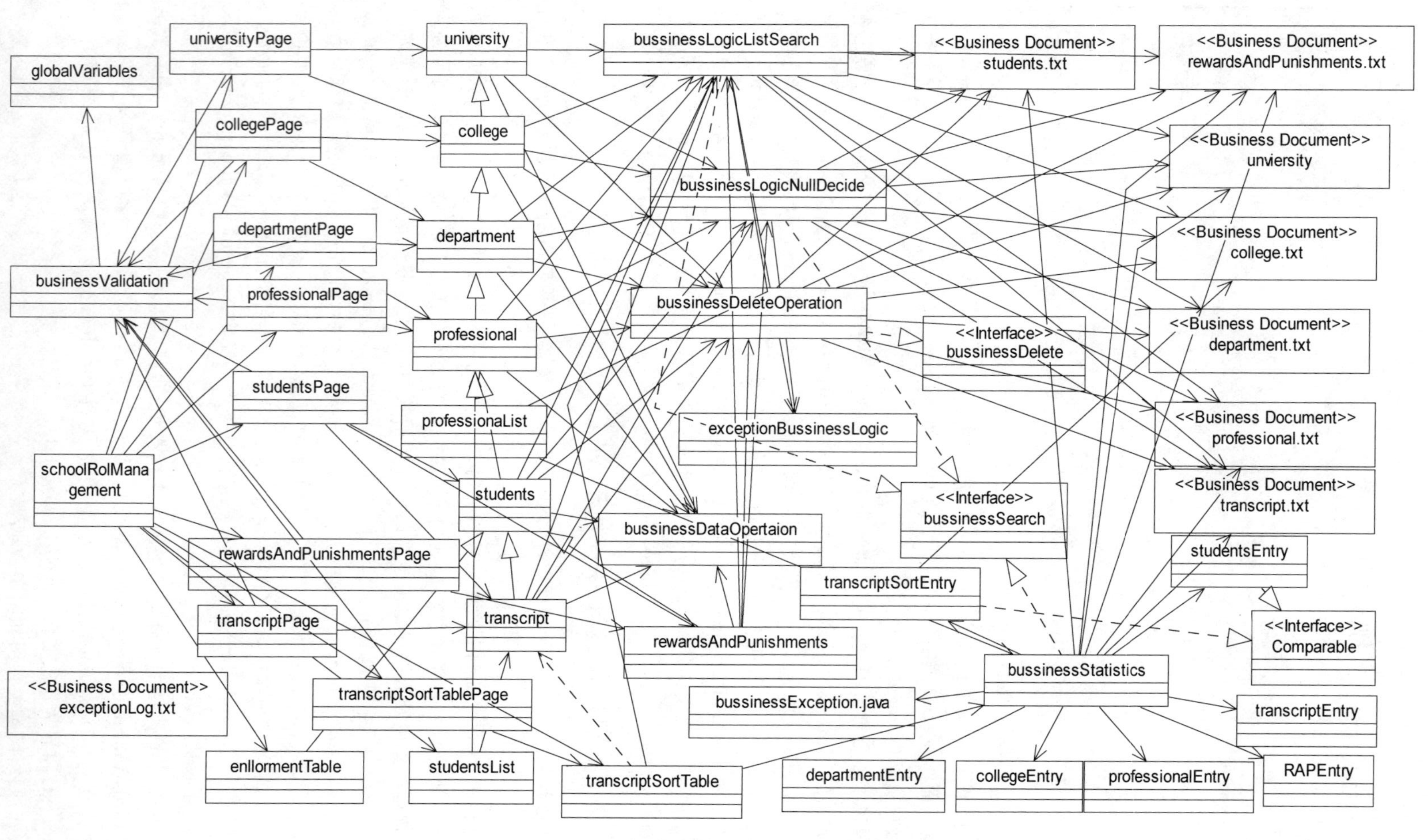

图 19-4 “学籍管理软件”最终实现类图

19.3.3 “学籍管理软件”页面设计实现代码摘录

本节以大学信息为例，分别摘录了 model、view 和 Controller 层面的部分程序代码。

19.3.3.1 视图层(View)代码

大学信息视图层代码如例程 19-1 所示。

[**例程 19-1**] 大学信息视图层例程。

```
/**
 * JavaTeachings.chapter8.src 是例程包,在该包中包括了
 * 学校基本信息(university)、学院(学院级系)基本信息(college)
 * 系基本信息(department)、专业信息(professional)、学生信息
 * (students)、成绩表(transcript)、奖惩表(rewardsAndPunishments)
 * 学生名录(studentsList)、学生成绩排名表(transcriptSortTable)
 * 专业名单(professionalList)、学籍查询(enrollmentTable)、学院名单
 * 查询(collegeListTable)信息,另外包括如下页面:学校基本信息页面(universityPage)、
 * 学院(学院级系)基本信息页面(collegePage)、系基本信
 * 息页面(departmentPage)、专业信息页面(professionalPage)、学生信息页面
 * (studentsPage)、成绩表页面(transcriptPage)、奖惩表页面(rewardsAndPunishmentsPage)
 * 学生名录页面(studentsListPage)、学生成绩排名表页面(transcriptSortTablePage)、
 * 专业名单页面(professionalListPage)、学籍查询页面(enrollmentTablePage)、
 * 学院名单查询页面(collegeListTablePage)、全局变量配置类(globalVariables)
 * 和业务规则校验类(businessValidation)等 27 个类,分别完成学籍管理系统用
 * 人机交互和业务数据的处理。第 8 章是在第 7 章基础上的进一步优化,基本上自定义了
 * 空的方法体。
 */

package chapter17.src;

/**
 * 文件名: collegePage.java
 * 版权: 晨落
 * 描述: collegepage.java 是学籍管理系统关于学校信息维护的表现层源代码程序
 * 修改人: 晨落
 * 作者: 晨落
 * 版本号: 1.0
 * 日期: 2011-09-24
 */
//文件名: universityPage.java
import java.util.Date;                          //处理日期数据类型
import java.lang.Boolean;                       //处理逻辑数据类型
import java.lang.String;                        //处理字符数据类型
import java.util.ArrayList;
import java.util.List;                          //处理数组类型数据
import java.util.Arrays;                        //处理数据类型数据
import java.util.Vector;
import java.lang.Double;                        //处理双精度数据类型
import java.lang.Integer;                       //处理整数类型
import java.lang.Character;                     //处理字符串类型数据
import java.math.BigDecimal;                    //处理高精度数据类型
import java.awt.*;
import java.awt.event.*;
```

```
import java.awt.FlowLayout;
import javax.swing.JCheckBoxMenuItem;
import javax.swing.JFrame;
import javax.swing.JButton;
import javax.swing.JLabel;
import javax.swing.JMenu;
import javax.swing.JMenuBar;
import javax.swing.JMenuItem;
import javax.swing.JPanel;
import javax.swing.JPopupMenu;
import javax.swing.JScrollPane;
import javax.swing.JTable;
import javax.swing.JTextArea;
import javax.swing.JTextField;
import javax.swing.KeyStroke;
import java.awt.Event;


/**
 * 功能简介:
 *      是学籍管理系统业务逻辑处理程序,主要完成学校数据的维护
 *      包括数据校验、数据保存、数据修改、数据删除等。本类是接收 chapter6 页面的请求。
 * 优化方面:
 *      1.关于业务规则校验采用异常机制处理。是自定义的异常处理,增加了对异常定义的灵活性。
 *      2.validateData 和 validateDataSearch 方法体中,修改了第 9 章如下代码结构。
 *          ValidateResult = bv.postcodeValidation(postcode);
 *        if(ValidateResult == false)
 *         {
 *              System.out.println("数据不合法");
 *                returnValidateResult;
 *          }
 *      在以上语句的结构中改进了,采取了如下代码结构
 *      try
 *      {
 *      //集成了所有关于业务规则的校验,通过统一的异常机制捕获异常
 *      }
 *      catche(buesseinessException)
 *      {
 *
 *      }
 *      通过代码结构的优化,一方面增加了异常定义的灵活性,另外一方面消除
 * 了大量的冗余代码。根据原来的代码结构,整体项目能够省略大约上万行代码。
 *      3.删除了第 9 章之前关于对数据范围值的调整,因为数据值范围的变化是
 * 随着 glovalVariables 中的常量值变化的。如果超出值范围,通过常量异常值提示。
 * @see universitySave()大学信息保存
 * @see universityUpdate()大学信息修改
 * @see universitySearch()大学信息查询
 * @see universityDelete()大学信息删除
 * @since 无
 *    修改日期: 2011-09-24
 */
```

```
public class universityPage extends JFrame implements ActionListener, ItemListener
{
    /** 学校代码
     */
    public  String   universityCode;
    /** 学校名称
     */
    public  String   university;
    /** 英文名称
     */
    public  String  englishTitle;                 //英文名称
    /** 办学性质
     */
    public  String  universityKind;               //办学性质
    /** 举办单位
     */
    public  String   headUnits;                   //举办单位
    /** 办学宗旨
     */
    public  String  aim;                          //办学宗旨
    /** 办学层次
     */
    public  String educationalLevel;              //办学层次
    /** 办学规模
     */
    public  Integer  educationalScope;            //办学规模
    /** 内部管理体制
     */
    public  String  managementSystem;             //内部管理体制
    /** 传真
     */
    public  String fax;
    /** 联系电话
     */
    public  String  telephone;
    /** 地址
     */
    public   String  address;
    /** 邮编
     */
    public   String  postcode ;
    /** 网址
     */
    public  String  URLAddress;
    businessValidation bv = new businessValidation();
    //校验结果值初始化
    boolean ValidateResult = false;
        //定义页面组
     globalVariables gv = new globalVariables();
        JPanel jp = new JPanel();
        JPanel jp2 = new JPanel();
```

```
        JFrame jfUniversityPage = new JFrame("学校信息维护");
        JLabel JuniversityCode = new JLabel("学校代码(长且仅长" + String.valueOf(gv.STATICS_
UNIVERSITYCODE_LENGTH) + "位)");
        JLabel Juniversity = new JLabel("学校名称(最大长度为: " + String.valueOf(gv.MAX_
telephone_LENGTH) + "位)");
        JLabel JenglishTitle = new JLabel("英文名称(最大长度为: " + String.valueOf(gv.MAX_
englishTitle_LENGTH) + "位)");
        JLabel JuniversityKind = new JLabel("办学性质(最大长度为: " + String.valueOf(gv.MAX_
universityKind_LENGTH) + "位)");
        JLabel JheadUnits = new JLabel("举办单位(最大长度为: " + String.valueOf(gv.MAX_
headUnits_LENGTH) + "位)");
        JLabel Jaim = new JLabel("办学宗旨(最大长度为: " + String.valueOf(gv.MAX_aim_LENGTH)
+ "位)");
        JLabel JeducationalLevel = new JLabel("办学层次(最大长度为: " + String.valueOf(gv.MAX
_educationalLevel_LENGTH) + "位)");
        JLabel JeducationalScope = new JLabel("办学规模(最大值为" + String.valueOf(gv.MAX_
educationalScope_Length) + "位)");
        JLabel JmanagementSystem = new JLabel("内部管理体制(最大长度为" + String.valueOf(gv.
MAX_managementSystem_LENGTH) + "位)");
        JLabel Jfax = new JLabel("学校传真(最大长度为: " + String.valueOf(gv.MAX_fax_LENGTH)
+ "位)");
        JLabel Jtelephone = new JLabel("学校电话(最大长度为: " + String.valueOf(gv.MAX_
telephone_LENGTH) + "位)");
        JLabel Jaddress = new JLabel("学校地址(最大长度为: " + String.valueOf(gv.MAX_address_
LENGTH) + "位)");
        JLabel Jpostcode = new JLabel("学校邮编(长且仅长" + String.valueOf(gv.STATIC_postcode
_LENGTH) + "位)");
        JLabel JURLAddress = new JLabel("学校网址(最大长度为" + String.valueOf(gv.MAX_
URLAddress_LENGTH) + "位");
        //以下定义编辑框宽度。编辑的宽度是由系统中规定的
        //全局变量决定的
        JTextField JTextuniversityCode = new JTextField(gv.STATICS_UNIVERSITYCODE_LENGTH);
        JTextField JTextuniversity = new JTextField(gv.MAX_UNIVERSITY_LENGTH);
        JTextField JTextenglishTitle = new JTextField(gv.MAX_englishTitle_LENGTH);
        JTextField JTextuniversityKind = new JTextField(gv.MAX_universityKind_LENGTH);
        JTextField JTextheadUnits = new JTextField(gv.MAX_headUnits_LENGTH);
        JTextField JTextaim = new JTextField(gv.MAX_aim_LENGTH);
        JTextField JTexteducationalLevel = new JTextField(gv.MAX_englishTitle_LENGTH);
        JTextField JTexteducationalScope = new JTextField(gv.MAX_educationalScope_Length);
        JTextField JTextmanagementSystem = new JTextField(gv.MAX_managementSystem_LENGTH);
        JTextField JTextfax = new JTextField(gv.MAX_fax_LENGTH);
        JTextField JTexttelephone = new JTextField(gv.MAX_telephone_LENGTH);
        JTextField JTextaddress = new JTextField(gv.MAX_address_LENGTH);
        JTextField JTextpostcode = new JTextField(gv.STATIC_postcode_LENGTH);
        JTextField JTextURLAddress = new JTextField(gv.MAX_URLAddress_LENGTH);
        //按钮定义
        JButton universityAdd = new JButton("添加");
        JButton universityUpdate = new JButton("修改");
        JButton universitySave = new JButton("保存");
        JButton universityDelete = new JButton("删除");
        JButton universitySearch = new JButton("查询");
        JButton universityPrinter = new JButton("打印");
```

```
    JButton universityCancel = new JButton("取消");
    JButton universityExit = new JButton("退出");
    public universityPage()
    {
    }
    public universityPage(String s)
    {
    super(s);
    }
/**
 * 创建输入页面
 */
    public void pageCreate()
    {
        jp.add(JuniversityCode); jp.add(JTextuniversityCode );
        jp.add(Juniversity ); jp.add(JTextuniversity);
        jp.add(JenglishTitle); jp.add(JTextenglishTitle);
        jp.add(JuniversityKind); jp.add(JTextuniversityKind);
        jp.add(JheadUnits); jp.add(JTextheadUnits);
        jp.add(Jaim); jp.add(JTextaim);
        jp.add(JeducationalLevel); jp.add(JTexteducationalLevel);
        jp.add(JeducationalScope); JTexteducationalScope.setText("0");
        jp.add(JTexteducationalScope);
        jp.add(JmanagementSystem); jp.add(JTextmanagementSystem);
        jp.add(Jfax); jp.add(JTextfax);
        jp.add(Jtelephone); jp.add(JTexttelephone);
        jp.add(Jaddress); jp.add(JTextaddress);
        jp.add(Jpostcode); jp.add(JTextpostcode );
        jp.add(JURLAddress); jp.add(JTextURLAddress);

        jp.add(universityAdd ); jp.add(universityUpdate);
        jp.add(universitySave); jp.add(universityDelete);
        jp.add(universitySearch); jp.add(universityPrinter );
        jp.add(universityCancel); jp.add(universityExit);
        jfUniversityPage.add(jp);

        jfUniversityPage.setSize(500, 300);
        jfUniversityPage.setVisible(true);
        jfUniversityPage.pack();
       universitySave.addActionListener(new ActionListener()
       {
               public void actionPerformed(ActionEvent e)
               {
                   try {
                       universitySave();
                   } catch (bussinessException e1) {
                       e1.printStackTrace();
                       e1.printStackTrace();
                   }

               }
       }
```

```
//监听修改按钮
    universityUpdate.addActionListener(new ActionListener()
    {
            public void actionPerformed(ActionEvent e)
            {
                try {
                    universityUpdate();
                } catch (bussinessException e1) {
                    //TODO Auto - generated catch block
                    e1.printStackTrace();
                } catch (exceptionBussinessLogic e1) {
                    //TODO Auto - generated catch block
                    e1.printStackTrace();
                }
            }
    }
//监听查询按钮
    universitySearch.addActionListener(new ActionListener()
    {
            public void actionPerformed(ActionEvent e)
            {
                try {
                    universitySearch();
                } catch (bussinessException e1) {
                    //TODO Auto - generated catch block
                    e1.printStackTrace();
                } catch (exceptionBussinessLogic e1) {
                    //TODO Auto - generated catch block
                    e1.printStackTrace();
                }
            }
    }
    universityDelete.addActionListener(new ActionListener()
    {
            public void actionPerformed(ActionEvent e)
            {
                try {
                    universityDelete();
                } catch (bussinessException e1) {
                    //TODO Auto - generated catch block
                    e1.printStackTrace();
                } catch (exceptionBussinessLogic e1) {
                    //TODO Auto - generated catch block
                    e1.printStackTrace();
                }
            }
    }

    universityCancel.addActionListener(new ActionListener()
    {
        public void actionPerformed(ActionEvent e)
        {
```

```
            //清空
            JTextuniversityCode.setText(null);
            JTextuniversity.setText(null);
            JTextenglishTitle.setText(null);
            JTextuniversityKind.setText(null);
            JTextheadUnits.setText(null);
            JTextaim.setText(null);
            JTexteducationalLevel.setText(null);
            JTextmanagementSystem .setText(null);
            JTextfax.setText(null);
            JTexttelephone.setText(null);
            JTextaddress.setText(null);
            JTextpostcode.setText(null);
            JTextURLAddress.setText(null);
            JTexteducationalScope.setText("0");
        }
}
//监听添加按钮
universityAdd.addActionListener(new ActionListener()
{
        public void actionPerformed(ActionEvent e)
        {
            //清空
            JTextuniversityCode.setText(null);
            JTextuniversity.setText(null);
            JTextenglishTitle.setText(null);
            JTextuniversityKind.setText(null);
            JTextheadUnits.setText(null);
            JTextaim.setText(null);
            JTexteducationalLevel.setText(null);
            JTexteducationalScope.setText("0");
            JTextmanagementSystem .setText(null);
            JTextfax.setText(null);
            JTexttelephone.setText(null);
            JTextaddress.setText(null);
            JTextpostcode.setText(null);
            JTextURLAddress.setText(null);
        }
}
universityExit.addActionListener(new ActionListener()
{
        public void actionPerformed(ActionEvent e)
        {
            jfUniversityPage.dispose();
        }
}

universityPrinter.addActionListener(new ActionListener()
{
        public void actionPerformed(ActionEvent e)
        {
        //暂时空方法
```

```
                }
            }
    }
    /**
     * 构造函数,完成学校信息的维护包括增加、修改、删除
     * 查询等功能选择页面。
     */
    public void universityPage(Integer FunctionId)
    {
        switch(FunctionId)
        {
        case 301 :
            pageCreate();
            universityUpdate.setVisible(false);
            universityDelete.setVisible(false);
            universitySearch.setVisible(false);
            break;
        case 302:
            pageCreate();
            universityAdd.setVisible(false);
            universitySave.setVisible(false);
            universityDelete.setVisible(false);
            break;
        case 303:
            pageCreate();
            universityAdd.setVisible(false);
            universityUpdate.setVisible(false);
            universitySave.setVisible(false);
            universityDelete.setVisible(false);

        case 304:
            pageCreate();
            universityAdd.setVisible(false);
            universityUpdate.setVisible(false);
            universitySave.setVisible(false);
        }
    }
    /**
     * 输出表格设计
     */
    public void  universityTable(Vector rows,Vector column)
    {
        JTable universityTable = new JTable (rows, column);
        universityTable.setPreferredScrollableViewportSize(new Dimension(600, 100));
                                                                    //设置表格的大小
        universityTable.setRowHeight (30);                          //设置每行的高度为 20
        universityTable.setRowHeight (0, 20);                       //设置第 1 行的高度为 15
        universityTable.setRowMargin (5);                           //设置相邻两行单元格的距离
        universityTable.setRowSelectionAllowed (true);              //设置可否被选择.默认为 false
        universityTable.setSelectionBackground (Color.white);       //设置所选择行的背景色
        universityTable.setSelectionForeground (Color.red);         //设置所选择行的前景色
        universityTable.setGridColor (Color.black);                 //设置网格线的颜色
```

```
        universityTable.selectAll ();                          //选择所有行
        universityTable.setRowSelectionInterval (0,2);
                                        //设置初始的选择行,这里是 1 到 3 行都处于选择状态
        universityTable.clearSelection ();                     //取消选择
        universityTable.setDragEnabled (false);                //不懂这个
        universityTable.setShowGrid (true);                    //是否显示网格线
        universityTable.setShowHorizontalLines (true);         //是否显示水平的网格线
        universityTable.setShowVerticalLines (true);           //是否显示垂直的网格线
        universityTable.setValueAt ("tt", 0, 0);      //设置某个单元格的值,这个值是一个对象
        universityTable.doLayout ();
        universityTable.setBackground (Color.lightGray);
        JScrollPane pane3 = new JScrollPane (universityTable);
        JPanel panel = new JPanel (new GridLayout (0,1));
        panel.setPreferredSize (new Dimension (600,400));
        panel.add (pane3,BorderLayout.NORTH);
    }
    /**
     * 功能简述:
     * 方法体 universitySave()的主要功能是完成学校信息资料
     * 的保存,在第 14 章学习之前,本方法体的主要任务是
     * 执行业务数据校验和正确数据的页面打印输出功能。
     */
    public void universitySave() throws bussinessException,exceptionBussinessLogic
    {
        universityCode = (JTextuniversityCode.getText()).trim();
        university = (JTextuniversity.getText()).trim();
        englishTitle = (JTextenglishTitle.getText()).trim();
        universityKind = (JTextuniversityKind.getText()).trim();
        headUnits = (JTextheadUnits.getText()).trim();
        aim = (JTextaim.getText()).trim();
        educationalLevel = (JTexteducationalLevel.getText()).trim();
        educationalScope = Integer.parseInt(JTexteducationalScope.getText());
        managementSystem = (JTextmanagementSystem.getText()).trim();
        fax = (JTextfax.getText()).trim();
        telephone = (JTexttelephone.getText()).trim();
        address = (JTextaddress.getText()).trim();
        postcode = (JTextpostcode.getText()).trim();
        URLAddress = (JTextURLAddress.getText()).trim();
        //这里需要校验学校信息是否已经保存
    try
    {
      boolean ValidateResult = validateData(universityCode, university, englishTitle,
                                    universityKind, headUnits, aim, educationalLevel,
                                    educationalScope, managementSystem, fax, telephone,
                                    address, postcode, URLAddress);
    if (ValidateResult == true)
     {
     //查询学校信息是否已经存在,如果已经存在,则不可以再次录入
     bussinessLogicNullDecide  blnd = new bussinessLogicNullDecide();
     blnd.bussinessSearch(universityCode);
      //保存学校基本信息
     university uy = new university();
```

```
        boolean saveStates = uy.universitySave(universityCode, university, englishTitle,
                        universityKind, headUnits, aim, educationalLevel,
                        educationalScope, managementSystem, fax, telephone,
                        address, postcode, URLAddress);
          if (saveStates == true)
          {
              System.out.println("保存成功");
          }
          else
          {
              System.out.println("保存失败");
          }
      }
        else
      {
        return;
      }
    }
    catch(bussinessException be)
    {
        be.printStackTrace();
    }
    catch(exceptionBussinessLogic ebl)
    {
        ebl.printStackTrace();
    }
  }
  /**
   * 功能简述:
   * 方法体 universityUpdate()的主要功能是完成学校信息资料
   * 的修改,在第 14 章学习之前,本方法体作为空方法体存在。
   */
   public void universityUpdate() throws  bussinessException, exceptionBussinessLogic
   {
       universityCode = (JTextuniversityCode.getText()).trim();
       university = (JTextuniversity.getText()).trim();
       englishTitle = (JTextenglishTitle.getText()).trim();
       universityKind = (JTextuniversityKind.getText()).trim();
       headUnits = (JTextheadUnits.getText()).trim();
       aim = (JTextaim.getText()).trim();
       educationalLevel = (JTexteducationalLevel.getText()).trim();
       educationalScope = Integer.parseInt(JTexteducationalScope.getText());
       managementSystem = (JTextmanagementSystem.getText()).trim();
       fax = (JTextfax.getText()).trim();
       telephone = (JTexttelephone.getText()).trim();
       address = (JTextaddress.getText()).trim();
       postcode = (JTextpostcode.getText()).trim();
       URLAddress = (JTextURLAddress.getText()).trim();

       try
       {
           //校验输入的数据类型是否符合规范
```

```
            boolean ValidateResult = validateData(universityCode, university,
                    englishTitle, universityKind, headUnits, aim, educationalLevel,
                    educationalScope, managementSystem, fax, telephone,
                    address, postcode, URLAddress);
            if (ValidateResult == true)
            {
            //查询学校基本信息,如果学校信息不存在,则提示不可以修改,抛出异常
                bussinessLogicListSearch  blls = new bussinessLogicListSearch();
                blls.bussinessSearch(universityCode);
                //修改学校基本信息
            university uy = new university();
            boolean updateStates = uy.universityUpdate(universityCode, university,
                        englishTitle, universityKind, headUnits, aim, educationalLevel,
                        educationalScope, managementSystem, fax, telephone,
                        address, postcode, URLAddress);
            if (updateStates == true)
            {
                System.out.println("修改成功");
            }
            else
            {
                System.out.println("修改失败");
            }
          }
          else
          {
             return;
          }
        }
        catch(bussinessException be)
        {
        }
        catch(exceptionBussinessLogic ebl)
        {
        }
}

/**
 * 功能简述:
 * 方法体 universitySearch)的主要功能是完成学校信息资料
 * 的查询。
 */
public void universitySearch() throws  bussinessException, exceptionBussinessLogic
{
    VectoruniversityList = new Vector();
    //定义了数据集合,用来完成业务逻辑获取的学校数据集合
    universityCode = (JTextuniversityCode.getText()).trim();
    try
    {
        boolean ValidateResult = validateDataSearch(universityCode);
        if (ValidateResult == true)
        {
```

```
            //调用学校信息查询业务逻辑处理
            university uy = new university();
            universityList = (Vector) uy.universitySearch(universityCode);
        }
        else
        {
      return;
        }
    }
    catch(bussinessException be)
    {
    }
    catch(exceptionBussinessLogic ebl)
    {
    }
}
/**
 * 功能简述:
 * 方法体 universityDelete 的主要功能是完成学校信息资料
 * 的查询,在第 14 章学习之前,本方法体作为空方法体存在。
 */

public void universityDelete() throws bussinessException, exceptionBussinessLogic
{
    universityCode = (JTextuniversityCode.getText()).trim();
    try
    {
        boolean ValidateResult = validateDataSearch(universityCode);
        if (ValidateResult == true)
         {
          //查询学校基本信息,如果学校信息不存在,则提示不可以删除,抛出异常
                bussinessLogicListSearch  blls = new bussinessLogicListSearch();
                    blls.bussinessSearch(universityCode);
                //删除学校信息
                university uy = new university();
                boolean deleteStates = uy.universityDelete(universityCode);
                if (deleteStates == true)
                {
                   System.out.println("删除成功");
                }
                else
                {
                   System.out.println("删除失败");
                }
            }
        else
        {
            return;
        }
    }
    catch(bussinessException be)
    {
```

```
        }
        catch(exceptionBussinessLogic ebl)
        {
        }
    }
    /**
     * @param universityCode
     * @param university
     * @param englishTitle
     * @param universityKind
     * @param headUnits
     * @param aim
     * @param educationalLevel
     * @param educationalScope
     * @param managementSystem
     * @param fax
     * @param telephone
     * @param address
     * @param postcode
     * @param URLAddress
     * @return
     */
    private boolean validateData(String universityCode,String university,
                                 String  englishTitle,String universityKind,
                                 String   headUnits,String aim,
                                 String educationalLevel,Integer educationalScope,
                                 String  managementSystem,String fax,
                                 String  telephone,String address,
                                 String  postcode,String URLAddress)
            throws bussinessException
    {
        try
        {
            bv.universityCodeValidation(universityCode);
            bv.universityValidation(universityKind);
            bv.englishTitleValidation(englishTitle);
            bv.universityKindValidation(universityKind);
            bv.headUnitsValidation(headUnits);
            bv.aimValidation(aim);
            bv.educationalLevelValidation(educationalLevel);
            bv.educationalScopeValidation(educationalScope);
            bv.faxValidation(fax);
            bv.managementSystemValidation(managementSystem);
            bv.telephoneValidation(telephone);
            bv.addressValidation(address);
            bv.postcodeValidation(postcode);
            bv.URLAddressValidation(URLAddress);
        }
        catch(bussinessException be)
        {
            return ValidateResult = false;
        }
```

```
        return ValidateResult = true;
    }
    /**
     * @param universityCode
     * @return
     */
    private boolean validateDataSearch(String universityCode) throws bussinessException
    {
        try
        {
            bv.universityCodeValidation(universityCode);
        }
        catch(bussinessException be)
        {
            return ValidateResult = false;
        }
            return ValidateResult = true;
     }
    public void actionPerformed(ActionEvent arg0) {
        //TODO Auto - generated method stub
    }
    public void itemStateChanged(ItemEvent arg0) {
        //TODO Auto - generated method stub
    }
}
```

19.3.3.2 控制层(Controler)代码

[**例程 19-2**] 学校信息控制层代码。

```
/**
 * JavaTeachings.chapter8.src 是例程包,在该包中包含了
 * 学校基本信息(university)、学院(学院级系)基本信息(college)
 * 系基本信息(department)、专业信息(professional)、学生信息
 * (students)、成绩表(transcript)、奖惩表(rewardsAndPunishments)
 * 学生名录(studentsList)、学生成绩排名表(transcriptSortTable)、
 * 专业名单(professionalList)、学籍查询(enrollmentTable)学院名单
 * 查询(collegeListTable)和学校基本信息(universityPage)、系统主
 * 页(chapter8)、学院(学院级系)基本信息(collegePage)、系基本信
 * 息(departmentPage)、专业信息(professionalPage)、学生信息
 * (studentsPage)、成绩表(transcriptPage)、奖惩表页面(rewardsAndPunishmentsPage)
 * 学生名录(studentsListPage)、学生成绩排名表(transcriptSortTablePage)、
 * 专业名单(professionalListPage)、学籍查询(enrollmentTablePage)、
 * 学院名单查询(collegeListTablePage)、全局变量配置类(globalVariables)
 * 和业务规则校验类(businessValidation)等 27 个类,分别完成了学籍管理系统用
 * 人机交互和业务数据的处理。第 8 章是在第 7 章基础上的进一步优化,基本上自定义了
 * 空的方法体。
 */
package chapter17.src;
/**
 * university.Java
 */
import java.util.Date;                                        //处理日期数据类型
```

```
import java.lang.Boolean;                               //处理逻辑数据类型
import java.lang.String;                                //处理字符数据类型
import java.util.ArrayList;                             //处理数据集合
import java.util.List;                                  //处理数组类型数据
import java.util.Arrays;                                //处理数据类型数据
import java.lang.Double;                                //处理双精度数据类型
import java.lang.Integer;                               //处理整数类型
import java.lang.Character;                             //处理字符串类型数据
import java.math.BigDecimal;                            //处理高精度数据类型
/**
 * 功能简介:
 *     是"学籍管理系统"业务逻辑处理程序,主要完成学校数据的维护
 *     包括数据校验、数据保存、数据修改、数据删除等。本类
 *     本类是接收 collegepage 页面的请求。
 * @see universitySave(String universityCode,String university,
 *                      String englishTitle,String universityKind,
 *                      String headUnits,String aim,
 *                      String educationalLevel,String educationalScope,
 *                      String managementSystem,char fax,
 *                      char telephone,String address,
 *                      String postcode,String URLAddress)大学信息保存
 * @see universityUpdateuniversityUpdate(String universityCode,String university,
 * String englishTitle,String universityKind,
 * String headUnits,String aim,String educationalLevel,String educationalScope,String
 * managementSystem,char fax,
 * char telephone,String address,
 * char postcode,String URLAddress)大学信息修改
 * @see universitySearch(String universityCode)大学信息查询
 * @see universityDelete(String universityCode)大学信息删除
 * @since 无
 *   修改日期: 2011-09-24
 */

public class university
{
    /** 学校代码
     */
    public  String   universityCode;
    /** 学校名称
     */
    public  String   university;
    /** 英文名称
     */
    public  String  englishTitle;                       //英文名称
    /** 办学性质
     */
    public  String  universityKind;                     //办学性质

    /** 举办单位
     */
    public  String   headUnits;                         //举办单位
    /** 办学宗旨
```

```
 */
public  String  aim;                                          //办学宗旨
/** 办学层次
 */
public  String educationalLevel;                              //办学层次
/** 办学规模
 */
public  Integer  educationalScope;                            //办学规模
/** 内部管理体制
 */
public  String  managementSystem;                             //内部管理体制
/** 传真
 */
public  String fax;
/** 联系电话
 */
public  String  telephone;
/** 地址
 */
public   String  address;
/** 邮编
 */
public   String  postcode ;
/** 网址
 */
public  String  URLAddress;
private boolean saveStates;
private boolean updateStates;
private boolean Deletestates;
/*
 * 查询 university.txt 文件是否存在,在 globalBussinessLogic 文件中读取全局变量,
 *查找指定的文件路径是否存在,调用参数包括路径和文件名。
 */
    globalBussinessLogic gbl = new globalBussinessLogic();
    String filePath = gbl.getSTATIC_DATAPATH();
    String fileName = gbl.STATIC_UNIVERSITY;
    fileSearch fs = new fileSearch();
/**
 *功能简述:
 *      方法体 universitySave()的主要功能是完成学校信息资料的保存,
 *      本方法体的主要任务是执行业务数据校验和正确数据的页面打印输出功能。
*@param universityCode String  学校代码
*@param university String  学校名称
*@param englishTitle String  英文名称
*@param universityKind String  办学性质
*@param headUnitsString  举办单位
*@param aim String  办学宗旨
*@param educationalLevel String  办学层次
*@param educationalScope Integer  办学规模
*@param managementSystem String  内部管理体制
*@param fax char  传真
*@param telephone char  联系电话
```

```
 * @param address char  地址
 * @param postcode char  邮编
 * @param URLAddress String  网址
 * @return saveStates boolean  保存成功或失败

public boolean universitySave(String universityCode,String university,
                String englishTitle,String universityKind,
                String headUnits,String aim,
                String educationalLevel,Integer educationalScope,
                String managementSystem,String fax,
                String telephone,String address,
                String postcode,String URLAddress)
                throws exceptionBussinessLogic
{
//查询 university.txt 中是否已经存在 universityCode,如果存在学校编号,则退出。
        try
        {
            fs.fileSearch(filePath, fileName);
            /*
             * 实例化业务逻辑,判断 bussinessLogicNullDecide 是否已经存在学校信息,
             * 如果存在,则抛出异常; 如果不存在,则执行数据保存。
             */

             bussinessLogicNullDecide blnd = new bussinessLogicNullDecide();
             List blndList = blnd.bussinessSearch(universityCode);
             bussinessDataOpertaion  bdo = new bussinessDataOpertaion();
             boolean saveStates = bdo.universitySave(universityCode,
                     university, englishTitle, universityKind,headUnits, aim,
                     educationalLevel,educationalScope, managementSystem,
                     fax,telephone, address, postcode, URLAddress);
        }
        catch(exceptionBussinessLogic EBL)
        {
        }
   return saveStates;
}
/**
 * 功能简述:
 *      方法体 universityUpdate()的主要功能是完成学校信息资料
 *      的修改。
 * @param universityCode String  学校代码
 * @param university String  学校名称
 * @param englishTitle String  英文名称
 * @param universityKind String  办学性质
 * @param headUnits String  举办单位
 * @param aim String  办学宗旨
 * @parameducationalLevel String  办学层次
 * @param educationalScope String  办学规模
 * @param managementSystem String  内部管理体制
 * @param fax char  传真
 * @param telephone char  联系电话
 * @param address char  地址
```

```
 * @param postcode char  邮编
 * @param URLAddress String  网址
 * @return updateStates boolean  修改成功或失败
 */
public boolean universityUpdate(String universityCode,
                                Stringuniversity,
                                String englishTitle,
                                String universityKind,
                                String headUnits,
                                String aim,
                                String educationalLevel, Integer educationalScope,
                                String managementSystem,
                                String fax,
                                String telephone,
                                String address,
                                String postcode,
                                String URLAddress)
    throws exceptionBussinessLogic
{
   /*
    * 查询学校编号信息是否为空,如果没有异常抛出,则说明记录存在,可以对所指学校信息
    * 进行修改。
    */
     try
     {
        fs.fileSearch(filePath, fileName);
        //查询数据
        bussinessLogicListSearch blls = new bussinessLogicListSearch();
        ListListResult = blls.bussinessSearch(universityCode);
        //执行学校信息修改。
        bussinessDataOpertaion bdo = new bussinessDataOpertaion();
        updateStates = bdo.universitySave(universityCode, university,
                   englishTitle, universityKind,headUnits, aim, educationalLevel,
                   educationalScope,
                   managementSystem, fax, telephone, address,
                   postcode, URLAddress);
     }
        catch(exceptionBussinessLogic EBL)
     {
     }
   return updateStates;
}
/**
 * 功能简述:
 *     方法体 universitySearch()的主要功能是完成学校信息资料
 *     的查询。
 * @param universityCode 学校代码。
 * @return universityList ArrayList 学校数组
 */
public List universitySearch(String universityCode) throws exceptionBussinessLogic
{
   List universityList = new ArrayList();
```

```
            try
            {
                fs.fileSearch(filePath, fileName);
                bussinessLogicListSearch blls = new bussinessLogicListSearch();
                universityList = blls.bussinessSearch(universityCode);
            }
            catch(exceptionBussinessLogic EBL)
            {
            }
            return universityList;
    }
    /**
     * 功能简述:
     *      方法体 universityDelete 的主要功能是完成学校信息资料        ,
     *      的删除。
     * @param universityCode 学校代码
     * @return DeleteStatesboolean 删除成功
     */

    public boolean universityDelete(String universityCode) throws exceptionBussinessLogic
    {
        /*
         * 查询学校编号信息是否为空,如果没有异常抛出,则说明记录存在,可以对所指学校信息
         * 进行修改。
         */
            try
            {
                //查询数据
                fs.fileSearch(filePath, fileName);
                bussinessLogicListSearch blls = new bussinessLogicListSearch();
                List ListResult = blls.bussinessSearch(universityCode);
                bussinessDeleteOperationbdo = new bussinessDeleteOperation();
                Deletestates = bdo.bussinessDelete(universityCode);
            }
            catch(exceptionBussinessLogic EBL)
            {
            }
        return Deletestates;
    }
}
```

19.3.3.3 模型层(Model)代码

模型层数据操作类例程如例程 19-3 所示。

[**例程 19-3**] 模型层数据操作类。

```
package chapter17.src;
/**
 * bussinessDataOpertaion 负责完成学籍管理系统中数据保存
 * 与修改功能。本类没有任何继承,也没有实现任何接口。
 * @see collegeSave(String universityCode,String collegeCode,
 * String   collegeTitle,String englishTitle,
 * String educationalLevel,String subordinateDepartment,
```

```
* String fax,String telephone,String address,String postcode,
* String URLAddress)  学院信息保存
* @see collegeUpdate(String universityCode,String collegeCode,
* String collegeTitle,String englishTitle,
* String educationalLevel,String subordinateDepartment,
* String fax,String telephone,String address,String postcode,
* String URLAddress)  学院信息修改
* @see departmentSave(String universityCode,String collegeCode,
* String departmentCode,String departmentTitle,String departmentEnglishTitle,
* String educationalLevel,
* String subordinateProfessional,String telephone,
* String address,Stringpostcode,String URLAddress)  系信息保存
* @see departmentUpdate(String universityCode,String collegeCode,
* String departmentCode,String departmentTitle,
* String departmentEnglishTitle,String educationalLevel,
* String subordinateProfessional,String telephone,
* String address,Stringpostcode,String URLAddress)  系信息修改
* @see professionalSave(String departmentCode,String professionalCode,
* String professionalTitle,String professionaEnglish,
* String professionalKind,String enducationLevel,String classNumber,
* String classTitle,String courseList)  专业信息保存
* @see professionalUpdate(String departmentCode,String professionalCode,
* String professionalTitle,String professionaEnglish,
String professionalKind,String enducationLevel,String classNumber,String classTitle,
* String courseList)  专业信息修改
* @see rewardsAndPunishmentsSave(String StudentId,String RdDate, String
* units,String reasons,String result)  奖惩信息保存
* @see rewardsAndPunishmentsUpdate(String StudentId,String RdDate,String
*   units,String reasons,String result)  奖惩信息修改
* @see studentsSave(String departmentTitle,String professionalTitle, String classNumber,
* String studentId,
* String name,Stringsex,
* String birthday,String nation,String politicalStatus,String admission,
* String joinTheLeagueDate,String postcode,
* String specialtyList,String telephone,String birthplace,String Address)学生保存
* @see studentsUpdate(String departmentTitle,String professionalTitle,
* String classNumber,String studentId,
* String name,String sex,String birthday,String nation,
* String politicalStatus,String admission,String joinTheLeagueDate,String postcode,
* String specialtyList,String telephone,
* String birthplace,String Address)  学生信息修改
* @see transcriptSave(String  courseCode,String  courseTitle,
*                              double  examinationsScores,
*                              double  experimentScores,
*                              double  schoolAssignment,
*                              double  classRoomScores,
*                              double  totalScores,StringstudentId)成绩信息修改
*   @see transcriptUpdate(String courseCode,String  courseTitle,
* double  examinationsScores, double experimentScores,
* double  schoolAssignment, double  classRoomScores,
* double  totalScores,StringstudentId)成绩信息保存
*   @see  universitySave(String universityCode,String university,
```

```
 * String englishTitle,String universityKind,
 * String headUnits,String aim, String educationalLevel,
 * Integ ereducationalScope,String managementSystem,String fax,
String telephone,String address,String postcode,String URLAddress)学校信息保存
 *   @see universityUpdate(String universityCode,String university,String englishTitle,
 * String universityKind,
 * String  headUnits,String  aim,String educationalLevel,
 * Integer  educationalScope,String  managementSystem,String  fax,
 * String  telephone,String  address,String  postcode,String  URLAddress)学校信息修改
 * /
import java.io. * ;
import java.util. * ;
public class bussinessDataOpertaion
{
    boolean operationStates = false;                        //定义保存状态
    / **
     * 功能简述:
     *     方法体 collegeSave()的主要功能是完成学院信息资料
     *     的保存,在第 14 章学习之前,本方法体的主要任务是
     *     执行业务数据校验和正确数据的页面打印输出功能。
     * @param universityCode String  学校代码
     * @param collegeCode String  学院代码
     * @param collegeTitle String  学院名称
     * @param englishTitle String  英文名称
     * @param educationalLevel String  培养层次
     * @param subordinateDepartment String  所设系所
     * @param fax char  传真
     * @param telephone char  联系电话
     * @param address char  地址
     * @param postcode char  邮编
     * @param URLAddress char  网址
     * @return boolean saveStates
     * /
    public boolean   collegeSave(String universityCode,
                          String collegeCode,
                          String collegeTitle,
                          String englishTitle,
                          String educationalLevel,
                          String subordinateDepartment,
                          String fax,
                          String telephone,
                          String address,
                          String postcode,
                          String URLAddress)
                throws exceptionBussinessLogic,IOException
    {
        globalBussinessLogic  gbl = new globalBussinessLogic ();
        String filePath = gbl. STATIC_DATAPATH;
        String fileName = gbl. STATIC_COLLEGE;
        String fileNamePath = filePath + fileName;
        String tempuniversityCode = StringChange(universityCode);
        String tempcollegeCode = StringChange(collegeCode);
```

```
        String tempcollegeTitle = StringChange(collegeTitle);
        String tempenglishTitle = StringChange(englishTitle);
        String tempeducationalLevel = StringChange(educationalLevel);
        String tempsubordinateDepartment = StringChange(subordinateDepartment);
        String tempfax = StringChange(fax);
        String temptelephone = StringChange(telephone);
        String tempaddress = StringChange(address);
        String temppostcode = StringChange(postcode);
        String tempURLAddress = StringChange(URLAddress);
        String collegeString = tempuniversityCode + " " + tempcollegeCode + " " + tempcollegeTitle
                    + " " + tempenglishTitle + " " + tempeducationalLevel + " " +
                    tempsubordinateDepartment + " " + tempfax + " " + temptelephone
                    + " " + tempaddress + " " + temppostcode + " " + tempURLAddress + " " + "\n";
        try
        {
            FileWriter fw = new FileWriter(fileNamePath,true);
            fw.write(collegeString, 0, collegeString.length());
            fw.flush();
            fw.close();
            return operationStates = true;
        }
        catch (IOException e)
        {
            //TODO Auto - generated catch block
            e.printStackTrace();
            thrownew exceptionBussinessLogic("学院信息无法保存");
        }
        //此处添加学校保存信息语句
    }
        /**
         * 功能简述:
         *      方法体 collegeUpdate()的主要功能是完成学院信息资料
         *      的修改。
         * @param universityCode String  学校代码
         * @param collegeCode String  学院代码
         * @param collegeTitle String  学院名称
         * @param englishTitle String  英文名称
         * @param educationalLevel String  培养层次
         * @param subordinateDepartment String  所设系所
         * @param fax String  传真
         * @param telephone char  联系电话
         * @param address char  地址
         * @param postcode char  邮编
         * @param URLAddress char  网址
         * @return boolean updateStates  更新状态
         */
        public boolean collegeUpdate(String universityCode,
                                    String collegeCode,
                                    String collegeTitle,
                                    String englishTitle,
                                    String educationalLevel,
```

```
                                    String subordinateDepartment,
                                    String fax,
                                    String telephone,String address,
                                    String postcode,
                                    String URLAddress)
        throws exceptionBussinessLogic
    {
        //此处添加学校保存信息语句
        if (operationStates == false)
        {
            throw new exceptionBussinessLogic("学院信息无法修改");
        }
        return operationStates = true;
    }
    /**
     * 功能简述:
     *      方法体 departmentSave()的主要功能是完成系信息资料
     *      的保存,在第 14 章学习之前,本方法体的主要任务是
     *      执行业务数据校验和正确数据的打印输出功能。
     * @param universityCode String 学校代码
     * @param collegeCode String  学院代码
     * @param departmentCode String  系代码
     * @param departmentTitle String  系名称
     * @param departmentEnglishTitle String  英文名称
     * @param educationalLevel String  培养层次
     * @param subordinateProfessional String  所设专业
     * @param telephone  String  联系电话
     * @param address  String  地址
     * @param postcode String  邮编
     * @param URLAddress String  网址
     * @return saveStates boolean  保存状态
     */
    public boolean departmentSave(String universityCode,
                                    String collegeCode,
                                    String departmentCode,
                                    String departmentTitle,
                                    String departmentEnglishTitle,
                                    String educationalLevel,
                                    String subordinateProfessional,
                                    String telephone,
                                    String address,
                                    String postcode,
                                    String URLAddress)
        throws exceptionBussinessLogic
    {
        //此处添加学校保存信息语句
        globalBussinessLogic  gbl = new globalBussinessLogic ();
        String filePath = gbl.STATIC_DATAPATH;
        String fileName = gbl.STATIC_DEPARTMENT;
        String fileNamePath = filePath + fileName;
        String tempuniversityCode = StringChange(universityCode);
        String tempcollegeCode = StringChange(collegeCode);
```

```
        String tempdepartmentCode = StringChange(departmentCode);
        String tempdepartmentTitle = StringChange(departmentTitle);
        String tempdepartmentEnglishTitle = StringChange(departmentEnglishTitle);
        String tempeducationalLevel = StringChange(educationalLevel);
        String tempsubordinateProfessional = StringChange(subordinateProfessional);
        String temptelephone = StringChange(telephone);
        String tempaddress = StringChange(address);
        String temppostcode = StringChange(postcode);
        String tempURLAddress = StringChange(URLAddress);
        String departmentString = tempuniversityCode
         + " " + tempcollegeCode
         + " " + tempdepartmentCode
         + " " + tempdepartmentTitle
         + " " + tempdepartmentEnglishTitle
         + " " + tempeducationalLevel
         + " " + tempsubordinateProfessional
         + " "  + temptelephone
         + " " + tempaddress
         + " " + temppostcode
         + " " + tempURLAddress
         + " " + "\n";
        try
        {
            FileWriter fw = new FileWriter(fileNamePath,true);
            fw.write(departmentString, 0, departmentString.length());
            fw.flush();
            fw.close();
            returnoperationStates = true;
        }
        catch (IOException e)
        {
            //TODO Auto - generated catch block
            e.printStackTrace();

            throw new exceptionBussinessLogic("系信息无法保存");
        }

    }
    /**
     * 功能简述:
     *     方法体 departmentUpdate()的主要功能是完成系信息资料
     *     的修改。
     * @param universityCode String 学校代码
     * @param collegeCode  String  学院代码
     * @param departmentCode  String  系代码
     * @param departmentTitle  String    系名称
     * @param departmentEnglishTitle String  英文名称
     * @param educationalLevel  String  培养层次
     * @param subordinateProfessional  String  所设专业
     * @param telephone  char  联系电话
     * @param address   String   地址
     * @param postcode char  邮编
```

```
 * @param URLAddress  String  网址
 * @return updateStates boolean 修改状态
 */
public boolean departmentUpdate(String universityCode,
                                String collegeCode,
                                String departmentCode,
                                String departmentTitle,
                                String departmentEnglishTitle,
                                String educationalLevel,
                                String subordinateProfessional,
                                String telephone,
                                String address,
                                String postcode,
                                String URLAddress)
    throws exceptionBussinessLogic
{
    //此处添加系保存信息语句
    if (operationStates == false)
    {
        throw new exceptionBussinessLogic("系信息无法修改");
    }

    return operationStates = true;
}
/**
 * 功能简述:
 *     方法体 professionalSave()的主要功能是完成专业信息资料
 *     的保存,在第 14 章学习之前,本方法体的主要任务是
 *     执行业务数据校验和正确数据的页面打印输出功能。
 * @param departmentCode  String  系代码
 * @param professionalCode String  专业代码
 * @param professionalTitle String  专业名称
 * @param professionaEnglish String  专业英文名称
 * @param professionalKind String  专业类别
 * @param enducationLevel String 学历层次
 * @param classNumber String 班级编号
 * @param classTitle String 班级名称
 * @param courseList String 程设置
 * @return saveStates 保存是否成功
 */
public boolean professionalSave(String universityCode,
                                String collegeCode,
                                String departmentCode,
                                String professionalCode,
                                String professionalTitle,
                                String professionaEnglish,
                                String professionalKind,
                                String enducationLevel,
                                String classNumber,
                                String classTitle,
                                String courseList)
    throws exceptionBussinessLogic
```

```
{
    globalBussinessLogic gbl = new globalBussinessLogic ();
    String filePath = gbl.STATIC_DATAPATH;
    String fileName = gbl.STATIC_PROFESSIONAL;
    String fileNamePath = filePath + fileName;
    String tempuniversityCode = StringChange(universityCode);
    String tempcollegeCode = StringChange(collegeCode);
    String tempdepartmentCode = StringChange(departmentCode);
    String tempprofessionalCode = StringChange(professionalCode);
    String tempprofessionalTitle = StringChange(professionalTitle);
    String tempprofessionaEnglish = StringChange(professionaEnglish);
    String tempprofessionalKind = StringChange(professionalKind);
    String tempenducationLevel = StringChange(enducationLevel);
    String tempclassNumber = StringChange(classNumber);
    String tempclassTitle = StringChange(classTitle);
    String tempcourseList = StringChange(courseList);
    String professionalString = tempuniversityCode + "
            " + tempcollegeCode + " " + tempdepartmentCode + " " + tempprofessionalCode
            + " " + tempprofessionalTitle + " " + tempprofessionaEnglish + "
            " + tempprofessionalKind  + " " + tempenducationLevel + "
            " + tempclassNumber + " " + tempclassTitle + " " + tempcourseList + " " + "\n";
    try
    {
        FileWriter fw = new FileWriter(fileNamePath,true);
        fw.write(professionalString, 0, professionalString.length());
        fw.flush();
        fw.close();
        return operationStates = true;
    }
    catch (IOException e)
    {
        //TODO Auto - generated catch block
        e.printStackTrace();

        throw new exceptionBussinessLogic("专业信息无法保存");
    }
}
/**
 * 功能简述:
 *      方法体 professionalUpdate()的主要功能是完成专业信息资料
 *      的修改。
 * @param departmentCode  String 系代码
 * @param professionalCode String  专业代码
 * @param professionalTitle String  专业名称
 * @param professionaEnglish String  专业英文名称
 * @param professionalKind String  专业类别
 * @param enducationLevel String 学历层次
 * @param classNumber String 班级编号
 * @param classTitle String 班级名称
 * @param courseList String 程设置
 * @return updateStates 修改状态
 */
```

```
public boolean professionalUpdate(String universityCode,
                                  String collegeCode,
                                  String departmentCode,
                                  String professionalCode,
                                  String professionalTitle,
                                  String professionaEnglish,
                                  String professionalKind,
                                  String enducationLevel,
                                  String classNumber,
                                  String classTitle,
                                  String courseListt)
    throws exceptionBussinessLogic
{
    //此处添加学校保存信息语句
    if (operationStates == false)
    {
        throw new exceptionBussinessLogic("专业信息无法修改");
    }
    return operationStates = true;
}
/**
 * 功能简述:
 *     方法体 rewardsAndPunishmentsSave()的主要功能是完成
 *     奖惩信息资料的保存,在第 14 章学习之前,本方法体的
 *     主要任务是执行业务数据校验和正确数据的页面打印输出功能。
 * @param    studentId    String    学号
 * @param    RdDate   Date    日期
 * @param    units    String  奖惩单位
 * @param    reasons  String  奖惩原因
 * @param    result   String  奖惩结果
 * @return saveStates boolean 保存状态
 */
public boolean rewardsAndPunishmentsSave(String universityCode,
                                         String collegeCode,
                                         String departmentCode,
                                         String professionalCode,
                                         String classNumber,
                                         String StudentId,
                                         String RdDate,
                                         String units,
                                         String reasons,
                                         String result)
      throws exceptionBussinessLogic
 {
    globalBussinessLogic  gbl = new globalBussinessLogic ();
    String filePath = gbl.STATIC_DATAPATH;
    String fileName = gbl.STATIC_REWARDSANDPUNISHMENTS;
    String fileNamePath = filePath + fileName;
    String  tempuniversityCode = StringChange(universityCode);
    String  tempcollegeCode = StringChange(collegeCode);
    String  tempdepartmentCode = StringChange(departmentCode);
    String  tempprofessionalCode = StringChange(professionalCode);
```

```
    String  tempclassNumber = StringChange(classNumber);
    String  tempStudentId = StringChange(StudentId);
    String  tempRdDate = StringChange(RdDate);
    String  tempunits = StringChange(units);
    String  tempreasons = StringChange(reasons);
    String  tempresult = StringChange(result);
    String rewardsAndPunishmentsString = tempuniversityCode + "
           " + tempcollegeCode + " " + tempdepartmentCode + " "
           + tempprofessionalCode + " " + tempclassNumber + " " + tempStudentId + " "
           + tempRdDate + " " + tempunits + " " + tempreasons + " " + tempresult + "
           " + "\n";
try
    {
        FileWriter fw = new FileWriter(fileNamePath,true);
        fw.write(rewardsAndPunishmentsString, 0,
                rewardsAndPunishmentsString.length());
        fw.flush();
        fw.close();
        return operationStates = true;
    }
    catch (IOException e)
    {
        //TODO Auto - generated catch block
        e.printStackTrace();
        throw new exceptionBussinessLogic("学生信息无法保存");
    }
}
/**
 * 功能简述:
 *     方法体 rewardsAndPunishmentsUpdate()的主要功能是完成奖惩
 *     信息资料的修改。
 * @param    studentId    String    学号
 * @param    RdDate   Date    日期
 * @param    units    String   奖惩单位
 * @param    reasons  String   奖惩原因
 * @param    result   String   奖惩结果
 * @return updateStates boolean 修改状态
 */
public boolean rewardsAndPunishmentsUpdate(String universityCode,
                                           String collegeCode,
                                           String departmentCode,
                                           String professionalCode,
                                           String classNumber,
                                           String StudentId,
                                           String RdDate,
                                           String units,
                                           String reasons,
                                           String result)
    throws exceptionBussinessLogic
{
    //此处添加学校保存信息语句
    if (operationStates == false)
```

```
    {
        throw new exceptionBussinessLogic("奖惩信息无法修改");
    }
      return operationStates = true;
}
/**
 * 功能简述:
 *      方法体 studentsSave()的主要功能是完成学生基本信息资料
 *      的保存,在第 14 章学习之前,本方法体的主要任务是
 *      执行业务数据校验和正确数据的页面打印输出功能。
 * @param    departmentTitle String   系别
 * @param    professionalTitle   String   专业
 * @param    classNumber String   班级
 * @param    studentId   String   学号
 * @param    name     String   姓名
 * @param    sex String   性别
 * @param    birthday     Date      出生日期
 * @param    nation   String   民族
 * @param    politicalStatus String   政治面貌
 * @param    admission   Date   入学时间
 * @param    joinTheLeagueDate   Date   入团(党)时间
 * @param    postcode   String   邮编
 * @param    specialtyList   String   有何特长
 * @param    telephone   String   联系电话
 * @param    birthPlace   String   籍贯
 * @param    Address String   家庭地址
 * @return saveStates boolean 保存状态
 */
public boolean studentsSave(String universityCode,
                            String collegeCode,
                            String departmentCode,
                            String professionalCode,
                            String departmentTitle,
                            String professionalTitle,
                            String classNumber,
                            String studentId,
                            String name,
                            String sex,
                            String birthday,
                            String nation,
                            String politicalStatus,
                            String admission,
                            String joinTheLeagueDate,
                            String postcode,
                            String specialtyList,
                            String telephone,
                            String birthPlace,
                            String Address)
        throws exceptionBussinessLogic
{
    globalBussinessLogic   gbl = new globalBussinessLogic ();
    String filePath = gbl.STATIC_DATAPATH;
```

```
        String fileName = gbl.STATIC_STUDENTS;
        String fileNamePath = filePath + fileName;
        String  tempuniversityCode = StringChange(universityCode);
        String  tempcollegeCode = StringChange(collegeCode );
        String  tempdepartmentCode = StringChange(departmentCode);
        String  tempprofessionalCode = StringChange(professionalCode);
        String  tempdepartmentTitle = StringChange(departmentTitle);
        String tempprofessionalTitle = StringChange(professionalTitle);
        String  tempclassNumber = StringChange(classNumber);
        String  tempstudentId = StringChange(studentId );
        String  tempname = StringChange(name);
        String  tempsex = StringChange(sex);
        String  tempbirthday = StringChange(birthday);
        String  tempnation = StringChange(nation);
        String  temppoliticalStatus = StringChange(politicalStatus);
        String  tempadmission = StringChange(admission );
        String  tempjoinTheLeagueDate = StringChange(joinTheLeagueDate);
        String  temppostcode = StringChange(postcode);
        String  tempspecialtyList = StringChange(specialtyList);
        String  temptelephone = StringChange(telephone);
        String  tempbirthPlace = StringChange(birthPlace);
        String  tempAddress = StringChange(Address);
        String studentsString = tempuniversityCode + " " + tempcollegeCode + "
                " + tempdepartmentCode + " "
                + tempprofessionalCode + " " + tempdepartmentTitle + "
                " + tempprofessionalTitle + " "
                + tempclassNumber + " " + tempstudentId + " " + tempname + " " + tempsex + "
                " + tempbirthday + " " + tempnation + " " + temppoliticalStatus + "
                " + tempadmission + " " + tempjoinTheLeagueDate + " "
                + temppostcode + " " + tempspecialtyList + " " + temptelephone + "
                " + tempbirthPlace + " " + tempAddress + " " + "\n";
    try
        {
            FileWriter fw = new FileWriter(fileNamePath,true);
            fw.write(studentsString, 0, studentsString.length());
            fw.flush();
            fw.close();
            return operationStates = true;
        }
        catch (IOException e)
        {
            //TODO Auto - generated catch block
            e.printStackTrace();
            throw new exceptionBussinessLogic("学生信息无法保存");
        }
    }
    /**
     * 功能简述:
     *     方法体 studentsUpdate()的主要功能是完成学生基本信息资料
     *     的修改。
     * @param  departmentTitle String  系别
     * @param  professionalTitle  String  专业
```

```
 * @param  classNumber String  班级
 * @param  studentId  String  学号
 * @param  name       String  姓名
 * @param  sex character  性别
 * @param  birthday      Date     出生日期
 * @param  nation  String  民族
 * @param  politicalStatus String  政治面貌
 * @param  admission      Date     入学时间
 * @param  joinTheLeagueDate  Date     入团(党)时间
 * @param  postcode      String  邮编
 * @param  specialtyList      String  有何特长
 * @param  telephone  String  联系电话
 * @param  birthPlace  String  籍贯
 * @param  Address   String  家庭地址
 * @return updateStates boolean 修改状态
 */
public boolean studentsUpdate(String universityCode,
                              String collegeCode,
                              String departmentCode,
                              String professionalCode,
                              String departmentTitle,
                              String professionalTitle,
                              String classNumber,
                              String studentId,
                              String name,
                              String sex,
                              String birthday,
                              String nation,
                              String politicalStatus,
                              String admission,
                              String joinTheLeagueDate,
                              String postcode,
                              String specialtyList,
                              String telephone,
                              String birthPlace,
                              String Addresss)
    throws exceptionBussinessLogic
{
    //此处添加学校保存信息语句
    if (operationStates == false)
    {
        throw new exceptionBussinessLogic("学生信息无法修改");
    }

      return operationStates = true;
}
/**
 * 功能简述:
 *      方法体 transcriptSave()的主要功能是完成学生学习成绩
 *      保存,在第 14 章学习之前,本方法体的主要任务是
 *      执行业务数据校验和正确数据的页面打印输出功能。
 * @param  studentId String  学号
```

```
 * @param  courseCode String  课程代码
 * @param  courseTitle String  课程名称
 * @param  examinationsScores double  考试成绩
 * @param experimentScores double  实验成绩
 * @param  schoolAssignment  double  作业成绩
 * @param  classRoomScores double  课堂成绩
 * @param  totalScores double  总成绩
 * @return saveStates boolean  保存状态
 * /
public boolean transcriptSave(String universityCode,
                              String collegeCode,
                              String departmentCode,
                              String professionalCode,
                              String classNumber,
                              String StudentId,
                              String courseCode,
                              String courseTitle,
                              double  examinationsScores,double  experimentScores,
                              double  schoolAssignment, double  classRoomScores,
                              double  totalScores)
        throws exceptionBussinessLogic
{
    globalBussinessLogic gbl = new globalBussinessLogic ();
    String  filePath = gbl. STATIC_DATAPATH;
    String  fileName = gbl. STATIC_TRANSCRIPT;
    String  fileNamePath = filePath + fileName;
    String  tempuniversityCode = StringChange(universityCode);
    String  tempcollegeCode = StringChange(collegeCode);
    String  tempdepartmentCode = StringChange(departmentCode);
    String  tempprofessionalCode = StringChange(professionalCode);
    String  tempclassNumber = StringChange(classNumber);
    String  tempStudentId = StringChange(StudentId);
    String  tempcourseCode = StringChange(courseCode);
    String  tempcourseTitle = StringChange(courseTitle);
    String  tempexaminationsScores = StringChange(String. valueOf(examinationsScores) );
    String  tempexperimentScores = StringChange(String. valueOf(experimentScores));
    String  tempschoolAssignment = StringChange(String. valueOf(schoolAssignment));
    String  tempclassRoomScores = StringChange(String. valueOf(classRoomScores));
    String  temptotalScores = StringChange(String. valueOf(totalScores));
    String  transcriptString = tempuniversityCode + " " + tempcollegeCode + "
            " + tempdepartmentCode + " " + tempprofessionalCode + " "
            + tempclassNumber + " " + tempStudentId + " " + tempcourseCode + "
            " + tempcourseTitle + " " + tempexaminationsScores + "
            " + tempexperimentScores + " " + tempschoolAssignment + " "
            + tempclassRoomScores + " " + temptotalScores + " " + "\n";
try
    {
        FileWriter fw = new FileWriter(fileNamePath, true);
        fw. write(transcriptString, 0, transcriptString. length());
        fw. flush();
        fw. close();
        return operationStates = true;
```

```
        }
        catch (IOException e)
        {
            //TODO Auto - generated catch block
            e.printStackTrace();
            throw new exceptionBussinessLogic("学生信息无法保存");
        }
        //此处添加学校保存信息语句
    }
    /**
     * 功能简述:
     *     方法体 transcriptUpdate()的主要功能是完成学生学习
     *     成绩资料的修改。
     * @param   studentId  String  学号
     * @param   courseCode  String  课程代码
     * @param   courseTitle String  课程名称
     * @param   examinationsScores  double  考试成绩
     * @param   experimentScores  double  实验成绩
     * @param   schoolAssignment  double  作业成绩
     * @param   classRoomScores double  课堂成绩
     * @param   totalScores double  总成绩
     * @return  updateStates boolean  修改状态
     */
    public boolean transcriptUpdate(String universityCode,
                                    String collegeCode,
                                    String departmentCode,
                                    String professionalCode,
                                    String classNumber,
                                    String StudentId,
                                    String courseCode,
                                    String courseTitle,
                                    double  examinationsScores, double  experimentScores,
                                    double schoolAssignment, double classRoomScores, double
                                    totalScores)throws exceptionBussinessLogic
    {
        //此处添加学校保存信息语句
        if (operationStates == false)
        {
            throw new exceptionBussinessLogic("成绩信息无法修改");
        }
          return operationStates = true;
    }
    /**
     * 功能简述:
     *     方法体 universitySave()的主要功能是完成学校信息资料
     *     的保存,在第 14 章学习之前,本方法体的主要任务是
     * 执行业务数据校验和正确数据的页面打印输出功能。
     * @param universityCode String 学校代码
     * @param university  String  学校名称
     * @param englishTitle  String  英文名称
     * @param universityKind String  办学性质
     * @param headUnits  String  举办单位
```

```
 * @param aim     String  办学宗旨
 * @param educationalLevel  String  办学层次
 * @param educationalScope  Integer  办学规模
 * @param managementSystem  String  内部管理体制
 * @param fax  char  传真
 * @param telephone  char  联系电话
 * @param address  char  地址
 * @param postcode  char  邮编
 * @param URLAddress  String  网址
 * @return saveStates boolean  保存成功或失败
 */

public boolean universitySave(String universityCode,
                              String university,
                              String englishTitle,
                              String universityKind,
                              String headUnits,
                              String aim,
                              String educationalLevel,
                              Integer educationalScope,
                              String managementSystem,
                              String fax,
                              String telephone,
                              String address,
                              String postcode,
                              String URLAddress)
        throws exceptionBussinessLogic
{
    //此处添加学校保存信息语句

    globalBussinessLogic  gbl = new globalBussinessLogic ();
    String filePath = gbl.STATIC_DATAPATH;
    String fileName = gbl.STATIC_UNIVERSITY;
    String fileNamePath = filePath + fileName;
    String  tempuniversityCode = StringChange(universityCode );
    String  tempuniversity = StringChange(university  );
    String  tempenglishTitle = StringChange(englishTitle);
    String  tempuniversityKind = StringChange(universityKind );
    String  tempheadUnits = StringChange(headUnits );
    String  tempaim = StringChange(aim );
    String  tempeducationalLevel = StringChange(educationalLevel);
    String  tempeducationalScope = StringChange(educationalScope.toString());
    String  tempmanagementSystem = StringChange(managementSystem );
    String  tempfax = StringChange(fax);
    String  temptelephone = StringChange(telephone);
    String  tempaddress = StringChange(address);
    String  temppostcode = StringChange(postcode);
    String  tempURLAddress = StringChange(URLAddress);
    String universityString = tempuniversityCode + " " + tempuniversity + "
          " + tempenglishTitle + " "
          + tempuniversityKind + " " + tempheadUnits + " " + tempaim + "
          " + tempeducationalLevel + " "
```

```
                + tempeducationalScope + " " + tempmanagementSystem + " " + tempfax + "
               " + temptelephone + " "
                + tempaddress + " " + temppostcode + " " + tempURLAddress + " ";
        try
        {
            FileWriter fw = new FileWriter(fileNamePath,true);
            fw.write(universityString, 0, universityString.length());
            fw.flush();
            fw.close();
            return operationStates = true;
        }
        catch (IOException e)
        {
            //TODO Auto - generated catch block
            e.printStackTrace();
            throw new exceptionBussinessLogic("学校信息无法保存");

        }
    }
    /**
     * 功能简述:
     *      方法体 universityUpdate()的主要功能是完成学校信息资料
     *      的修改。
     * @param universityCode String 学校代码
     * @param university  String  学校名称
     * @param englishTitle  String  英文名称
     * @param universityKind String  办学性质
     * @param headUnits  String  举办单位
     * @param aim  String  办学宗旨
     * @parameducationalLevel  String  办学层次
     * @param educationalScope  String  办学规模
     * @param managementSystem  String  内部管理体制
     * @param fax  char  传真
     * @param telephone  char  联系电话
     * @param address  char  地址
     * @param postcode  char  邮编
     * @param URLAddress  String  网址
     * @return updateStates boolean  修改成功或失败
     */
    public boolean universityUpdate(String universityCode,
                                    String university,
                                    String englishTitle,
                                    String universityKind,
                                    String headUnits,
                                    String aim,
                                    String educationalLevel,
                                    Integer educationalScope,
                                    String managementSystem,
                                    String fax,
                                    String telephone,
                                    String address,
                                    String postcode,
```

```
                                        String URLAddress)
            throws exceptionBussinessLogic
        {
            if (operationStates == false)
            {
                throw new exceptionBussinessLogic("学校信息无法更新");
            }
            return operationStates = true;
        }
        private String StringChange(String sourceString)
        {
            String destionString, tempString;
            tempString = sourceString.replaceAll(" ", "^");
            destionString = tempString.replaceAll(",", "#");
            return destionString;
        }
    }
```

学生信息模型层代码如例程 19-4 所示。

[**例程 19-4**] 学生信息模型层代码。

```
package chapter17.src;
import java.util.Collections;
/**
    * 专业学生名单,本类提供了学生基本信息实体创建
    * 和排序功能。实现了 Comparable。
    */
    public class studentsEntry implements Comparable<studentsEntry>
    {
        private String  studentId;                      //学生编号
        private String name;                            //学生姓名
        private String sex;                             //性别
        private String classNumber;                     //班级编号
        private String birthday;                        //出生日期
        private String nation;                          //籍贯
        private String politicalStatus;                 //政治面貌
        private String admission;                       //入学时间
        private String joinTheLeagueDate;               //入团时间
        private String specialtyList;                   //专长
        private String telephone;                       //电话号码
        private String postcode;                        //邮政编码
        private String birthPlace;                      //出生地点
        private String  Address;                        //地址
        /**
          * 功能介绍: 实体变量初始化
          * @param classNumber 班级编号
          * @param studentId 学生编号
          * @param name 姓名
          * @param sex 性别
          * @param birthday 出生日期
          * @param nation 籍贯
          * @param politicalStatus 政治面貌
```

```
     * @param admission 入校时间
     * @param joinTheLeagueDate 入团时间
     * @param postcode 邮政编码
     * @param specialtyList 专长
     * @param telephone 电话号码
     * @param birthPlace 出生地
     * @param Address 住址
     *
     */
    public studentsEntry() {
        //TODO Auto-generated constructor stub
    }
    public void setStudentId(String studentId)
    {
        this.studentId = studentId;
    }
    public void setName(String name)
    {
        this.name = name;
    }
    public void setSex(String sex)
    {
        this.sex = sex;
    }

    public void set(String classNumber)
    {
        this.classNumber = classNumber;
    }
    public void setBirthday(String birthday )
    {
        this.birthday = birthday;
    }
    public void setBirthPlace(String birthPlace)
    {
        this.birthPlace = birthPlace;
    }
    public void setPoliticalStatus(String politicalStatus)
    {
        this.politicalStatus = politicalStatus;
    }
    public void setSpecialtyList(String specialtyList)
    {
        this.specialtyList = specialtyList;
    }
    public void setJoinTheLeagueDate(String joinTheLeagueDate)
    {
        this.joinTheLeagueDate = joinTheLeagueDate;
    }

    public void setAdmission(String admission )
    {
```

```
    this.admission = admission;
}

public void setNation(String nation)
{
    this.nation = nation;
}

public void setTelephone(String telephone)

{
    this.telephone = telephone;
}
public void setPostcode(String postcode )
{
    this.postcode = postcode;
}
public void setAddress (String Address)
{
    this.Address = Address;
}
public String getStudentId()
{
    returnthis.studentId;
}
        public String getName()
{
    return name;
}

public String getSex()
{
    return sex;
}
public String getClassNumber()
{
    return classNumber;
}
public String getBirthday()
{
    return birthday;
}

public String getBirthPlace()
{
    return birthPlace;
}
public String getPoliticalStatus()
{
    return politicalStatus;
}
public String getSpecialtyList()
{
    return specialtyList;
}
```

```
        public String getJoinTheLeagueDate()
        {
            return joinTheLeagueDate;
        }
        public String getAdmission()
        {
            return admission;
        }
        public String getNation()
        {
            return nation;
        }
        public String getTelephone()
        {
            return telephone;
        }
        public String getPostcode()
        {
            return postcode;
        }
        public String getAddress()
        {
            return Address;
        }
        /**
         * 按照学生编号进行排序
         */
        public int compareTo(studentsEntry O)
        {
            //TODO Auto - generated method stub
            return this.getStudentId().compareTo(O.getStudentId());
        }
}
```

图形运行效果：

在图 18-3 中，我们选择了专业信息菜单栏，并且分别选择了专业信息维护中专业信息添加、专业信息修改、专业信息查询。分别显示如图 19-5、图 19-6 和图 19-7 所示内容，按照字段要求进行字段操作即可。

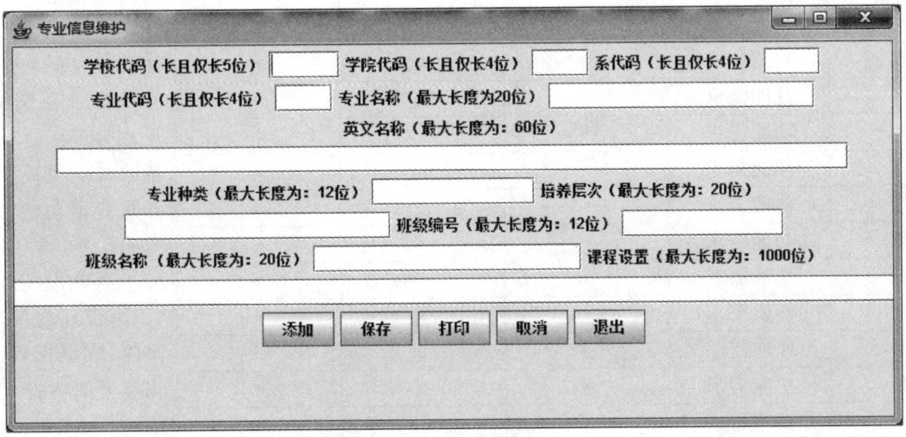

图 19-5　专业信息添加

图 19-6　专业信息修改

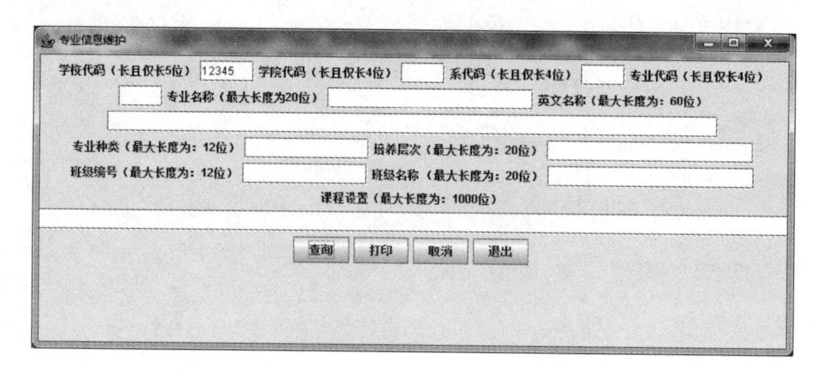

图 19-7　专业信息查询

19.4　“学籍管理软件”案例进程检查

“学籍管理软件”案例进程检查见表 19-14 所示。

表 19-14　“学籍管理软件”案例进程检查

检　查　项	需求类型	实现进度			本章 Java 支持
		设计	优化	完成	
规划类	功能需求	*	*	*	人机交互是计算机软件开发中重要的设计内容，如果没有健壮的人机交互界面，那么系统功能将无法实现。Java Swing 帮助人们完成了人机交互的基本功能。通过本章的学习，我们对系统进行了再次优化，实现了“学籍管理软件”的输入页面、数据保存、数据查询等全部功能
动态输入	性能需求	*	*	*	
数据动态处理	功能需求	*	*	*	
程序控制	功能需求	*	*	*	
健壮性	性能需求	*	*	*	
数据存储	功能需求	*	*	*	
方便查询	性能需求	*	*	*	
统计分析	功能需求	*	*	*	
复杂计算	功能需求	*	*	*	
运行控制	性能需求	*	*	*	
运行速度	性能需求	*	*	*	
代码重用	性能需求	*	*	*	
人机交互	功能需求	*	*	*	
类关系	性能需求	*	*	*	

19.5 本章小结

Swing 是可以替代 AWT 的图形界面类，是 AWT 的扩展，它提供了更强大和更灵活的组件集合。除了我们已经熟悉的组件如按钮、复选框和标签外，Swing 还包括许多新的组件，如选项板、滚动窗口、树、表格。还有一些组件，如按钮，在 Swing 都增加了新功能。而且按钮的状态改变是按钮的图标也可以随之改变。Swing 对 MVC 体系结构实现技术的支持。

Swing 中包含了 100 多个 Swing 控件，本章只介绍了部分 Javax 控件，包括 AbstractButton、ButtonGroup、JApplet、JButton、JCheckBox 和 JRadioButton、JComboBox、JscrollPane、JTable、JTextField、JTextArea 和 Jtree。通过使用这些控件可以大大提高软件开发功能和用户交互的友好性。

本章最后使用 Java Swing 知识方法完成了“学籍管理软件”的用户交互和界面设计实现，通过最后一个环节的“组装”完成了“学籍管理软件”的所有功能。

多线程简述

温馨提示：本书的主题和案例与线程没有特别紧密的关系，但基于对本书结构完整性考虑，特安排了Java线程这一章内容，目的是通过本章的学习，引导大家了解Java线程的基本概念。如有更多的学习需求，敬请读者查阅相关资料。

20.1 Java多线程

在介绍Java多线程之前，需要先介绍下列几个概念。

1. 程序

一段静态的代码，一组指令的有序集合，它本身没有任何运行的含义，它只是一个静态的实体，是应用软件执行的蓝本。

2. 进程

进程是程序的一次动态执行，它对应着从代码加载、执行至执行完毕的一个完整的过程，是一个动态的实体，它有自己的生命周期。它因创建而产生，因调度而运行，因等待资源或事件而被处于等待状态，因完成任务而被撤销，反映了一个程序在一定的数据集上运行的全部动态过程。操作系统通过进程控制块(Process Control Block,PCB)唯一的标识某个进程。同时进程占据着相应的资源，包括CPU的使用、轮转时间以及一些其他设备的权限等，是系统进行资源分配和调度的一个独立单位。进程运行过程如图20-1所示。

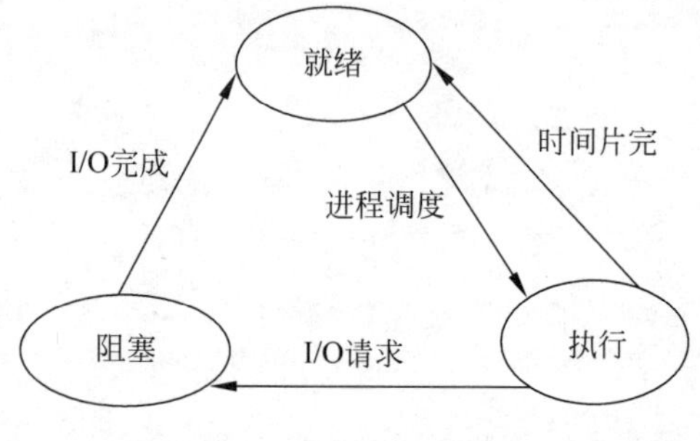

图20-1 进程运行过程图

3. 线程

一个线程是进程的一个顺序执行流，可以理解为进程的多条执行线索，每条线索又对应着各自独立的生命周期。线程是进程的一个实体，是CPU调度和分派的基本单位，它是比进程更小、能独立运行的基本单位。

进程和线程有着较大的区别，具体说明如表20-1所示。

表20-1 进程和线程的区别

区　别	进　程	线　程
根本区别	作为资源分配的单位	调度和执行的单位
开销	每个进程都有独立的代码和数据空间，进程间的切换会有较大的开销	线程可以看成是轻量级的进程，同一类线程共享代码和数据空间，每个线程有独立的运行栈和程序计算器，线程切换的开销小

续表

区　别	进　程	线　程
所处环境	在操作系统中能同时运行多个任务	在同一应用程序中有多个线程可以同时执行
分配内存	系统在运行的时候会为每个进程分配不同的内存区域	除了CPU之外，不会为线程分配内存，线程只能共享资源
包含关系	没有线程的进程可以被看做单线程，如果有一个进程内拥有多个线程，则执行过程不是一条线的，而是多条线程共同完成的	线程是进程的一部分，所以线程有时也被称为是轻权进程或者是轻量级进程

如果能合理地使用Java多线程，将会减少开发和维护成本，甚至可以改善复杂应用程序的性能。使用线程将从以下4个主要方面改善应用程序。

1. 充分利用CPU资源

充分利用CPU资源是软件开发必须思考的非常重要的内容。如果我们不采用多线程方式，在程序发生阻塞时，CPU可能会处于空闲状态，这将造成大量的计算资源的浪费。而在程序中，使用多线程可以在某一个线程处于休眠或阻塞时，CPU又恰好处于空闲状态时运行其他的线程，这样CPU就很难有空闲的时候。因此，CPU资源得到了充分的利用。

2. 简化编程模型

如果一个程序只有一个用户，那么就没有必要考虑线程问题。如果一个应用程序同时被多个用户使用，例如，2012年铁道部火车购票系统，成千上万的用户登录系统购票。如果只采取单线程方式，将要针对不同的用户编写成千上万个系统，这将是一个不可思议的开发方案。在这种情况下，采取多线程模式是唯一的选择方式了。同样，多线程编程模式也便于开发人员进行维护。

3. 简化异步事件的处理

当一个服务器应用程序在接收不同的客户端请求时，客户端必然要和服务器端建立连接线程。在这个阶段中，如果不采取线程方式，在某一时间段内，只能执行一个用户的请求而其他用户只能排队等待了，这样的结果在现在的网路环境中很显然是不可接受的。

4. 使GUI更有效率

使用单线程来处理GUI事件时，必须使用循环，以便对随时可能发生的GUI事件进行扫描。在循环内部，除了扫描GUI(Graphical User Interface，图形用户界面)事件外，还执行其他的程序代码。如果这些代码太长，那么GUI事件就会被“冻结”，直到这些代码被执行完为止。在现代的GUI框架(如Swing、AWT和SWT)中，会使用一个单独的事件分派线程(Event Dispatch Thread，简称EDT)，对GUI事件进行扫描。当人们按下一个按钮时，按钮的“单击”事件函数会在这个事件分派线程中被调用。由于EDT的任务只是对GUI事件进行扫描，因此，这种方式对事件的反应是非常快的。

20.2 Java多线程的5种基本状态

Java多线程有5个基本状态，其状态转换如图20-2所示。线程状态转换图说明如下。

1. 新建状态(New)

当线程对象创建后，即进入新建状态，如

```
Thread t = new MyThread();
```

2. 就绪状态(Runnable)

一个新创建的线程并不自动地开始运行，要执行线程，必须调用线程的start()方法。start()

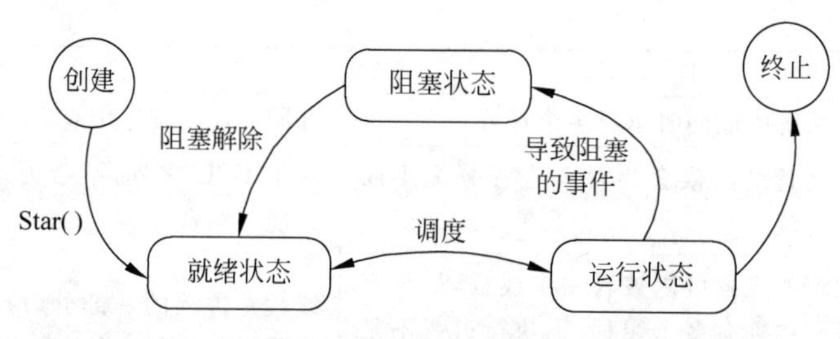

图 20-2 线程状态转换图

方法创建线程运行的系统资源，并调度线程运行 run()方法。当 start()方法返回后，线程就处于就绪状态。

处于就绪状态的线程并不一定立即运行 run()方法，线程还必须同其他线程竞争 CPU 时间，只有获得 CPU 时间，才可以运行线程。因为在单 CPU 的计算机系统中，不可能同时运行多个线程，一个时刻仅有一个线程处于运行状态。因此，可能有多个线程同时处于就绪状态，它们由 Java 运行时系统的线程调度程序(thread scheduler)来调度。

3. 运行状态(Running)

当 CPU 开始调度处于就绪状态的线程时，此时线程才得以真正地执行，即进入到运行状态。

注意：就绪状态是进入到运行状态的唯一入口，也就是说，线程要想进入运行状态必须处于就绪状态中。

4. 阻塞状态(Blocked)

处于运行状态中的线程由于某种原因，暂时放弃对 CPU 的使用权，停止执行，此时进入阻塞状态，直到其进入到就绪状态，才有机会再次被 CPU 调用以进入到运行状态。根据阻塞产生的原因不同，阻塞状态又可以分为 3 种。

(1) 等待阻塞：运行状态中的线程执行 wait()方法，使本线程进入到等待阻塞状态；线程通过调用 sleep 方法进入睡眠状态。

(2) 同步阻塞：线程在获取 synchronized 同步锁失败(因为锁被其他线程所占用)，它会进入同步阻塞状态。

(3) 其他阻塞：通过调用线程的 sleep()或 join()或发出了 I/O 请求时，线程会进入到阻塞状态。当 sleep()状态超时、join()等待线程终止或者超时，或者 I/O 处理完毕时，线程重新转入就绪状态。

5. 死亡状态(Dead)

线程执行完成或者因异常退出 run()方法，该线程结束生命周期。死亡状态根据原因可以分为：

(1) run 方法正常退出而自然死亡。

(2) 一个未捕获的异常终止了 run()方法而使线程猝死。为了判定线程在当前是否存活着，需要使用 isAlive()方法。如果是可运行或被阻塞，这个方法返回 true；如果线程仍旧是 new 状态且不是可运行的，或者线程死亡了，则返回 false。

20.3 Java 多线程的创建及启动

Java 中启用多线程主要采用继承 Thread 类、实现 Runnable 接口和使用 ExecutorService、Callable、Future 实现有返回结果的多线程 3 种方法。

20.3.1 继承 Thread 方法创建线程并启动线程

继承 Thread 和使用 Thread 线程，所有的对象都是 Thread 类或其子类的实例，使用继承 Thread 类来启动多线程的基本步骤如下。

(1) 创建 Thread 类的子类，并重写 run()方法，该方法代表该线程完成的任务。run()方法为线程执行体。

(2) 创建 Thread 类子类的实例，即创建线程的对象。

(3) 调用线程的 start()方法来启动线程。

继承 Thread 和使用 Thread 线程的例程如例程 20-1 所示。

[**例程 20-1**] 继承和使用 Thread 线程的例子。

```
public class MyThread extends Thread {
    private int i = 0;
   @Override
   public void run() {
   for (i = 0; i < 100; i++) {
System.out.println(Thread.currentThread().getName() + " " + i);
}
}
}
public class ThreadTest {
     public static void main(String[] args) {
          for (int i = 0; i < 100; i++) {
               System.out.println(Thread.currentThread().getName() + " " + i);
               if (i == 30) {
                    Thread myThread1 = new MyThread();
                    //创建一个新的线程  myThread1  此线程进入新建状态
                    Thread myThread2 = new MyThread();
                    //创建一个新的线程 myThread2 此线程进入新建状态
                    myThread1.start();
                    //调用 start()方法使得线程进入就绪状态
                    myThread2.start();
                    //调用 start()方法使得线程进入就绪状态
               }
          }
     }
```

例程 20-1 中继承 Thread 类，通过重写 run()方法定义了一个新的线程类 MyThread，其中 run()方法的方法体代表了线程需要完成的任务，称之为线程执行体。当创建此线程类对象时，一个新的线程得以创建，并进入到线程新建状态。通过调用线程对象引用的 start()方法，使得该线程进入到就绪状态，此时此线程并不一定会马上执行，这取决于 CPU 调度时机。

20.3.2 使用 Runnable 接口来创建并启动线程

使用 Runnable 接口来创建并启动线程的步骤如下。

(1) 定义 Runnable 接口的实现类，并重写该接口的 run()方法；run()方法则为该线程的执行体。

(2) 创建 Runnable 接口实现类的实例。

(3) 实例化 Thread 类，参数为 Runnable 接口实现类的对象(Thread 类的对象才是真正的线程对象)以启动线程。

实现Runnable接口，并重写该接口的run()方法，该run()方法同样是线程执行体，创建Runnable实现类的实例，并以此实例作为Thread类的run方法被调用的对象target来创建Thread对象，该Thread对象才是真正的线程对象。具体例子如例程20-2所示。

[**例程20-2**] 使用Runnable创建并启动线程。

```
class MyRunnable implements Runnable {
    private int i = 0;
    @Override
    public void run() {
        for (i = 0; i < 100; i++) {
            System.out.println(Thread.currentThread().getName() + " " + i);
        }
    }
}
public class ThreadTest {
    public static void main(String[] args) {
        for (int i = 0; i < 100; i++) {
            System.out.println(Thread.currentThread().getName() + " " + i);
            if (i == 30) {
                Runnable myRunnable = new MyRunnable();
                //创建一个Runnable实现类的对象
                Thread thread1 = new Thread(myRunnable);
                //将myRunnable作为Thread target创建新的线程
                Thread thread2 = new Thread(myRunnable);
                thread1.start();
                //调用start()方法使得线程进入就绪状态
                thread2.start();
            }
        }
    }
}
```

继承Thread类的方式有它固有的弊端，因为Java中继承的单一性，继承了Thread类就不能继承其他类了；同时也不符合继承的语义，继承Thread只是为了能拥有一些功能特性。而实现Runnable接口的优点包括：①避免单一继承的局限性；②更符合面向对象的编程方式，即将线程对象进行单独的封装；③实现接口的方式降低了线程对象和线程任务(run()方法中的代码)的耦合性。综上所述，可使用同一个类的实例来创建并开启多个线程，非常方便地实现资源的共享。实际上，Thread类也实现了Runnable接口，实际开发中多是使用实现Runnable接口的方式。

20.3.3 使用ExecutorService、Callable和Future创建线程

ExecutorService、Callable和Future这个对象实际上都是属于Executor框架中的功能类。可返回值的任务必须实现Callable接口，类似地，无返回值的任务必须实现Runnable接口。执行Callable任务后，可以获取一个Future的对象，在该对象上调用get，可获取Callable任务返回的Object了，再结合线程池接口ExecutorService，可实现传说中有返回结果的多线程。具体例子请参见例程20-3。

[**例程20-3**] 使用ExecutorService、Callable和Future创建线程。

```
import java.util.concurrent.*;
import java.util.Date;
```

```
import java.util.List;
import java.util.ArrayList;

/**
 * 有返回值的线程
 */
@SuppressWarnings("unchecked")
public class Test {
public static void main(String[] args) throws ExecutionException, InterruptedException {
      System.out.println("----程序开始运行----");
      Date date1 = new Date();
      int taskSize = 5;
      //创建一个线程池
      ExecutorService pool = Executors.newFixedThreadPool(taskSize);
      //创建多个有返回值的任务
      List<Future> list = new ArrayList<Future>();
      for (int i = 0; i < taskSize; i++) {
          Callable c = new MyCallable(i + " ");
          //执行任务并获取 Future 对象
          Future f = pool.submit(c);
          //System.out.println(">>>" + f.get().toString());
          list.add(f);
      }
    //关闭线程池
    pool.shutdown();

    //获取所有并发任务的运行结果
    for (Future f : list) {
       //从 Future 对象上获取任务的返回值,并输出到控制台
       System.out.println(">>>" + f.get().toString());
    }

    Date date2 = new Date();
    System.out.println("----程序结束运行----,程序运行时间【" + (date2.getTime() - date1.
getTime()) + "毫秒】");
      }
}

class MyCallable implements Callable<Object> {
     private String taskNum;

     MyCallable(String taskNum) {
         this.taskNum = taskNum;
}

public Object call() throws Exception {
      System.out.println(">>>" + taskNum + "任务启动");
      Date dateTmp1 = new Date();
      Thread.sleep(1000);
      Date dateTmp2 = new Date();
      long time = dateTmp2.getTime() - dateTmp1.getTime();
      System.out.println(">>>" + taskNum + "任务终止");
```

```
        return taskNum + "任务返回运行结果,当前任务时间【" + time + "毫秒】";
    }
}
```

例程 20-3 代码中的 Executors 类提供了一系列工厂方法,用于创建线程池,返回的线程池都实现了 ExecutorService 接口,其中:

① public static ExecutorService newFixedThreadPool(int nThreads):创建固定数目线程的线程池。

② public static ExecutorService newCachedThreadPool():创建一个可缓存的线程池,调用 execute,将重用以前构造的线程(如果线程可用)。如果现有线程没有可用的,则创建一个新线程并添加到池中。终止并从缓存中移除那些已有 60 秒钟未被使用的线程。

③ public static ExecutorService newSingleThreadExecutor():创建一个单线程化的 Executor。

④ public static ScheduledExecutorService newScheduledThreadPool(int corePoolSize):创建一个支持定时及周期性的任务执行的线程池,多数情况下可用来替代 Timer 类。

ExecutoreService 提供 submit()方法,传递一个 Callable,或 Runnable,返回 Future。如果 Executor 后台线程池还没有完成 Callable 的计算,将调用返回 Future 对象的 get()方法,引发阻塞直到计算完成。

20.4 Java 多线程的优先级和调度

Java 的每个线程都有一个优先级,当有多个线程处于就绪状态时,线程调度程序根据线程的优先级调度线程运行。

可以用下面的方法设置和返回线程的优先级。

① public final void setPriority(int newPriority):设置线程的优先级。

② public final int getPriority():返回线程的优先级。

newPriority 为线程的优先级,其取值为 1 到 10 之间的整数,也可以使用 Thread 类定义的常量来设置线程的优先级,这些常量包括 Thread. MIN_PRIORITY、Thread. NORM_PRIORITY、Thread. MAX_PRIORITY,它们分别对应于线程优先级的 1、5 和 10,数值越大,优先级越高。当创建 Java 线程时,如果没有指定它的优先级,则它从创建该线程那里继承优先级。

一般来说,只有在当前线程停止或由于某种原因被阻塞,较低优先级的线程才有机会运行。

Java 多个线程可并发运行,然而实际上并不总是这样。由于大多数计算机仅有一个 CPU,所以线程必须与其他线程共享 CPU。多个线程在单个 CPU 是按照某种顺序执行的,这称为线程的调度(Scheduling)。实际的调度策略随系统的不同而不同,通常线程调度可以采用两种策略调度处于就绪状态的线程。

1. 抢占式调度策略

Java 运行时系统的线程调度算法是抢占式的(preemptive)。Java 运行时系统支持一种简单的固定优先级的调度算法。如果一个线程的优先级比其他任何处于可运行状态的线程都高,则该线程进入就绪状态,那么运行时系统将选择该线程运行。新的优先级较高的线程抢占(preempt)了其他线程。但是 Java 运行时系统并不抢占同优先级的线程。换句话说,Java 运行时系统不是分时的(time-slice)。然而,基于 Java Thread 类的实现系统可能是支持分时的,因此编写代码时不要依赖分时。当系统中处于就绪状态的线程都具有相同优先级时,线程调度程序采用一种简单的、非抢占式的轮转的调度顺序。

2. 时间片轮转调度策略

有些系统的线程调度采用时间片轮转(round-robin)调度策略。这种调度策略是从所有处于就绪状态的线程中选择优先级最高的线程，分配一定的CPU时间运行。该时间过后再选择其他线程运行。只有当线程运行结束、放弃(yield)CPU或由于某种原因进入阻塞状态，低优先级的线程才有机会执行。如果有两个优先级相同的线程都在等待CPU，则调度程序以轮转的方式选择运行的线程。

20.5 多线程的线程控制

Java线程提供了很多工具方法，这些方法都能很好地控制线程，在这里将给读者介绍线程控制的方法。

1. join线程

让一个线程等待另一个线程完成的方法。当某个程序执行流中调用其他线程的join方法时，调用线程将会被阻塞，直到被join方法的join线程执行完成为止。join方法通常由使用线程的程序调用，将大问题划分成许多小问题。每个小问题分配一个线程。当所有的小问题得到处理后，再调用主线程进一步操作。

join有3种重载模式。

(1) join等待被join的线程执行完成。

(2) join(long millis)等待被join的线程时间最长为millis毫秒，如果在millis毫秒外，被join的线程还没有执行完，则不再等待。

(3) join(long millis, int nanos)被join的线程等待时间长为millis毫秒加上nanos微秒。

2. 后台线程

有一种线程，在后台运行，它的任务是为其他线程提供服务，这种线程被称为“后台线程(Daemon Thread)”。JVM的垃圾回收器线程是典型的后台进程。后台进程有个特征：如果前台的进程都死亡，那么后台进程也死亡。

注意：*前台线程死亡后，JVM会通知后台线程，后台线程就会死亡。但它得到通知到后台线程作出响应，需要一段时间，而若将某个线程设置为后台线程，必须在该线程启动前设置，也就是说设置setDaemon必须在start方法前面调用；否则将出现java.lang.IllegalThreadStateException异常。*

用Thread的setDaemon (true)方法可以指定当前线程为后台线程。

3. 线程休眠sleep

如果需要当前线程暂停一段时间，并进入阻塞状态，将需要用sleep，sleep有下列两种重载方式。

(1) sleep(long millis)让当前线程暂停millis毫秒后，并进入阻塞状态，该方法受系统计时器和线程调度器的影响。

(2) sleep(long millis, int nanos)让当前正在执行的线程暂停millis毫秒加上nanos微秒，并进入阻塞。

当调用sleep方法进入阻塞状态后，在sleep时间段内，该线程不会获得执行机会，即使没有其他可运行的线程，仍不会执行。

4. 线程让步yield

yield和sleep有点类似，它也可以让当前执行的线程暂停，但它不会阻塞线程，只是将该线程转入到就绪状态。

yield只是让当前线程暂停下，让系统线程调度器重新调度。系统线程调度器会让优先级相同或是更高的线程运行。

sleep和yield的区别如下。

(1) sleep方法暂停当前线程后，会给其他线程执行机会，不理会线程的优先级。但yield则将给优先级相同或高优先级的线程执行机会。

(2) sleep 方法将线程转入阻塞状态,直到经过阻塞时间才会转入到就绪状态;而 yield 则不会将线程转入到阻塞状态,它只是强制当前线程进入就绪状态,因此完全有可能调用 yield 方法暂停之后,立即再次获得处理器资源继续运行。

(3) sleep 声明抛出了 InterruptedException 异常,所以调用 sleep 方法时,要么捕获异常,要么抛出异常。而 yield 没有声明抛出任何异常。

5. 改变线程优先级

每个线程都有优先级,优先级决定线程的运行机会。

每个线程默认和它的父类优先级相同,main 方法的优先级是普通优先级,那在 main 方法中创建的子线程都是普通优先级。

20.6 线程的同步

Java 允许多线程并发控制,当多个线程同时操作一个可共享的资源变量时,将会导致数据不准确,相互之间产生冲突。例如,如果一个银行账户同时被两个线程操作,一个取 100 元,另一个存钱 100 元。假设此刻账户有 0 元,如果取钱线程和存钱线程同时发生,会出现何种结果?取钱不成功,账户余额是 100;取钱成功了,账户余额是 0;很难说清楚。因此,多线程同步就是要解决这个问题,加入同步锁,以避免在该线程没有完成操作之前,被其他线程的调用,从而保证该变量的唯一性和准确性。线程的同步包括同步方法、同步代码块、使用特殊域变量(volatile)实现线程同步、使用重入锁实现线程同步和使用局部变量实现线程同步 5 种同步方法。

20.6.1 同步代码块

同步代码块即使用 synchronized 关键字修饰的语句块,被该关键字修饰的语句块会自动地被加上内置锁,从而实现同步。代码格式如下:

```
synchronized(object){ }
```

其中,类型的变量可以理解为任意的一个 Java 对象,否则编译出错。例程 20-4 中使用了一个 Object 对象 obj。

[**例程 20-4**] 同步代码块实现例程。

```
class Dog implements Runnable {
    private int t = 100;
    private Object obj = new Object();
    @Override
    public void run() {
        while (true) {
            synchronized (obj) {
                if (t > 0) {
                    try {
                        Thread.sleep(100);
                         System.out.println("当前线程: " + Thread.currentThread().getName()
 + "---" + t--);
                    } catch (InterruptedException e) {}
                }
            }
        }
```

```
        }
    }
```

同步是一种高开销的操作，因此应该尽量减少同步的内容。通常没有必要同步整个方法，使用 synchronized 代码块同步关键代码即可。

20.6.2 同步方法

同步方法是由 synchronized 关键字修饰的方法。由于 Java 的每个对象都有一个内置锁，当用此关键字修饰方法时，内置锁会保护整个方法。在调用该方法前，需要获得内置锁，否则就处于阻塞状态。代码格式如下：

```
public synchronized void run(){}
```

synchronized 关键字也可以修饰静态方法，此时如果调用该静态方法，将会锁住整个类。例程 20-5 是同步方法的典型应用。

［**例程 20-5**］ synchronized 同步方法。

```
public synchronized void run() {
        while (true) {
            if (t > 0) {
                try {
                    Thread.sleep(100);
                    System.out.println("当前线程：" + Thread.currentThread().getName() + " --
-" + t--);
                } catch (InterruptedException e) {}
            }
        }
    }
```

如果使用同步方法，同步锁只能是 this 或者当前类的字节码对象。所以根据同步锁必须互斥的前提，如果同时使用 synchronized 代码块和 synchronized 方法对同一个共享资源进行线程同步，synchronized 代码块的同步锁也必须跟 synchronized 方法一样，如果一定要 synchronized，就在 this 和类的字节码对象之间二选一。

同步代码和同步方法两者的区别主要体现在同步锁上面。对于实例的同步方法，因为只能使用 this 来作为同步锁，如果一个类中需要使用多个锁，为了避免锁的冲突，必然需要使用不同的对象，这时的同步方法不能满足需求，只能使用同步代码块，同步代码块可以传入任意对象；或者多个类中需要使用到同一个锁，这时的多个类的实例 this 显然是不同的，也只能使用同步代码块，传入同一个对象。

20.6.3 使用特殊域变量(volatile)实现线程同步

由于 volatile 关键字为域变量的访问提供了一种免锁机制，使用 volatile 修饰域相当于告诉虚拟机该域可能会被其他线程更新，因此每次使用该域就要重新计算，而不是使用寄存器中的值。volatile 不会提供任何原子操作，它也不能用来修饰 final 类型的变量。在变量同步时，只需在变量前面加上 volatile 修饰，即可实现线程同步。

在 Java 多线程中，如果采用 synchrionized，可能导致死锁的状态。先观看例程 20-6。

［**例程 20-6**］ 使用 volatile 实现线程同步。

```
public class ThreadSynchronizedTest {
```

```
public static void main(String[ ] args) {
   final SynchronizeOutputer synoutput = new SynchronizeOutputer ();
         new Thread() {
              public void run() {
                  synoutput. synoutput ("乱啦!乱啦!!乱啦!!!");
              };
         }.start();

         new Thread(){
              public void run() {
                  output.output("线程应该属于晨落的");
              };
         }.start();

    }

}
class SynchronizeOutputer {
    public void SynchronizeOutputer (String name) {
    //为了保证对 name 的输出不是一个原子操作,这里逐个地输出 name 的每个字符
        for (int i = 0; i < name.length(); i++) {
            System.out.print(name.charAt(i));
        }
    }
}
```

该例程运行时总有一次的运行结果是：乱啦！乱啦!! 乱啦!!!

显然输出的字符不是"线程应该属于晨落的"，这就是线程同步问题，人们希望SynchronizeOutputer方法被一个线程完整地执行完成之后再切换到下一个线程，Java中使用synchronized保证一段代码在多线程执行时是互斥的，解决这些问题有下列两种方法。

(1) 使用synchronized将需要互斥的代码包含起来，并上一把锁，这把锁必须是线程间的共享对象，这个本质上没有什么意义。

(2) 将synchronized加在需要互斥的方法上，这种方式就相当于用this锁住整个方法内的代码块。如果用synchronized加在静态方法上，就相当于用××××.class锁住整个方法内的代码块。使用synchronized在某些情况下会造成死锁。

在此需要解释为什么synchronized无法保证线程的同步锁。每个锁对象都有两个队列，一个是就绪队列，一个是阻塞队列。就绪队列存储将要获得锁的线程，阻塞队存储被阻塞的线程，当一个线程被唤醒(notify)后，才会进入到就绪队列，等待CPU的调度；反之，当一个线程被wait后，就会进入阻塞队列，等待下一次被唤醒，这个涉及线程间的通信。一个线程执行互斥代码的过程。

① 获得同步锁。

② 清空工作内存。

③ 从主内存复制对象副本到工作内存。

④ 执行代码。

⑤ 刷新主内存数据。

⑥ 释放同步锁。

所以，synchronized不仅保证多线程的内存可见性，也解决线程的随机执行性的问题，即保证多线程的并发有序性。

在这里可以采取 volatile 方法。volatile 是第二种 Java 多线程同步的手段。

volatile 是一个变量修饰符，一个 volatile 类型的变量不允许线程从主内存中将变量的值拷贝到自己的存储空间。因此，一个声明为 volatile 类型的变量将在所有的线程中同步地获得数据，不论在哪个线程中更改变量，其他的线程将立即得到同样的结果。volatile 变量具有 synchronized 的可见性特性，但是不具备原子特性。这就是说线程能够自动地发现 volatile 变量的最新值。volatile 变量可用于提供线程安全，但是只能应用于非常有限的一组用例：多个变量之间或者某个变量的当前值与修改后值之间没有约束。

正确地使用 volatile 修饰符：对变量的写操作不依赖于当前值。该变量没有包含在具有其他变量的不变式中。例程 20-7 说明 volatile 修饰符的相关问题。

[**例程 20-7**] 使用 volatile 对线程的影响。

```
public class VolatileTest {
    private volatile int inc = 0;
    public static void main(String[] args) {
        final VolatileTest volatileTest = new VolatileTest();
        for (int i = 0; i < 2000; i++) {
            new Thread() {
                @Override
                public void run() {
                    try {
                        Thread.sleep(1);
                        volatileTest.inc();
                    } catch (Exception e) {
                        e.printStackTrace();
                    }
                }
            }.start();
        }
        while (Thread.activeCount() > 1){
            //保证前面的线程都执行完
            Thread.yield();
        }
        System.out.println(volatileTest.inc);
    }

    private void inc() {
        inc++;
    }
}
```

例程 20-7 的运行结果并不是 2000，volatile 关键字能保证可见性没有错，但是上面的程序错在没能保证原子性。可见性只能保证每次读取的是最新的值，但是 volatile 没办法保证对变量的操作的原子性。

那么通过前面的学习，可以对线程中 synchronized 和 volatile 进行比较，具体如下。

(1) volatile 本质是在告诉 JVM 当前变量在寄存器（工作内存）中的值是不确定的，需要从主存中读取；synchronized 则是锁定当前变量，只有当前线程可以访问该变量，其他线程被阻塞住。

(2) volatile 仅能使用在变量级别；synchronized 则可以使用在变量、方法和类级别。

(3) volatile 仅能实现变量的修改可见性，不能保证原子性；而 synchronized 则可以保证变量的修改可见性和原子性。

(4) volatile不会造成线程的阻塞；synchronized可能会造成线程的阻塞。

(5) volatile标记的变量不会被编译器优化；synchronized标记的变量可以被编译器优化。

20.6.4 使用重入锁实现线程同步

可重入锁，也叫做递归锁，指的是同一线程的外层函数获得锁之后，内层递归函数仍然有获取该锁的代码，但不受影响。在Java环境下，ReentrantLock和synchronized都是可重入锁。

ReenreantLock类的常用方法有ReentrantLock()，即创建一个ReentrantLock实例，然后实现这些方法，其方法包括获得锁lock()和释放锁unlock()。需要注意的是，ReentrantLock()还有一个可以创建公平锁的构造方法，但由于能大幅度地降低程序运行效率，不推荐使用。具体说明通过例程20-8和例程20-9进行分析。

[**例程20-8**] 使用重入锁定实现线程同步的比较。

```
public class Test implements Runnable{
    public synchronized void get(){
        System.out.println(Thread.currentThread().getId());
        set();
    }
    public synchronized void set(){
        System.out.println(Thread.currentThread().getId());
    }
    @Override
    public void run() {
        get();
    }
    public static void main(String[] args) {
        Test ss = new Test();
        new Thread(ss).start();
        new Thread(ss).start();
        new Thread(ss).start();
    }
}
```

[**例程20-9**] 对于重入锁对线程的应用。

```
public class Test implements Runnable {
    ReentrantLock lock = new ReentrantLock();
    public void get() {
        lock.lock();
        System.out.println(Thread.currentThread().getId());
        set();
        lock.unlock();
    }
    public void set() {
        lock.lock();
        System.out.println(Thread.currentThread().getId());
        lock.unlock();
    }
    @Override
    public void run() {
```

```
        get();
    }
    public static void main(String[] args) {
        Test ss = new Test();
        new Thread(ss).start();
        new Thread(ss).start();
        new Thread(ss).start();
    }
}
```

例程 20-8 和例程 20-9 两个例程最后的结果都是正确的，说明同一个线程 id 被连续输出两次。运行结果如下。

```
Threadid: 8
Threadid: 8
Threadid: 10
Threadid: 10
Threadid: 9
Threadid: 9
```

例程 20-8 和例程 20-9 说明可重入锁最大的作用是避免死锁。

现在选择一个如例程 20-10 所示的例子，说明自旋锁的作用。

[**例程 20-10**] 自旋锁对线程的作用。

```
public class SpinLock {
    private AtomicReference<Thread> owner = new AtomicReference<>();
    public void lock(){
            Thread current = Thread.currentThread();
                while(!owner.compareAndSet(null, current)){
                }
        }
        public void unlock (){
                Thread current = Thread.currentThread();
                owner.compareAndSet(current, null);
        }
}
```

对于自旋锁来说，如果同一线程两次调用 lock()，将导致第二次调用 lock 位置进行自旋，产生死锁，说明这个锁并不是可重入的。因为在 lock 函数内，应验证线程是否为已经获得锁的线程。当然，如果解决了 Lock()调用死锁问题，那么当 unlock()第一次调用时，就已经将锁释放了，而实际上不应释放锁。例程如 20-11 将对程序进一步优化，实现程序的最佳应用。

[**例程 20-11**] 对于自旋锁的进一步优化。

```
public class SpinLock1 {
    private AtomicReference<Thread> owner = new AtomicReference<>();
    private int count = 0;
    public void lock(){
        Thread current = Thread.currentThread();
        if(current == owner.get()) {
            count++;
            return ;
        }
```

```
            while(!owner.compareAndSet(null, current)){
            }
        }
        public void unlock (){
            Thread current = Thread.currentThread();
            if(current == owner.get()){
                if(count!= 0){
                    count -- ;
                }else{
                    owner.compareAndSet(current, null);
                }
            }
        }
    }
```

关于 Lock 对象和 synchronized 关键字的选择,需要注意以下几点。

(1) 最好两个都不用,使用一种 java.util.concurrent 包提供的机制,能够帮助用户处理所有与锁相关的代码。

(2) 如果 synchronized 关键字能满足用户的需求,就用 synchronized,因为它能简化代码。

(3) 如果需要更高级的功能,就用 ReentrantLock 类,此时要注意及时地释放锁,否则将出现死锁,通常在 finally 代码释放锁。

关于自旋锁还有进一步研究的空间,在此不做详细说明,感兴趣的读者可以查阅其他资料学习。

20.6.5 使用局部变量实现线程同步

ThreadLocal 是解决线程安全问题的一个很好思路,它通过为每个线程提供一个独立的变量副本解决变量并发访问的冲突问题。在很多情况下,ThreadLocal 比直接使用 synchronized 同步机制解决线程安全问题更简单、更方便,且程序拥有更高的并发性。

对于多线程资源共享的问题,同步机制采用了“以时间换空间”的方式,而 ThreadLocal 采用“以空间换时间”的方式。前者仅提供一份变量,让不同的线程排队访问,而后者为每一个线程都提供一份变量,因此可以同时访问而互不影响。

如果使用 ThreadLocal 管理变量,则每一个使用该变量的线程都获得该变量的副本,副本之间相互独立,这样每一个线程都可以随意修改自己的变量副本,而不会对其他线程产生影响。

ThreadLocal 类包括常用以下几种方法:

- ThreadLocal():创建一个线程本地变量;
- get():返回此线程局部变量的当前线程副本中的值;
- initialValue():返回此线程局部变量的当前线程的“初始值”;
- set(T value):将此线程局部变量的当前线程副本中的值设置为 value。

在 Threadlocal 中创建的线程副本,可以不调用 remove 来做清理工作,因为 JVM 在发现线程不再使用时,会进行自动地进行垃圾回收操作。

当然,ThreadLocal 并不能替代同步机制,两者面向的问题领域不同,具体比较如下。

(1) 同步机制是为了同步多个线程对相同资源的并发访问,是为了多个线程之间进行通信的有效方式。

(2) 而 threadLocal 是隔离多个线程的数据共享,从根本上就不在多个线程之间共享变量,这样当然不需要对多个线程进行同步了。

20.7　线程间的通信

20.7.1　线程间的通信

前面已介绍了在多线程编程中使用同步机制的重要性，知道了如何实现同步的方法来正确地访问共享资源。这些线程之间的关系是平等的，彼此之间并不存在任何依赖，它们各自竞争CPU资源，互不相让，并且还无条件地阻止其他线程对共享资源的异步访问。然而，也有很多现实问题要求不仅要同步地访问同一共享资源，而且线程间还彼此牵制，通过相互通信来向前推进。那么，多个线程之间是如何进行通信的呢？

在现实应用中，很多时候都需要让多个线程按照一定的次序来访问共享资源，例如，经典的生产者和消费者问题。这类问题描述了这样一种情况，假设仓库中只能存放一件产品，生产者将生产出来的产品放入仓库，消费者将仓库中的产品取走消费。如果仓库中没有产品，则生产者可以将产品放入仓库，否则停止生产并等待，直到仓库中的产品被消费者取走为止。如果仓库中放有产品，则消费者可以将产品取走消费，否则停止消费并等待，直到仓库中再次放入产品为止。显然，这是一个同步问题，生产者和消费者共享同一资源，并且，生产者和消费者之间彼此依赖，互为条件向前推进。但是，该如何编写程序来解决这个问题呢？

传统的思路是利用循环检测的方式来实现，这种方式通过重复检查某一个特定条件是否成立，来决定线程的推进顺序。例如，一旦生产者生产结束，它就继续利用循环检测来判断仓库中的产品是否被消费者消费，而消费者也是在消费结束后就会立即使用循环检测的方式来判断仓库中是否又放进产品。显然，这些操作是很耗费CPU资源的，不值得提倡。那么是否有更好的方法来解决这类问题？

(1) 当线程在继续执行前需要等待一个条件方可继续执行时，仅有synchronized关键字是不够的。因为虽然synchronized关键字可以阻止并发更新同一个共享资源，实现了同步，但是它不能用来实现线程间的消息传递，也就是所谓的通信。而在处理此类问题时又必须遵循一种原则，即对于生产者，在生产者没有生产之前，要通知消费者等待；在生产者生产之后，马上又通知消费者消费；对于消费者，在消费者消费之后，要通知生产者已经消费结束，需要继续生产新的产品以供消费。

(2) Java提供了3个非常重要的方法来巧妙地解决线程间的通信问题。这3个方法分别是wait()、notify()和notifyAll()。它们都是Object类的最终方法，因此每一个类都默认拥有它们。

虽然所有的类都默认拥有这3个方法，但是只有在synchronized关键字作用的范围内，并且是同一个同步问题中搭配使用这3个方法时，才有实际的意义。

这些方法在Object类中声明的语法格式如下所示。

```
final void wait() throws InterruptedException
final void notify()
final void notifyAll()
```

其中，调用wait()方法可以使调用该方法的线程释放共享资源的锁，然后从运行态退出，进入等待队列，直到被再次唤醒。而调用notify()方法可以唤醒等待队列中第一个等待同一共享资源的线程，并使该线程退出等待队列，进入可运行态。调用notifyAll()方法可以使所有正在等待队列中等待同一共享资源的线程从等待状态退出，进入可运行状态，此时，优先级最高的那个线程最先执行。

(3) 显然，利用这些方法就不必再循环检测共享资源的状态，而是在需要的时候直接唤醒等待队列中的线程就可以了。这样不但节省了宝贵的CPU资源，也提高了程序的效率。

由于 wait()方法在声明时被声明为抛出 InterruptedException 异常,因此,在调用 wait()方法时,需要将它放入 try…catch 代码块中。此外,使用该方法时还需要把它放到一个同步代码段中,否则会出现如下异常:

```
"java.lang.IllegalMonitorStateException: current thread not owner"
```

这些方法是不是就可以实现线程间的通信了?下面将通过多线程同步的模型——生产者和消费者问题,说明如何通过程序解决多线程间的通信问题。

wait()方法使得当前线程必须等待,等到另外一个线程调用 notify()或者 notifyAll()方法。当前的线程必须拥有当前对象的 monitor,也即 lock,就是锁。

线程调用 wait()方法,释放它对锁的拥有权,然后等待另外的线程来通过使用 notify()或者 notifyAll()方法通知它,这样它才能重新获得锁的拥有权和恢复执行。要确保调用 wait()方法的时候拥有锁,即 wait()方法的调用必须放在 synchronized 方法或 synchronized 块中。当线程调用 wait()方法时,它会释放掉对象的锁。另一个会导致线程暂停的方法是 Thread. sleep(),它会导致线程睡眠指定的毫秒数,但线程在睡眠的过程中是不会释放掉对象的锁的。

(4) notify()方法会唤醒一个等待当前对象的锁的线程。

如果多个线程在等待,它们中的一个线程将会选择被唤醒。这种选择是随意的,和具体实现有关。

被唤醒的线程是不能被执行的,需要等到当前线程放弃这个对象的锁。被唤醒的线程将和其他线程以通常的方式进行竞争,来获得对象的锁。也就是说,被唤醒的线程并没有什么优先权,也没有什么劣势,对象的下一个线程还是需要通过一般性的竞争。

综上所述,一个线程变为一个对象的锁的拥有者是通过下列 3 种方法。

① 执行这个对象的 synchronized 实例方法。

② 执行这个对象的 synchronized 语句块。这个语句块锁的是这个对象。

③ 对于 Class 类的对象,执行那个类的 synchronized、static 方法。

(5) 如果程序不使用 synchronized 关键字来保持同步,而是直接使用 Lock 对象来保持同步,则系统中不存在隐式的同步监视器对象,也就不能使用 wait()、notify()、notifyAll()来协调线程的运行。当使用 LOCK 对象保持同步时,Java 为人们提供了 Condition 类,协调线程的运行。详细解释请查阅相关资料。

20.7.2 线程通信的其他几个常用方法

Java 多线程间的通信方法除了 20.7.1 节的几种方法外,应该还包含下列几种常用方法。

1. 终止线程 run()

从 JDK 1.5 起,stop()方法(非静态)已过时,不能再使用(否则会报错),终止线程的唯一方法是 run()方法结束。

开启多线程运行时,运行代码通过是循环结构,只要控制住循环,就可以让 run()方法结束。

2. 中断线程 interrupt()方法

如果线程在调用 Object 类的 wait()、wait(long)或 wait(long,int)方法,或者该类的 join()、join(long)、join(long,int)、sleep(long)或 sleep(long,int)方法过程中受阻,则其中断状态将被清除,它还将收到一个 InterruptedException。

线程的中断状态即冻结状态,interrupt()是将处于冻结状态的线程强制地恢复到运行状态。

3. 守护线程 setDaemon()

将线程设置为守护线程,当正在运行的所有线程都是守护线程时,JVM 自动退出。意思差不多是：前台线程(如 main 线程)结束后，后台线程(如 t1、t2)也自动结束。

setDaemon()方法必须在启动线程前调用。下面是 interrupt()和 setDeamon()方法的一个示例。

4. join()方法

当 A 线程执行到了 B 线程的 join()方法时，A 就放弃运行资格，处于冻结等待状态，等 B 线程执行完，A 才恢复运行资格；如果 B 线程执行过程中挂掉，那需要用 interrupt()方法来清理 A 线程的冻结状态；join()可以用来临时加入线程执行。

5. toString()方法

返回线程名称、优先级和线程组字符串。

默认情况下，哪个线程启动了线程 t1，t1 就属于那个线程组，也可创建新的 ThreadGroup 对象；所有方法，包括 main()，线程优先级默认是 5；Thread. MAX_PRORITY 为 10，Thread. MIN_PROTITY 为 1，NOR_PRORITY 为 5。

6. yield()方法

暂时释放执行资格，稍微减缓线程切换的频率，让多个线程得到运行资格的机会均等一些。

20.8 本章小结

本章作为对 Java 多线程的简述性介绍，案例的选择也比较零散没有系统性。本章主要分为 5 大模块介绍了多线程，其中包括：多线程状态、多线程的创建及启动、多线程的优先级和调度、多线程的控制、多线程的同步和多线程间的通信，通过这些内容的学习，读者可以清楚地了解到如何实现线程间的资源共享和消息通信等。

第21章 Java学习历程回顾

学以致用是人们学习应用学科的主要目的，也只有这样，人们才能够很好地掌握知识并且将这些知识应用到实践工作中来。通过本书的学习，读者应该对Java的知识点有所了解并且理解其应用场景。本章我们回顾是如何通过学习Java基础知识，并将这些知识点应用到“学籍管理软件”中，从有到无的实现“学籍管理软件”所有的功能的过程。

预备知识部分内容包括了浅谈面向对象，Java是什么？JDK API的组成与结构，Java编程规范。这些内容从概念上介绍了一些面向对象的相关知识和Java基础知识，为后续的学习做好了知识结构的储备。

第5章准备本书唯一案例，其实就是根据对需求的理解，确定“学籍管理软件”中的所有的对象，并对这些对象进行抽象，确定对象之间的关系，明确“学籍管理软件”的输入和输出，为后续的学习打下基础。

第6章Java源程序组成部分介绍了Java的程序结构，并且告诉读者如何使用Java JDK进行编译和运行Java程序。根据所学到的知识和面向对象的思想，对“学籍管理软件”的类进行了初步的规划，并且确定了Java学习历程以及如何将案例应用到Java中的指导思想。

然后，我们继续学习Java的数据类型和变量，具体知识点请读者认真阅读第7章的内容。这里我们讲解了数据类型和变量知识点，了解了“学籍管理软件”的需求，完成了“学籍管理软件”中的全局变量的定义，同时也对类进行进一步优化，进一步充实了第6章中设计的类，补充了Java程序的数据变量和数据属性等，使得“学籍管理软件”的功能实现又前进了一步。

当“学籍管理软件”数据属性设计完成后，紧接着需要做的就是对这些数据的操作了，第8章帮助我们完成这个任务，运算符告诉我们如何完成业务需求中的复杂计算，修饰符告诉我们属性和方法的公开性，例如私有的、公有的等。基础知识的学习不是为了学习而学习，而是需要应用在项目实际中。业务规则是“学籍管理软件”中重要的设计内容之一，最后完成了“学籍管理软件”的业务规则的设计，并且对“学籍管理软件”中的类文件进行二次优化，“学籍管理软件”的最终实现又前进了一步。

通过前面Java知识的学习和应用，我们已经完成了“学籍管理软件”的类的规划、数据属性、数据类型定义、数据公开性定义，同时“学籍管理软件”中类的框架已经搭建完成，下一步需要进一步完成和补充这些类的功能实现，核心任务就是如何对这些数据进行操作的问题了。第9章的核心内容就是流程控制，包括条件转换语句、循环语句和其他相关语句的应用。当我们掌握了程序控制语句的基本知识后，立刻对“学籍管理软件”的类进一步优化，并且完成了“学籍管理软件”的流程控制图设计，描述类之间的运行关系和顺序。最后将学籍管理软件部分再次优化后的程序代码摘录出来，提供读者赏析。

异常是程序编写过程中永远不可规避的问题，异常处理的合理性及其科学性决定了系统的健壮性。异常分为可检测异常、非检测异常和自定义异常。可检测异常和Java所处理的异常按照Java既定的机制处理异常便可，但是，如果软件系统运行过程中的出现的异常则需要架构师在设计过程中给予考虑并设计其规范来。第10章通过对话方式讨论了异常设计的必要性以及“学籍管理软件”异常设计思路，设计了“学籍管理软件”异常运行机制，在Java异常设计基础上进一步对“学籍管理软件”类进行优化。最后，将“学籍管理软件”异常处理源代码摘录出来，供读者去研读。

面向对象的核心优点就是其代码可重复性、可维护性等，而Java的继承关系刚好是面向对象核心思想的体现。在第11章中介绍了Java的重要内容——继承。关于Java继承的知识点不在这里赘述，详细内容请参见本书第11章。继承既然是Java的核心思想有那么多优点，就一定要应用在“学籍管理软件”中。在第11章中，我们将对类进行进一步优化，并对具有继承关系的类中源代码进行了适当的调整，使得“学籍管理软件”也能够将Java的继承优点得到应用和体现。

接口也是Java的核心技术内容之一，关于接口的应用和优点在第12章前四节中有所介绍，接口设计在“学籍管理软件”中是至关重要的，在第11章的基础上，我们对学籍管理类进行了进一步的优化，按照其业务功能类型，分别按照业务查询、数据删除、统计分析、信息查询多方面设计了“学籍管理软件”接口。

第13章和第14章是对Java数据结构的进一步介绍，这两章内容并不属于作者原创性理论和内容，其信息量巨大，知识点繁杂，相对难以理解，但是这两章内容为第15章的“学籍管理软件”的数据结构的设计起到了非常重要的作用，能够让读者学习Java数组、Java集合的知识点，应用场景和应用方法，具备了第13章和第14章的知识点后，我们完成了“学籍管理软件”类的进一步优化，实现了“学籍管理软件”中的数据结构的进一步完善，目标是通过对数据结构的优化，提高“学籍管理软件”的运行速度和运行性能。

无论“学籍管理软件”的设计如何合理、数据结构的设计如何美妙、运行逻辑多么的严谨，但是，如果软件生成的数据没有进行保存，这个软件的用途将大大减少。第16章和第17章的核心任务就是学习Java I/O的基础知识，同时将“学籍管理软件”中的数据存储方式、存储格式、文件类型和文件内部格式进行了规划和设计，在这里根据软件需求，对“学籍管理软件”的类文件也进行了大量优化。最后，摘录部分“学籍管理软件”数据存储源代码供读者研究。

第18章之前内容应用Java技术完成了对象分析，类文件规划，数据类型定义，类间接口关系定义，类间继承关系定义，类的数据结构定义和“学籍管理软件”数据的存储。但是，这些数据的输入和输出需要有一个机制或者是人机交互的方式来进行，否则，数据从哪里来又到哪里去？如何将这些数据显示给用户？如何将这些数据输入到电脑中？第18章和第19章解答了读者这些问题。第18章是使用Java图形用户界面实现，第19章是使用Java图形用户界面实现“学籍管理软件”输入界面。

关于第20章，其知识点与案例的需求点关联性很弱，只是从本书结构的需求而设计的，只是对Java线程做了个概念性概括介绍，如果有读者确实对此感兴趣，可以查阅其他详细资料。

到此为止，Java知识点学习完成了，“学籍管理软件”也实现了，真正做到了“学以致用”和“边学边用”，有成就地学习完Java这门课程。这种学习方法可以推广到其他软件开发工具的学习中，一定会很有效果的。

参 考 文 献

[1] 王朔韬.软件是这样"炼"成的——从软件需求分析到软件架构设计.北京：清华大学出版社，2014.
[2] 王朔韬.软件是这样"炼"成的——软件过程管理与软件测试.北京：清华大学出版社，2016.
[3] 王朔韬.软件是这样"炼"成的——软件架构设计实现.北京：清华大学出版社，2017.
[4] (美)布奇，等.UML用户指南(第二版).邵维忠，等译.北京：人民邮电出版社，2013.
[5] 蔡敏，徐慧慧，黄炳强.UML基础与Rose建模教程.北京：人民邮电出版社，2006.
[6] 计算机软件工程国家标准汇编 软件开发与维护卷(第二版).北京：中国标准出版社，2011.
[7] 耿祥义，张跃平.Java设计模式.北京：清华大学出版社，2009.
[8] 刘小晶，杜选.数据结构(Java语言描述).北京：清华大学出版社，2011.
[9] 孙卫琴.Java面向对象编程.北京：电子工业出版社，2006.
[10] 单兴华.Java基础与案例开发详解.北京：清华大学出版社，2009.